全国高校教材学术著作出版审定委员会审定

低频天气图延伸期过程预报方法

孙国武　何金海　李震坤　信　飞　梁　萍　李耀辉　冯建英　著

中国环境出版社·北京

图书在版编目（CIP）数据

低频天气图延伸期过程预报方法／孙国武等著. —北京：中国环境出版社，2014. 11

ISBN 978 -7 -5111 -2106 -6

Ⅰ. ①低… Ⅱ. ①孙… Ⅲ. ①天气图预报 Ⅳ. ①P456. 6

中国版本图书馆 CIP 数据核字（2014）第 239221 号

责任编辑 殷玉婷 沈 建
责任校对 唐丽虹
封面设计 金 喆
装帧设计 陈四雄

出版发行 中国环境出版社
（100062 北京市东城区广渠门内大街 16 号）
网 址：http://www. cesp. com. cn
联系电话：010 -67112765（总编室）
010 -67187041（学术著作出版中心）
发行热线：010 -67125803，010 -67113405（传真）
印 刷 北京中科印刷有限公司
经 销 各地新华书店
版 次 2014 年 11 月第 1 版
印 次 2014 年 11 月第 1 次印刷
开 本 787 ×1092 1/16
印 张 15
字 数 364 千字
定 价 128. 00 元

序言（一）

目前气象预报正向建立无缝隙预报系统的目标发展，即一个国家或区域的气象预报中心应具备从几小时的临近天气预报到年际和年代际气候预测的能力和系统，从而可以最大限度地满足社会和国民经济各部门的实际需要，有效地服务于防灾减灾，规避各种可能发生的风险。在建立无缝隙预报系统中，关键问题之一是填补天气预报和气候预测之间2周到1个月左右时段的预报。由于气候预报主要是预报一个长时间的平均状态和距平（或对气候平均态的异常），因而由月预报向后延伸会遇到理论上和方法上的困难，目前正在积极研究这个问题。另一方面是从天气预报向前延伸，即从可预报上限的2周延伸到4~5周，故这种方法称为延伸预报。由于造成这个时段的信号主要是低频振荡（15~45天周期）或更广泛地说是季节内振荡，因而研究与预报目标和方法更为清晰和近于成熟，据此至少可能预报天气异常的时段和重要过程。孙国武、何金海研究员等专家就是在这种重大的天气预报发展阶段建立了低频天气图延伸预期过程预报方法，不同于以数值预报产品为依据的MJO方法和统计的持续性环流预报方法。这种方法的预报对象和天气意义比较明确和直观，同时便于在业务中应用。实际上，由这种方法提供的是历史、实时和预报天气图中低频系统（滤去了高频2~3天波动）的演变图。据此再根据低频系统动力学理论预报出2~5周的天气过程。因而结合中国的实际情况和条件，低频天气图方法对我国无缝隙气象预报系统的建立和发展作出了新的重要贡献。通过在上海市气象局、甘肃省气象局等业务部门的应用和检验，这种方法的效果是肯定的，在预报一些重要天气过程中是成功的。

低频天气图方法在中国的提出和应用使人联想起20世纪50年代前后，为解决中长期天气预报，美国著名气象学家Namias提出的5天平均图。这个方法在我国中长期业务中至少应用了30多年，并成为主要的预报工具之一。低频天气图主要是针对延伸预报的，与5天平均相比，预报实体更明显，物理意义更清楚。这就是为什么它一经在业务部门试用就发现它有较好的预报性和技巧。像所有其他预报方法一样，它也具有不足和缺陷，这尚需不断在实践中改进。有些问题属于对低频运动规律的认识不够（如北移的原因与条件，与中纬系统的相互作用和锁相或相互作用）；有些属于目前数值预报技术对低频振荡（尤其是热带MJO）的预报技巧不高；有些属于滤波方法的不足和固有缺陷。本书是作者对低频天气图方法的理论、方法和应用的系统总结，内容全面，阐述简明而实用。作为国内第一部完整阐述低频运动在延伸天气预报中应用的专著，对于目前正在我国开展延伸预报的业务和研究人员具有十分重要的参考价值；对于其他领域和部门（如水文、海洋以及农业等）的专家与院校师生也是一本很好的参考书。大气科学理论研究的最后归宿应该是实际应用，并为社会和人民带来真正有益的效果。从这个意义上讲，这本书的问世体现了这种精神和不懈努力，这是我们所有读者应该向他们致谢并表示赞赏的。

丁一汇

2014 年 3 月 5 日于中国气象局

序言（二）

进入 21 世纪，在天气气候预报领域，“无缝隙”的概念被越来越多地提及。与之相对应的是 20 世纪后期，当数值天气预报技术显示出越来越高的能力和潜力时，在某些关键之处仍发现存在一些难以逾越的“瓶颈”，一个英文词“gap”成为很多气象学者无法回避的现实，它的意思是“空隙”或“缺陷”。一方面，gap 是指我们的气象观测网，无论在时间尺度上还是空间尺度上，都分辨率不够，常常漏掉中小尺度系统；另一方面，gap 还指我们的预报产品，在 1～6 天的天气预报和月及更长时间的气候预测之间，存在提前 10 天到 1 个月时间预报的缺位；实际上，这样的“gap”还存在于气象科学研究与实践的方方面面，在信息处理、动力诊断、模拟分析、物理过程、模式解析，特别是对大气运动规律的整体认识上，气象科技人员都面临着较难突破的障碍。

近年来，受惠于大气探测技术的进步，特别是雷达和卫星等遥感、遥测技术从地面和高空以相对观测站高很多的时空分辨监视大气层，气象界在“铲除”观测 gap 方面，取得了令人惊异的进步，这种进步加上数据同化技术的发展，及在模式框架和物理过程方面取得的进步，带来了模式空间分辨率的迅速提升，向着精细化、“无缝隙”迈进。

然而，在克服预报 gap 方面，似乎有更长的路要走。在预报时效的谱中，气候预测显然面临着大量需要突破的难点，除此之外，目前最令气象人头疼的 gap，无疑是一周以上到月时效的预报，或称延伸期预报。该时段的预报，特别是针对台风、洪水等重大灾害天气过程的预报，距离事件本身足够近，即仅仅是 10 多天以后的事情，但这些天气过程的延伸期预报，介于短期天气预报与气候预测之间，很长一段时期以来令人无从下手。延伸期预报在科学上的挑战，直指“天气”与“气候”概念间的 gap 地带，让日臻成熟的短期天气预报在这里丧失“后劲”，而不断取得新进展的短期气候预测，往往从月际开始，其起跑线又跨越了这一时段。

延伸期预报作为预报问题的“短板”，近年来随着有效气象资料的积累、海洋气象信号的有效监测以及天气气候的动力和统计理论的深入研究，成为越来越多的气象人关注并攻坚的目标，开展了大量有益的探索工作。这本《低频天气图延伸期过程预报方法》是由孙国武和何金海两位学者带领一批中青年学者完成的，它全面、系统地介绍了低频天气图方法在延伸期预报中的应用。低频天气图方法巧妙地将气象历史记录中，可能会在 10 天以上延伸期的过程中起作用的信号，以确定影响预报地点的关键区方式收集起来，而这些关键区，大多是预报地点的天气“上游”重要天气系统的必经之地。结合关键区绘制的低频天气图，可以很好地放大大气慢速运动，通过滤波弱化了其中的快速振荡，从而在历史和实时信息的最佳碰撞中，获得2周以上延伸期预报。这样的预报思想，其优点在于看似运用的是统计方法，但实际上强调的是大气运动中的动力响应关系，其理论基础则是较为成熟的大气低频振荡论。通过这样的方法较成功地“驾驭”了大气混沌问题，即虽然10天以上的大气初始信息开始发散，但导致不确定性的大气信号发散只是其中的一部分，另一部分信号在某种意义上还是因大气的波动性质而传播，这部分传播的信号，不仅可以借助滤波等技术手段捕捉到，还能借助一些海陆气振荡信号，如MJO等机制进行分析，恢复和放大其对预报区域的影响，从而做出“穿越”了频散期、远远高于随机判断和单纯依靠统计计算的延伸期天气预报。

“低频天气图延伸期过程预报方法”是本书作者于20世纪90年代提出，并不断补充、完善，近年来在一些省市开展了业务应用，取得了较好的预报效果。在这样的情况下，需要对这一方法进行阶段性的总结。两位作者认真归纳整理，完成了这本专著，阐述了该方法的理论基础，提出了其应用的规范。这不仅为进一步推广应用创造了条件，也为该方法的进一步发展打下了基础。

相信通过阅读本书，能使关注延伸期预报问题的气象科技人员在理论和方法上有所收益，也希望能有更多学者关注延伸期预报问题，在这一领域不断探索，对现有的方法进行讨论和质疑，并不断创新，提出新的方法，促进延伸期预报不断取得新的进展。

许小峰

2014年5月26日于中国气象局

序言（三）

开展极端天气气候事件的分析和预测，提高预测的科学性和预报产品应用的广泛性，减少极端事件造成的损失，是世界气象组织/世界天气研究计划 THORPEX 国际科学计划中的核心研究目标之一，也是第三次世界气候大会“全球气候服务框架”提出的重要方向。对东亚副热带季风区而言，每年汛期的降水分布、雨带移动、暴雨洪涝等天气气候异常的发生在很大程度上受夏季风多时间尺度变率及其与中高纬环流相互作用控制，而夏季风活动的多时间尺度变率又与海洋及陆面状况的异常变化等密切相连。以副热带季风为特色，发展与中短期预报相联系的区域长期天气预报业务，进一步发挥其在长中短临一体化预报业务体系中的支撑和服务功能，对副热带季风区天气气候异常的预报预测技术发展及防灾减灾具有重要意义。

在我担任上海市气象局局长期间（2004—2013 年），支持并促成气候中心聘请孙国武研究员、何金海教授以上海为基地，开展低频天气图延伸期天气过程预报方法的业务应用研究。进行未来 30 ~ 50 天延伸期强降水过程预报，为实现长中短一体化的区域长期天气预报业务提供了一条行之有效的路径。

据我所知，低频天气图的业务预报实践证明该方法有明显的优势。如：2005 年 11 月初，在为上海洋山深水港区开港提供气象服务的过程中，为了确定开港仪式到底选定在 12 月 1—5 日的哪一天，孙国武研究员指导上海气候中心的业务人员，通过分析影响上海的关键区低频信号并进行外推（类似此后提出的低频波方法），预报出降水可能性相对较小的时间段，并综合气候背景分析等结果最后确定 12 月 2 日较适宜进行开港仪式，取得了较好的服务效果。而 2007 年至今，孙国武研究员、何金海教授等致力于低频天气图预报技术方法应用及其理论支撑研究。在 2009 年美国总统奥巴马访问上海及 2010 年上海世博会开幕式的预报应用中取得了令人惊喜的预报效果，而对于 2011 年的旱涝急转、2012 年的海葵台风暴雨、2013 年的入梅首场暴雨，这一方法依然显示出了提前 1 个月左右的预报时效，这是数值预报所远不及的。低频天气系统的“三性”，即生成源地的准定常性、时间演变上的准周期性和缓变性、空间演变上的连续性和相似性，是低频天气图方法成功的关键核心。本书着重于业务人员应用角度，从技术方法、分析规则、预报思路等方面进行了重点介绍，并讨论了该方法的天气学原理和延伸期可预报性原理。将 MJO 与低频天气系统相结合开展延伸期预报方法探索，是本书的另一特色。这些都为延伸期预报业务人员和相关领域科技人员提供重要参考。

以高影响天气、高关注地域和高敏感用户为“三坐标”，加强现代气象业务的科学组织，有针对性地提高预报预测准确率，是增强副热带地区防灾减灾能力的重要途径。本书以延伸期强降水过程预报为例开展低频天气图方法应用，既是长期预报与中短期预报相衔接的范例，又是有效提高高影响事件预报预测和防灾减灾能力的很好示范，非常值得一读。

汤　绪

2014 年 4 月 26 日于瑞士日内瓦

前 言

庄子曰："吾生也有涯，而知也无涯。"（《庄子·养生主》）是的，人的生命是有限的，但知识的海洋是无边的。吾人追求知识，与学为伴，虽年逾七十，确有"皓首方觉知识少，老来仍应勤学习"之感。

正因为如此，我们仍乐意仿效青年学者的胆量和勇气，涉足延伸期天气预报和大气低频振荡领域。深知在延伸期预报领域里，其深邃的内涵需要探索；在大气低频振荡的范畴内，其众多的科学问题需要研究。

尽管如此，近10年来，按照孔子所说："学而不思则罔，思而不学则殆"（《论语·为政》），即学、思、用结合的方式，一边学，一边思，一边用，以上海气候中心为应用基地的同时，先后赴甘肃、辽宁、江苏、福建、海南、江西和浙江等省气候中心，与科研业务人员一起，推广应用延伸期天气过程预报方法——低频天气图。在推广应用的实践中集思广益，发现问题；又通过学习、思考来增进理解并解决发现的问题，如此反复地实践—学习—思考，再实践—再学习—再思考，逐步完善低频天气图预报方法。

早在20世纪90年代初，我们曾提出用大气低频振荡来预报中长期天气过程的方法——低频天气图，并致力于在气象业务部门的业务应用研究。为此，1991年和1995年，在广东省、江苏省气象局的支持与帮助下，以中国气象学会天气极地气象学专业委员会的名义，分别在广州、南京举办全国性的大气低频振荡天气图预报方法学习班，但因当时格点实时资料等因素的制约，未能实现业务应用。

2005年夏，中国工程院院士丁一汇对作者说，希望把低频天气图方法重新研究，推广应用，否则搁置下来，太可惜了。并且告诉作者，当年提出低频天气图时，丁一汇院士曾邀请已故叶笃正院士专门点评过低频天气图。正是丁一汇院士的提示和鼓励，使作者燃起了重新研究低频天气图的火苗。

2007年作者得到上海市气象局的支持，着手在上海气候中心重新研究延伸期强降水天气过程预报的低频天气图方法。

2008—2009年"低频天气系统预报技术业务化应用"项目被列为中国气象局新技术开发项目，由上海气候中心牵头，与兰州、沈阳中心气象台共同实施。

2011—2012年，中国气象局预测与网络司以"月内重要过程趋势预测业务系统"立项，列该项目为中国气象局现代气候业务发展试点工作，率先在辽宁省、甘肃省、浙江省和江苏省气候中心推广应用低频天气图方法。2012年进一步扩大推广到11个单位：上海市、辽宁省、江苏省、浙江省、甘肃省、福建省、江西省、安徽省、山东省、河北省和重庆市等气候中心。2013 年开始在全国气候中心推广应用。

在此，作者对丁一汇院士的提示和鼓励，中国气象局预测与网络司、上海市气象局的支持和帮助，表示衷心的感谢！正是他们的提示、鼓励、支持和帮助，才使得延伸期预报百花园中的一朵嫩苗——低频天气图能够开花、结果；也才使得作者能够撰写出本书——《低频天气图延伸期过程预报方法》。

本书是作者近 10 年对延伸期天气过程预报的低频天气图方法的学习、思考、研究和实践的总结，上海市、甘肃省、辽宁省、福建省、江苏省、江西省、浙江省和海南省等地的气候中心广大科研业务人员积极实践、推广应用，也进一步丰富了本书的内容，作者谨对他们表示衷心感谢。

全书共分 8 章，重点围绕低频天气图如何在全国各省、市、区气候中心应用展开论述。

第 1 章，绪论。主要从延伸期预报文献统计指标和延伸期预报技术方法的角度进行了概述；同时还介绍了可作为延伸期预报理论依据的大气可预报性研究的进展情况；以及延伸期天气过程低频天气图预报方法近年来在上海市、福建省、江苏省、江西省、浙江省、安徽省、河北省等地气候中心和兰州市、沈阳市中心气象台业务预报实践的结果等内容。

第 2 章，低频天气图。论述的内容主要围绕低频天气图，回答什么是低频天气图。低频天气图的绘制方法即：滤波器的选取和主周期的确定以及每日能得到当日实时低频天气图的“滚动计算法”。并比较分析了绘制低频天气图的各种方案，如时间滤波、时—空滤波、不同等压面（850hPa、700hPa、500hPa、200hPa）滤波，不同资料（MICAPS、NCEP/NCAR、ERA－Interim 资料等）来源格点资料滤波和数值预报产品的格点资料滤波等。还通过计算比较：①同一等压面的不同时频（10～20 天、30～50 天和 60～80 天）滤波绘制低频天气图。②同一时频（30～50 天）的不同等压面（850hPa、700hPa、500hPa、200hPa）滤波绘制低频天气图，并与相同时频、相同等压面和相同日期的未滤波天气图比较研究低频天气系统和未滤波天气系统的联系和差异。

第 3 章，低频天气图分析。在第 2 章叙述什么是低频天气图后，紧接着本章着重阐述低频天气图的分析，正确分析低频天气图上的低频天气系统（低频气旋和低频反气旋等）是应用低频天气图作延伸期天气过程预报的基础。因此，本章内容主要有：低频天气图的分析规则，低频天气系统的确定、生消、移动和特征，特别是低频天气系统的两种类型和 4 个特性。

第 4 章，低频天气图应用。当前，全国各省、市、区气候中心正在推广应用低频天气图之际，本章介绍的内容尤为重要。应用低频天气图制作延伸期天气过程预报，必须思索、理解和掌握低频天气图的预报思路、预报要点和预报步骤，主要有：格点资料下载—滤波器选择—低频天气图绘制—低频天气系统分析—关键区划分和各关键区低频系统特征统计—分析各关键区低频系统与预报对象的对应关系—建立预测模型—在计算机操作系统上实施延伸期天气过程预报制作。为了便于业务应用，本章分析了暴雨、高温、冷空气、沙尘暴和干旱的预报个例制作方法。

第5章，低频天气图的天气学原理。围绕主题“低频天气图上的低频天气系统与引起天气过程的未滤波天气系统（天气实体）的发生、维持、加强、移动、减弱和消失过程的联系”进行讨论，内容主要包括：不同位相低频降水的低频环流型及其天气实体、合成的强降水过程的低频环流型及其天气实体和不同天气过程（中—大雨、暴雨、台风和干旱等过程的低频环流型及其天气实体。

第6章，低频天气图延伸期过程预报原理。研究内容是：延伸期预报内容及其评价方法、延伸期预报的可预报性和低频天气图延伸期过程预报原理以及低频天气图预报方法的扩展等。

第7章，低频天气图方法与 MJO 方法。本章的特点是分析 MJO 与低频天气系统的结合。首先介绍了 MJO 的基本特征、实时监测和年际变率及其传播。其次，叙述了 MJO 与我国东部天气气候事件的联系及其在延伸期预报中的应用，发现 MJO 具有强降水延伸期预报信号、台风延伸期预报信号和寒潮低温延伸期预报信号等。紧接着研究了 MJO 与低频天气图上低频系统的联系，探索性地提出了 MJO 与低频天气图相结合的延伸期天气过程预报方法，并对长江下游地区大范围持续性强降水过程和台风降水过程进行了预报应用。

第8章，思索和展望。

本书的出版得到了中国教师发展基金会教师出版专项基金资助和编辑部主任慕云女士的帮助，同时也得到中国气象局兰州干旱气象研究所李耀辉主持的公益性行业（气象）科研专项（GYHY201006023）“多时间尺度干旱监测与预警、评估技术研究”、上海气候中心穆海振主持的公益性行业（气象）科研专项（GYHY201306055）“副热带季风区季节内强降水事件预报方法研发及业务化应用”、南京信息工程大学徐海明主持的公益性行业（气象）科研专项（GYHY201006020）“多尺度扰动相互作用对月—季节内尺度气候可预测性的应用研究”以及上海气候中心梁萍主持的国家自然科学基金项目（41205060）“江淮梅雨季节 10～30 天延伸期降水过程可预报性研究”的共同资助，作者深为感谢。

同时，本书能撰写完成，还要感谢国家气候中心李维京研究员、世界气象组织（WMO）天气减灾服务司司长汤绪研究员、上海市气象局副局长袁招洪研究员、甘肃省气象局副局长张强研究员、云南省气象局琚建华教授、南京大学杨修群教授、中国气象局培训中心肖子牛教授、南京信息工程大学李栋樑、徐海明教授、北京大学钱维宏教授和澳大利亚气象局天气与气候研究中心张虎强博士、中国气象局上海台风研究所雷小途研究员以及气象科技进展编辑部贾朋群编辑等的鼓励和肯定，以及上海气候中心陈伯民研究员对低频天气图工作的推广应用。

由于延伸期预报和大气低频振荡在延伸期预报中的应用是一个新的科学问题，目前在理论和实践方面还存在许多科学问题需要深入研究、增强理解和业务实践，加之作者水平有限和时间较紧，本书无疑会有不少纰漏和粗糙、不妥之处，敬请赐教。

孙国武　何金海
2013 年 12 月

目 录

第1章 绪论

1.1 引言

历史证明，气象事业的发展是伴随社会的发展而发展的，国家政治、经济和军事的发展对气象部门不断地提出了新的要求，为满足气象服务日益增长的需求，必然促进了气象事业的发展和气象科技水平的提高，所以，是社会进步发展带动了气象事业的发展。

半个世纪以来，我国气象事业发展的历史过程表明，气象事业每上一个新台阶，无一不与国家社会的进步发展相关联。数十年前，气象部门能公开发布暴雨、干旱、寒潮大风、低温冻害、高温等重要天气过程以及不同预报时效（小时、天、月、季和年度等的预警、预报和预测）吗？答案是否定的。如今，气象部门做到了，而且准确程度不断提高，预报时效不断延长，服务内容不断增多，有短期（48 小时以内）各种天气过程的强度、时间预警预报；有 3 ~7 天的中期天气过程预报；有月、季和年度气象要素趋势的长期预报（短期气候预测），还有年以上、数十年的气候预估等。

短、中、长期天气预报、预测，无论是时空尺度、物理机制或是天气系统、预报时效等方面，相互间都有内在联系，但由于业务分工，不同预报时效的预报往往由不同业务单位制作和发布。一般而言，气象台主要负责制作短、中期天气过程预报；长期预报、气象要素趋势预报、预测则由气候中心制作。这么样做，忽略了它们之间在技术上的联系和相互借鉴，不利于气象整体服务水平的进一步提高。

为此，上海市气象局提出了长 - 中 - 短 - 临一体化（无缝隙）预报和服务思路，并在 2010 年上海世博会的气象预报服务实践中取得成功（汤绪，2010 年中国气象学会年会副热带气象学委员会报告）。

长 - 中 - 短 - 临一体化（无缝隙）预报，提供一套无缝隙预报预测产品（包括年、季、月、月内、天、小时、分钟）。整套业务之间应是相互联系、相辅相成的（气候/长期天气过程由天气事件累加而成，是天气事件的综合特征），不同时间尺度的预报均以高影响天气事件（暴雨、台风、强对流与高温）为预报对象。除预报产品（降水、温度）外，还包括预报产品不确定性的定量描述（概率），随着预报时效的缩短，不确定性减小。针对不同用户，以提供高影响天气对不同用户的影响预报为主要服务方式。为服务需求（特别是灾害性天气应急）发布长期、中期、短期和临近逐阶段逼近的预报/预警信息。其中，长期预报为中短期预报提供背景等相关支撑，而中短期预报进一步通过把握长期预报信息、跟踪天气系统演变和集合预报变化给出天气预报，最后通过短时临近预报的修正给出最为精确的天气预警和影响预报。

而传统的短期气候预测主要提供月、季、年的距平趋势预报产品，难以与中短期天气事件相衔接，对天气预报及服务的实践尚存在一些有待改进的地方。

但在长、中、短、临一体化（无缝隙）预报方案中，延伸期过程预报（10～30天）在10天以下的中、短期预报和30天以上的长期预报之间，架起了一座桥梁，衔接了“天气”预报和“气候”预测之间的“时间缝隙”或“预报缝隙”。所以延伸期天气过程预报是“承前（长）”，把长期趋势背景预报具体化，即天气过程发生时段（日期）预报；同时又“启后（中短）”，为中、短期天气过程预报提供支撑。实现延伸期预报，意味着真正达到了“无缝隙”预报的目的（图1.1）。

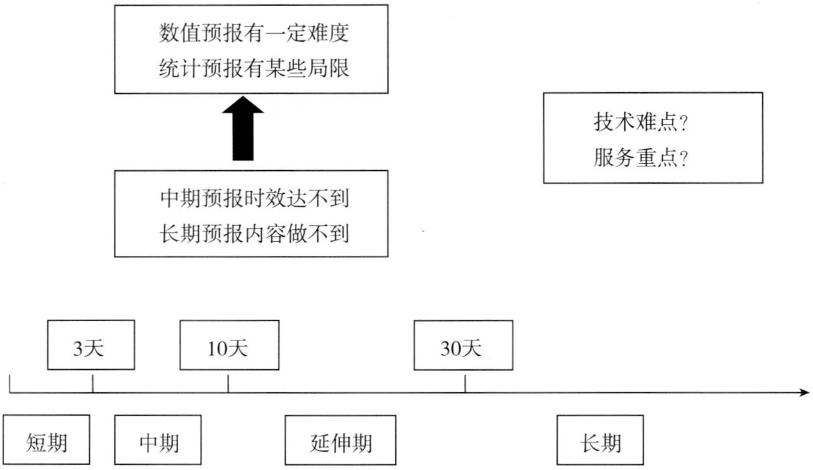

图1.1 延伸期天气过程预报示意图

显然，延伸期预报是10～30天的天气过程和气候趋势预报，重点放在重大天气过程和极端气候趋势的预报方面，实际上是中期预报（10天以下）的延伸，在预报内容上与中、短期预报一样，与长期天气预报（短期气候预测）主要预报气象要素的平均值和趋势则有所区别。所以，延伸期天气过程预报，其预报时效（10～30天）中期预报达不到；其预报内容（天气过程时间、强度）又是长期预报做不到的。延伸期预报，尤其是天气过程的时段、强度预报既是天气预报技术的难点之一，又是气象服务的重点之一。

为什么是预报技术难点？21世纪以来，数值预报技术取得了更进一步的发展，是现在业务天气预报精度和时效提高的重要技术支撑，也是今后天气预报技术发展的方向。有限区域中尺度数值天气预报模式的发展，显著提高了短期天气预报的精度，并将有效预报时效延长至3～5天。全球大气环流模式的发展则使业务天气预报时效进一步延长。目前欧洲中期天气预报中心及日本、美国和中国等气象业务中心均能提供全球大气环流模式的7～10天或以上的逐日形势预报和物理量产品。

另一方面，气候预测技术（如气候模式）也日渐发展，从汛期的短期气候预测到全球气候变化的影响评估［如政府间气候变化专门委员会（IPCC）］都越来越离不开气候模式的应用。然而，目前气候模式产品的最小时间分辨率通常是月（预报量一般为月平均气温、月降水量等）。

显然，对于10天以上的天气过程预报，目前仍缺少客观预报方法和工具（包括数值模式和统计类方法）为业务预报提供支撑，是目前尚未解决又急需解决的问题。所以，美国国家海洋和大气管理局（NOAA）在其气候和预报产品中，把 10 天以上（2 周、月、季和年）的预报称之为“评估”（Assessment），认为是“不确定预报”（图 1.2）。又为什么是气象服务重点？在我国，国民经济的发展和城市化进程的加速以及农业现代化水平的提高等，都给气象服务工作提出了更高的要求，而气象部门开展的预报预测业务，如长期预报的内容（趋势、距平等），显得不太具体，针对性不强；中、短期天气过程预报虽内容具体，但时效又显得短了些。因此，延伸期（10～30 天）天气过程预报的作用在于为政府部门应对气象灾害的预防，赢得了宝贵的采取对策的时间，从而减轻受灾程度。这将为政府防灾减灾决策方面带来前瞻性和主动性。因此，近年来随着我国国民经济的快速发展和人民生活水平的不断提高，政府和公众对气象服务的要求越来越高，与之形成鲜明对比的是，频发的高影响天气事件导致的气象灾害越来越重。2008 年我国南方地区的持续低温雨雪冰冻天气，2009 年 2 月长江中下游地区的持续阴雨天气，2010 年春季我国西南地区的持续干旱，2011 年 6 月长江中下游地区的旱涝急转等，影响范围广、灾害程度重、持续时间长，使人民生命财产遭受巨大损失。然而令人遗憾的是，虽然气象部门比较准确地预报了每一次持续性异常天气事件，但限于当前天气预报的技术水平，我们对一周以后的天气还难以做出确定的预报，也不能对天气的持续性及其衍生的气象灾害做出精准的估计。如何对持续性异常天气事件做出较为准确的估计，是横亘在气象部门面前的一大难题。这一难题的解决，需要我们深入研究延伸期天气预报的机理和方法。

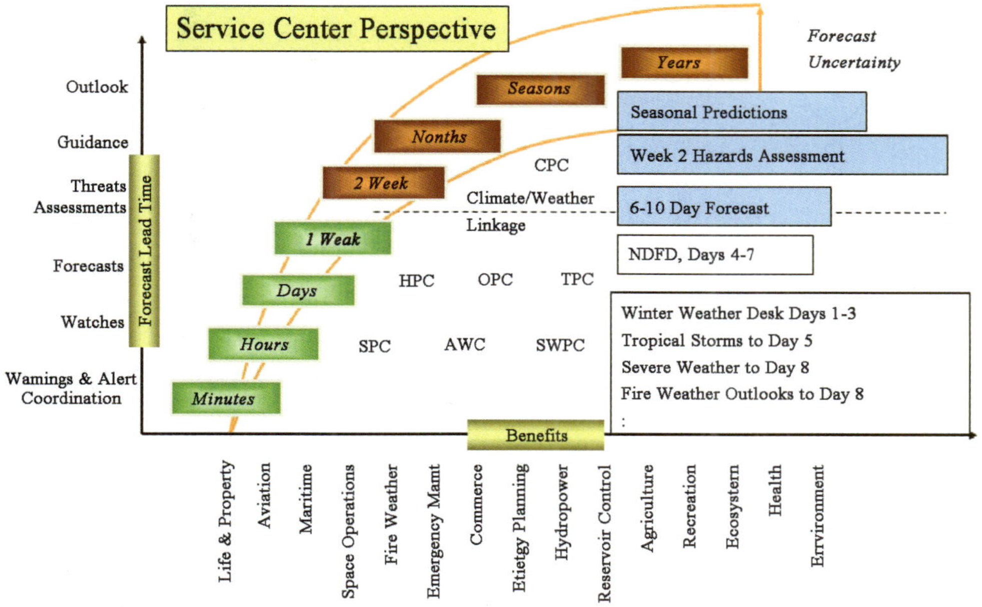

图 1.2　NOAA 无缝隙预报系统

1.2　国内外延伸期预报工作动态

关于延伸期预报，胡英等[1]对国内外延伸期预报主题文献计量指标进行了详尽的统计分析。20 世纪 60—80 年代后期《科学引文索引》（SCI）收录国际“延伸期预报”主题文献甚少，1989—2003 年呈现小幅振荡增长，显示国际上该领域研究仍处在徘徊期；从 2004 年开始整体呈现较快速振荡增长趋势，并出现 3 次明显增长：2004 年第一次明显增长，达 21 篇，并以后几年均维持在 2 位数以上，2008 年达到 29 篇，2011 年达到 38 篇。中国知网（CNKI）数据显示 1980—1990 年国内在该领域研究比国际更早进入活跃期，且近 20 年振荡增长趋势与国际基本同步，国内总发文量 328 篇与 SCI 国际文献 364 篇相差不大（图 1.3）。

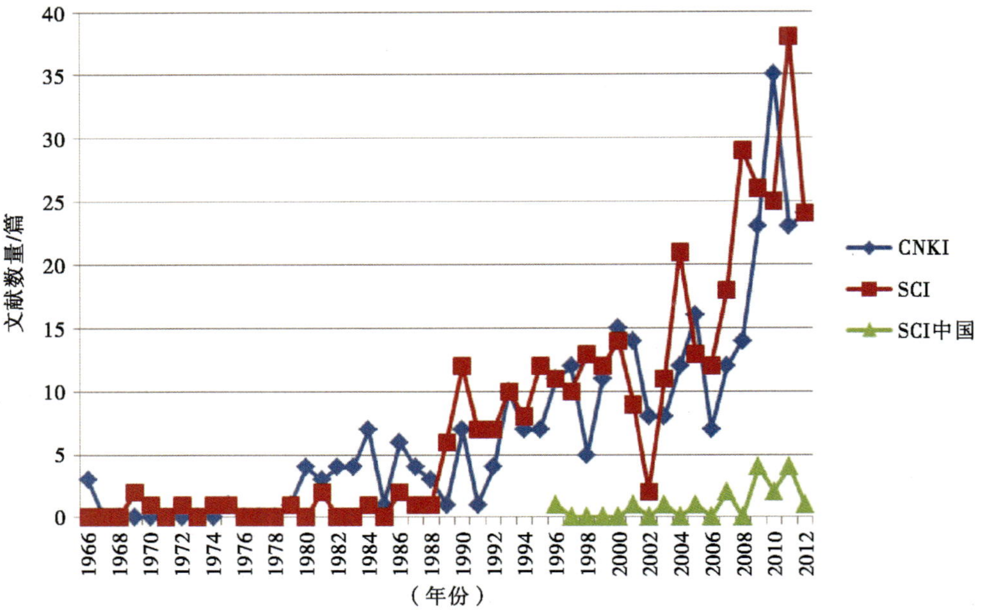

图 1.3 1966—2012 年 SCI 和 CNKI“延伸期预报”主题文献年代分布

表 1.1 统计给出 SCI－E“延伸期预报”主题文献产出量排名前 10 国家/地区的总被引次数、篇均被引次数和 h 指数。发达国家优势明显，值得注意的是，韩国文献数量不大，但其影响远在中国之上，与日本相当。

表 1.1 国际“延伸期预报”主题文献产出量排名前 10 的国家/地区影响力（SCI－E）

序号	国家/地区	产出/篇	总被引次数	篇均被引次数	h 指数
1	美国	198	7 062	35.67	42
2	英国	66	2 218	33.61	24
3	澳大利亚	20	669	33.45	8
4	德国	20	620	31.00	11
5	加拿大	20	480	24.00	12
6	日本	19	481	25.32	9
7	印度	19	166	8.74	7
8	中国	17	93	5.47	4
9	韩国	15	323	21.53	10

表1.2分别列出中国和国际“延伸期预报”主题文献产出量排序的前15个机构。国内前15个机构中有3个研究所、3个国家级业务单位和3个省级业务单位、6所大学。中国气象局直属机构共发文78篇（占23.8%），兰州、武汉、江苏和上海4个省级气象研究所共发文22篇（占6.7%），上海市气候中心和云南省气象局等16个省级气象业务机构共发文60篇（占18.3%），上述省级机构合计发文82篇（占25%）。

表1.2　中国和国际“延伸期预报”主题文献产出量排序前15个机构

序号	CNKI		序号	SCI－E	
	机构	产出/篇		机构	产出/篇
1	中国科学院大气物理研究所	36	1	美国国家海洋和大气管理局	53
2	中国气象局国家气候中心	32	2	欧洲中期天气预报中心	40
3	南京信息工程大学	25	3	美国国家航空航天局	24
4	中国气象科学研究院	23	4	加州大学	24
5	中国气象局国家气象信息中心	17	5	美国国家大气研究中心	21
6	兰州大学	15	6	科罗拉多大学	16
7	北京大学	11	7	普林斯顿大学	15
8	中国气象局兰州干旱气象研究所	11	8	加州理工学院	11
9	上海市气候中心	9	9	纽约州立大学	11
10	南京大学	8	10	佛罗里达州立大学	10
11	中国气象局	6	11	佐治亚理工学院	10
12	解放军理工大学	6	12	中国科学院	9
13	云南省气象局	5	13	印度热带气象研究所	9
14	广西气候中心	5	14	首尔国立大学	9
15	云南大学	5	15	雷丁大学	9

国际排名前15位的机构中，排在前3位的均为业务机构。中国科学院、印度热带气象研究所、韩国首尔国立大学和雷丁大学4家机构并列发文9篇，其余7个机构均为美国大学。

CNKI国内发表相关“延伸期预报”主题文献2篇以上的作者有38人，国际发表SCI该主题文献2篇以上作者有157人。表1.3给出前10位高产作者的排序。

国内“延伸期预报”主题文献中，中国气象局系统发表3篇以上机构产出合计为160篇，占国内发文总量的49%，其中省级研究所和业务单位在该领域的科研与业务应用发展很快，并取得可喜成果。

表1.3　中国和国际“延伸期预报”主题文献高产出前10位作者

序号	CNKI		序号	SCI－E	
	作者	产出/篇		作者	产出/篇
1	李维京	15	1	Vitart F	18
2	陈丽娟	10	2	Palmer TN	14

续表

序号	CNKI		序号	SCI - E	
	作者	产出/篇		作者	产出/篇
3	孙国武	9	3	Jones C	12
4	陈伯民	9	4	Hendon HH	9
5	张道民	8	5	Molteni F	9
6	王绍武	7	6	Miyakoda K	8
7	郑庆林	6	7	Alves O	7
8	张培群	6	8	Kang IS	7
9	纪立人	6	9	Waliser DE	7
10	丁一汇	6	10	Wheeler MC	7

1.3 延伸期预报的可预报性

在论述延伸期预报技术之前，非常有必要先讨论延伸期预报的可预报性问题。近两年（2012—2013年），何金海等、孙国武等、郑志海、康志明等和马浩等的“进展”、“综述”等文章中[2-6]，都对可预报性问题进行了综合论述和介绍。现摘录如下。

何金海等在“进展”一文中认为[2]，短期天气预报的可预报期限主要由初值决定。中高纬度天气系统的可预报期限大约为2周，这在很大程度上是由预报对大气初始条件的敏感性决定的[7,8]。而10～30天延伸期预报同时受到初始条件和大气外部强迫因子的影响。包括海洋、陆地及冰冻圈在内的外强迫通常都具有缓慢变化（缓变）的分量，它们对大气的影响可以提高大气的可预报期限。同时，缓变外强迫与大气的耦合所形成的大气内部过程，如大气低频变化，有助于提高可预报期限。此外，延伸期预报中经常用到各种时间的平均（如周和候的平均等），这种方法去除了部分天气噪声，凸显了大气缓变变化。因此，延伸期预报的可预报期限应该可以突破传统天气预报可预报期限的上限（2周）。简言之，缓变的外强迫及其影响下的大气低频变化都为延伸期预报提供了有用的低频信息[9]，进而使得延伸期预报成为可能。

延伸期预报的可预报因子源自大气、海洋和陆地上的各种动力过程，这些过程包括：①MJO，即热带地区的季节内低频振荡（ISO）。它由Madden和Julian[10,11]在20世纪70年代初首先发现，具有向东传播、40～50天周期、纬向1波全球尺度等特征。MJO作为热带地区季节内变率（ISV）的主要模态，伴随着有规律的对流活动，对热带和中高纬地区都有相当大的影响，且时间尺度介于月、季之间，因而被认为是次季节尺度上全球可预报性的一个主要因子。②土壤湿度。它的记忆效应可以持续数周，可通过蒸发量和地表能量收支的变化影响某些特定区域季节内时间尺度上气温和降水的预报[12]。③平流层—对流层相互作用。来自于平流层的信号影响极涡和北大西洋涛动时，对流层异常气流可持续大约2个月时间[13]。④海洋条件。海表温度异常可引起海—气热通量和对流的变化，从而影响大气环流。研究发现，基于耦合模式ISV的预报技巧已经有所提高[14]。

ISO 在天气气候的演变中扮演着重要角色，对持续性异常极端事件的发生有重要影响，是联系天气与气候的纽带，因而可作为开展延伸期预报的主要预报研究对象[15]。目前通过改进对 MJO 的预报来提高全球延伸期预报技巧是可期的。采用“完全模式”方法[16-19]，估计 MJO 的潜在可预报期限大概在 20～40 天。虽然近年来动力模式取得了很大改进，但是对 MJO 的预报模拟能力仍较为薄弱，预报时效仅在 7～10 天[20-24]。而经验和统计模式对 MJO 有较好的预报技巧，预报时效在 15～20 天[19,25-30]。最近的研究表明，MJO 的预报时效已经可以提高到 20 天以上[20,31,32]。总的来看，目前经验模式对 ISO 的预报能力要比动力模式好，在动力模式进一步得到改进之前，它无疑是一种研究 ISO 可预报性的更加有效的途径。

孙国武等在“综述”一文中提到[3]，低频天气图方法是延伸期预报技术方法之一。低频天气图上的低频环流系统具有时间的周期性，空间的连续性和生成源地的准定常性。而且，低频环流系统的变化恰好与引起天气过程的某种天气系统的生成、维持、移动、加强和减弱过程相对应。研究和实际应用表明，大气演变中有一些变化较慢的过程存在于天气噪声水平之上，这些缓变过程是与大尺度大气运动和低频外强迫相联系的，其时间尺度达数周，持续性比根据非线性流体力学所估计的持续性要长得多。因此，基于大气低频振荡的特性，是有可能提取大气中的低频信号制作低频天气图，进而用来制作中长期天气过程预报的。因为延伸期天气过程预报可能与低频环流系统有关，低频天气图可能是延伸期天气过程预报的较为合适的工具之一[33-39]。

事实上，有关大气可预报性的研究，丑纪范、李建平等的研究结果为延伸期预报提供了物理依据，具有前瞻性。丑纪范等[40-42]论述了天气和气候可预报性的认识过程，并且指出，大气环流异常信号的持续性能够导致异常天气的持续性，为超过天气预报时效上限的 10～30 天延伸期预报提供了可能性，并且提出了延伸期可预报分量的提取方法。丁瑞强和李建平[43-48]引入非线性误差增长理论对大气可预报性和天气可预报性的时空分布进行了研究，其结果表明大气的可预报性可达 20 天。进一步对大气的可预报性进行深入研究，发现大气季节内振荡有 35 天左右的可预报性，然而由于问题本身的难度和复杂性，关于可预报性仍有许多问题没有解决。Jin 等[28-30]的低频动力学研究也超出了洛伦兹等人提出的大气可预报性的上限。

郑志海[4]在“回顾”一文中写到，大气是一个复杂的非线性系统，由于其内在的随机性，客观存在可预报期限。大气可预报性理论研究表明，逐日天气可预报时效的理论上限一般为 2 周。根据经典可预报性理论，短期数值天气预报可提为初值问题，短期气候预测为边值问题。对延伸期预报而言，由于预报时效超过逐日天气可预报时效的上限，但气候系统中缓变的外强迫所起的作用又未完全显现，它正好处于这两个时间尺度之间，因此它既是初值问题，又是边值问题，其可预报性更为复杂。

可预报性问题，实质上是时空尺度问题，不同时空尺度有不同的可预报性，超过了逐日天气预报时效理论上限，则未来某日或某个具体时刻的天气预报将变得不可能。然而，这并不意味着超过逐日天气预报时效理论上限以后的大气运动没有可预报的分量[40,42,49]。莫宁[50]曾指出，“确定可预报性期限本身并不是一个建设性的课题（本身也不应该是目的），建设性地解决某个长时期的可预报性问题应该是指出这时期中所预报的气象场的特征。”对于延伸期数值天气预报，是否仍有可预报的气象场的特征？一些观测事实表明，行星尺度的大气活动中心、低纬度的低频信号及平流层的异常信号等特征时间尺度比天气尺度更长，具有更长的预报时效。动力理论研究表明，绝热、无耗散的方程组（线性理论）中的各种波动，最慢的是天气尺度波（Rossby 波），其时间尺度为几天，这是中短期天气预报重要的预报对象。已有研究发现有了非绝热耗散后，出现了一组比 Rossby 波移动更慢的非绝热波，并认为它代表了半永久的活动中心，是长期数值天气预报的预报对象[51,52]。观测和动力理论研究均表明，在延伸期时间尺度，客观存在可预报的分量[53,54]。可预报性通常从定性和定量的角度来进行度量，大气系统的可预报性是其固有属性，很多研究致力于从观测资料中反映大气的可预报性，通常从信噪比角度来定性研究大气的可预报性[55,56]，定量方面则从非线性动力系统理论和误差增长的角度来研究可预报性，如采用非线性局部 Lyapunov 指数来研究大气的可预报性[46,57,58]。数值模式是延伸期预报的主要手段之一，因此另一类可预报性研究是从数值模式出发，研究模式的可预报性[59,60]。它的关键问题之一是确定描述天气和气候发展变化的非线性系统的最快增长初始扰动，通常假设初始误差无限小，利用线性模式来寻找线性近似的最快增长扰动。由于线性的局限性，直接使用非线性模式，引入了条件非线性最优扰动[61,62]。传统的可预报性和集合预报研究往往关注最优向量的发展，因为它代表了相空间中误差增长最快的方向，即最先失去可预报性的部分。相反，也必然存在着初始误差增长较慢的分量，即对初值小的误差不敏感，这正是可预报的分量。在实际预报中，我们往往更关注在预报时段内还有哪些分量是可预报的，对于不可预报的分量，已经无法通过数值模式来确定性预报，应避免其误差快速增长的干扰。基于此，丑纪范等[40,49]针对大气系统的混沌特性，以数值模式为基础，阐述了 10～30 天延伸期可预报分量的提取方法，通过构建与最快增长初始扰动相反的泛函，逐步求取误差增长较慢的分量，将误差增长小于某个阈值的分量定义为可预报分量。

预报成功有两个重要因素：一是对某个时间尺度，实际大气过程中有哪些特征是可以预报的；二是对这些可预报过程的理解程度，即如何对这些可预报的特征进行有针对性的预报[63]。延伸期预报的困难在于大气系统的混沌特性使得预报误差不可避免的快速增长和模式误差的稳定增长，因此认识延伸期时间尺度的可预报性特征，区分哪些特征是可预报的，哪些特征是不可预报的，是开展有针对性预报的前提和基础。

马浩等[64]在“研究进展”一文中归纳为，按照大气可预报性理论，天气可预报时效的理论上限的预报水平不优于随机猜测水平，即失去可预报性。因为初始预报误差在达到理论上限之后急剧增长，使真实气象信息被误差信息所淹没。由于地球大气是一个非线性系统，混沌效应始终存在，故初始误差的不断积累与放大也始终存在，由此看来，在延伸期尺度上进行天气预报似乎是不可能的。然而，丑纪范等[40]指出，可以通过数学物理方法将大气变量分解为可预报分量和混沌分量、在延伸期尺度上针对可预报分量开展逐日预报，这一新颖的思路为逐日预报带来了希望。

对于延伸期预报，一种观点认为，既然逐日预报困难重重，不如放弃这一途径，将天气过程作为延伸期天气预报的预报对象。这一观点抓住了延伸期预报的核心问题，即持续性异常天气事件（特别是极端天气事件），只要能预测出延伸期时段内的主要异常天气过程（如强降水），则认为延伸期预报取得了成功。这种思路既切合延伸期预报的实际需求，也化解了逐日预报面临的困难，有着广阔的发展前景[34]。

另外，还有一种观点，也认同逐日预报的困难，提出延伸期尺度的预报对象应当是延伸期时间段内的要素平均值（如平均气温和平均降水量）[65]。这一观点将原有问题大大简化，就预报内容而言向短期气候预测靠拢，在实际业务中易于实现，且预测结果的可信度有一定保证，但问题是，这种做法得到的预测结果只能是气象要素“偏高偏低和偏多偏少”的趋势预报，而延伸期天气过程（时段、强度）预报才是要考虑的重点问题。

1.4 延伸期预报的技术方法

延伸期预报的技术方法是当前国内外研究工作关注的热点问题之一，图1.3明显地展示了国内外对延伸期预报的关注程度，这种关注度从21世纪初开始升温，2006年以来更是迅速升温。

关于延伸期预报方法，其中美国、英国、加拿大、欧洲中心、澳大利亚等诸多国家将动力模式应用于对MJO的延伸期预报中，且实时业务模式主要以发布未来2周的MJO指数预报为主。在我国，包括国家气候中心、国家气象中心、上海区域气候中心、兰州干旱研究所、南京信息工程大学、中国气象科学研究院等在内的诸多科研业务单位分别利用动力模式、低频天气图、低频波、自回归模型、MJO等方法开展了10天以上的延伸期预报产品制作，并在业务实践中取得了一定的效果。下面将根据文献[2-6]概括的内容归纳如下：

1.4.1 利用数值预报产品的延伸期预报方法

包括延伸期集合预报法、动力延伸期预报法和可预报分量提取法。

1.4.1.1 延伸期集合预报法

集合预报是解决初始条件和模式误差不确定性的有效途径，其核心思想是，选取一定数量的初始场，在相同的控制条件下向前积分，预报场的平均值高于单个模式的预报期限。Epstein首先提出了应用集合预报方法来弥补数值天气预报时效不足的思想[65]。为减小由于资料误差、模式误差和大气系统的非线性特征引起的数值预报的不确定性，根据误差的概率分布生成的初值数据，制作出预报集合，称为集合预报方法，它与传统的数值预报的最大不同在于初值不是“一个”，而是满足某一误差分布概率的数据集，因此预报结果也是“一组”数据的集合[66]。

集合预报的目的主要有3个：一是通过集合平均提高预报质量，其提高之处在于集合平均会过滤掉预报中不确定成分，而保留下集合成员中一致的部分倾向；二是提供预报的可靠性；三是为概率预报提供定量基础[67]。集合成员中有一致倾向的部分对初值不敏感，即初始状态虽存在一定的差异，但这部分在预报时效内差异并未显著放大，这和模式的可预报性紧密相连。集合预报的离散度代表了对初值的敏感程度，集合成员中显著差异的部分正是不能进行确定性预报的部分，只能给出概率分布特征，同时不同的流型离散程度存在差异，因此可利用集合成员的偏离程度来给出可预报性和预报可信度的估计。

集合预报是延伸期预报的重要手段，目前主要采用和中短期集合预报类似的方案，主要对初始条件和数值模式的不确定性进行有代表性的扰动，获得未来预报的概率分布。对初始条件主要通过初始扰动方法来考虑，如目前广泛应用于业务的繁殖法[68]、奇异向量法[69]和观测扰动法[70]等，此外，还有很多扰动方法被提出，如最优初值形成的四维变分同化方法[71]、条件非线性最优扰动法[61,62]和基于集合转换技术的初始扰动法[72]等。对模式误差的不确定性，则多通过扰动边界条件、物理参数化过程中对预报对象敏感的参数或者采用不同参数化方案[73,74]，以及统计后处理的多模式集合和超级集合方法[75,76]等。大量研究和业务应用表明集合预报能有效提高预报技巧。

各国在集合预报方案上有所不同[77]，如美国 CPC 主要采用海气耦合模式[65]，初始扰动包括了大气和海洋的演变；英国气象局和日本东京气候中心主要采用大气模式，海温为初始异常持续，初始扰动只包括大气分量；ECMWF 则采用了不同的方案[78]，前 10 天采用高分辨率的大气模式，10 天之后则应用分辨率相对较低的海气耦合模式，对大气和海洋初始条件均进行了扰动。通过前面的讨论和分析，不难发现欧洲中心的延伸期集合预报和可预报性联系是更为紧密的。前 10 天，逐日天气是可预报的，因此采用分辨率较高的大气模式，但 10 天以后，由于初值信息的衰减，外强迫的作用不断显现，因此海气耦合则成为必然选择，同时，由于可预报性的限制，高分辨率的大气模式必然导致更多小尺度的预报误差增长，因此需要滤除不可预报的小尺度分量，而采用低分辨率的大气模式。延伸期集合预报必然要和其可预报性特征结合起来。针对延伸期的可预报性特征，对具有不同特性的延伸期可预报分量和随机分量应采用不同的集合预报方案，基于此发展了一种基于延伸期可预报性的集合预报新方法[79]。

此外，梁萍等[80]发现利用集合经验模态分解（EEMD）方法提取的江淮梅雨区夏半年（4—9 月）降水的低频分量对该地区实际降水量的延伸期预报具有一定的指示意义，采用最优子集回归方法可提前 30 天对江淮地区汛期降水量进行延伸期预报。

1.4.1.2　*动力延伸期预报法*

自 20 世纪 90 年代初期开始，国家气候中心开展了以月内逐旬预测为重点的月动力延伸预报研究与业务应用[81-85]，并建立了月动力延伸集合业务系统。其中，李维京等[81]首先提出利用动力与统计相结合的方法，从大尺度大气动力学方程组出发，根据月尺度大气环流的演变特征，先推导出可旬滚动的月降水距平百分率和 500hPa 月平均高度距平场的关系，所得到的方程表明预报对象和预报因子两者之间具有明确的物理意义。然后利用动力延伸预报的 500hPa 月平均高度距平资料和站点的实际降水资料，使用统计学中的反演方法确定出预报方程中的系数，得到所预报站点的月降水预报方程，将该方程应用于实际预报试验中去，并经过独立样本检验，结果表明动力与统计相结合的方法对月动力延伸集合预报产品的使用具有明显的效果。在实时业务运行中，国家气候中心月动力延伸预报的具体做法是，以国家气象中心中期数值预报模式 T63L16 为基本动力框架，采用滞后平均集合预报法（LAF），取每旬末两天 00：00，06：00，12：00 和 18：00 UTC 为初始场分别积分 30 天，作逐旬滚动月预报[81]。在此基础上，诸多研究提出利用环流特征量和要素之间的统计关系直接用于要素预报[83]、采用与预报月高度场相似月作为样本资料改善预报方程系数[86]、基于月动力延伸预报产品的逐步回归 MOS 统计方法[87]等，对动力延伸预报产品解释应用技术进行诸多尝试和改进。上述基于动力延伸方法的预报技术及试验经过不断改进，在目前的延伸期预测业务中发挥了重要作用。

ECMWF 将 10 ~ 30 天延伸期预报又称为月预报，预报产品基于集合预报系统数值预报产品。为延长预报时效，将中期预报进行动力延伸，并在预报起始日的第 10 天后开始考虑海气耦合作用。具体做法是，在第 10 天前模式中海温保持恒定，从第 10 天开始利用风应力驱动海洋模式来产生海洋的初始场，热通量和 EP 通量由集合预报成员产生。输出的产品有 500hPa 位势高度场、海平面气压、12 小时累积降水和 850hPa 温度场，以气象要素的周平均值及其概率形式给出，预报时效为未来 5 ~ 11 天（第 1 周），未来 12 ~ 18 天（第 2 周），未来 19 ~ 25 天（第 3 周）以及未来 26 ~ 32 天（第 4 周）。

美国环境预报中心（NCEP）自 1988 年 6 月 6 日开始，NCEP 下属的气候预测中心（CPC）开始负责 6 天以上预报的研究探索。目前 CPC 的延伸期预报业务主要是发布 6 ~ 10 天和 8 ~ 14 天的趋势预报，即偏高、偏低或等于同期气候值。具体产品为地表 2m 温度、降水百分率等。除预报产品外，CPC 还发布大量监测类产品，比如海温等外强迫条件监测、风暴路径和阻塞高压等环流系统监测等。NCEP 的延伸期模式预报开始于 2004 年 8 月 13 日，采用海气耦合模式，大气部分为 NCEP 的全球预报系统（GFS），水平分辨率为 T62L64。海洋部分为 GFDL 海洋模式。NCEP 以不断提高延伸期预报技巧、提高产品通俗性、可用性以及精细化水平、预报预测由平均态向极端事件拓展为其未来发展目标。

1.4.1.3 延伸期可预报分量提取法

如前所述，尽管逐日天气可预报时效的理论上限为 2 周左右，然而这并不意味着时间尺度超过逐日天气预报理论上限的大气运动没有可预报的分量[88]，观测和理论研究表明，在 10 ~ 30 天的时间尺度，客观存在可预报的分量[89-91]。对初始误差的敏感性体现了大气的混沌特征，从数值模式的逐日输出结果出发，可以运用数学物理方法将模式结果分析为对初值不敏感的可预报分量和对初值敏感的不可预报分量（即混沌分量），并在此基础上构建针对可预报分量的数值预报模式。可预报分量模式的构建可以在原数值模式基础上运用变分同化方法得到，而无需构建新的模式，从而使问题大为简化[40]。同时可预报分量模式也会不可避免地存在预报误差，针对这一问题，丑纪范等[92,93]提出了一种运用历史数据改进模式预报结果的新颖思路，改变数值预报的提法，将微分方程的初值问题转化为求解微分方程的反问题，在实际应用中取得了良好的效果。

可预报分量提取法目前尚处于理论探索阶段，尽管该方法被证明是进行延伸期预报的强有力的数学工具[40]，但真正应用于业务实践还要经历相对较长的过程。

1.4.2 利用大气低频信号的延伸期预报方法

延伸期天气预报之所以是一大难题，主要是因为它超出了逐日天气预报的理论上限，短期天气预报理论不再适用；同时气候系统的多数外强迫因子尚未发挥作用，基于大气遥相关过程的短期气候预测理论也不再适用。相关理论的缺失，为延伸期预报带来了很大的阻力。从物理上来说，在延伸期尺度内，大气低频振荡既是大气活动的强信号，也是诱发大气环流演变的重要因子，因此基于大气低频活动信号开展延伸期预报成为除数值方法之外的另一个重要方向。该方法物理意义鲜明，预报思路简洁，近年来受到日益广泛的关注。宏观而言，大致可分为 MJO、低频天气图和天气关键区大气低频波演变特征。

1.4.2.1 MJO 的延伸期预报法

MJO 是展示热带地区 ISO 的强信号，它的东传不仅能够影响热带地区的天气和气候，还会通过对流强迫或遥相关影响到热带外地区[15,94]。由于 MJO 具有季节内时间尺度的准周期特性，利用 MJO 的延伸期预报研究已相当活跃。迄今，基于 MJO 的延伸期预报方法大多是根据 MJO 的带通滤波信号或主模态方法进行的[20,22]。然而，在实时预报中基于滤波的预报方法存在局限性，Von Storch 等[95]、Lo 等[25]基于未滤波 MJO 指数的预测方法则弥补了这个缺陷，他们分别采用主振荡型技术、滞后线性回归模型进行 MJO 的识别和预测，预报时效约为 15 天。

Wheeler 等[26]采用时空域上的傅里叶分析滤波方法，对 MJO 的实时监测方法进行研究。通过改进，Wheeler 等[96]使用近赤道（15°S ~ 15°N）平均的 OLR（向外长波辐射）、850hPa 和 200hPa 纬向风多变量 EOF（经验正交函数）分析，将逐日观测资料投影到前两个 EOF 模态上以提取出主要包含 MJO 信号的一对主成分 RMM1 和 RMM2，即实时多变量 MJO 监测与预测指数。而由 RMM1 和 RMM2 确定的位相分布图可以清晰地反映逐日的 MJO 空间位相演变，MJO 的强度由 RMM1 和 RMM2 平方和的根决定，>（<）1 表示强（弱），这样 MJO 的自西向东移动及其强度的变化就可在位相分布图上表现出来。Wheeler 等[96]定义的多变量 MJO 指数不仅可用于 MJO 信号的实时预测，还可应用于各个季节，相比于传统的时间滤波方法，表现出很大的优越性。目前，该 MJO 指数已被广泛应用于美国气候预测中心（CPC），澳大利亚和印度等国家的气象部门，结合其他在此基础上发展起来的向量自回归模型（VAR）、多变量滞后回归模型[30]以及滞后线性回归 PCL[28]、经验位相传播 EPP[97]、相似法[98]等方法，对 MJO 进行实时监测和诊断。在我国，基于该 MJO 指数，丁一汇等[15]发现热带 MJO 不同位相可作为江淮/上海地区夏季降水（或极端降水）的延伸期预报信号，其中，在 2009 年 5 月 23 日和 6 月 2 日制作梅汛期延伸期预报的实时业务中，根据美国 NCEP - GFS 预报的 6 月上旬和中旬前期 MJO 活跃于西太平洋地区的 6，7 位相，得出 6 月上旬和中旬前期不利于江淮/上海地区入梅，预报结果符合实况，这为江淮梅雨汛期的延伸期预报提供了有力依据。而根据 MJO 传播规律对云南延伸期降水的影响来制作延伸期预报也已经成为云南省气象台的一种新手段[99]。

此外，Yasunari 把 MJO 同印度季风的活动联系起来[100]，并指出印度季风区存在周期为 15 天和 40 天左右的季节内振荡，进一步推动了 MJO 的研究[15]。Krishnamurti 等[101]分析得出，南亚季风槽脊的活动存在周期为 30 ~ 50 天的振荡且有向北缓慢传播的特征，这一结论得到了 Murakami 等[102]的证实，并提出了与之相关的扰动能量频散问题。

1.4.2.2 低频天气图延伸期预报法[33-36]

低频天气图方法利用大气低频振荡在时空演变上的特性，提取大气中的低频信号，在逐日天气图上进行 30 ~ 50 天 Butterworth 带通滤波，从而将普通天气图转化为“低频天气图”，将普通天气图上的气旋、反气旋转化为“低频天气图”上的“低频气旋”、“低频反气旋”，通过对低频气旋和低频反气旋造成的南北气流辐合情况进行分析来开展延伸期强降水过程的预报，其主要预报对象是天气过程。

低频天气图与一般天气图明显不同，由前者分析出的低频环流系统，具有缓变特征，存在于天气噪声水平之上，代表的是 ISO 振幅最大位相随时间的变化，可反映天气系统的演变规律。

低频天气图法具有显著的优势：其一是普适性。低频天气图法并不依赖于某些具体的大气动力过程来开展预报，而是通过将普通天气图转化为低频天气图，使传统的天气学原理和方法可以适用于低频天气图，方法本身不受区域限制，也比较容易实现。其二是简洁性。低频天气图法的物理架构清晰，将延伸期预报问题转化为发掘低频天气系统活动规律与强降水过程之间的有机联系。一直以来基于物理信号追踪开展延伸期天气预报之所以是个难题，很大程度上是如何利用大气低频系统活动规律来开展延伸期预报？一方面，对大气低频系统的活动规律了解有限，并无确定的把握；另一方面，大气低频系统的活动规律与延伸期天气预报之间的联系究竟如何？这种确定性联系的缺失往往为气象部门制作业务预报带来障碍。低频天气图法的可贵之处在于走出了这一困境，不强调分析真实大气中天气系统的活动规律，着眼于分析低频天气图上的低频系统，由于可以借鉴天气学分析工具，且低频系统活动造成的气流辐合辐散对于延伸期降水过程有着很好的指示意义，从而将问题大大简化。其三是实时性。由于低频天气图法的依托工具为逐日低频天气图，而 MICAPS 实时资料每天由中国气象局下发，从而保证了延伸期预报制作的实时性。

1.4.2.3　天气关键区大气低频波延伸期预报法[35]

根据各个天气关键区大气低频波位势高度曲线的演变和配置，即各个天气关键区的变化趋势及相互配置，判断有利于南北低频气流在我国东部副热带地区汇合，造成中雨以上天气过程。

我国副热带地区 700hPa 等压面经向风的低频振幅较大，亦即该区域大气低频振荡较强，而且低频偏北与偏南气流的辐合点从高纬向低纬的南压过程中一般都在副热带地区维持一段时间。

根据上海地区位于副热带 30°N 附近的特点，30°N 以北的天气关键区是：贝加尔湖、新疆和河套地区，反映低频偏北气流的南下；30°N 以南的天气关键区是：西太平洋、华南及以南和印度—孟加拉湾地区，反映低频偏南气流的北上。

各天气关键区低频波的演变周期（30～50 天）相同；但演变特征与降水过程的对应则不同。无论是低频高度曲线上升或下降，但是它们的天气学意义都比较明显，反映出各关键区低频高压（脊）和低频低压（槽）的维持和加强，有利于北方、西方的低频偏北气流南下和西南方、东南方的低频偏南气流北上。如果仅考虑某一个关键区低频波的演变特征来预测降水过程，则符合条件的概率为 25/38（66%）；如果综合考虑各关键区的低频波演变特征，并且予以配置，即要求北方和南方关键区的低频特征同时符合条件，则概率为 29/38（76%）。显然这种配置反映出高纬低频系统引导偏北气流南下；低纬低频系统使得偏南气流北上，互相汇合，形成降水。大气低频波的扰动，即低频偏北气流一次次南压，并与低频偏南气流汇合，其辐合点在从高纬到低纬的过程中，到达 35～45°N 时，降水过程发生。

1.4.2.4 低频信号的综合

特定对象的10～30天延伸期可预报信号往往是来自不同源地的低纬、中纬和高纬大气低频振荡或持续过程，这些可预报信号与其本身及影响系统在延伸期时间尺度上是否具有持续性、周期性密切关联。以江淮梅雨为例，研究发现，以MJO为主要特征的赤道印度洋和热带西北太平洋大气季节内准周期振荡可通过影响亚洲夏季风进一步对东亚地区的天气气候演变和阶段性、持续性异常事件产生重要影响[15,103－112]，从而可能成为包括江淮梅雨在内的东亚天气气候事件在10～30天延伸期时间尺度上的可预报信号。这种准40天时间尺度的ISO除了存在于热带的MJO，还存在于中高纬度地区[104,113－117]，如能持续2～3周的阻塞形势，也对江淮梅雨起着很大作用[118－123]。另外，江淮梅雨区降水本身变化也存在30～60天低频振荡特征[124－126]。同时，以准双周为主要周期的另一类低频振荡也对中国东部降水有着重要影响[127－130]。由此看来，在讨论江淮梅雨的维持时就要综合考虑不同来源的低频信号。例如，梁萍等[131]研究发现，东亚梅雨的峰值降水阶段既与热带异常对流的北传有关，又与来自中高纬里海附近冷空气低频波列的东传以及鄂霍次克海高位涡的西南向传播有关。陈官军等[132]则将能够反映大尺度环流背景和江淮持续性强降水低频特征的10个东亚环流关键系统指数作为预报因子引入到江淮地区汛期（6—8月）的持续性降水过程的预报模型中。然而，对于特定对象的不同时空尺度降水过程的延伸期可预报信号的完全认识还存在一定难度，以及其中的内在机理目前尚不清楚。

1.4.3 利用数理统计的延伸期预报方法

除了动力模式和大气低频活动信号演变的延伸期预报思路外，数理统计也是低频延伸期天气预报领域广为使用的方法。数理统计方法不拘泥于某种预报框架，思路灵活、手段多样，在针对特定问题的研究和分析中往往能收到较好的效果。

梁萍等[80]发现利用集合经验模态分解（EEMD）方法提取的江淮梅雨区夏半年（4—9月）降水的低频分量对该地区实际降水量的延伸期预报具有一定的指示意义，采用最优子集回归方法可提前30天对江淮地区汛期降水量进行延伸期预报。同时还利用经验波传播（EWP）方法对MJO活动的延伸期预报进行了探讨，该方法可提前40天预报ITCZ活跃异常的东传，并可以较好地预报出梅雨区的风场距平。谷德军等[133]研究得出，利用降水要素本身近期变化的主要周期，采用简谐波拟合的方法建立其延伸期预报模型对广州降水中期和延伸期预报也有较好的预报效果，该方法的预报可为实际业务预报提供重要参考。

信飞等[134]基于Jones等[28]建立的统计预报模型，结合我国东部地区实际情况，通过经验正交分解，自回归及多元线性回归等统计方法，建立了低频大气环流统计模型。实践证明，该模型对汛期未来3～5候长江中下游大气环流演变预测有一定参考价值。覃志年等[135]基于NCEP/NCAR再分析资料，利用Lamb环流分型，提取造成广西区域性暴雨的主导系统，在此基础上应用动态相似集成预报方法，制作6月的延伸期区域性暴雨过程预报。

杨玮等[37]从统计角度通过分析700hPa水汽输送通量场流函数和势函数的低频分量演变特征及其与上海地区夏季降水过程的对应关系，提出了一种低频环流系统的统计预报方法。该方法具有一定的可行性和实际应用价值。首先利用 MICAPS 的 700hPa 逐日 20 时流场、温度露点差和温度场资料计算 700hPa 水汽通量及其流函数和势函数，将计算得到的流函数（势函数）场进行 EOF，按照 North 准则截取前 N 个主要模态，得到前 N 对空间型及相应的时间系数，对时间系数进行 30～50 天的 Butterworth 滤波。考虑到影响上海地区的 4 股关键气流分布，选取与孙国武等[33]相同的 8 个关键区。输出的低频流函数正（负）中心表示高（低）压中心，势函数正（负）中心表示辐散（辐合）中心，参考 Jones 等[28]方法，采用多阶自回归模型，将截取的各模态时间系数外推 τ（取 $\tau=30$）日，用所得时间系数外推场和空间型重建 1～τ 日流函数（势函数）预报场。将输出预报场与历史实况统计结果（降水和关键区低频系统的配置）进行分析比较，找出其与上海地区夏季降水过程的对应关系，最后发布预报结果。

可喜的是，早在 2002 年开始，国家气象中心利用历史资料和我国月动力延伸模式预报产品和中期数值预报产品，通过分析冬季寒潮天气过程的大气持续异常特性、大气周期变化性质以及利用相似延伸预报模型，研发了国家级延伸期监测应用和预报模型，并建立了延伸期预报业务系统。2005 年 9 月，延伸期预报业务开始准业务化，主要制作未来第二旬和第三旬的降水量及其距平百分率、温度及其距平预报。2008 年开始，国家气象中心进一步推进延伸期预报业务的建设，开发新的预报方法，制定了预报规范和预报流程。2010 年 5 月，国家气象中心和国家气候中心建立了联合会商机制和流程，统一了延伸期预报业务规范、流程和产品等。预报频次由每旬增至每候，由两个业务中心通过会商联合发布延伸期预报，产品内容包括未来第 11～20 天的降水量、温度距平、降水距平百分率以及相应时段的主要天气过程。

1.5 低频天气图延伸期预报的实践

延伸期预报国内外有众多的研究成果和应用范例，低频天气图预报方法仅是其中之一，其特点是在月时间尺度内预报天气过程发生的具体日期。早在 20 世纪 90 年代初，孙国武等就提出用大气低频振荡来预报中长期天气过程的方法——低频天气图，并与何金海致力于大气低频振荡预报方法在气象业务部门的业务应用研究。为此，1991 年和 1995 年，在广东、江苏省气象局的支持、帮助下，以中国气象学会天气极地气象学专业委员会的名义，分别在广州、南京举办全国性的大气低频振荡天气图预报方法学习班，但因当时格点实时资料条件的制约而未能实现业务应用。直到 2007 年，在中国气象局有关业务职能管理部门的支持帮助下，2008 年和 2009 年，“低频天气系统预报技术业务化应用”项目作为中国气象局新技术开发实施，2011 年和 2012 年，中国气象局预测与网络司以“月内重要过程趋势预测业务系统”立项，列为中国气象局现代气候业务发展试点工作，先在辽宁、甘肃、浙江和江苏等省气候中心推广低频天气图方法。2012 年进一步扩大推广单位，共 11 个单位：上海、辽宁、江苏、浙江、甘肃、福建、江西、安徽、山东、河北和重庆市等气候中心。中国气象局兰州干旱气象研究所从 2009 年开始，用低频天气图进行沙尘暴、干旱过程的延伸期预报业务。

经过 2008—2012 年 5—9 月在不同单位的应用，对强降水过程提前 10～30 天预报的结果是比较好的。

1.5.1 降水过程预报

使用低频天气图，从2008年（7—10月）、2009年（6—9月）、2010年（3—9月）、2011年（6—9月）和2012年（6—9月）上海地区的预报结果（表1.4～表1.8），5年的夏季，上海地区中雨以上降水过程共出现68次，提前10～40天预报出来58次，漏报10次，空报7次。其中局部地区或区域性暴雨过程（日降水量≥50mm）22次，特大暴雨过程（日降水量≥100mm）9次，均出现在预报的强降水过程时段内。需要说明的是，延伸期过程预报结果的评定，目前尚没有制定标准，我们规定：在所预报的时段内，出现强降水（区域性中雨以上）则认为预报正确，如2012年5月5日预报6月17—23日有强降水过程，6月17—18日实况出现了大到暴雨；否则评为不正确，如2012年5月21日预报6月5—10日有强降水过程，实况6月6—7日有降水，但强度（小雨）不够。又如，2010年8月6日实况出现中雨，比预报日期提前2天出现，评为“漏报”。

表1.4 2008年强降水过程预报与实况

发布预报日期	预报时效/d	预报过程发生时段	降水实况
2008.7.6	13	7月中旬后期—下旬前期 （7.17—7.23）	7.19—7.20，中雨（局部地区大雨） （7号台风“海鸥”影响）
2008.7.15	13	7月下旬后期—8月上旬前期 （7.28—8.2）	7.28—7.31，大雨 （8号台风“凤凰”影响）
2008.7.24	16	8月上旬后期—中旬前期 （8.7—8.13）	8.9—8.12，中－大雨 （局部地区暴雨）
2008.7.24	31	8月下旬中期—下旬后期 （8.24—8.30）	8.24—8.26，大－暴雨 （局部地区大暴雨）
2008.8.8	21	8月下旬后期—上旬前期 （8.28—9.3）	8.29—8.31，中雨
2008.8.8	36	9月中旬前期—中旬中期 （9.11—9.17）	9.13—9.16，中－大雨 （13号台风“森拉克”登陆我国）
2008.8.25	23	9月中旬中期 （9.14—9.17）	9.17，中－大雨
2008.9.8	12	9月下旬前期—下旬中期 （9.21—9.26）	9.20—9.21，中雨 （14号台风“黑格尔”登陆我国）
2008.9.15	19	10月上旬中期—上旬后期 （10.4—10.10）	10.4—10.5，中雨 （17号台风“海高斯”登陆我国）

漏报过程2次

降水日期	降水实况
2008.8.15—8.18	局部地区大雨
2008.9.5—9.6	局部地区大雨

表 1.5 2009 年强降水过程预报与实况

发布预报日期	预报时效/d	预报过程发生时段	降水实况
2009.6.15	11	6 月下旬后期 (6.26—6.30)	6.26—6.27，中雨，局部地区暴雨； 6.29—7.2，中－大雨，局部地区暴雨
2009.7.3	37	7 月中旬末—下旬初 (7.18—7.23)	7.22—7.24，大－暴雨，局部地区特大暴雨
2009.7.17	25	7 月下旬末—8 月上旬前期 (7.29—8.4)	7.28—8.2，暴雨，局部地区特大暴雨； 8.4—8.5，小－中雨，局部地区大雨
2009.7.28	24	8 月中旬 (8.11—8.17)	8.10—8.12，大－暴雨、局部地区大暴雨，“莫拉克”影响； 8.14—8.17，小雨，局部地区暴雨； 8.19—8.20，小雨，局部地区中－大雨
2009.8.17	30	8 月下旬后期—9 月上旬前期 (8.27—9.2)	8.27，小－中雨，局部地区大雨； 9.1—9.2，小雨，局部地区大雨
2009.9.17	31	9 月中旬后期—下旬前期 (9.18—9.23)	9.17—9.18，中－大雨； 9.21—9.22，中雨，局部地区大雨
		9 月下旬后期—10 月上旬前期 (9.27—10.3)	9.29—10.1，中－大雨

漏报过程 2 次

降水日期	降水实况
2009.7.6	49.4mm
2009.8.23	59.0mm

表 1.6 2010 年强降水过程预报与实况

预报日期	预报时效/d	预报过程发生时段	实况
2010.5.7	37	6 月中旬中期 (6.13—6.18)	6.13—6.14，中雨
2010.5.28	27	6 月下旬中期 (6.24—6.28)	6.24—6.25、6.27—6.29，中－大雨
2010.6.4	28	6 月底—7 月初 (6.30—7.4)	7.2—7.5，中雨，局部地区大－暴雨
2010.6.18	21	7 月上旬中后期 (7.6—7.10)	7.9，中雨
		7 月下旬中期 (7.24—7.28)	7.26，局部地区中雨（空报）

续表

预报日期	预报时效/d	预报过程发生时段	实况
2010.7.2	27	7月中旬中后期—7月下旬前期（7.18—7.23）	7.16，中－大雨，7.21，小雨
		7月底—8月上旬前期（7.29—8.3）	7.29、8.3—8.4，中雨
2010.7.9	27	8月上旬后期—8月中旬前期（8.8—8.12）	8.6，中雨；8.10，小雨，台风“电母”北上
2010.7.16	32	8月中旬后期—8月下旬前期（8.17—8.23）	8.17—8.18，大－暴雨
2010.8.13	14	8月底—9月初（8.28—9.3）	8.27，中－大雨，局部地区暴雨；8.30—9.1，大－暴雨，局部地区大暴雨（圆规和狮子山倒槽的共同影响）
	24	9月上旬后期—9月中旬前期（9.7—9.12）	9.10—9.13，中－大雨，局部地区暴雨
2010.8.27	30	9月下旬中后期（9.24—9.29）	9.26，中－大雨
2010.9.3	19	9月中旬后期—9月下旬前期（9.17—9.22）	9.22，中雨
2010.9.10	20	国庆前后无强降水过程	9.30—10.1，基本无雨

漏报过程2次

降水日期	降水实况
2010.7.16	中－大雨（比预报日期提前2天）
2010.8.6	中雨（比预报日期提前2天）

表1.7 2011年强降水过程预报与实况

预报日期	预报时效/d	预报过程发生时段	实况
2011.5.13	28	6月上旬后期—中旬初（6.7—6.12）	6.10—6.12，中－大－雨，局部地区暴雨（上海入梅首场降雨，6月10日入梅）
2011.5.30	14	6月中旬后期—下旬初（6.17—6.21）	6.14—6.15，6.17—6.19，6.21，局部地区特大暴雨（年度最强降水）
2011.6.3	26	6月下旬后期—7月初（6.26—7.2）	6.29—7.1，小－中雨 米雷台风影响华东
2011.6.16	22	7月上旬后期—中旬前期（7.8—7.12）	小雨（空报）
2011.6.24	30	7月下旬前期（7.21—7.24）	7.24，中－大雨，局部地区暴雨

续表

预报日期	预报时效/d	预报过程发生时段	实况
2011.7.7	24	7 月底—8 月上旬前期 (7.31—8.5)	7.31，中雨，局部地区大雨； 8.3—8.4、8.7，局部地区大雨
2011.7.15	27	8 月中旬前中期 (8.11—8.13)	8.11—8.13，中－大雨，局部地区暴雨 (8 月最强)
2011.8.4	13	8 月中旬后期—下旬初 (8.17—8.22)	8.17，中－大雨，局部地区暴雨
2011.8.12	13	8 月下旬后期—9 月初 (8.27—9.2)	8.25—8.27，大雨，局部地区暴雨
		9 月上旬中后期 (9.5—9.10)(闵行)	9.8—9.10，小雨 (空报)
2011.8.25	21	9 月中旬后期—下旬初 (9.17—9.23)	(空报)
2011.9.9	21	9 月下旬后期—10 月初 (9.26—10.2)	9.30，中－大雨

漏报过程 1 次

降水日期	降水实况
2011.7.15	中雨

表 1.8　2012 年强降水过程预报与实况

预报日期	预报时效/d	预报过程发生时段	实况
2012.5.21		6 月上旬中后期 (6.5—6.10)	6.6—6.7，小雨 (空报)
2012.5.25	23	6 月中旬后期—下旬初 (6.17—6.23)	6.17—6.18，大－暴雨，局部地区大暴雨 (入梅首场降雨)
2012.6.8	18	6 月下旬后期 (6.26—7.1)	6.26—6.27，中－大雨，局部地区暴雨
2012.6.15	21	7 月上旬中期 (7.3—7.7)	7.6—7.7，中－大雨
2012.6.29	13	7 月中旬中后期 (7.14—7.19)	7.12—7.15、7.17—7.18，中－大雨，局部地区暴雨
		7 月下旬后期 (7.24—7.29)	无降水 (空报)
2012.7.6	27	8 月上旬前、中期 (8.2—8.7)	8.2—8.3，台风达维影响，中－大雨； 8.8，台风“海葵”，大－暴雨，局部地区大暴雨，本年最强降水过程

续表

预报日期	预报时效/d	预报过程发生时段	实况
2012.7.13	27	8月中旬前期 (8.10—8.15)	8.9，中-大雨 (台风"海葵"外围云系影响)
2012.7.27	29	8月下旬中后期 (8.26—8.31)	8.25，中-大雨
2012.8.10	28	9月上旬后期-中旬初 (9.7—9.13)	9.7—9.9、9.13，中-大雨
2012.8.27		9月中旬中后期 (9.15—9.20)	无降水（空报）
2012.9.7	15	9月下旬前、中期 (9.22—9.26)	9.22，中-大雨

漏报过程

降水日期	降水实况
8.20—8.22	大-暴雨
9.4	大雨

1.5.2 极端或重要天气气候事件或过程预报

1.5.2.1 暴雨天气过程预报

从表1.4~表1.8中可以看出，低频天气图方法每年都显示出对当年暴雨天气过程的延伸期预报具有其独特之处，具有相当的预报能力。举例略述如下：

（1）2008年7月24日发布，预报8月下旬中后期（8月24—30日）将有强降水过程发生，实况降水是8月24—26日大-暴雨，局部大暴雨（徐家汇站日降雨量达164.5mm），是2008年最强降水过程。

（2）2009年7月3日发布，预报7月下旬末—8月上旬前期（7月29日—8月4日）将有强降水过程发生，实况降水是7月28日—8月2日暴雨，局部地区特大暴雨（奉贤站日降雨量达172.9mm），是2009年最强降水过程。

（3）2010年8月13日发布，预报8月底—9月初（8月28—9月3日），将有强降水过程发生，实况降水是8月27日中-大雨，8月31日—9月1日大-暴雨，局部地区特大暴雨（徐家汇站日降雨量达127.6mm），受台风"圆规"、"狮子山"影响，是2010年最强降水过程。

（4）2011年5月13日发布，预报6月上旬后期—中旬初（6月7—12日）将有强降水过程发生，实况降水是6月10—12日上海全市中-大雨，局部地区暴雨（崇明站日降雨量达67mm），是入梅6月10日首场降水。

（5）2011年5月30日发布，预报6月中旬后期—下旬初（6月17—21日）将有强降水过程发生，实况降水是6月14—15日，6月17—21日上海全区中-大雨，局部地区特大暴雨（奉贤站日降雨量达126.3mm），是2011年最强降水过程。

（6）2012年7月6日发布预报8月上旬前、中期（8月2—7日）将有强降水过程发生，实况降水是8月2—3日，上海全市中－大雨，8日大－暴雨，局部地区特大暴雨（徐家汇站日降雨量达205.6mm），受“海葵”台风影响，是2012年最强降水过程）。

（7）2012年5月25日发布，预报6月中旬中、后期—下旬前期上海地区将出现强降水过程（预报过程发生日期为6月17—23日），提前23天发布预报，实况降水见表1.9和表1.10。

表1.9　上海地区降水过程实况

发布预报日期	预报过程发生时段	降水实况
5.25	6月中旬后期—下旬初（6.17—6.23）	6.17—6.18，全区大－暴雨，局部地区大暴雨，金山单日降雨量达138.4mm，入梅（6.17）首场降水

表1.10　上海地区11站降水实况雨量　单位：mm

6月	崇明	嘉定	宝山	浦东	徐汇	青浦	闵行	松江	南汇	奉贤	金山
17日	11.1	10.6	15.0	28.2	20.8	18.0	31.9	27.0	26.6	42.6	42.0
18日	28.6	25.7	26.3	82.7	75.6	29.0	66.1	57.9	87.3	108.4	138.4

1.5.2.2　转折天气过程预报

长江中下游旱涝转折预报。长江中下游地区2011年3—5月降水异常偏少53.0%，为近60年同期最少，气象干旱持续发展。尤其5月，长江中下游各省、市平均降水量少4～6成（表1.11），部分地区偏少8成以上。与之形成鲜明对照的是6月形势急转，长江中下游各省市平均降水量偏多2～8成（表1.11）。由于暴雨范围广，降雨时间长，导致不少地区洪涝成灾。

表1.11　2011年5月、6月降水统计

降水	时间	上海	江苏	浙江	安徽	江西	湖北	湖南
降水量/mm	5月	48.0	52.2	70.6	72.7	146.5	84.6	119.1
	6月	323.9	210.6	355.8	295.6	372.9	251.1	263.6
降水距平百分率/%	5月	－52	－40	－56	－41	－39	－42	－41
	6月	84	27	61	47	34	39	2

根据低频天气图2011年5月27日发布长江中下游强降水过程预报：6月上旬中后期至中旬前期（6月5—11日）、6月中旬中后期（6月15—19日）、6月下旬前期（6月21—24日）和6月下旬后期—7月初（6月26日—7月2日）。降水实况是：6月长江中下游先后出现5次大范围强降水过程，6月3—7日、9—11日、13—16日、17—19日和23—25日。大部分地区累计降水量超过200mm，部分地区达400～800mm。

1.5.2.3　重大项目气象服务预报

2010年3—5月，根据上海市气象局对上海世博会气象服务的统一部署，上海市气候中心定期发布“上海地区未来10～30天强降水过程预报—低频天气系统预报技术应用”专题预报，预报上海地区中雨以上强降水过程7次和无雨过程1次，各次过程的预报时效在20~40天，即提前20（最短预报时效）~40天（最长预报时效）的延伸期时效内发布降水天气过程预报，而且预报的8次过程，都是过程发生在预报时段内。特别提出的是4月30日和5月1日，分别是上海世博会开幕日和开园日，4月8日发布预报4月23—29日有中雨以上过程，4月30日和5月1日出现较强降水的可能性不大。实况是上海世博会的开幕日和开园日天气晴好。

表1.12 上海地区2010年3—5月降水过程与实况

发布预报日期	预报时效/d	预报过程发生时段	降水实况
2010.3.3	39	4月中旬中期（4.13—4.18）	4.11—4.14，小-中雨
		4月下旬中期—后期（4.23—4.29）	4.22，中雨；4.26，小雨
2010.3.11	19	3月底—4月上旬前期（3.30—4.5）	3.30—4.1，中雨
		5月上旬中期（5.4—5.10）	5.5，中雨；5.7—5.9，小雨
2010.4.8	22	4.30—5.1上海世博会开幕日和开园日出现强降水可能性不大	4.30—5.1，天气晴好
2010.4.16	31	5月中旬后期—下旬前期（5.18—5.23）	5.17—5.19、5.22—5.23，中-大雨
2010.4.23	35	5月下旬后期—6月上旬前期（5.28—6.3）	5.28—5.29，小-中雨
2010.4.29	29	5月下旬后期—6月上旬前期（5.28—6.3）	5.28—5.29，小-中雨

接着，又成功预报了世博会关键时期的重要天气过程：世博开幕日和开馆日，气象馆荣誉日，梅雨期的强降水过程，8月30日—9月1日当年唯一的一次大暴雨过程（最大日降雨量125.8mm）以及国庆节天气等。

此外，中国气象局兰州干旱气象研究所3年的预报：2010年3月上旬比较好地预报2009—2010年我国西南地区严重干旱的结束时段；2012年2月底比较好地预报5月云南旱情缓解；2009—2011年，试做了春季沙尘暴和夏季西北东部的干旱延伸期预报。

其他有关省气候中心业务预报总结摘录如下：

（1）兰州中心气象台2009年低频天气图业务预报总结

该项目启动后，兰州项目组人员利用Butterworth带通滤波器采取了滑动滤波的方法对一段时期内的天气形势场资料进行滤波，挑取了最为有效的滑动参数值，实现了低频天气图的制作，开发了低频天气图制作业务软件。通过对影响西北区中雨以上天气过程的850hPa到100hPa形势场低频特征分析，找出了低频天气系统的发生、发展规律。利用选取的关键区域不同高度形势场、不同高度风场资料分析，对相应时段降水资料的相关性分析，找出了低频天气系统与西北区主要降水天气的相关关系，最终以500hPa形势场为主，确定出影响甘肃省主要降水天气过程的西北冷空气、高原短波槽、西南暖湿气流和副热带高压 4 个低频天气系统关键区域，建立了基于低频波的西北区夏季 8 ~ 14 天延伸期天气预报模型，根据 4 个关键区大气低频波的变化，制作延伸期天气过程预报。2009 年汛期，课题组在西北区域产品网上发布了 22 期延伸期预报，检验表明预报基本准确，依据预报所做的气象服务效果十分明显。

2009 年 5 月 4 日，课题组发布了利用低频天气图制作的甘肃第一份延伸期天气预报，预报指出“我省处于冷暖空气相对比较活跃的阶段，且副热带高压势力较强。综合考虑，未来的 7 ~ 14 天为多雨时段，全省范围多降水天气”，事后天气统计表明“5 月 7—15 日，甘肃省出现大范围阴雨天气过程，这是近 4 年来春季出现的范围最大、过程雨量最多、持续时间最长的阴雨天气。全省共有 38 站出现了连阴雨，有 6 站降水量创历史同期最多”。

2009 年 5 月下旬以来，受气温持续偏高影响，甘肃省大部分地方降水量比常年同期偏少 4 ~ 6 成。截至 7 月 6 日，全省受旱面积为 1 780 万亩，有约 25 万人、近 40 万家畜饮水困难，持续的干旱引起了甘肃省政府和社会各界的普遍关注。

因为低频天气图预报能够提前 8 ~ 14 天给出天气过程趋势预报，是有可能最早获知何时天气转向多雨时段时间点的。所以，课题组成员每天紧盯着 4 个关键区的低频信号曲线，期待多雨时段的低频信号出现。6 月 22 日，各关键区低频曲线出现符合易于降水的特征，这将预示着天气形势将发生转折，发布了“低频天气图方法预报”，预计 7 月上旬，甘肃全省天气将转折性出现多雨时段，并可能有较大降水出现。提前 15 天向省局决策服务中心提出建议，决策服务中心综合判断后，将“预报近期将有明显降水天气出现”结论提供给甘肃省委、省政府和防汛抗旱部门。随后又连续发布预报：7 月上中旬全省大部将会是多雨时段。7 月 12—17 日甘肃各地出现普遍的降水天气、部分地方大暴雨，旱情基本解除，部分地区出现洪涝，以此为节点，气象服务的重点由抗旱转向防汛。

此次降水时段预报准确，时间提前早，服务及时，得到甘肃省主管农业泽巴足副省长的批示：“今年汛期以来，省气象局《重大气象信息专报》及时、准确，为省政府指导各地防灾减灾工作发挥了重要作用，向日夜职守在预测预报第一线工作的全体干部职工表示感谢。近来我省局部重大气象灾害增多，北旱南涝，望继续努力，加强灾害性气象的预测预报，为各级政府和社会公众提供准确及时的气象信息服务。”

（2）沈阳中心气象台 2009 年低频天气图业务预报总结

2008 年 3 月—2009 年 2 月，沈阳中心气象台项目组研究人员完成了前期研究工作。2009 年 3 月下旬开始，应用低频天气图预报方法进行了延伸期降水天气过程的试报，通过试报我们发现低频天气图预报方法具有以下特点：

①低频天气图方法可以比较准确地预报出延伸期明显降水过程

2009 年 4—9 月，应用低频天气图预报方法提前 20 ~ 40 天准确预报多次重要天气过程，包括 5 月下旬至 7 月中旬的 6 次冷涡天气过程和 8 月 19—20 日汛期唯一一场全省区域性暴雨天气过程。经过统计，4—9 月，共正确预报中雨以上降水过程 13 次，漏报 2 次，空报 0 次，预报准确率达到 86.7%，说明低频天气图预报方法对于延伸期降水过程具有较强的预报能力，具有实用意义。

②低频天气过程预报结果可以较好地反映异常天气征兆

在应用低频天气图制作预报时我们发现，预报结果有时会出现降水过程次数频繁，持续时间较长等异常的低频信号，通过与实况的对比表明，这些异常低频信号往往对应着异常天气（例如多雨时段）的出现。例如：3 月下旬至 4 月上旬，数次低频预报分析结果均显示 4 月中旬后期至 5 月上旬前期辽宁省将有多次明显降水过程，并且过程时间比较集中，说明这段时间辽宁省可能出现多雨时段。对照降水实况，4 月下旬至 5 月上旬辽宁省连续出现了 3 场明显降水过程，4 月 20 日至 5 月 5 日全省平均降水量达到 90. 4mm，较常年同期偏多了 278. 6%。

③低频曲线的应用对于旬、月降水趋势预报具有较好的指示意义

通过研究我们发现，关键区低频曲线与辽宁降水具有较好的对应关系，即当低频曲线处于峰值或接近峰值时，辽宁降水趋向于偏少，而当低频曲线处于谷值或接近谷值时，辽宁降水日数明显增多，降水趋向于偏多。利用这一关系，我们对旬、月降水趋势的预报进行了试用，取得了非常好的应用效果。

在旬降水预报中的应用：

利用低频曲线与辽宁降水的关系，可以为旬降水趋势预报（偏多或偏少）提供重要参考信息。例如：3 月 31 日在预报 4 月上旬降水趋势的时候，通过分析低频曲线认为，未来东北上空低频曲线呈上升趋势，且在 4 月上旬的后期将出现低频曲线的峰值，根据低频曲线与辽宁降水的关系，我们预报 4 月上旬辽宁省降水偏少，实况是 4 月上旬辽宁省未出现降水过程，预报准确。同时，在业务试用过程中我们还发现，应用低频曲线，配合延伸期降水过程预报结果，对于旬后期（7 天以上）降水过程的预报具有很好的指示意义。比如，如果旬后期低频曲线处于峰值或接近峰值时，就要考虑旬后期的降水过程量级要比正常情况下偏小或预报无降水；相反，如果旬后期低频曲线处于谷值或接近谷值时，就要考虑旬后期的降水过程量级要比正常情况下偏大。

在月降水趋势预测中的应用：

利用低频曲线与辽宁降水的关系，同样可以为月降水趋势预报（偏多或偏少）提供重要参考信息。沈阳区域气候中心在 2009 年春季（4—5 月）对低频曲线预报方法进行了试用。在 4 月短期气候预测制作过程中，通过分析东北上空低频曲线周期变化认为，4 月上旬低频曲线虽处于峰值，降水偏少，但 4 月中下旬将转为谷值，降水会明显增多，在中国气象局、吉林省气象局与黑龙江省气象局均预报 4 月降水偏少的情况下，果断做出了辽宁省 4 月降水偏多，4 月中下旬将出现第一场透雨的预报结论。实况是 4 月全省总降水量达到了 82. 9mm，比常年同期偏多 1. 5 倍，4 月 19—20 日出现了全省第一场透雨。预报与实况吻合，预报服务效果显著。同样，应用低频曲线预报方法预报 5 月辽宁省降水偏少，对照实况，全省平均降水量为 45. 6mm，比常年同期偏少了 14%，预报再次正确。

综上所述，通过对低频天气图预报方法的试用我们发现，低频天气系统预报技术对于延伸期降水过程具有较强的预报能力，可能是预报延伸期天气的过程和时段的较为合适的方法之一，具有非常广阔的应用和发展前景。

（3）江西省气候中心 2011 年低频天气图业务预报总结

统计江西省 83 个单站 1959—2010 年汛期逐日降水量显示，第 95 和第 85 百分位的降水极端事件的阈值分别为 39. 7 ~ 70. 9 mm 和 22. 9 ~ 37. 8mm，平均值分别为 57. 1mm 和 30. 7mm。江西省极端强降水阈值的地域分布大体上呈从西到东、从南到北递增的特征，即由赣西南向赣东北递增。降水区域的划分根据汛期各月强降水落区频次分布和降

水集中期出现时段，以 27°N 为分界线，将江西分为两个区：北区（27° N 以北，包括 59 个站点）；南区（27° N 以南，包括 24 个站点）。

强降水过程标准：以各区域 30% 以上站点日降水量达到 25mm 以上，即认为该地区当天为一个强降水日。

回报效果检验：2011 年回报结果和实况：江西省 2011 年 4—6 月 12 次回报结果中，有 11 次正确，空报 1 次，漏报，2 次。

表 1.13　2011 年 4—6 月预报和实况

发布预报时间	预报降水时间	实际降水时段	江西降水情况
2011.3.22	4 月上旬中期（4.3—4.6）	4.4—4.6	小－中雨，局部地区大雨；单站日最大降水量 38.0mm
	4 月上旬末—中旬中前期（4.10—4.15）	4.8—4.15	4.8—4.9，赣南大雨，局部地区暴雨，赣北、赣中小雨为主；4.10—4.15，全省大雨，局部地区暴雨、特大暴雨，单站日最大降水量 109.8mm
	4 月中旬末—下旬初（4.20—4.23）	4.20 4.23	4.20，中雨为主，局部地区暴雨，单站日最大降水量 63.5mm；4.21，全省普降小雨；23 日小到中雨，局部地区大雨
2011.4.5	漏报	4.24—4.25	暴雨，局部地区大暴雨，单站日最大降水量 180.3mm
	4 月下旬末—5 月上旬前期（4.30—5.3）	4.29—5.3	暴雨，局部地区大暴雨，单站日最大降水量 156.5mm
2011.4.25	5 月上旬后期	5.8—5.10	大雨，局部地区暴雨、大暴雨，单站日最大降水量 111.6mm
	5 月中旬前期	5.12—5.14	暴雨，大暴雨，单站日最大降水量 157.1mm
	5 月中旬末—下旬初（5.19—5.22）	5.19	中到大雨，局部地区暴雨，单站日最大降水量 79.8mm
2011.5.15	5 月下旬后期—6 月上旬前期	5.25—5.26 5.29—5.30 6.1—6.2	中到大雨，单站日最大降水量 38.9mm； 大到暴雨，单站最大日降水量 92.3mm； 大到暴雨，单站最大日降水量 100.3mm
	6 月上旬后期—中旬初（6.5—6.11）	6.5—6.11	6.5，全省普降小雨；6.6—6.8，小－中雨，局部暴雨；6.9—6.11，大－暴雨，局部地区大暴雨
2011.6.5	6 月中旬后期（6.17—6.20）	6.17—6.19	6.17—6.18，中－大雨，局部地区暴雨、大暴雨，单站日最大降水量 174.1mm；6.19，北部零星小雨，南部中－大雨，局部地区暴雨
	6 月下旬（6.22—6.28）	6.22—6.27	暴雨，局部地区大暴雨，单站日最大降水量 140.2mm
	7 月上旬后期	空报	无降水

（4）浙江省气候中心2012年低频天气图业务预报总结

2012年6月初发布第1期强降水预测产品。试预报期间（6—9月）浙江发生16次强降水过程，浙江省气候中心共发布10期延伸期强降水过程预测。准业务试运行期间每一次强降水过程基本上能抓住。

预报亮点：

2012年7月15—18日的强降水过程预测非常稳定，在第1～3期中均预报准确。

2012年8月热带气旋活跃期台风引起的强降水过程在第6～7期预测中全部准确，效果显著。

（5）江苏省气候中心2012年低频天气图业务预报总结

江苏省气候中心在2012年汛期中，继续沿用基于9210资料建立的预报模型进行预报，同期完成了基于NCEP资料的预报模型的梳理。共发布7期强降水过程预测，预报了12个过程，实况出现了11个过程，空报一个过程，漏报了3个强降水日（7月3日、8月21日和9月3日）。

表1.14　2012年6—9月预报和实况

发布预报时间	预报降水时间	实际降水时段	对错
2011.6.12	6.18—6.23	6.18	√
	6.28—7.3	6.26、6.28—6.30	
	7.5—7.9	7.3—7.5	
2011.6.21	6.26—7.1	6.26、7.28—7.30	√↑
	7.4—7.8	7.3—7.5、7.7—7.8	√↑
	7.12—7.16	7.11、7.13—7.14	
2011.7.10	7.12—7.15	7.11、7.13—7.14	√↑
	7.23—7.28	空报	
	8.1—8.6	8.2—8.3	
2011.7.20	7.24—7.29	空报	×
	8.1—8.5	8.2—8.3	√↑
	8.8—8.14	8.8—8.10	√
2011.8.10	8.24—8.31	8.25—8.26、8.28	
	9.6—9.10	9.3、9.7—9.8	
2011.8.22	8.25—9.1	8.25—8.26、8.28	√↓
	9.6—9.11	9.3、9.7—9.8	√↓
	9.16—9.22	9.20	
2011.9.11	9.16—9.21	9.20	√↑
	9.25—9.27	9.27	√
	9.30—10.6	10.6	√

（6）福建省气候中心 2012 年低频天气图业务预报总结

10～30 天强（较强）降水过程及台风活跃期预报（下称 10～30 天过程预报）时效上超出短中期预报，但业务内涵上具有短中期预报的一些特点，预报内容上需要给出过程（事件）的某些特征（如过程/事件发生的时段、强度特征等）。

目前只针对 10～30 天强（或较强）降水过程及台风活跃期预报。所用方法为以低频天气图预报为主要方法。以低频天气图为主要手段，以分析低频天气图中的低频系统时空特征、演变规律及与降水过程的关系为主要思路，给出未来 10～30 天内影响福建的主要降水天气过程或及台风活跃期过程。

借助 Butterworth 带通滤波技术，将格点上的 850hPa 的流场形势的低频分量分离出来，并绘制成类似于日常天气图的地图，即所谓的“低频天气图”。

确定预报对象：

从福建省气候情况出发，分别确定前汛期持续性暴雨过程和后汛期台风活跃期为预报对象。

福建前汛期的洪涝灾害是福建主要的气象灾害之一，前汛期降水具有阶段明显、暴雨集中、降水强度强等特点。由于福建前汛期降水具有明显的低频变化特征，因此，前汛期呈现干湿交替出现的低频变化周期，持续性暴雨常常发生在低频湿窗口区。由于低频系统有明显的持续性和周期性，因此，如果能够掌握低频系统前期的演变规律，就有可能对持续性暴雨过程做出提前 10～30 天的延伸期预报。

此外，季风雨带由南向北推进，在推进途中经过福建上空，往往出现在 6 月中下旬，可能导致福建前汛期较强的一场持续性暴雨过程，造成严重的洪涝灾害。此场降水结束后，副高北抬，福建前汛期结束，将进入一个相对少雨时段。因此，在气象服务过程中，对最后一场持续性暴雨过程的预报，无疑十分重要。因此我们选择有利于持续性暴雨过程发生的低频湿窗口和前汛期最后一场持续性暴雨过程作为福建前汛期延伸期预报对象。

鉴于福建独特的地理位置，使其成为受台风影响最敏感的地区之一，如 2010 年出现了一次明显的热带气旋影响活跃期，9 月 2—20 日短短 19 天时间内 4 个热带气旋相继登陆影响福建，造成 10 多亿元的经济损失，2012 年 7 月 23 日—8 月 9 日再次出现 18 天时间内 3 个热带气旋相继登陆影响福建，造成 13 亿元的经济损失。短时间内 2 个以上台风持续登陆或影响福建，是福建省高影响、危害重自然灾害之一。近年来，在不断提高短时临近天气预报、中短期天气预报和月季年等尺度的气候预测的同时，10～30 天的延伸期预报得到越来越多的关注和重视，延伸期过程预报成为目前短期气候预测的难点、热点和重点问题，而持续性极端天气气候事件的延伸期预报更是重中之重。因此，加强对福建台风影响活跃期的研究，开展福建台风影响活跃期的监测，提前 10～30 天预报出福建台风影响活跃期，无疑对防灾减灾十分有利。

持续性暴雨过程的定义：将前汛期出现 3 站以上日降雨量≥50mm 定义为暴雨日；出现 1 个以上暴雨日的天气过程，称为暴雨过程，过程中逐日降水必须满足以下条件：全省至少 5 个站出现大雨（日降雨量≥25mm）或 1 个站出现暴雨（日降雨量≥50mm）。若暴雨过程持续天数≥5d，定义为持续性暴雨过程，若两个暴雨过程仅间隔一天，算同一次过程。

由于持续性暴雨过程期间暴雨落区随时间有一定变化，我们应用福建全省66个气象站降水资料，确定一个暴雨综合指数（byzs），主要关注重点在暴雨量级的降水，使之既能反映出降水范围又能反映出降水的强度，具体定义如下：

byzs＝2.0×特大暴雨站数＋1.5×大暴雨站数＋1.0×暴雨站数＋0.2×大雨站数＋0.04×中雨站数＋0.01×小雨站数

其中权重系数的确定主要考虑降水强度和空间分布对暴雨综合指数影响的大小，根据福建前汛期降水特点而确定的。

台风活跃期定义：影响福建热带气旋（简称TC）活跃期是指在相对较短的时间内有2个或以上TC相继影响福建省的TC影响较为集中的时期，具体定义：按照目前福建省业务使用的影响TC的标准，若两两TC之间影响日期的间隔≤7天，则从第一个TC影响开始日期至最后一个TC影响结束日期之间的时段称为影响福建TC活跃期。

延伸期试预报产品质量检验。

持续性暴雨预报：2012年5月3日发布：预计目前至5月中旬中期福建省将进入相对不利于持续性暴雨过程发生的低频干窗口期，但不排除局部地区短时强降水，5月中旬末至6月上旬中期又将进入低频湿窗口期，出现持续性暴雨过程的可能性大。2012年5月23日发布：预计目前至6月上旬前期为福建省相对不利于持续性暴雨过程发生的低频干窗口期，但不排除局部地区短时强降水；6月上旬后期至下旬中期将进入低频湿窗口。2012年6月11日发布：预计6月上旬后期至下旬中期福建省将进入有利于持续性暴雨过程发生的低频湿窗口，前汛期最后一场持续性暴雨可能出现在6月中旬末至下旬中前期。实况为2012年5月8—15日福建省出现持续性暴雨过程，预报失误2012年6月6—12日、6月16—25日福建省出现持续性暴雨过程，预报正确。

台风活跃期预报：2012年7月3日发布目前至7月下旬前期福建省将进入TC影响的间歇期，高温少雨天气仍将持续，部分县市可能出现气象干旱；预计7月下旬中期至8月上旬可能出现影响福建TC的相对活跃期。实况为7月22日—8月9日出现了影响福建省热带气旋（TC）活跃期，短短19天内有先后有3个TC影响或登陆福建省，影响日期和TC名称分别是：7月22—26日韦森特；受“韦森特”外围环流影响，7月21日夜里起到26日，连续多日出现阵雨或雷阵雨天气，特别是中南部地区的部分乡镇出现暴雨-大暴雨。7月31日—8月5日苏拉登陆福建省，造成12.25亿元损失，8月8—9日海葵登陆浙江，轻度影响福建省，造成局部地区暴雨，台风活跃期预报正确。8月15—16日白天受“启德”外围影响，福建省沿海出现7~9级东北大风。8月24—29日“天秤”对福建省有明显的风雨影响，这两个台风间隔较大，未达到活跃期标准，9月无台风影响福建省。TC的相对间歇期及活跃期结束预报正确。

延伸期试预报产品成败简析。

从2012年前汛期持续性暴雨和台风活跃期的延伸期预报情况来看，台风活跃期的预报全部正确，前汛期除首场持续性暴雨过程外的三场持续性暴雨过程中，后两场基本预报正确。本应处于干窗口期的5月13—17日出现一次强度较弱的持续性暴雨过程，但这个过程的配置是与其他3个过程相反的，主要是该期间台湾以东的低频反气旋引导东南气流的北上以及贝湖出现高频气旋引导冷空气的南下，产生降水。这与2012年前汛期其他3次持续性过程是不同的，其他3次过程都是索马里越赤道气流或者孟加拉湾越赤道气流经南海北上的西南风与冷空气结合产生的降水。在第一期预测中，主要以 4 月以来的低频图的半周期来推断系统的生消，但一对低频气旋和一对低频反气旋的周期是不同的，因此预测的干、湿窗口与实况有一些差异。在之后的两期预测中，主要利用全周期来分析低频系统的生消规律，在对干、湿过程的周期外推上把握较好，大大提高了预测的准确率。

（7）安徽省气候中心 2012 年低频天气图业务预报总结

挑选全省 2007—2011 年中超过 1/3 站点达到中雨（≥10mm）以上量级的降水日，对其进行 REOF 分解，参考其前三模态进行分区，将安徽省分为淮北、江淮、江南 3 个区。

强降水过程标准：以各区域（全省、淮北、江淮、江南）1/3 以上站点日降水量达到大雨（≥25mm）以上，即认为该地区当天为一个强降水日。

6 月中旬开始业务试报，汛期（6—9 月）总共发布 9 期产品。预测强降水过程 20 次。

表 1.15　2012 年 6—9 月预报实况

发布预报时间	预报降水时间	实际降水时段	安徽省降水情况
2012.6.11	6 月中旬后期—下旬前期（6.18—6.22）	空报	沿江江南小－大雨，未达到强降水标准
	6 月下旬后期—7 月上旬前期（6.27—7.2）	6.26—6.27	淮河以南大－暴雨，局部地区大暴雨
		6.29—6.30	沿淮淮北大－暴雨
	6 月下旬（6.23—6.28）	6.26—6.27	全省大－暴雨，局部地区大暴雨
2012.6.20	7 月上旬中后期（7.5—7.10）	7.2—7.4	沿淮淮北大－暴雨，局部地区大暴雨
		7.5、7.7	沿淮淮北大－暴雨
	7 月上旬前中期（7.2—7.7）	7.2—7.5、7.7	沿淮淮北大－暴雨，局部地区大暴雨
	7 月中旬中期（7.13—7.18）	7.13—7.14	全省大－暴雨，局部地区大暴雨
	7 月上旬前中期（7.2—7.6）	7.2—7.5	沿淮淮北大－暴雨，局部地区大暴雨
	7 月中旬前中期（7.12—7.16）	7.13—7.14	全省大－暴雨，局部地区大暴雨
2012.6.28	7 月下旬中后期（7.26—7.30）	空报	全省小－大雨，未达到强降水标准
	7 月中旬后期—下旬前期（7.18—7.23）	空报	全省小－大雨，但未达到强降水标准
2012.7.10	8 月上旬中后期（8.5—8.10）	8.8—8.10	受台风影响，全省大－暴雨，局部地区大暴雨

续表

发布预报时间	预报降水时间	实际降水时段	安徽省降水情况
2012. 7. 20	7 月下旬后期（7. 26—7. 31）	空报	全省小 - 暴雨，降水分布不均，未达到强降水标准
	8 月上旬中后期（8. 5—8. 10）	8. 8—8. 10	受台风影响，全省大 - 暴雨，局部地区大暴雨
	8 月中旬前期（8. 10—8. 15）	8. 10—8. 11	受台风影响，全省大 - 暴雨，局部地区大暴雨
2012. 7. 28	8 月下旬后期（8. 26—8. 31）	8. 26	淮北大 - 暴雨
2012. 8. 10	8 月下旬前期（8. 19—8. 24）	8. 20—8. 21	全省大 - 暴雨
	9 月上旬前期（9. 4—9. 9）	9. 8—9. 9	全省大 - 暴雨，局部地区大暴雨
	漏报	9. 3	江淮之间大 - 暴雨
2012. 8. 20	9 月上旬中后期（9. 4—9. 9）	9. 8—9. 9	全省大 - 暴雨，局部地区大暴雨
2012. 8. 28	9 月中旬前期（9. 9—9. 14）	9. 9 和 9. 11	9. 9，淮河以南大 - 暴雨，局部地区大暴雨；9. 11，淮北大雨
	9 月下旬前中期（9. 22—9. 27）	空报	全省小 - 中雨，未达到强降水标准

预报正确：预报强降水过程时段内降水实况至少有 1 个区域（全省、淮北、江淮和江南）1/3 的站日降雨量达到或超过 25mm，为预报正确。

汛期（6—9 月）总共发布 9 期产品。预测强降水过程 20 次。报对了 15 次，空报 4 次，漏报 1 次。空报的过程内全省均有降水，但是未达到强降水过程标准。

（8）河北省气候中心低频天气图业务预报总结

表 1. 16 2012 年 6 月降水过程预测、实况表

预测降水过程	降水过程实况	正误
6. 5—6. 11 东北部	6. 3 东北部	漏报
	6. 8—6. 10 东北部	基本正确
6. 6 北部	6. 6 北部	正确
	6. 14 东北部	漏报
6. 17—6. 18 全省		空报
	6. 19—6. 20 北部	漏报
	6. 22—6. 23 东北部	漏报
6. 25—6. 27 全省	6. 24—6. 26 全省	基本正确
6. 29 全省	6. 29 全省	正确

为了把低频天气图方法尽快投入业务应用，我们分别应用2012 年 5 月 20 日、6 月 20 日和 7 月 20 日以前的低频天气图信息对 6 月、7 月和 8 月的天气过程按量级进行了试预测，预测结果发现小雨以上量级的过程空报率较高，大雨以上过程漏报率较高，中雨以上过程预测效果相对较好。根据河北省 142 站 6—8 月的降水资料，按区域找出了降水量≥10mm 降水过程，降水过程仍以降水量≥10mm 的站数达到预测区域的 1/3 为标准。

表 1.17　2012 年 7 月降水过程预测、实况表

预报降水过程	降水过程实况	定性判断
7.5—7.7 全省	7.5—7.7 全省	正确
	7.9—7.11	漏报
7.14—7.15 东北部	7.14—7.15 中南部	错报
7.17—7.19 东北部		空报
7.21—7.22 东北部	7.21—7.22 东北部	正确
7.23—7.24 东北部		空报
7.26 全省	7.26 全省	正确
7.30 东北部	7.30 东北部	正确
7.31 全省	7.31 全省	正确

表 1.18　2012 年 8 月降水过程预测、实况表

降水过程预测	降水过程实况	正误
8.1—8.3 东北部	8.1—8.3 东北部	正确
	8.4 东北部	漏报
	8.5 中南部	漏报
8.12—8.13 全省	8.12 全省	正确
8.17—8.18 中南部	8.18 中南部	正确
8.31 中南部		空报

从表中可以看出，6 月正确 4 次，漏报 4 次，空报 1 次，正确率 44.4%；7 月正确 5 次，漏报 1 次，空报 3 次，正确率 55.6%；8 月正确 3 次，漏报 2 次，空报 1 次，正确率 50%。该方法对 2012 年夏季中雨以上降水过程预报的正确率达到 50%。对全省范围的中雨以上降水过程共预报 7 次，除 1 次空报外，其余 6 次都基本正确，正确率在 71% 以上。

对于全省中雨以上的降水过程预测效果明显好于对区域过程的预测，大范围的降水过程都是受较强的天气系统影响，在低频天气图上低频系统也会表现得较明显，天气概念模型也较清楚。对区域过程的预测较差，河北省的北部地区为山区，夏季降水量较小，观测站点稀疏，按标准达到中雨以上的过程较少，该区域的降水不仅与低频系统的配置有关，也与低频系统的强度有关，低频图上的概念模型表现得不明显；东北部区域北部是燕山，南部沿海，这种地理条件有利于强降水的产生，容易受局部地区条件影响，对低频系统的响应比较敏感，容易出现漏报；中南部区域受低频系统的位置影响较明显，在同一关键区中，低频系统的位置略有差别，降水落区就会有很大差别。从时间上看，7月、8月的降水过程正确率要高于6月，这是因为6月多对流性天气，受局部地区环境的影响较多，在低频天气图上，概念模型表现得不明显，容易漏报。

1.6 延伸期预报方法的评定

大气是一个高度非线性的混沌系统，很小的不可避免的初始场误差也会通过与大尺度运动的非线性相互作用而影响大尺度环流形势，最后使得一定时期（确定性预报理论上限约为2周）之后的预报值与真实状况相距甚远，预报失去意义。因此，延伸期预报起码目前不可能像10天以内中短期天气预报一样在10~30天的预报时效内做逐日天气的预报。延伸期预报的预报内容也不同于短期气候预测，它预报的不是未来10~30天内的要素平均值和趋势，而是未来10~30天（甚至更长）内某段时间（如候、旬）的要素平均值、距平或是持续强的异常环流造成的重大天气过程。可见，延伸期预报比短期天气预报要宏观一点，比短期气候预测报要更精细一点。

这里有必要强调指出，预报时效与预报精度应该是匹配的。也就是说，预报某一天气事件（过程）的提前时间的长短（即预报时效）与该天气事件实际开始的时间、持续时间、强度和空间范围的预报误差（即预报精度）应该是相对应的。举例来说，如果提前一天（即预报时效为1天），预报的天气事件（过程）开始时间出现了一天的偏差，则是不可接受的；但如果提前10天作出的天气过程预报，其开始时间相差1天甚至2天则都是有意义的。应该基于这样一种认识来探索延伸期预报的评价方法。

延伸期预报目前正处在研究或业务试用阶段，其预报效果的评分指标还不很明确。梁萍等[136]针对降水过程的不同持续时间并结合预报经验，通过多次试验制定了延伸期降水过程预报的评分指标。考虑到提前10~30天对降水过程的预报不可能像天气预报评分那样做到精确到站点和时间完全一致，他们认为除预报的降水范围和强度要求和实况一致外，当预报时段和实际降水时段存在较小偏差时也应认定为预报正确。举例说明，对于3天以内的天气过程，起始和终止的时间与实况相差1天，也认为正确；对于持续时间4~6天的过程，预报与实况相差2天，也认为正确；对于7天以上的过程，预报与实况重叠4天以上时，也认为预报准确。另外，他们还利用该评分标准对1960—2007年汛期强降水过程预报进行了多年回报评分。辽宁省气象局也开展了降水过程预报客观检验指标研究，他们参照短、中期天气预报和长期气候趋势预测的质量评分方法，采用区域评分方法（对整个预报区域总评定），制定了预报时效得分、预报强度得分和预报过程次数得分的评分标准。最后根据公式：$P=$（预报时效得分+预报强度得分+预报过程次数得分）/3，得到预报区域月内降水过程预报的最后评分。上海市气候中心也提出了针对区域的评分方法，即：

$$C_s = D_a/(D_a + D_b + D_c)$$

式中，D_a、D_b、D_c分别表示预报区域在评分时段内，以指定的降水强度标准为依据，报对天数、漏报天数和空报天数。C_s只能进行预报区域评总体分，为了细化到具体台站，利用

$$C_i = D_{a,i}/(D_{a,i} + D_{b,i} + D_{c,i})$$

就可以得到某一台站 i 的评分结果，还可以提供预报区域预报效果的空间分布。

此外，谷德军等[133]为检验简谐波预报模型对广州降水中期和延伸期预报的效果，对 1990—2000 年的回报试验进行了评分，采用和借鉴了相关系数方法和广东省气象台中期预报科关于天气过程出现时段评分方法。

为了检验和比较各种延伸期预报方法的应用结果，中国气象局预测与网络司于 2013 年初制定了《月内强降水过程评分方法》，供全国各省、区、市气象局试用，现引用如下：

（1）Zs 评分方法

该评分主要考核强降水过程预测是否准确，不考核过程降水强度（量级）。在考核预测强降水过程对错时，为了既考虑服务的需求抓住最强降水，又考虑确定过程不易过分复杂，且容易计算评估。故考核重点放在能否抓住月内（未来 10～30 天）最强 2 次日降水量（日降水量≥$P_t/2$）不漏报，其他小过程或模糊不清的过程不予考虑的原则。

基本符号术语

P_m为某月降水量的常年值（多年平均值），本业务规定取 1981—2010 年 30 年平均；

P_i为某过程内的每日降水量；

P_Z为某过程的总降水量，即过程内各日降水量的总和；$P_Z = \sum_{j=1}^{n} P_i$，其中 n 为过程日数；

P_a为某过程日平均降水量，$P_a = P_z/n$。

P_c为某过程降水的强度；

P_b为某过程内的最大日降水量；

P_t为强降水阈值。

预测正确的过程数、空报过程数。所预测的强降水过程的强度 P_c，满足强降水过程条件（即：$P_c \geqslant P_t$或 $P_b \geqslant 3P_t$）；则认为本次过程预测正确，记为正确 1 次；否则不正确为空报，记为空报 1 次。

月内准确次数累计为正确数，月内空报次数累计为空报数。这里的 P_t为强降水阈值，由《月内强降水过程预测业务规定》第五条确定。

漏报过程数。所预测的若干次强降水过程，均包含月内最强 2 次日降水，则无漏报。未包含最强 2 次日降水中的几次，则记漏报几次，最多记漏报 2 次。月内漏报次数累计为漏报数。这里所指的最强 2 次日降水量，要求每次的日降水量大于等于 P_t。如果过程内没有日降水量大于等于 P_t的日，则认为无漏报数。

单站 Z_s评分的计算：Z_s =（预测正确的过程数）/（预测正确过程数 + 空报过程数 + 漏报过程数）。若预测正确过程数 + 空报过程数 + 漏报过程数 = 0，也就是说实况没有出现强降水过程，也没有预测该站月内有强降水过程，则该站不作积分处理。

区域预测 Z_s评分：区域预测 Z_s评分 = 区域内各考核站 Z_s的平均

（2）C_s评分方法

该评分方法是针对强降水过程预测正确、空报、漏报的天数进行评分。

基本符号术语。本评分方法所用到的基本符号术语与 Z_s 评分方法规定的一致。

过程降水条件。指预测强降水过程中的每日降水量 P_i 都大于等于强降水阈值 P_t，即 $P_i \geqslant P_t$。

预测正确的日数、空报日数和漏报日数。预测正确日数是指满足降水过程条件（即 $P_i \geqslant P_t$）的降水日包含在降水过程预测时段内的日数（容许偏差 1 日）。

空报日数指过程预测时段内未出现满足降水条件等级的日数。

漏报日数指未包含在过程预测时段内（偏差 2 日及以上）的满足降水条件等级的日数。

单站 C_s 评分的计算。对应降水过程等级的单站 C_s 评分公式为：

$$C_s = （预测正确日数）/（预测正确日数 + 空报日数 + 漏报日数）$$

若：预测正确日数 + 空报日数 + 漏报日数 =0，也就是说实况没有出现强降水过程，也没有预测该站有强降水过程，则该站不作记分处理。

区域预测 C_s 评分。区域预测 C_s 评分 = 区域内各考核站 C_s 的平均值

参考文献

[1] 胡英，李婧华．"延伸期预报"主题文献计量指标分析．气象科技进展，2013，3(1)：70－71.

[2] 何金海，梁萍，孙国武．延伸期预报的思考及其应用研究进展．气象科技进展，2013，3(1)：11－17.

[3] 孙国武，冯建英，陈伯民，等．大气低频振荡在延伸期预报中的应用进展．气象科技进展，2012，2(1)：12－18.

[4] 郑志海．月动力延伸期预报研究进展回顾．气象科技进展，2013，3(1)：25－30.

[5] 康志明，鲍媛媛，周宁芳．我国中期和延伸期预报业务现状以及发展趋势．气象科学进展，2013，3(1)：18－24.

[6] 马浩，毛燕军，雷媛，等．10～30 天延伸期天气预报研究进展综述．干旱气象，2012，30(4)：514－521.

[7] Lorenz E N. A study of the predictability of a 28 - variable atmospheric model. Tellus, 1965, 17: 321 - 333.

[8] Lorenz E N. Atmospheric predictability as revealed by naturally occurring analogues. J Atmos Sci, 1969, 26: 636 - 646.

[9] Lin H, Brunet G. Impact of the North Atlantic Oscillation on the forecast skill of the Madden-Julian Oscillation. Geophy Res Lett, 2011, 38, L02802. DOI: 10.1029/2010GL046131.

[10] Madden R A, Julian P R. Detection of a 40 - 50 day oscillation in the zonal wind in the tropical Pacific. J Atmos Sci, 1971, 28: 702 - 708.

[11] Madden R A, Julian P R. Discription global-scale circulation cells in the tropics with a 40 - 50 day period. J Atmos Sci, 1972, 29: 1109 - 1123.

[12] Koster, R D, Mahanama, et al. Contribution of land surface initialization to subseasonal forecast skill: First results from a multi-model experiment. Geophy Res Lett, 2010, 37, L02402. DOI: 10.1029/2009GL041677.

[13] Baldwin M P, Stephenson D B, Thompson D W J, et al. Stratospheric memory and skill of extended-range weather forecasts. Science, 2003, 301(5633): 636 - 640.

[14] Woolnough S J, Vitart F, Balmaseda M A. The role of the ocean in the Madden-Julian Oscillation: Implications for MJO prediction. Quart J Roy Meteor Soc, 2007, 133(622): 117 - 128.

[15] 丁一汇，梁萍．基于 MJO 的延伸预报．气象，2010，36(7)：111－122.

[16] Waliser D E, Lau K M, Stern W, et al. Potential predictability of the Madden-Julian oscillation. Bull Amer

Meteor Soc,2003,84:33 – 50.

[17] Reichler T, Roads J O. Long-range predictability in the tropics. Part II:30 – 60 – day variability. J Climate,2005,18:634 – 650.

[18] Pegion K, Kirtman B P. The impact of air-sea interactions on the predictability of the tropical intraseasonal oscillation. J Climate,2008,21:5870 – 5886.

[19] Rashid H A, Hendon H H, Wheeler M C, et al. Prediction of the Madden-Julian Oscillation with the POAMA dynamical prediction system. Climate Dyn,2010,36:649 – 661.

[20] Waliser D E, Jones C, Schemm J K E, et al. A statistical extended-range tropical forecast model based on the slow evolution of the Madden-Julian oscillation. J Climate,1999,12:1918 – 1939.

[21] Waliser D E. Predictability and forecasting// Lau W K M, Waliser D E. Intraseasonal Variability in the Atmosphere-Ocean Climate System. Chichester: Praxis Publishing Ltd.,2005.

[22] Jones C, Waliser D E, Schemm J K, et al. Prediction skill of the Madden and Julian oscillation in dynamical extended range forecasts. Climate Dyn,2000,16:273 – 289.

[23] Hendon H H, Liebmann B, Newman M, et al. Medium-range forecast errors associated with active episodes of the Madden-Julian oscillation. Mon Wea Rev,2000,128:69 – 86.

[24] Seo K H, Schemm J K, Jones C, et al. Forecast skill of the tropical intraseasonal oscillation in the NCEP GFS dynamical extended range forecasts. Climate Dyn,2005,25:265 – 284.

[25] Lo F, Hendon H H. Empirical extended-range prediction of the Madden-Julian oscillation. Mon Wea Rev,2000,128:2528 – 2543.

[26] Wheeler M, Weickmann K M. Real-time monitoring and prediction of modes of coherent synoptic to intraseasonal tropical variability. Mon Wea Rev,2001,129:2677 – 2694.

[27] Mo K C. Adaptive filtering and prediction of intraseasonal oscillations. Mon Wea Rev,2001,129:802 – 817.

[28] Jones C, Carvalho L M V, Higgins R W, et al. A statistical forecast model of tropical intraseasonal convective anomalies. J Climate,2004,17:2078 – 2095.

[29] Maharaj E A, Wheeler M C. Forecasting an index of the Madden-Oscillation. Int J Climatol,2005,25:1611 – 1618.

[30] Jiang X, Waliser D E, Wheeler M C, et al. Assessing the skill of an all-season statistical forecast model for the Madden-Julian oscillation. Mon Wea Rev,2008,136:1940 – 1956.

[31] Kang I S, Kim H M. Assessment of MJO predictability for boreal winter with various statistical and dynamical models. J Climate,2010,23:2368 – 2378.

[32] Vitart F, Leroy A, Wheeler M C. A comparison of dynamical and statistical predictions of weekly tropical cyclone activity in the Southern Hemisphere. Mon Wea Rev,2010,138:3671 – 3682.

[33] 孙国武,信飞,陈伯明,等. 低频天气图预报方法. 高原气象,2008,27(增刊):64 – 68.

[34] 孙国武,信飞,孔春燕,等. 大气低频振荡与延伸期预报. 高原气象,2010,29(5):1142 – 1147.

[35] 孙国武,孔春燕,信飞,等. 天气关键区大气低频波延伸期预报方法. 高原气象,2011,30(3):594 – 599.

[36] 孙国武,李震坤,信飞,等. 用低频天气图方法进行延伸期预报的探索. 气象科技进展,2013,3(1):6 – 10.

[37] 杨玮,何金海,孙国武,等. 低频环流系统的一种统计预报方法. 气象与环境学报,2011,27(3):1 – 5.

[38] Sun G, Chen B. Oscillation characteristics and meridional propagation of atmospheric low frequency waves over Qinghai-Xizang Plateau. Chinese Journal of Atmospheric Sciences,1989,12:293 – 300.

[39] 章基嘉,孙国武,陈葆德. 青藏高原大气低频变化的研究. 北京:气象出版社,1991:105 – 106.

[40] 丑纪范,郑志海,孙树鹏. 10～30 天延伸期数值天气预报的策略思考——直面混沌. 气象科学,2010,30(5):569－573.
[41] 丑纪范. 天气和气候的可预报性. 气象科技进展,2011,1(2):12－14.
[42] 丑纪范. 大气科学中的非线性与复杂性. 北京:气象出版社,2002:131－161.
[43] Ding R Q,Li J P,Seo K H. Predictability of the Madden-Julian oscillation estimated using observational data. Mon Wea Rev,2010,138:1004－1013.
[44] Ding R Q,Li J P,Seo K H. Estimate of the predictability of boreal summer and winter intraseasonal oscillations from observations. Mon Wea Rev,2011,139:2421－2438.
[45] 李建平,丁瑞强,陈宝花. 大气可预报性的回顾与展望——21 世纪大气科学前沿与展望. 北京:气象出版社,2006,96－103.
[46] 丁瑞强,李建平. 非线性误差增长理论及可预报性研究. 大气科学,2007,31(4):571－576.
[47] 丁瑞强,李建平. 非线性误差增长理论在大气可预报性中的应用. 气象学报,2009,67(2):241－249.
[48] 丁瑞强,李建平. 天气可预报性的时空分布. 气象学报,2009,67(3):343－354.
[49] 郑志海. 6～15 天数值天气预报业务技术研究. 兰州大学博士论文,2010.
[50] 莫宁. 天气预报——一个物理学的课题. 林本达,王绍武译. 北京:气象出版社,1981.
[51] 巢纪平,季劲钧,何家骅,等. 一种长期数值天气预报方法的物理基础. 中国科学,1977,2:162－172.
[52] 巢纪平,季劲钧,朱志辉,等. 长期数值天气预报的滤波方法. 中国科学,1979,1:75－84.
[53] Lorenz E. On the existence of extended range predictability. Journal of Applied Meteorology,1973,12(3):543－545.
[54] Roads J O. Predictability in the extended range. J Atmos Sci,1987,44(23):3495－3527.
[55] Shukla J,Gutzler D S. Interannual variability and predictability of 500 mb geopotential heights over the northern hemisphere. Mon Wea Rev,1983,111:1273－1279.
[56] 黄嘉佑. 长期天气过程的可预报性研究的进展. 气象科技,1992,3:30－37.
[57] 陈宝花,李建平,丁瑞强. 非线性局部 Lyapunov 指数与大气可预报性研究. 中国科学(D 辑):地球科学,2006,36:1068－1076.
[58] Li J P,Ding R Q. Temporal-spatial distribution of atmospheric predictability limit by local dynamical analogs. Mon Wea Rev,2011,139:3265－3283.
[59] 王会军,陈丽娟,李维京,等. 中国区域月平均温度和降水的模式可预报性分析. 气象学报,2007,65(5):725－732.
[60] Simmons A J,Mureau R,Petroliagis T. Error growth and estimates of predictability from the ECMWF forecasting system. Quart J Roy Meteor Soc,1995,121:1739－1771.
[61] 穆穆,段晚锁. ENSO 可预报性研究的一个新方法:条件非线性最优扰动. 科学通报,2003,48(7):747－749.
[62] Mu M,Duan W S,Xu H,et al. Applications of conditional nonlinear optimal perturbation in predictability study and sensitivity analysis of weather and climate. Adv Atmos Sci,2006,23(6):992－1002.
[63] Zhu Y. Ensemble forecast: A new approach to uncertainty and predictability. Adv Atmos Sci,2005,22(6):781－788.
[64] Lorenz E N. Deterministic nonperiodic flow. J Atmos Sci,1963,20(2):130－141.
[65] Epstein E S. Stochastic dynamic prediction[J]. Tellus,1969,21(6):739－759.
[66] 金荣花,马杰,毕宝贵. 10～30 天延伸期预报研究进展和业务现状. 沙漠与绿洲气象,2010,4(2):1－5.
[67] Kalnay E. 大气模式、资料同化和可预报性. 蒲朝霞,杨福全,邓北胜,等译. 北京:气象出版社,2005.
[68] Toth Z,Kalnay E. Ensemble forecasting at NCEP and the breeding method. Mon Wea Rev,1997,125

(12):3297 - 3319.

[69] Molteni F, Buizza R, Palmer T N, et al. The ECMWF ensemble prediction System: Methodology and validation. Quart J Roy Meteor Soc, 1996, 122: 73 - 119.

[70] Houtekamer P L, Lefaivre L, Derome J, et al. A system simulation approach to ensemble prediction. Mon Wea Rev, 1996, 124(6): 1225 - 1242.

[71] 龚建东,李维京,丑纪范. 集合预报最优初值形成的四维变分同化方法. 科学通报, 1999, 44(10): 1113 - 1116.

[72] Wei M, Toth Z, Wobus R, et al. Initial perturbations based on the ensemble transform (ET) technique in the NCEP global operational forecast system. Tellus A, 2008, 60(1): 62 - 79.

[73] Buizza R, Miller M, Palmer T N. Stochastic simulation of model uncertainties. Quart J Roy Meteor Soc, 1999, 125: 2887 - 2908.

[74] Mu M, Duan W, Wang Q, et al. Nonlinear processes in geophysics an extension of conditional nonlinear optimal perturbation approach and its applications. Nonlinear Processes in Geophysics, 2010, 17: 211 - 220.

[75] Krishnamurti T N, Kishtawal C M, Zhang Z, et al. Multimodel ensemble forecasts for weather and seasonal climate. J Climate, 2000, 13: 4196 - 4216.

[76] Krishnamurti T N, Kumar V. Improved seasonal precipitation forecasts for the Asian monsoon using 16 atmosphere-ocean coupled models. Part II: Anomaly. J Climate, 2012, 25: 65 - 88.

[77] Saha S, Nadiga S, Thiaw C, et al. The NCEP climate forecast system. J Climate, 2006, 19: 3483 - 3517.

[78] Vitart F, Molteni F. Dynamical extended-range prediction of early monsoon rainfall over India. Mon Wea Rev, 2009, 137: 1480 - 1492.

[79] 郑志海,封国林,黄建平,等. 基于延伸期可预报性的集合预报方法和数值试验. 物理学报, 2012, 61(19): 199 - 203.

[80] 梁萍,丁一汇. 基于季节内振荡的延伸预报试验. 大气科学, 2012, 36(1): 102 - 116.

[81] 李维京,陈丽娟. 动力延伸预报产品释用方法的研究. 气象学报, 1999, 57(3): 338 - 345.

[82] 陈丽娟,李维京. 月动力延伸预报产品的评估和解释应用. 应用气象学报, 1999, 10(4): 486 - 490.

[83] 李维京,纪立人. 月动力延伸预报研究. 北京:气象出版社, 2000.

[84] 陈丽娟,李维京,张培群,等. 降尺度技术在月降水预报业务中的应用. 应用气象学报, 2003, 14(6): 648 - 655.

[85] 陈丽娟,李维京,刘绿柳,等. 中国区域月气候预测方法和预测能力评估. 高原气象, 2008, 27(4): 838 - 843.

[86] 江双五,田红,陈丽娟. 动力延伸预报产品释用方法的改进试验. 应用气象学报, 2005, 16(6): 779 - 786.

[87] 陈豫英,陈楠,王素艳,等. MOS方法在动力延伸期候平均气温预报中的应用. 应用气象学报, 2011, 22(1): 86 - 95.

[88] 穆穆,李建平,丑纪范,等. 气候系统可预报性理论研究. 气候与环境研究, 2002, 7(2): 227 - 235.

[89] Barnett T P, Preisendorfer R. Origins and levels of monthly and seasonal forecast skill for United States surface air temperature determined by canonical correlation analysis. Mon Wea Rev, 1987, 115(9): 1825 - 1850.

[90] Plaut G, Vautard R. Spells of low-frequency oscillations and weather regimes in the Northern Hemisphere. J Atmos Sci, 1994, 51(2): 210 - 236.

[91] Yang H, Zhang D, Ji L. An approach to extract effective information of monthly dynamical prediction-The use of ensemble method. Adv Atmos Sci, 2001, 18(2): 283 - 293.

[92] 丑纪范,谢志辉,王式功. 建立6~15天数值天气预报业务系统的另类途径. 军事气象水文, 2006(3): 4 - 9.

[93] 丑纪范,任宏利. 数值天气预报——另类途径的必要性和可行性. 应用气象学报,2006,17(2):240 - 244.

[94] 白旭旭. MJO 对我国华南前汛期降水的影响//第 27 届中国气象学会年会灾害天气研究与预报分会场论文集,2010.

[95] Von Storch H,Xu J S. Principaloscillation pattern analysis of the 30 - to 60 - day oscillation in the tropical troposphere. Part I:Definition of an index and its prediction. Climate Dyn,1990,4:175 - 190.

[96] Wheeler M C,Hendon H H. An all-season real-time multivariate MJO index:Development of an index for monitoring and prediction. Mon Wea Rev,2004,132:1917 - 1932.

[97] Seo K H,Wang W,Gottschalck J,et al. Evaluation of MJO forecast skill from several statistical and dynamical forecast models. J Climate,2009,22:2372 - 2388.

[98] Xavier P K,Goswami B N. An analog method for real-time forecasting of summer monsoon subseasonal variability. Mon Wea Rev,2007,135:4149 - 4160.

[99] 李汀,严欣,琚建华. MJO 活动对云南 5 月降水的影响. 大气科学,2012,36(6):1101 - 1111.

[100] Yasunari T. Cloudiness fluctuations associated with the Northern Hemisphere summer monsoon. Journal of the Meteorological Society of Japan,1979,57(3):227 - 242.

[101] Krishnamurti I N,Subrahmanyam D. The 30-50 day mode at 850 mb during MONEX. J Atmos Sci,1982,39(9):2088 - 2095.

[102] Murakami T,Nakazawa T,He J. On the 40-50 day oscillations during the 1979 Northern Hemisphere summer. Part II:Heat and moisture budget. Journal of the Meteorological Society of Japan,1984,62(3):469 - 484.

[103] 丁一汇,刘芸芸. 亚洲—太平洋季风区的遥相关研究. 气象学报,2008,66(5):670 - 682.

[104] 李崇银,龙振夏,穆明权. 大气季节内振荡及其重要作用. 大气科学,2003,27(4):518 - 535.

[105] Chen L X,Zhu C W,Wang W,et al. Analysis of characteristics of 30-60 day low-frequency oscillation over Asia during 1998 SCSMEX. Adv Atmos Sci,2001,18(4):623 - 638.

[106] 陈隆勋,高辉,何金海,等. 夏季东亚和印度热带季风环流系统动能和对流扰动的纬向传播特征. 中国科学(D 辑):地球科学,2004,34(2):171 - 179.

[107] 何金海,宇婧婧,沈新勇,等. 有关东亚季风的形成及其变率的研究. 热带气象学报,2004,20(5):449 - 459.

[108] 琚建华,赵尔旭. 东亚夏季风区的低频振荡对长江中下游旱涝的影响. 热带气象学报,2005,21(2):163 - 171.

[109] 毛江玉,吴国雄. 1991 年江淮梅雨与副热带高压的低频振荡. 气象学报,2005,63(5):762 - 770.

[110] 张瑛,陈隆勋,何金海,等. 1998 年夏季亚洲地区低频大气环流的特征及其与长江中下游降水的关系. 气象学报,2009,66(4):577 - 591.

[111] Zhang L N,Wang B Z,Zeng Q C. Impact of the Madden-Julian Oscillation on summer rainfall in southeast China. J Climate,2009,22:201 - 215.

[112] 杨秋明. 全球环流 20 ~ 30 天振荡与长江下游强降水. 中国科学(D 辑):地球科学,2009,39(11):1515 - 1529.

[113] 刘冬晴,杨修群. 热带低频振荡影响中国东部冬季降水的机理. 气象科学,2010,30(5):684 - 693.

[114] Ding Q H,Wang B. Intraseasonal teleconnection between the summer Eurasian wave train and Indian monsoon. J Climate,2007,20:3751 - 3767.

[115] 赵亮,丁一汇. 东亚夏季风时期冷空气活动的位涡分析. 大气科学,2009,33(2):359 - 374.

[116] 王跃男,陈隆勋,何金海,等. 夏季青藏高原热源低频振荡对我国东部降水的影响. 应用气象学报,2009,20(4):419 - 427.

[117] 王亚非. 有关 OKJ 波列研究及展望. 气象学报,2010,68(4):584 - 589.

[118] 李双林,纪立人,倪允琪. 夏季乌拉尔地区大气环流持续异常. 科学通报,2001,46(9):753 - 758.

[119] 布和朝鲁,施宁,纪立人,等. 梅雨期 EAP 事件的中期演变特征与中高纬 Rossby 波活动. 科学通报,2008,53(1):111 - 121.

[120] 潘婕,纪立人,布和朝鲁. 夏季欧亚中高纬持续流型的季节内气候特征. 大气科学,2009,33(2):300 - 312.

[121] 张庆云,陶诗言. 亚洲中高纬度环流对东亚夏季降水的影响. 气象学报,1998,56(2):199 - 211.

[122] 张庆云,陶诗言,张顺利. 夏季长江流域暴雨洪涝灾害的天气气候条件. 大气科学,2003,27(6):1018 - 1030.

[123] 丁一汇,柳俊杰,孙颖,等. 东亚梅雨系统的天气——气候学研究. 大气科学,2007,31(6):1082 - 1101.

[124] 王遵娅,丁一汇. 中国雨季的气候学特征. 大气科学,2008,32(1):1 - 13.

[125] 梁萍,陈隆勋,何金海. 江淮夏季典型旱涝年的水汽输送低频振荡特征. 高原气象,2008,27(增刊):84 - 91.

[126] 黄菲,黄少妮,张旭. 中国降水季节内振荡的气候特征分析. 中国海洋大学学报,2008,38(2):173 - 177.

[127] Wen M,Zhang R H. Role of the quasi-biweekly oscillation in the onset of convection over the Indochina Peninsula. Quart J Roy Meteor Soc,2007,133:433 - 444.

[128] Wen M,Zhang R H. Quasi-biweekly oscillation of the convection around Sumatra and low-level tropical circulation in boreal spring. Mon Wea Rev,2008,136:189 - 205.

[129] 占瑞芬,孙国武,赵兵科,等. 中国东部副热带夏季风降水的准双周振荡及其可能维持机制. 高原气象,2008,27(增刊):98 - 108.

[130] 尹志聪,王亚非,袁东敏. 梅雨准双周振荡的年际变化及其前期强信号分析. 大气科学学报,2011,34(3):297 - 304.

[131] 梁萍,丁一汇. 东亚梅雨季节内振荡的气候特征. 气象学报,2012,70(3):418 - 435.

[132] 陈官军,魏凤英. 基于低频振荡特征的夏季江淮持续性降水延伸期预报方法. 大气科学,2012,36(3):633 - 644.

[133] 谷德军,纪忠萍,林爱兰,等. 广州逐日降水振荡及其延伸期预报的简谐波模型. 热带气象学报,2013,29(6):899 - 906.

[134] 信飞,孙国武,陈伯民. 自回归统计模型在延伸期预报中的应用. 高原气象,2008,27(增刊):69 - 75.

[135] 覃志年,李维京,何慧,等. 广西 6 月区域性暴雨过程的延伸预测试验. 高原气象,2009,28(3):688 - 693.

[136] 梁萍,丁一汇. 强降水过程气候态季节内振荡及其在延伸期预报中的应用. 高原气象,2013,32(5):1329 - 1338.

第 2 章　低频天气图

风霜雨日，阴晴冷暖，雾霾沙尘，……是社会公众最为关心的气象问题，即常说的“明日的天气如何?”因为“明日的天气”与人们的日常生活和生产活动息息相关。那么，气象台是怎样做出“明日的天气”呢？随着气象知识的宣传普及，大多数人都知道“明日的天气”是气象台根据天气图做出来的，甚至还有一些人知道是根据天气图上天气系统如高压、低压的移动、停留和强度变化做出明日的天气预报。作者有一次在上海市的马路边步行时，偶尔听到两位推车卖菜的商贩朋友说天气，“气象台说有低压槽来，要下雨”，“不对，气象台说低压槽过去了，昨夜下过雨了，今天高气压来了，天气转晴”等。

当然，不仅是社会大众，就连气象业内人士也习以为常把天气预报与天气图联系在一起。殊不知，社会的进步，经济的发展，生活质量的提升，如今的气象早已不是天气图与“明日的天气”那个年代了。

姑且不谈现代气象技术的发展，先进气象设备的更新和气象理论水平的提高，仅就预报时效（即预报多长时间）而言，从小时—天—旬—月—季—年的预报、预测来看，时间长短不一，内容各不相同。其中，低频天气图的延伸期天气过程预报，主要是预报 10 ~ 30 天内，哪天或哪几天将发生天气过程，特别是重要天气过程如强降水天气过程、沙尘暴天气过程和寒潮冰雪天气过程等。

作者当年提出这种延伸期预报方法[1,2]，称为大气低频天气图，为的是使广大预报员能熟悉和接受在低频天气图上分析低频天气系统。在常规天气图上的天气系统，即使是超长波系统的生命史也不超过 10 天，低频天气图上的低频天气系统的生命史最短都在 10 天以上，大多维持 20 ~ 30 天。低频天气系统的活动规律虽遵循天气学原理，但与常规天气图上的天气系统存在差异。预报时效长度也不同，根据天气系统作预报，一般在 10 天以下；至于数值预报能预报超过 10 天的天气系统的演变，但与根据低频天气系统做 10 ~ 30 天天气过程预报也是不同的。

2.1　低频天气图概述

低频天气图，一种有别于统计学预报方法和数值预报方法以及天气学预报方法但又与之存在一定关联的延伸期过程预报的新方法。它的主要预报工具便是低频天气图。

低频天气图和常规天气图（如等压面位势高度图、风场和地面气压场图等）类似，所不同的是通过带通（30 ~ 50 天）滤波器处理后绘制的位势高度、风和地面气压等图，统称为低频天气图。

低频天气图上，如果是低频流场，则出现低频气旋、低频反气旋；如果是低频位势高度场，则出现低频低压、低频高压等，称为低频天气系统。这样便将普通天气图转化为低频天气图，将普通天气图上的气旋、反气旋和高压、低压转化为低频天气图上的低频气旋、低频反气旋和低频低压、低频高压。实质上，从某一给定时段和某一给定区域的低频位势高度曲线的演变特征来看，低频天气图上的低频系统（低频气旋、低频反气旋和低频低压、低频高压等）反映出该区域、该时段低频风（经向风和纬向风）、低频位势高度曲线振荡的正负位相，低频气旋、低频低压对应最小负位相；低频反气旋、低频高压对应最大正位相（本书将在 3. 2 节中详细讨论）。

2. 2　低频天气图绘制

本节着重分析讨论低频天气图计算绘制中的各种问题，如：大气低频主周期的确定；大气低频滤波器的选择；大气低频的计算方法；时间和空间滤波以及不同气压场、不同气象要素和不同来源的格点资料等的滤波等，通过这些问题的分析讨论和比较，最终筛选出在实际业务预报应用中可行的低频天气图计算绘制方案。

2. 2. 1　大气低频主周期的确定

大气运动在时域上存在各种频率的振荡，其中也包含周期为 10 ~ 90 天的低频振荡（10 天以下为天气尺度变化，90 天以上为季节及以上时间尺度变化）。不同的大气环流系统、不同的气象要素和天气现象和不同的等压面层次以及不同的区域、季节等，具有各自的时频振荡特征。为了研究和应用目的，通常重点研究低频时频 10 ~ 20 天和 30 ~ 50 天（或 30 ~ 60 天）振荡，30 ~ 50 天（或 30 ~ 60 天）振荡又被称为季节内振荡。

虽然近 20 年以来，一些研究结果表明，在大气随时间演变的宽广时域内，存在 30 ~ 50 天的低频振荡，不仅热带大气中存在，而且具有全球性；不仅对流层存在，也发生在平流层；不仅平原海洋存在，同时青藏高原也很明显[2-5]。但 20 年过去了，人类活动、气候和环境都发生了变化，在研究、应用大气低频天气图的同时，有必要采用数理统计方法重新计算分析从低纬—中纬—高纬和从海洋—平原—高原的欧亚区域内风、位势高度等气象要素是否存在 30 ~ 50 天的低频变化特征。因为本书介绍的低频天气图就是基于大气季节内振荡（30 ~ 50 天）。

（1）小波分析

时 - 频分析的发展经历了经典傅里叶（Fourier）分析—窗口傅里叶分析—小波分析的过程。小波分析与傅里叶分析有着紧密的内在联系。它们在局部化思想上是一脉相承的。经典的傅里叶变化是时域到频域相互转化的工具，其实质是把对时域函数的研究转化为对其变换的频域函数的研究。虽然傅里叶变换能够将信号的时域特征与频域特征联系起来，分别从时域和频域两方面分析信号，但傅里叶分析缺乏信号的局部化分析能力，这是因为信号的时域表示中不包含任何频域信息；而其变换没有反映出频率随时间变化的信息。而在许多实际问题中，我们所关心的恰好是信号在局部范围内的特征，因此需要寻找一种新的方法，即时 - 频局部化方法。在这样的需求下，窗口傅里叶变换（WFT）应运而生，它在时 - 频局部化方面取得了实质性的进步，其要点就是引进了窗函数。用窗口傅里叶变换（WFT）分析信号可在时 - 频窗这个局部范围内观察。它如同一个“放大镜”在时 - 频相平面移动，考量某个固定长时间内的频率特征。但是对于不同波段的信号，需要不同特点的时－频窗与之对应，比如低频信号在较大的范围内幅值变化慢，频率范围窄，其对应的时频窗应为时窗宽且频窗窄；而高频信号的幅值变化快，频率范围宽，其对应的时频窗应为频窗宽且时窗窄。通常在给定的实际模拟信号中，既有低频信号又有高频信号，这就需要时－频窗具有自适应的特性，在分析低频信号时，它的时窗宽且频窗窄；而分析高频信号时，它的频窗宽且时窗窄。显然，窗口傅里叶变换已不能满足时－频窗自适应的要求，因此需要寻找解决的办法。

小波分析又称多分辨分析，是近几年来国际上十分热门的一个前沿领域，被认为是傅里叶分析方法的突破性进展。小波变换的窗函数是缩放因子和平移因子的函数。这样的时－频窗表现了小波变换的时－频局部化能力。1984 年法国地质学家 J. Morlet 在分析地震波的局部性质时，将小波概念引入信号分析中。之后，理论物理学家 A. Grossman 和数学家 Y. Meyer 等人又对小波进行了一系列的深入研究，使小波理论有了坚实的数学基础。进入 20 世纪 90 年代，小波分析成为众多学科共同关注的热点。在信号处理、图像处理、地震勘探、数字电路、物理学、应用数学、力学、光学等诸多科技领域得到广泛应用。由于小波分析对信号处理的特殊优势，很快得到气象学家的重视，将其广泛应用于气象和气候序列的时频结构分析中，并已有不少引人注目的研究成果[6-8]。在气候诊断中，广泛使用的傅里叶变换可以显示出气候序列不同尺度的相对贡献，而小波变化不仅可以给出气候序列变化的尺度，还可以显现出各频段振荡随时间的变化特征。小波分析是周期分析的重要工具。气象上常用的小波包括 Haar 小波、Mexi-hat 小波、Gauss 小波及 Molet 小波等。由于 Molet 小波具有更好的时－频局部化特征，因此被广泛应用于气候突变点分析以及气象要素的周期分析。

本节采用 Morlet 小波变换的方法分析计算 2002—2012 年亚洲区域（0°～70°N，60°～160°E）第 1 到第 8 区逐年从 1 月 1 日—12 月 31 日的 700hPa 经向风（v）、纬向风（u）和位势高度（h）的时频变化特征，这 8 个区分别是：1 区为 0°～30°N，120°～160°E，主要是西太平洋区域，包括我国台湾地区以东、以南洋面，钓鱼岛以及菲律宾等邻国；2 区为 0°～30°N，100°～120°E，主要是我国华南和南海诸岛及其海域，以及中南半岛等；3 区为 0°～30°N，60°～100°E，主要是印度—孟加拉湾及其以南印度洋海域等；4 区为 30°～50°N，120°～160°E，主要是我国东北地区和黄海、东海海域以及朝鲜、日本及其附近海域等；5 区为 30°～50°N，100°～120°E，主要是我国河套及其附近地区以及蒙古国等；6 区为 30°～50°N，60°～100°E，主要是我国新疆及其附近地区以及中亚地区等；7 区为 50°～70°N，120°～160°E，主要是俄罗斯远东地区及其附近海域等；8 区为 50°～70°N，60°～120°E，主要是俄罗斯贝加尔湖以西到西西伯利亚地区等。

下面给出 2002 年和 2011 年各区 700hPa 等压面 u、v 和 h 的小波分析图（图 2.1～图 2.3）。

图 2.1 中，2002 年 1 区和 2 区 u 的 30～50 天周期比较明显，其中 2 区 10～20 天的周期也是明显的。其他各区周期也是大同小异，不再重述。

图 2.2 中，2002 年 5 区和 6 区，v 的 30～50 天周期和 10～20 天周期，5 区（图 2.2a）比较明显，而 6 区则 20～30 天周期明显。其他各区周期的基本特征虽不完全相同，但大多都体现在 30～50 天和 10～20 天周期上。

图 2.3 中，2011 年 700hPa 3 区和 4 区，h 的 30～50 天周期和 10～20 天周期都比较

明显，其他各区 h 的周期特征大多如此。

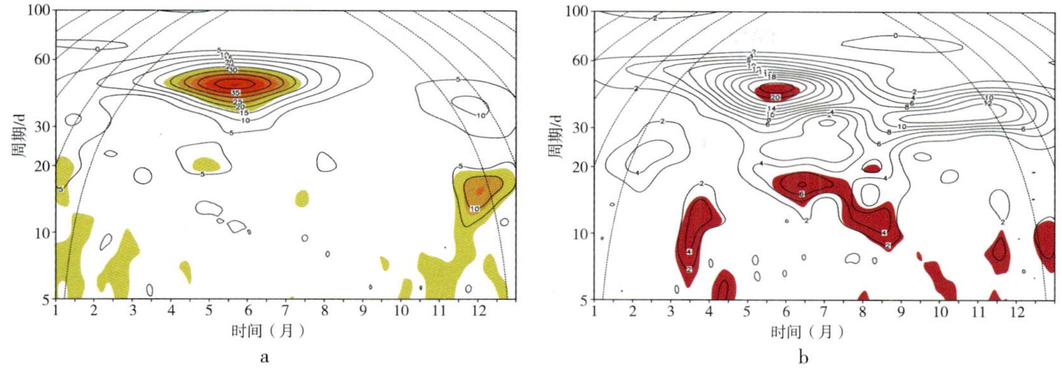

图 2.1　2002 年 700hPa 纬向风（u）的小波分析（a 为 1 区，b 为 2 区）

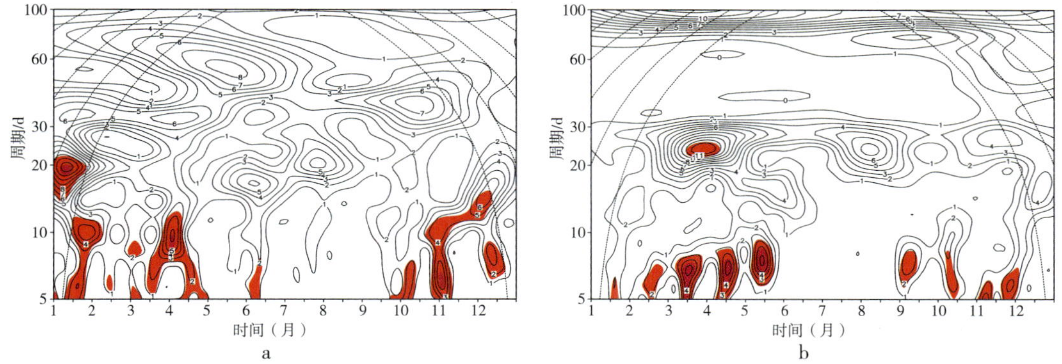

图 2.2　2002 年 700hPa 经向风（v）的小波分析（a 为 5 区，b 为 6 区）

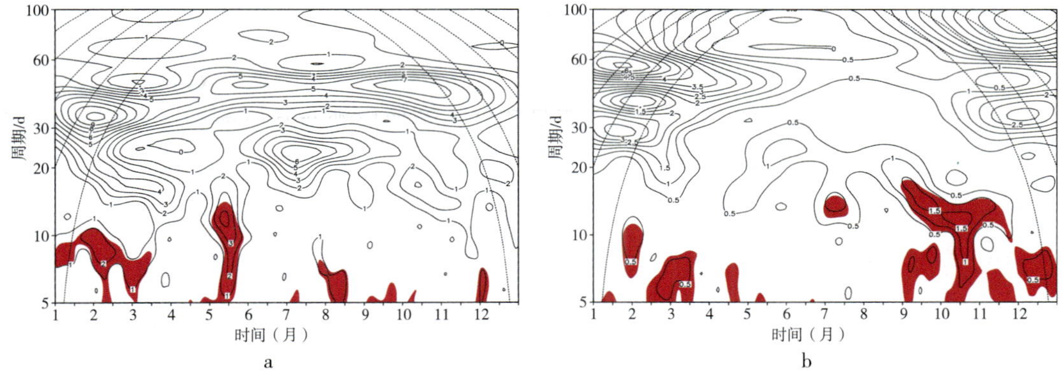

图 2.3　2011 年 700hPa 位势高度（h）的小波分析（a 为 3 区，b 为 4 区）

从这些图中可以看出，不同年份、不同区域和不同气象要素的时频特征是不相同的，即使同一年份、同一区域，不同气象要素的时频特征也不尽相同。但是，总体来说，大气季节内振荡（30 ~ 50 天）的时频特征还是比较明显而且普遍存在的。如 2002 年，u 的 30 ~ 50 天振荡较强，v 次之，h 则较弱；而 2011 年 u 和 h 的 30 ~ 50 天振荡较强，v 次之。有的年份 10 ~ 20 天的振荡特征也比较明显，如 2011 年 h 的振荡特征。

下面再给出图 2.4、图 2.5 和图 2.6，以进一步分析大气低频振荡在 30 ~ 50 天和 10 ~

20 天时频段的变化特征。

u（700hPa）的时频变化特征：

2008 年 1 区和 2 区（图 2.4a、b）30～50 天的振荡周期明显，强度较强；10～20 天的振荡周期不明显，强度也弱。而 2009 年 7 区和 8 区（图 2.4c、d）10～20 天的振荡周期明显，强度较强；30～50 天的振荡周期不明显，强度也弱。

v（700hPa）的时频变化特征：

2005 年 1 区和 2 区（图 2.5a、b）30～50 天的振荡周期明显，强度较强；10～20 天的振荡周期不明显，强度也弱。而 2003 年 5 区和 6 区（图 2.5c、d）10～20 天的振荡周期明显，强度较强；30～50 天的振荡周期不明显，强度也弱。

h（700hPa）的时频变化特征：

2005 年 2 区和 3 区（图 2.6a、b）30～50 天的振荡周期明显，强度较强；10～20 天的振荡周期不明显，强度也弱。而 2003 年 2 区和 3 区（图 2.6c、d）10～20 天的振荡周期明显，强度较强；30～50 天的振荡周期不明显，强度也弱。

根据以上的分析，可以归纳出 30～50 天和 10～20 天低频振荡特征：

①不同年份，同一区域、不同气象要素的 30～50 天和 10～20 天的振荡周期不同（参看图 2.4a、b 和图 2.5a、b）。

②同一年，不同区域、不同气象要素的 30～50 天和 10～20 天的振荡周期不同（参看图 2.5c、d 和图 2.6c、d）。

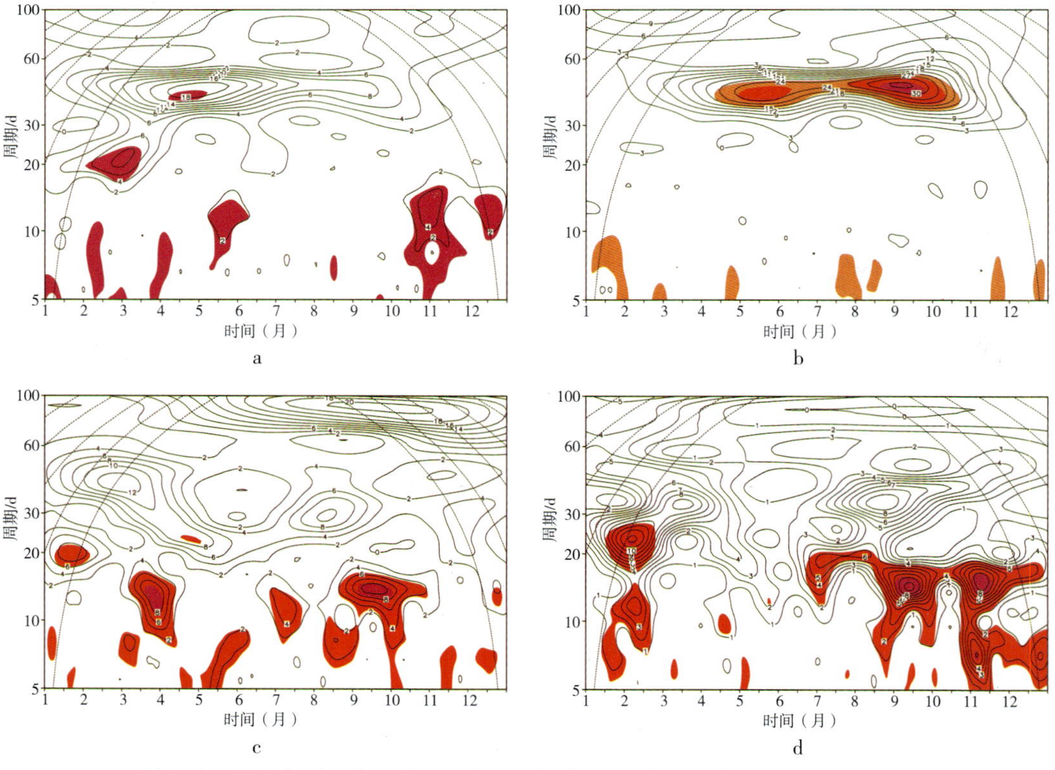

图 2.4　2008 年（a 为 1 区、b 为 2 区）和 2009 年（c 为 7 区、d 为 8 区）700hPa 等压面纬向风（*u*）的小波分析

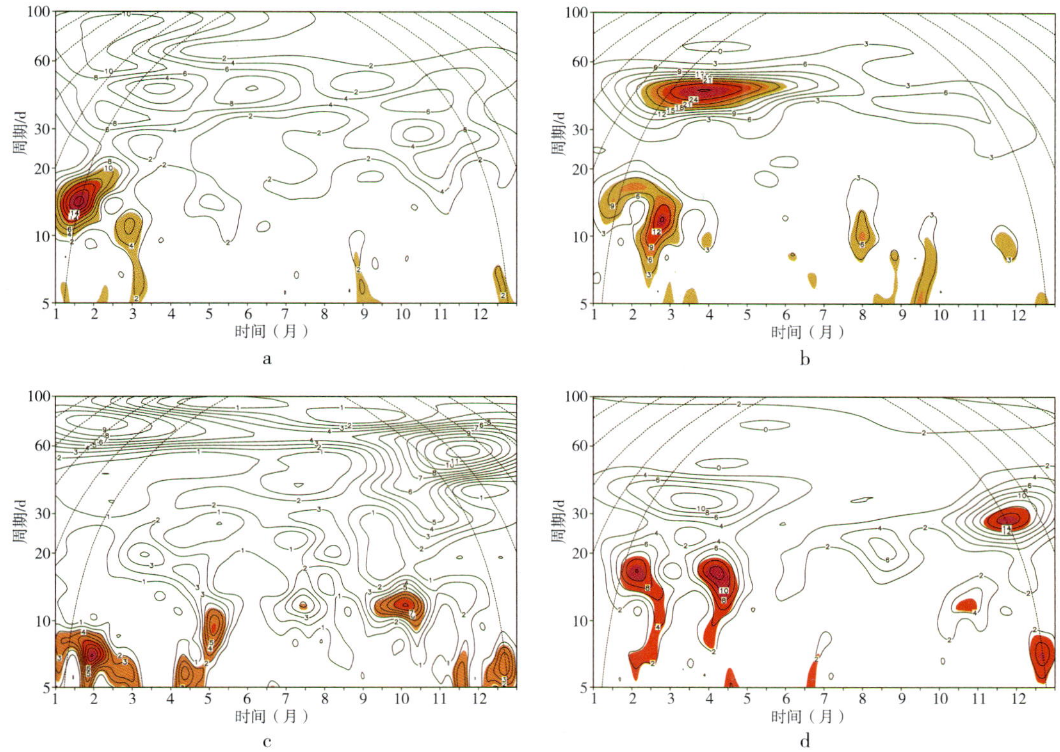

图 2.5 2005 年（a 为 1 区、b 为 2 区）和 2003 年（c 为 5 区、d 为 6 区）700hPa 等压面经向风（*v*）的小波分析

③不同年份、不同区域、不同气象要素的 30～50 天和 10～20 天的振荡周期不同（参看图 2.6a、b 和图 2.5c、d）。

④不同年份、同一区域、同一气象要素的 30～50 天和 10～20 天的振荡周期不同（参看图 2.6a、b 和图 2.6c、d）。

（2）功率谱分析

大气运动在时域上存在各种不同时间尺度即不同频率的振荡，气象上常用的分析气象要素或天气现象周期变化的统计学方法之一就是功率谱分析。虽然功率谱仅是描述时间函数频率的局部地区变化，但仍有一定的使用价值，所以至今仍被广泛应用于气象领域。

功率谱分析是以傅里叶变换为基础的频域分析方法，其意义为将时间序列的总能量分解到不同频率上的分量，根据不同频率波的方差贡献诊断出序列的主要周期，从而确定周期的主要频率，即序列隐含的显著周期。功率谱是应用极为广泛的一种分析周期的方法[9,10]。

将功率谱估计和标准谱绘成曲线图。根据绘出的曲线确定序列的显著周期。首先，看功率谱估计曲线的峰点是否超过标准谱，若超过则说明峰点所对应的周期是显著的。这一周期是序列存在的第一显著周期。

取 2009 年和 2012 年 5 月 1 日—9 月 30 日亚洲区域（10°～70°N，60°～160°E）第 1 到第 8 区［2.2.1 节（1）小波分析所选区域相同］的经向风（*v*）、纬向风（*u*）和位势高度（*h*）序列计算功率谱。$n=365$，最大滞后长度 m 取为 $\frac{n}{3}$。计算时首先对序列

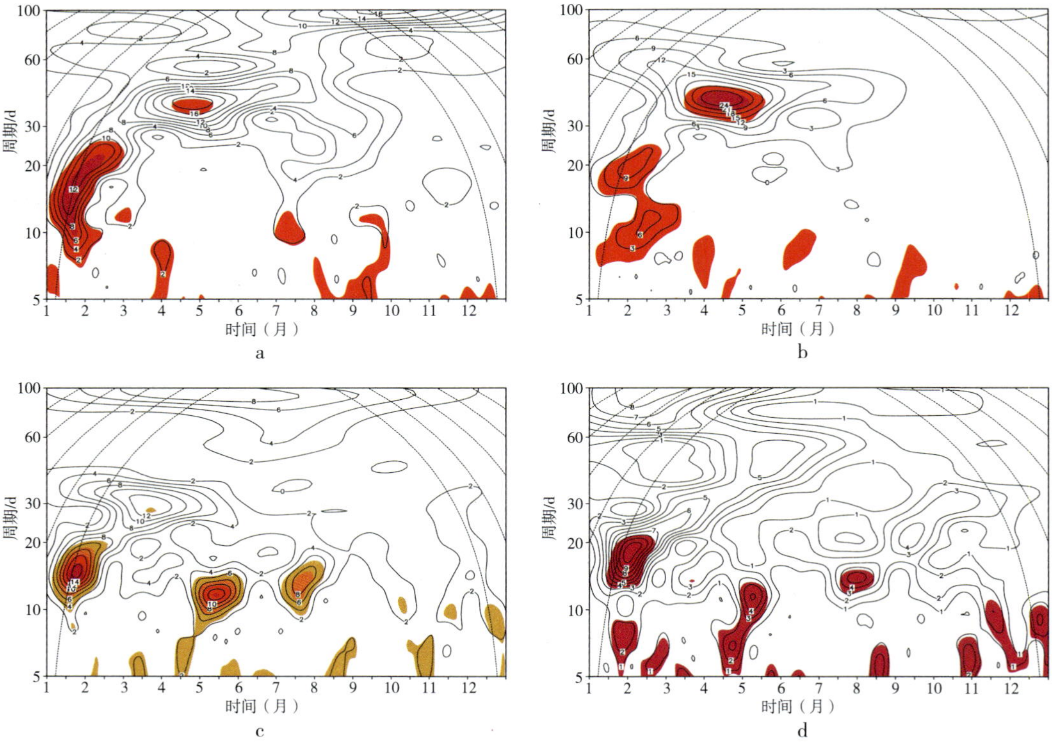

图 2.6　2005 年（a 为 2 区、b 为 3 区）和 2003 年（c 为 2 区、d 为 3 区）700hPa 等压面位势高度（*h*）的小波分析

作 10 点滑动平均处理。计算标准谱的显著性水平，α 取为 0.05。计算结果如图 2.7 所示。横坐标为周期，纵坐标为谱值。

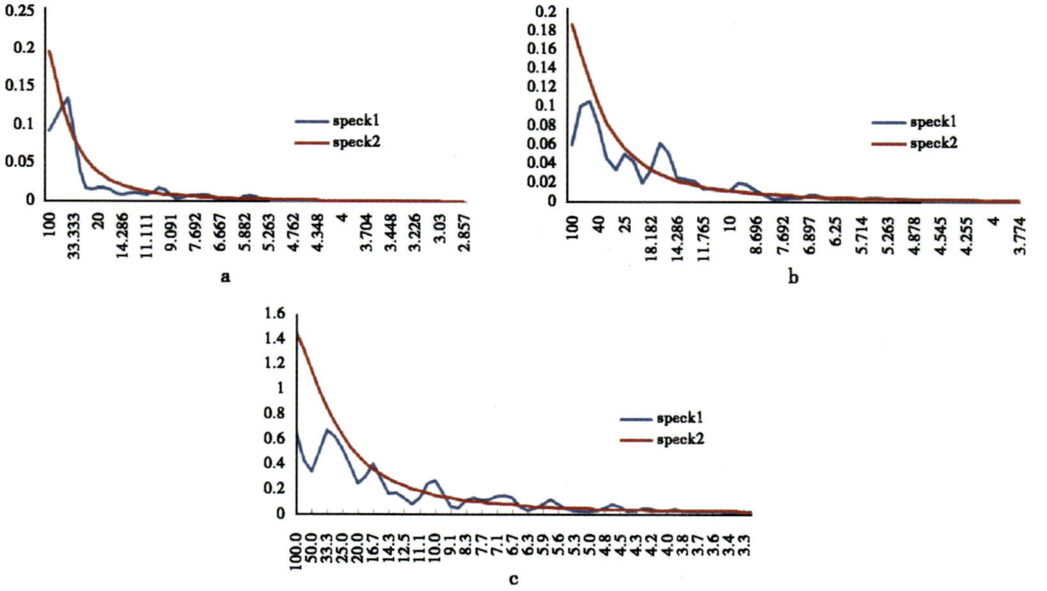

图 2.7　2009 年 700hPa 等压面功率谱分析［a 为 1 区纬向风（*u*），b 为 7 区经向风（*v*），c 为 1 区位势高度（*h*）］（红曲线为 α = 0.05 的红噪声标准谱）

从图 2.7 可以清楚地看出，在亚洲区域（0°～70°N，60°～160°E），从东到西和从南到北的第 1 到第 8 区，700hPa u、v 和 h，在周期长度为 30～50 天处，功率谱估计值为一峰值（有的区域超过标准谱，即通过 0.05 的红噪声检验；有的区域虽未通过，但仍为一峰值）。因此 30～50 天是一显著周期。另外，10～20 天和 <8 天的周期在有的区域也比较明显，反映出 u、v 和 h 随时间变化的多尺度特征。

下面再给出同一区域（亚洲区域）和相同气象要素（u、v 和 h）以及不同年（2012 年）功率谱计算结果，如图 2.8 所示。

很显然，2012 年第 1、3 区（其他区相同，故略）u、v 和 h 在 30～50 天时频段，仍然是一显著周期，与 2009 年功率谱分析结果一致，其他如 10～20 天和 <8 天也如此。其他年（2001—2012 年）与 2009 年和 2012 年基本一致（图略）。而且还计算了各区域（1～8 区）各要素（u、v 和 h）5 月 1 日—9 月 30 日（n = 153 天）功率谱（图略），其结果与 n = 365 天基本一致。表明 u、v 和 h 30～50 天周期各年都存在，这并不意味着不存在年、季节变化。事实上，图 2.8 就显示出 30～50 天这一主周期在不同年、季节和不同要素，其强弱是有变化的。

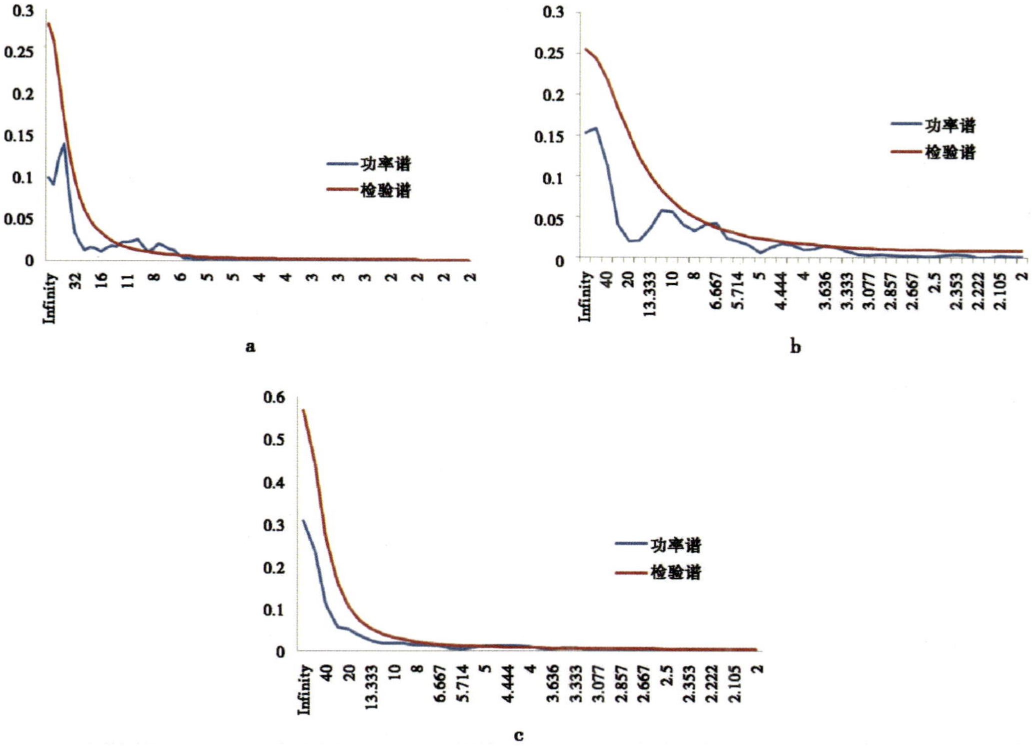

图 2.8　2012 年 700hPa 等压面功率谱分析［a 为 1 区纬向风（u），b 为 3 区经向风（v），c 为 3 区位势高度（h）（红曲线为 α = 0.05 的红噪声标准谱）

（3）最大熵谱分析

连续功率谱估计需要借助于谱窗函数对粗谱加以平滑而求得。因此，其统计稳定性和分辨率都与选择的窗函数有关。由于使用了与分析的系统毫无关系的窗函数，有时可能会得出虚假的结论。此外，在连续功率谱估计中，自相关函数估计与样本量大小有关，这也会造成谱估计的误差，影响分辨率。可见，功率谱存在分辨率不高和有可能产生虚假频率分量等缺点。由于功率谱不需要由时间序列本身提供某种参数模式，因而是一种非参量谱估计。最大熵谱的基本思想是，以信息论中熵的概念为基础，选择这样一种谱估计，在外推已知时间序列的自相关函数时，其外推原则是使相应的序列在未知点上取值的可能性具有最大的不确定性，也就是不对结果作人为的主观的干预，因而所得信息最多。最大熵谱估计是与确定时间序列的参数模式——自回归模型有关的方法，是一种参数谱估计，最大熵谱具有分辨率高等特点，尤其适用于短序列，因此受到人们的广泛重视[10,11]。

图2.9是2012年5月1日—9月30日0°～60°N，60°～120°E 700hPa等压面纬向风u，经向风v和位势高度h 30～50天最大熵谱分布（NCEP资料）。可以看到，所研究分析的区域内，30～50天u的最大熵谱>200，其中不少地区>500，显示出较强的30～50天振荡现象，而且这种振荡具有普遍性。但仔细分析，可以发现低纬地区（0°～20°N）和高纬地区（50°～60°N）的30～50天振荡强于中纬度地区（30°～40°N）（图2.9a）。

v的30～50天的最大熵谱值分布（图2.9b）则与u有所不同，虽然最大熵谱值在20～200，其30～50天周期也是存在的，但振荡强度低纬地区（0°～20°N）强于中高纬地区（20°N以北）。

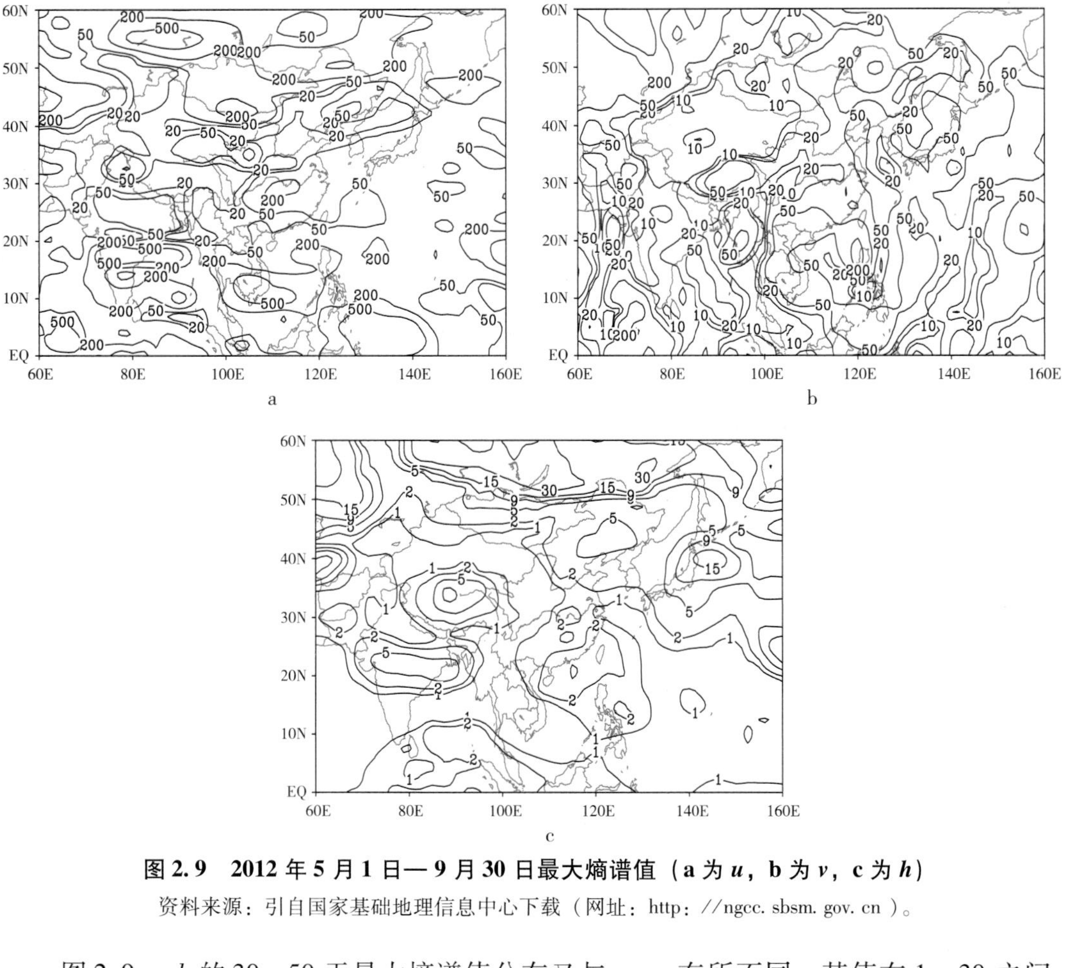

图2.9　2012年5月1日—9月30日最大熵谱值（a为u，b为v，c为h）

资料来源：引自国家基础地理信息中心下载（网址：http：//ngcc. sbsm. gov. cn ）。

图2.9c，h的30～50天最大熵谱值分布又与u，v有所不同，其值在1～30之间，

同样也表明 30 ~ 50 天周期是存在的，但振荡强度高纬地区（50° ~ 60°N）强于中纬地区（20° ~ 50°N），中纬地区又强于低纬地区（0° ~ 20°N）。

图 2.10 是用 2.5° × 2.5°格点计算各格点 u 的周期分布图（v 和 h 的周期分布图与 u 相似，故略）。在所研究分析的区域内，u、v 和 h 普遍存在 30 ~ 50 天时频时段内的周期，计算结果进一步证实了这个问题，即 30 ~ 50 天周期振荡普遍存在。

以上分析的 u、v 和 h 30 ~ 50 天振荡现象仅局限于 700hPa 一层等压面，下面将分析 100 ~ 1000hPa 各标准层等压面的垂直剖面上各格点 30 ~ 50 天 u、v 和 h 的最大熵谱值所对应的周期分布（图 2.11）。

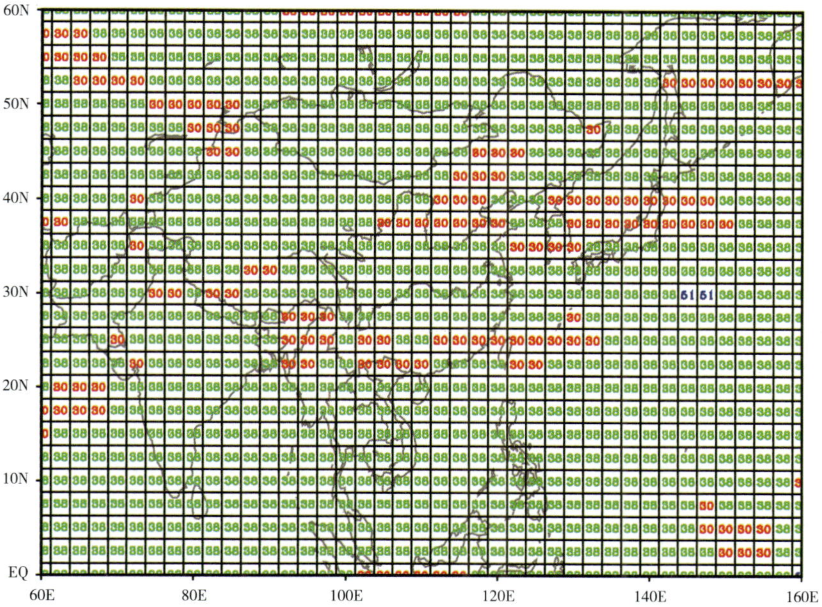

图 2.10　2012 年 5 月 1 日— 9 月 30 日 700hPa 等压面纬向风（u）的周期分布（单位：d）

资料来源：引自国家基础地理信息中心下载（网址：http：//ngcc. sbsm. gov. cn ）。

这些格点分别取低纬 20°N 纬线上东西两个格点（120°E，90°E）、中纬 30°N 纬线上东西两个格点（120°E，90°E）、高纬 50°N 纬线上东西两个格点（120°E，90°E）。

在图 2.11a 上，（20°N，120°E）格点处最大熵谱值对应 30 ~ 50 天周期变化为 700hPa 以下，h 以 40 ~ 50 天周期变化为主；150 ~ 250hPa，v 则以 30 ~ 40 天周期变化为主。

同样，30 ~ 50 天周期变化，（20°N，90°E）格点处，v 出现在 700hPa 以下各等压面和 u 出现在 300 ~ 100hPa 等压面（图 2.11b）；（30°N，120°E）格点处，v 出现在 700hPa、850hPa 等压面和 u 出现在 300 ~ 150hPa 等压面（图 2.11c）；（30°N，90°E）格点处，u、v 和 h 均无显著周期出现（图略）；（50°N，120°E）格点处，u 出现在 400 ~ 150hPa 等压面（图略）；（50°N，90°E）格点处，v 和 h 均出现在 700hPa 以下各层等压面（图略）。

总之，u、v 和 h 虽然它们的最大熵谱值对应的 30 ~ 50 天周期变化各有不同，但存在一个共同点，那就是 30 ~ 50 天周期变化主要在对流层低层（700hPa、850hPa）和对流层上层（300 ~ 100hPa）。

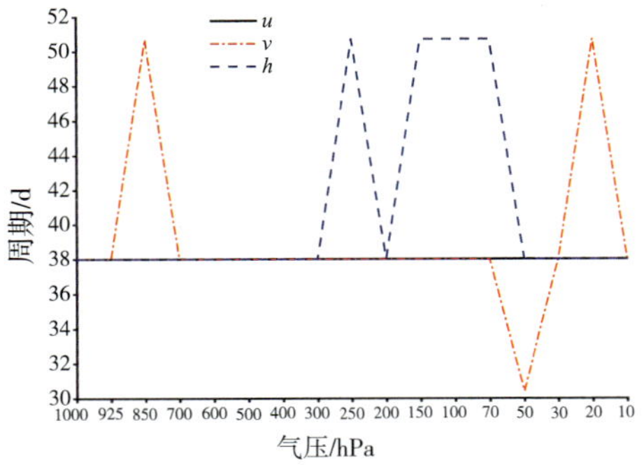

a

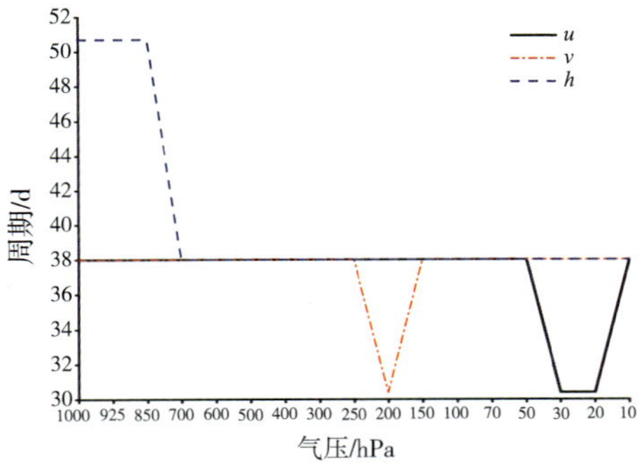

b

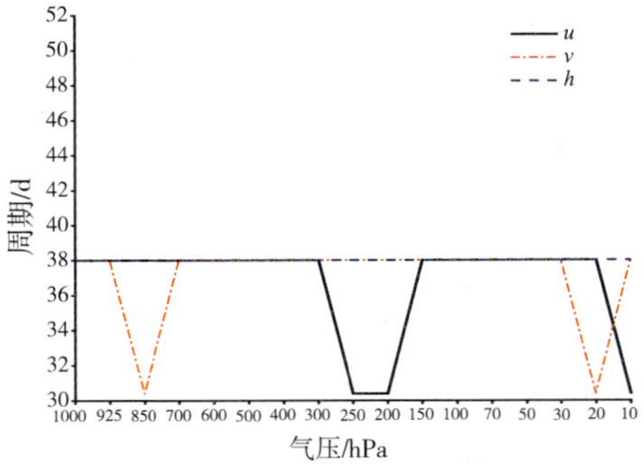

c

图 2.11 格点 30～50 天最大熵谱值对应周期的垂直剖面

［a，（20°N，120°E）；b，（20°N，90°E）；c，（30°N，120°E）］

以上仅分析了 20°N，30°N，50°N 纬线上东西共 6 个点的最大熵谱值的垂直分布，6 个格点 2012 年 5 月 1 日—9 月 30 日 NCEP 资料的分析可能存在某些局限。下面分析这 3 个纬线从 100～1000hPa 和从 60°E～160°E 垂直剖面上 30～50 天滤波的最大熵谱值及其周期分布，计算要素有纬向风（u）、经向风（v）和位势高度（h）。

从 20°N，30°N，50°N 的垂直剖面看，30～50 天的最大熵谱值都是通过了显著性检验的最大熵谱值，表明 30～50 天的低频振荡在低纬、中纬和高纬度带，从对流层低层到高层，是普遍存在的，只不过有强弱之分。如 20°N 剖面，u 的 30～50 天振荡 100～200hPa 和 700hPa（60°E～80°E，150°E～160°E）相对较强。30°N 剖面，400hPa 以上，u 的 30～50 天振荡相对较强，500hPa 以下相对较弱。50°N 剖面，500hPa 以下，u 的 30～50天振荡相对强一些，对流层下层强于上层，这与 20°N，30°N 的分布不同。

u 在 20°N，30°N，50°N 的周期分布，其周期从 100～1000hPa 和从 60°E～160°E，基本上都是在 30～50 天范围内。

其他如 v、h 在 20°N，30°N，50°N 的垂直剖面图上 30～50 天的最大熵谱值的分布，与 u 的分布基本相同，即从 100～1000hPa 和从 60°E～160°E 的 20°N，30°N，50°N 垂直剖面图的最大熵谱值都通过了显著性检验，即普遍存在 30～50 天低频振荡，其分布在不同等压面和不同经度，有相对较强、较弱的区别。但值得注意的是，h 的最大熵谱值比 u 和 v 的要小得多，它们的周期也在 30～50 天范围内。

为探索各个区域、各种气象要素的主周期及它们的年、季节变化，上面使用了 3 种统计方法：小波分析、功率谱分析和最大熵谱分析。从分析结果来看，亚洲地区及其海域普遍存在大气低频 30 ~ 50 天的振荡主周期，纬向风、经向风和位势高度都是如此。季节上各季都存在；等压面层次上，以低层的 700hPa、850hPa 和高层的 300hPa、200hPa 等压面较为明显。这种 30 ~ 50 天主周期在不同年、季节、不同区域和不同要素，其强度存在一些变化。尽管如此，其 30 ~ 50 天的振荡周期始终是存在的，这为以 30 ~ 50 天滤波器绘制低频天气图提供了统计学基础。另外，10 ~ 20 天振荡周期也是比较明显的主周期之一。

2.2.2　大气低频滤波器选取

大气的季节内振荡，即大气中的 30 ~ 50 天低频振荡，对于取样间隔为 $\Delta = 1$ 天的资料序列滤波，Butterworth 滤波器和 Lanczos 滤波器[12-15]的应用最为广泛。绘制低频天气图，预先将每一个网格点的资料数据通过带通（30 ~ 50 天）滤波器计算处理。

（1）Butterworth 滤波器绘图

Butterworth 滤波器的响应函数如下式：

$$W(z) = \frac{a_{0(1-z^2)}}{1 + b_1 z + b_2 z^2}$$

式中，$z = e^{-i\omega\Delta t}$，$\Delta t = 1\mathrm{d}$，$\omega_1 = \frac{2\pi}{T_1} = \frac{2\pi}{30}$，$\omega_2 = \frac{2\pi}{T_2} = \frac{2\pi}{50}$，$\omega_0^2 = \omega_1 \cdot \omega_2$。

具体计算方法（以纬向风 u 为例）是：

设

$$u = \bar{u} + u^* \tag{2-1}$$

$$u^* = a + b(t - t_0) + c(t - t_0)^2 + u' \tag{2-2}$$

式中，$\bar{u}$ 为平均值，u^* 为对 $\bar{u}$ 的偏差，t_0 是对应于时间样本长度的中间日期。式（2-1）右边前三项的和为 u^* 的季节变化，系数 a、b、c 由最小二乘法确定，u'为季节趋势的偏差。

将 u'进行滤波，滤波后的值为 $\tilde{u}_n$，则

$$\tilde{u}_n = a_0(u'_n - u'_{n-2}) - b_1\tilde{u}_{n-1} - b_2\tilde{u}_{n-2} \quad (n = 1,2,\cdots,N)$$

式中，

$$a_0 = \frac{2\Delta\Omega}{4 + 2\Delta\Omega + \Omega_0^2}$$

$$b_1 = \frac{2(\Omega_0^2 - 4)}{4 + 2\Delta\Omega + \Omega_0^2}$$

$$b_2 = \frac{4 - 2\Delta\Omega + \Omega_0^2}{4 + 2\Delta\Omega + \Omega_0^2}$$

$$\Delta\Omega = 2\left|\frac{\sin\omega_1\Delta t}{1 + \cos\omega_1\Delta t} - \frac{\sin\omega_2\Delta t}{1 + \cos\omega_2\Delta t}\right|$$

$$\Omega_0^2 = \frac{4\sin\omega_1\Delta t\sin\omega_2\Delta t}{(1 + \cos\omega_1\Delta t)(1 + \cos\omega_2\Delta t)}$$

同理，可得经向风 v 滤波后的值 $\tilde{v}_n$

$$\tilde{v}_n = a_0(v'_n - v'_{n-2}) - b_1\tilde{v}_{n-1} - b_2\tilde{v}_{n-2}$$

这样，在滤波后的纬向风和经向风资料中，主要保留了30～50天的低频谱段。

将各格点 $\tilde{u}_n$ 和 $\tilde{v}_n$ 合成，便可得到700hPa低频风场图。

（2）Lanczos滤波器绘图

Lanczos滤波器的响应函数，对 $\Delta t = 1\text{d}$ 的资料序列和截断频率 $f_1 = 1/60\ (\text{d}^{-1})$、$f_2 = 1/30\ (\text{d}^{-1})$，由如下卷积（ * 为卷积算符）给出

$$y_L(t) = w(t) \cdot x(t) = \sum_{\tau=-n}^{n} w(\tau) \cdot x(t-\tau)$$

其响应函数为

$$R_L(f) = \sum_{\tau=-n}^{n} w(\tau) \cdot \exp(i2\pi f\Delta t)$$

式中的 $w\ (t)$ 是 L、f 的权重函数，

$$w(t) = \left(\frac{\sin(2\pi f_2 t)}{\pi t} - \frac{\sin(2\pi f_2 t)}{\pi t}\right)\frac{\sin\left(\frac{\pi t}{n}\right)}{\frac{\pi t}{n}},\quad t = -n,\cdots,0,\cdots,n$$

它由（$2n+1$）个数构成。故原序列经Lanczos滤波，所得资料序列

$$\{y_L(t), t = n+1, n+2, \cdots, m-n\}$$

较原序列缩短 $2n$ d。

在相同的取样间隔下，Lanczos滤波器对资料序列的要求高于Butterworth滤波器，虽然就长序列资料滤波，Lanczos滤波器与Butterworth滤波器的滤波性能相近，但结果表明：在滤波器参数 n 足够大时，Lanczos滤波器对资料信息的滤出和对非规定带通信息的抑制均优于Butterworth滤波器。而且，在分辨率为 $\Delta t = 1\text{d}$、带通时频段为30～60天定义下，Lanczos滤波器参数的阈值 $n_\tau = 69\text{d}$，当 $n \geqslant n_\tau$，可以保证Lanczos滤波器优越性成立[14,15]。但是，资料序列经过上式滤波后，会损失序列左右两端各 n 个数据点。如果时间间隔为1天，那么将损失 $2n$ 天的资料。而且随着 n 的增大，Lanczos滤波器的频率响应函数才会越来越接近理想的频率响应函数，这无法满足实时预报的要求。而Butterworth滤波器的滤波结果在资料序列的两端不丢失[9]。

（3）EOF（自然正交展开）绘图

业务运行中是采用Butterworth带通（30～50天）滤波器处理流场资料，获得每日的低频天气图。下面将用另一种方法——经验正交函数分解（EOF）与小波变换相结合的方法，提取流场的低频分量并制作低频天气图。

使用NCEP1的700hPa经、纬向风场的逐日再分析资料，网格距为2.5°×2.5°。以2012年4月1日—8月31日共153天的700hPa流场为研究对象，主要利用向量场的经验正交分解结合小波变换方法提取向量场的低频部分，即保留30～50天周期数据，与传统的低频天气图相同，我们仍旧采取150天滚动计算的方法，即利用4月1日—8月28日共150天资料绘制8月28日低频天气图；利用4月2日—8月29日共150天资料绘制8月29日低频天气图。依此类推。

下面以4月1日—8月28日共150天资料绘制8月28日低频天气图为例，介绍该种方法的具体制作流程。将这150天的 u，v 风场进行流场的EOF分解，得到前10个主成分，前10个主成分的贡献率见表2.1。

表 2.1　前 10 个主成分的贡献率

主成分	贡献率	总贡献率
1	0.422 387	0.422 387
2	0.044 082	0.466 469
3	0.034 904	0.501 373
4	0.030 548	0.531 922
5	0.026 291	0.558 213
6	0.022 715	0.580 928
7	0.021 633	0.602 560
8	0.020 595	0.623 156
9	0.018 031	0.641 187
10	0.016 667	0.657 854

从表 2.1 可得，前 10 个主成分的贡献率之和为 0.658。

向量场的经验正交分解后，分析各个主成分具有低频特征是首要任务。接下来利用 Morlet 小波变换来研究前 10 个主成分的周期性。

这里给出第 1 及第 4 主成分的小波变换后的周期谱（图 2.12），这两个主成分的小波变换后的频谱图显示，在第 140 天以后，即 8 月中旬以后，10～30 天为两者最为主要的振荡周期，且通过噪声检验。这说明进入 8 月以后 700hPa 流场的第 1 及第 4 主成分具有 10～30 天的显著低频周期。综合分析前 10 个主成分的周期性，我们得出，8 月中旬以后，最显著的低频周期为 10～30 天。这一周期在第 1、2、3、4、6、8 主成分中均有体现。因此 8 月中旬后，700hPa 流场的显著振荡周期为 10～30 天。

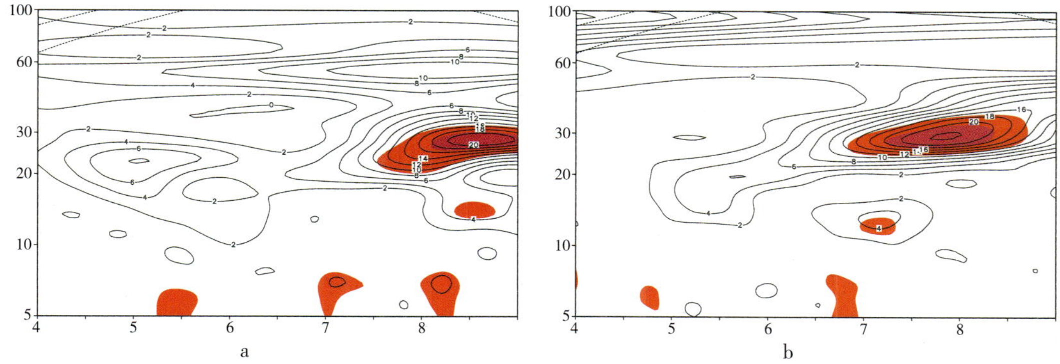

图 2.12　EOF 分解后的第 1 主成分（a）及第 4 主成分（b）的小波变换谱

（红色内区域通过 0.1 的红噪声检验）

接下来，提取具有 10～30 天周期特征的主成分，将这些主成分的空间及时间分量合并，构建低频风场并输出第 150 天流场，便得到所需的低频天气图，综合前面的周期分析提取第 1、2、3、4、6、8 主成分，将这 6 个主成分的空间和时间部分相结合，构建低频风场并输出 8 月 22 日低频流场图（图 2.13）。

与用 Butterworth 带通滤波器绘制的低频天气图相比，用 EOF 方法构建的低频流场的主要低频系统更为突出。尤其是 120°E 以东的中低纬区域，在 EOF 方法重新构建的低频图上主要表现 10°N 附近的低频气旋及 30°N 附近的低频反气旋，基本体现了对应的天气图上的热带气旋活动及副热带反气旋位置。

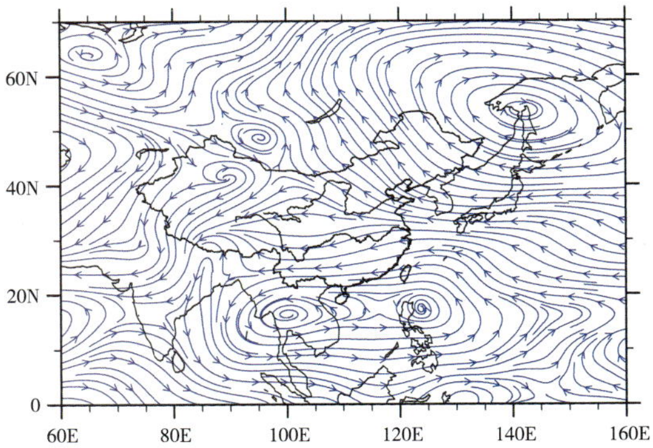

a

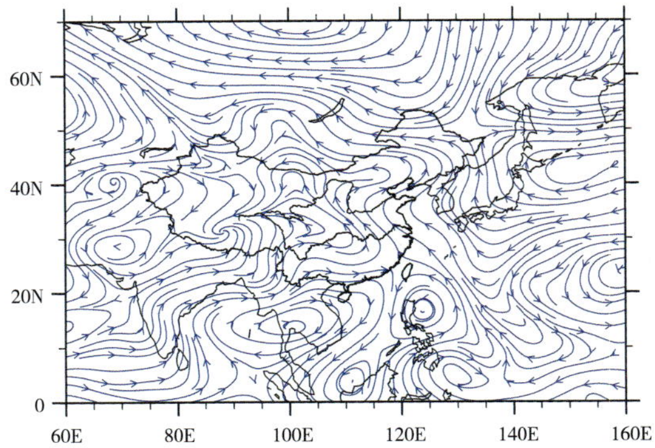

b

图 2.13 2012 年 6 月 4 日 700hPa 等压面低频流场

（a 为 EOF 分析绘制，b 为用 Butterworth 带通滤波器绘制）

资料来源：引自国家基础地理信息中心下载（网址：http：//ngcc. sbsm. gov. cn ）。

2.2.3 低频天气图的“滚动计算法”

众所周知，科学理论与业务实践是相互联系、相互结合、相互促进的一个整体，科学理论会在业务实践中不断发展，业务实践会在科学理论指导下不断提高。略显不足的是，自从大气低频振荡现象在赤道附近被发现和证实，历经 40 年，大气低频振荡的理论研究如大气低频动力学、大气可预报性、大气低频变化特征的数值试验以及大气低频振荡的物理机制等研究，不断深入和发展，但在指导大气低频振荡业务应用实践中还存在某些差距。其原因是多方面的，但其中一个主要原因是大气低频振荡的滤波计算需要足够长的资料序列，而这些资料序列只有等到时间过去了，才能得到。比如，要分析 2013 年 5 月 1 日— 9 月 30 日共 153 天逐日某资料的低频变化特征，则必须要到 10 月 1 日才能得到 5 月 1 日—9 月 30 日 153 天的实测资料进行滤波计算，显然，要想在 5 月得到每一天的大气低频信号，预测 5 月或夏季的天气气候，已经是不可能的了。尽管如此，21 世纪以来，国内外学者仍在大气低频振荡业务实践中加紧进行探索，尤其在我国，针对大气低频振荡的延伸期天气过程预报工作，显得异常活跃，如孙国武、何金海、琚建华、高建芸、梁萍等[16-19]。他们在业务预报（10 ~ 30 天延伸期天气过程预报）实践中针对我国东部地区强降水过程、旱涝转折、云南干湿窗口以及华南前汛期持续性暴雨，都取得了比较好的应用结果。

使用“滚动计算法”计算绘制低频天气图与国内外用过去的资料进行滤波计算而得到过去的低频图表是完全不同的，它可以得到实时的逐日滤波资料。简言之，2013 年 6 月 6 日的低频滤波资料绘制的低频天气图当天就可以得到，7 日、8 日、9 日……依此类推，无论哪一天，都可以得到当日的低频天气图。这正是本方法能在业务单位推广应用的独特之处。

“滚动计算法”，即“前减（1 天）后加（1 天）”的步骤，使资料样本长度始终保持在 150 天，通过带通（30～50 天）滤波后，取其最后一天的值，各格点组合绘成图，这样便得到当天的低频天气图，供业务应用。例如 2011 年 5 月 21 日的低频天气图，则用 2010 年 12 月 23 日—2011 年 5 月 21 日共计 150 天资料进行滤波计算，取各格点最后一天（5 月 21 日）的滤波值绘制成图，便得到当天（5 月 21 日）的低频天气图。5 月 22 日制图时则前减 1 天后加 1 天，即从 2010 年 12 月 24 日—2012 年 5 月 21 日仍然是 150 天资料进行滤波和绘图，得到 5 月 22 日的低频天气图，依此类推。

那么，这种能逐日得到实时低频天气图的"滚动计算法"的实际效果如何呢？这是需要回答的问题。首先，统计学已证实，Butterworth 滤波器处理后的数据序列的前后端点不失真、不丢失[9]。其次，从数据序列滤波后的曲线演变趋势看，数据的低频滤波曲线与未滤波的原始数据比较两者演变趋势一致。图 2. 14 是取任意格点，如印度地区 700hPa 从 2007 年 5 月 1 日—9 月 30 日位势高度值，可以看到两曲线的最后端点与各自前面的数据是连续的，变化趋势相同，绝对值也比较接近。第三，最重要的是，用滤波曲线最后端点绘制的低频天气图上的低频环流系统具有连续演变特征，而且与未滤波的 700hPa 图上的环流系统基本对应，能反映大气环流形势的连续变化。

据此，"滚动计算法"解决了不能得到实时低频信号的问题，而是能得到每日的实时低频天气图，在业务值班中分析应用。

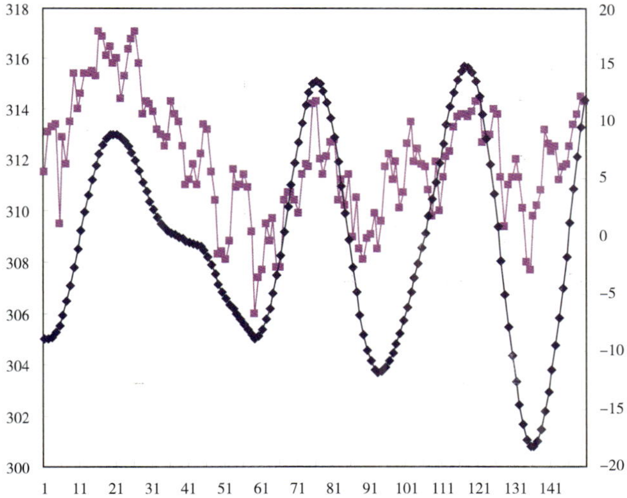

图 2. 14　印度地区 700hPa 等压面位势高度 30～50 天滤波曲线（蓝色）、未滤波曲线（红色），左侧纵坐标为未滤波位势高度；右侧纵坐标为滤波位势高度

2. 2. 4　时间滤波

计算大气低频时段（10～90 天）内不同时频段（10～20 天、30～50 天和 60～80 天）的 700hPa 等压面风场和位势高度场的低频天气图［范围（0°～70°N，60°～160°E）］，以比较不同带通滤波器处理后低频环流系统（低频气旋和低频反气旋、低频低压和低频高压）的异同。现举 2012 年 6 月 1—30 日低频天气图为例予以说明。

（1）在 2012 年 6 月的逐日低频天气图上，由于带通滤波器分别为 60～80 天、30～50 天和 10～20 天，所以图上的低频系统出现的有多少之分和周期长短之别。60～80 天滤波的低频系统少于30～50天滤波的低频系统，周期长于30～50天的低频系统；而30～50天滤波的低频系统又少于10～20天滤波的低频系统，周期长于10～20天的低频系统。

（2）当60～80天滤波的低频天气图上出现一个低频系统并持续时，30～50天滤波的低频天气图上会出现2个左右低频系统，同时10～20天滤波的低频天气图上会出现3个左右低频系统。

西太平洋地区，60～80天滤波的低频天气图上，2012年6月3日出现一个低频气旋，持续到6月28日（记为：C 6月3—28日）；30～50天滤波的低频天气图上，6月1日和11日分别出现一个低频气旋，它们的持续时间分别记为：C 6月1—7日，6月11—25日；10～20天滤波的低频天气图上，6月7日、14日和22日分别出现一个低频气旋，它们的持续时间分别记为：C 6月7—15日，6月14—19日和6月22—25日。

以上的各不同时频滤波的低频气旋生消持续时段记录中，60～80天滤波出现一个低频气旋的时段内，30～50天滤波出现两个低频气旋，10～20天滤波出现3个低频气旋。

图2.15就是根据上述低频气旋生消时段选取的不同带通滤波的低频气旋。

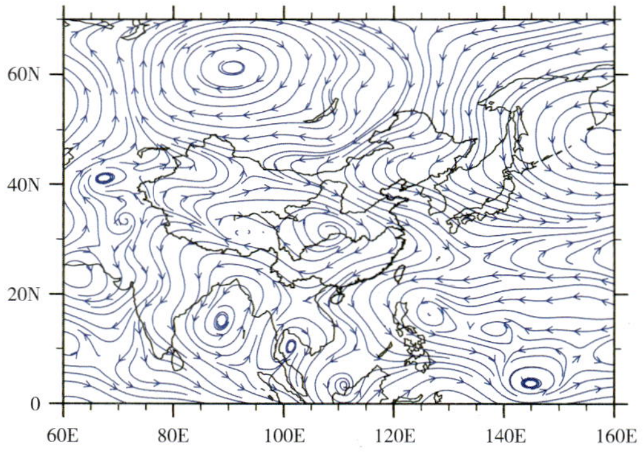

a

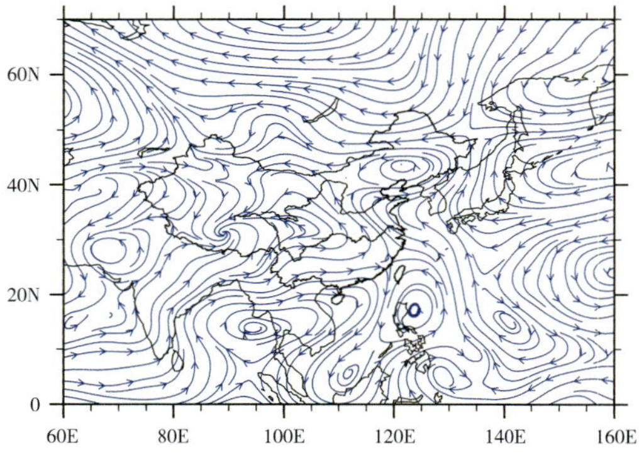

b

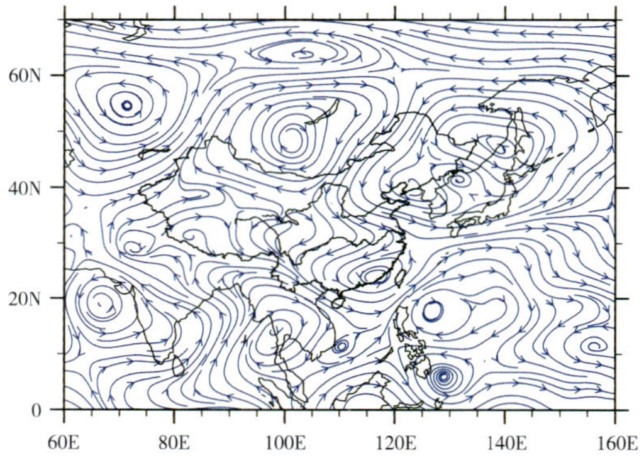

c

图2.15 西太平洋地区不同时间滤波的低频气旋

（a为60～80天滤波，b为30～50天滤波，c为10～20天滤波）

资料来源：引自国家基础地理信息中心下载（网址：http：//ngcc. sbsm. gov. cn）。

图2.16则是根据6月逐日低频天气图上低频反气旋生消时段选取的不同带通滤波

的低频反气旋。6 月低频反气旋 A 的持续时间为：60～80 天滤波的 A 6 月 7—29 日；30～50 天滤波的 A 6 月 1—21 日；6 月 25—30 日；10～20 天滤波的 A 6 月 7—11 日、6 月17—22 日和6 月 28—30 日。

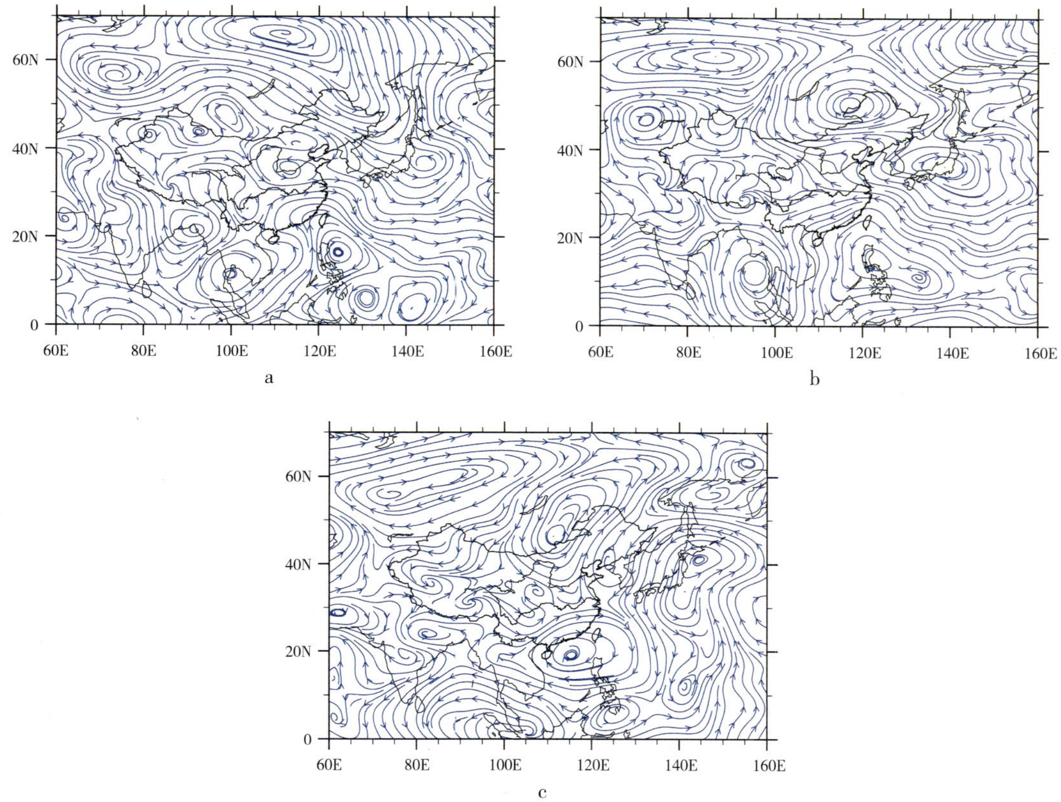

图 2.16　西太平洋地区不同时间滤波的低频反气旋

（a 为 60～80 天滤波，b 为 30～50 天滤波，c 为 10～20 天滤波）

（3）从 0°～70°N，60°～160°E 区域范围看，60～80 天、30～50 天和 10～20 天的低频振荡的区域差异并不明显，即：所分析的区域内，60～80 天、30～50 天和 10～20 天振荡基本是普遍存在的，只不过 30°N 以南地区的 10～20 天振荡比 30°N 以北地区要明显一些，强度更强一些，表现在 10～20 天滤波的低频天气图上，低纬地区出现的低频系统明显多于中高纬地区。

低频位势高度场的分析结果与低频流场的分析结果相似，这里不再赘述。

2.2.5　空间滤波

空间滤波是通过 30～50 天带通时间滤波后的格点数据，再经过空间该点及其四周 8 点的 9 点平滑处理（格距 2.5°×2.5°）。这样既有时间又有空间滤波处理后绘制的 700hPa 低频天气图与仅进行时间滤波的低频天气图有无区别呢？下面仍以 2013 年 0°～70°N，60°～160°E 范围内的图为例予以分析。

表 2.2 是 2013 年 6 月 1—30 日各区空间滤波和未空间滤波的低频系统生消持续时间表。

表 2.2 低频系统比较（C 为低频气旋，A 为低频反气旋）

地区	A、C 生消持续日期	
1 区	滤	A 6 月 1—8 日，C 6 月 1—12 日，A 6 月 7—21 日，C 6 月 12—25 日
	未滤	A 6 月 1—8 日，C 6 月 1—12 日，A 6 月 7—21 日，C 6 月 12—25 日
2 区	滤	A 6 月 1—10 日，C 6 月 3—12 日，A 6 月 8—28 日，C 6 月 15—25 日
	未滤	A 6 月 1—10 日，C 6 月 3—12 日，A 6 月 10—28 日，C 6 月 16—25 日
3 区	滤	C 6 月 1—19 日，A 6 月 14—20 日，C 6 月 18—25 日
	未滤	C 6 月 1—19 日，A 6 月 21—30 日，C 6 月 18—26 日
4 区	滤	C 6 月 10—17 日
	未滤	C 6 月 5—15 日，6 月 11—17 日
5 区	滤	C 6 月 4—15 日
	未滤	C 6 月 1—15 日
6 区	滤	无
	未滤	无
7 区	滤	无
	未滤	无
8 区	滤	A 6 月 14—30 日
	未滤	A 6 月 14—30 日

注：“滤”进行空间滤波；“未滤”未进行空间滤波。

从上表可以看出，高纬 8 区和低纬 1、2、3 区，无论是否滤波，低频系统的生消持续是完全一致的，这可能与高、低纬的环流系统相对比较深厚、稳定有关联。中纬度地区，处于大气西风带环流控制下，南北方冷暖空气常常经过或汇合，环流系统变化快，不稳定，故是否空间滤波的低频系统大体上一致，但也存在不一致的地方，因为空间滤波后会平滑掉一些持续时间短、振荡强度较弱的一些低频系统（图略）。

通过 30 ~ 50 天时间滤波后，再进行空间平面 9 点平滑滤波后的低频天气图上的低频气旋和低频反气旋比只进行 30 ~ 50 天时间滤波的要少。

2.2.6 不同等压面滤波

计算 0° ~ 70°N，60° ~ 160°E 区域内的各层等压面（850hPa、700hPa、500hPa 和 200hPa）低频天气图。下面给出 2012 年 6 月 1—30 日低频天气图上的低频气旋（C）和低频反气旋（A）的逐日演变（表 2.3 ~ 表 2.5）。表 2.3、表 2.4 分别是低纬度的西太平洋区域和印度—孟加拉湾区域；表 2.5 则是中高纬度的巴尔喀什湖及其附近区域。其他区域大致相同，故省略。

从表 2.3 可见，低纬度的西太平洋区域各层等压面上的低频 A 和 C 有以下特征：①低层最多，中层次之，高层最少，即 850hPa、700hPa 等压面上的 A 和 C 较 500hPa 等压面多，500hPa 等压面上的 A 和 C 较 200hPa 等压面多。各层等压面 A 和 C 的分布特

表 2.3　西太平洋区域 A、C 演变

等压面	低频 A、C 生消日期
200hPa	A 6 月 5—17 日
500hPa	A 6 月 5—16 日；C 6 月 14—30 日
700hPa	A 6 月 1—21 日，6 月 25—30 日；C 6 月 1—12 日，6 月 11—25 日
850hPa	A 6 月 1—8 日，6 月 11—30 日；C 6 月 1—8 日，C 6 月 14—24 日

表 2.4　印度—孟加拉湾区域 A、C 演变

等压面	低频 A、C 生消日期
200hPa	A 6 月 1—4 日，6 月 24—30 日；C 6 月 18—30 日
500hPa	A 6 月 1—9 日，6 月 15—28 日；C 6 月 1—13 日，6 月 12—28 日
700hPa	A 6 月 21—30 日；C 6 月 1—19 日，6 月 18—26 日
850hPa	A 6 月 1—2 日，6 月 10—12 日，6 月 19—30 日；C 6 月 4—23 日，6 月 7—11 日，6 月 14—16 日

表 2.5　巴尔喀什湖及其附近区域 A、C 演变

等压面	低频 A、C 生消日期
200hPa	A 6 月 24—30 日；C 6 月 6—18 日
500hPa	A 6 月 21—30 日；C 6 月 10—20 日
700hPa	A 6 月 20—30 日；C 6 月 10—19 日
850hPa	A 6 月 20—30 日；C 6 月 10—19 日

征与未滤波天气图上气旋和反气旋的分布特征是相同的，符合天气学原理，对流层内越往上，环流系统的空间尺度越大，时间尺度越长。②低频 A 和 C 呈现出深厚和浅薄两类不同的垂直结构，A 多为深厚系统，从 200hPa ~ 500hPa ~ 700hPa ~ 850hPa 各层等压面都有 A 相对应，但 A 的中心轴线从 850hPa ~ 200hPa 是向西北方倾斜的（图 2. 17）。C 多为浅薄系统，仅在 500hPa、700hPa 和 850hPa，有时甚至仅在 700hPa、850hPa 存在并相对应。500hPa、700hPa 和 850hPa 相对应的 C，其中心轴线从 850hPa ~ 500hPa 也是向西北倾斜的（图 2. 18）。更浅薄的 C，700hPa 和 850hPa，其中心基本重合（图 2. 19）。③上述 A 和 C 的垂直对应状态表明，该区域的低频系统具有准斜压特征。

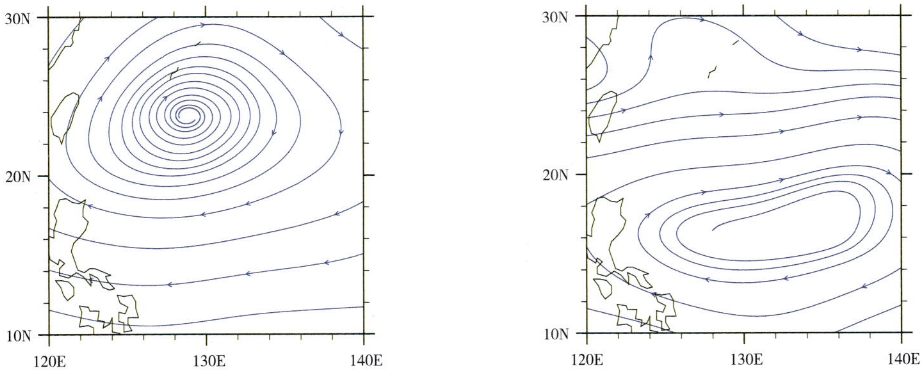

a. 200hPa　　b. 500hPa

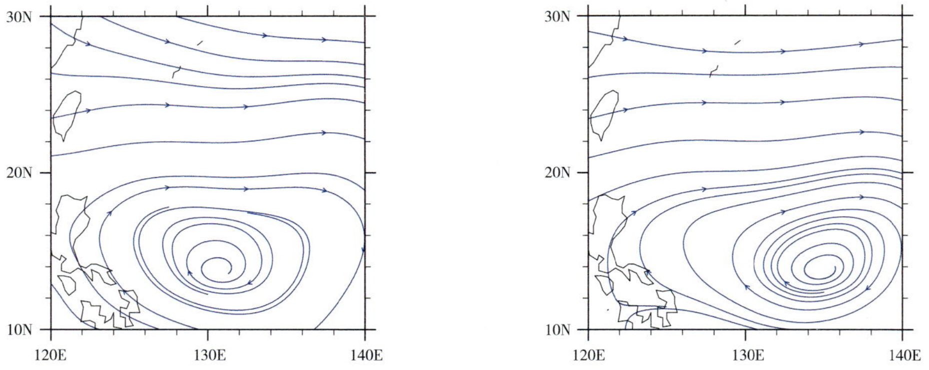

c. 700hPa　　d. 850hPa

图 2.17　2012 年 6 月 13 日西太平洋地区的低频反气旋 A

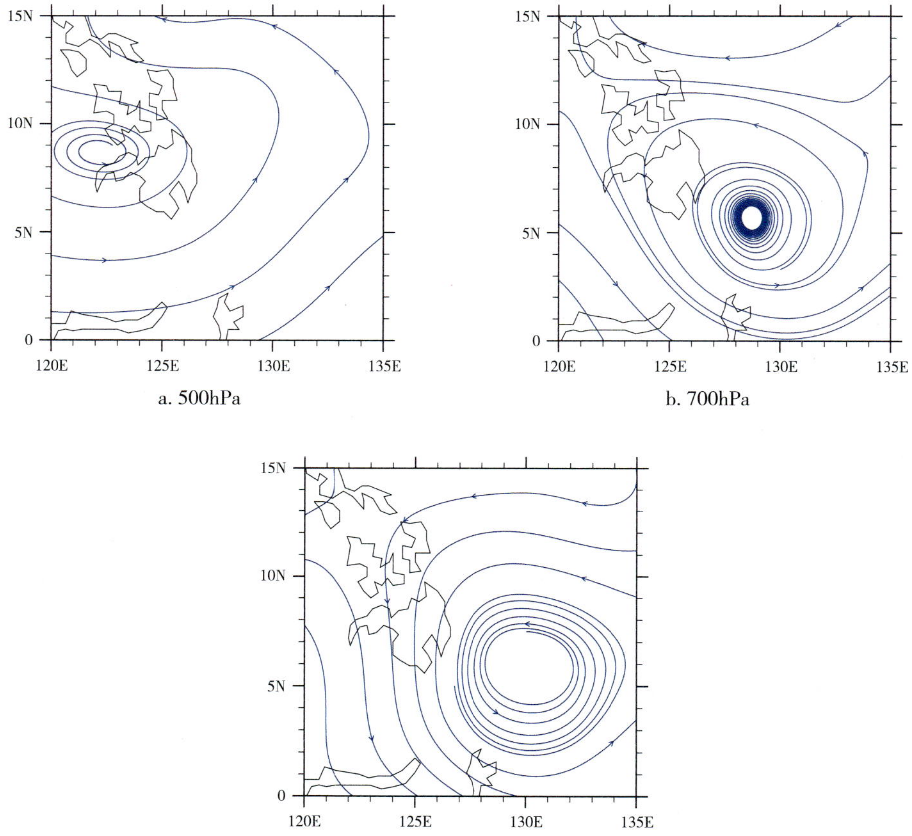

c. 850hPa

图 2.18　2012 年 6 月 17 日西太平洋地区的低频气旋 C

再从表 2.4 可见，印度—孟加拉湾区域各层等压面上的 A 和 C 的分布特征与西太平洋区域 A 和 C 分布特征类似，差别之处在于 A 和 C 都比较深厚，其中心轴线从 850hPa ~ 200hPa 向西倾斜（图略）。

再从表 2.5 可见，中高纬度的巴尔喀什湖及其附近区域，低频 A 和 C 呈现出与低纬度的西太平洋和印度—孟加拉湾区域完全不同的垂直结构，从 850hPa ~ 700hPa ~

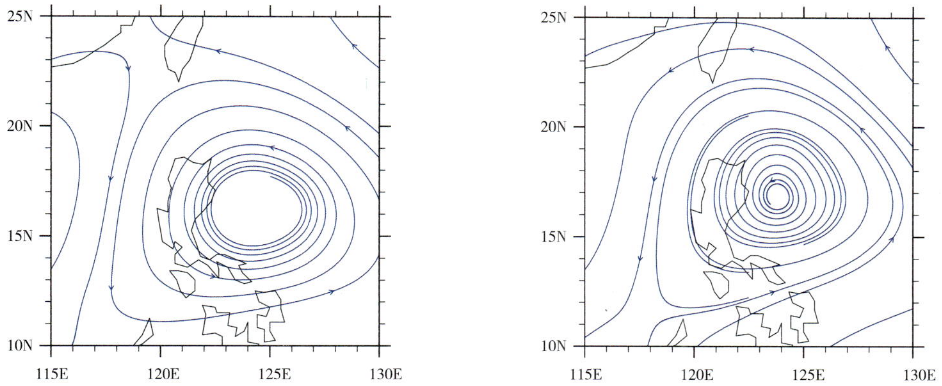

a. 700hPa　　a. 850hPa

图 2.19　2012 年 6 月 3 日西太平洋地区的低频气旋 C

500hPa ~ 200hPa，A 和 C 为深厚系统，不仅中心位置对应，中心轴线准垂直（图 2.20），而且生成和消失日期也基本相同，所以中高纬度巴尔喀什湖及其附近区域的低频 A 和 C 具有相当正压结构。从计算的 0° ~ 70°N，60° ~ 160°E 区域的低频天气图上看（图略），低频 A 和 C 在低纬度地区具有准斜压特征，中高纬地区具有准正压特征是普遍存在的，其他区域 A 和 C 的特征与上述 3 个区域近似，不再重述。

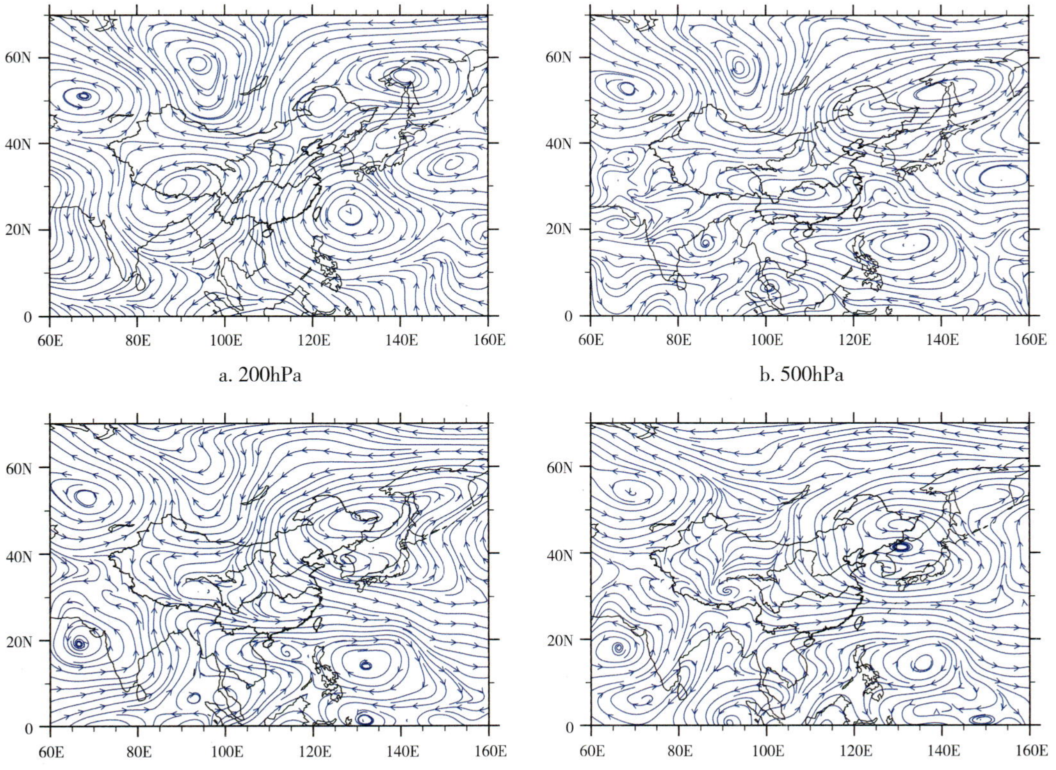

a. 200hPa　　b. 500hPa

c. 700hPa　　d. 850hPa

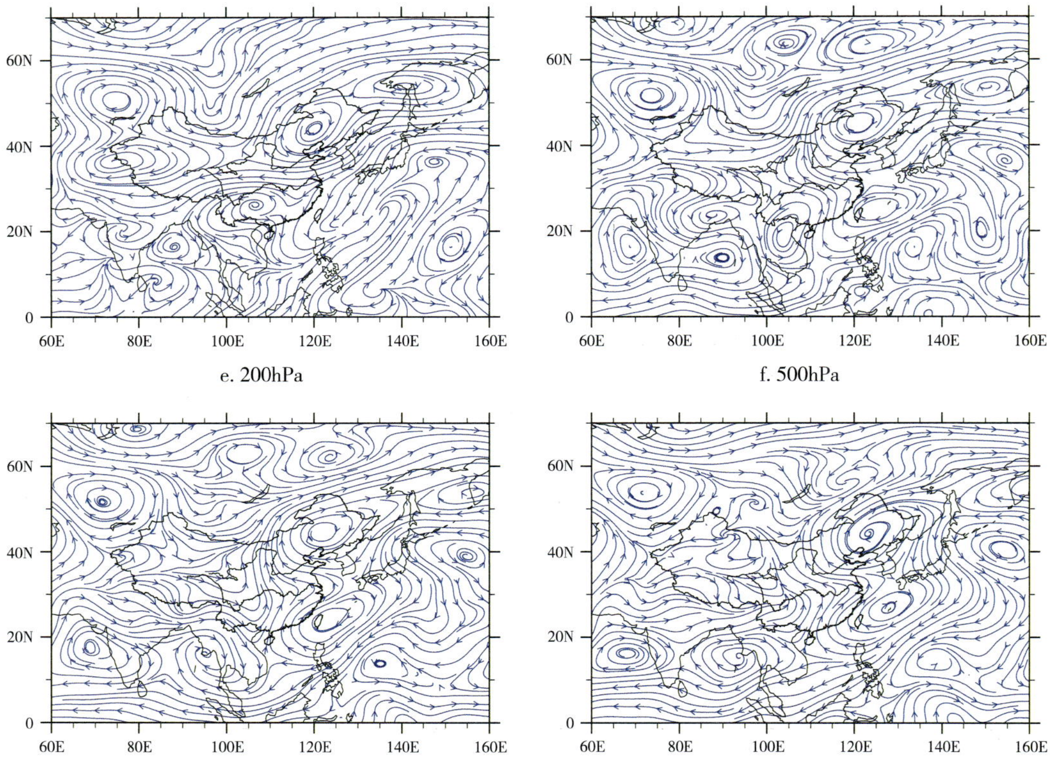

e. 200hPa　f. 500hPa

g. 700hPa　h. 850hPa

图 2.20　巴尔喀什湖及其附近区域 A（a～d）和 C（e～h）

资料来源：引自国家基础地理信息中心下载（网址：http：//ngcc. sbsm. gov. cn ）。

2.2.7　不同气象要素滤波

计算 700hPa 等压面风、位势高度、温度和比湿 0°～70°N，60°～160°E 区域的低频天气图，得到相应的低频风、低频位势高度、低频温度、低频比湿图（图 2.21）。

此外，还计算了相同区域、不同等压面（850hPa、500hPa、200hPa）的低频温度图（图略），仍以 2012 年 6 月 1—30 日逐日低频（风、位势高度、温度和比湿）场图为例予以分析。

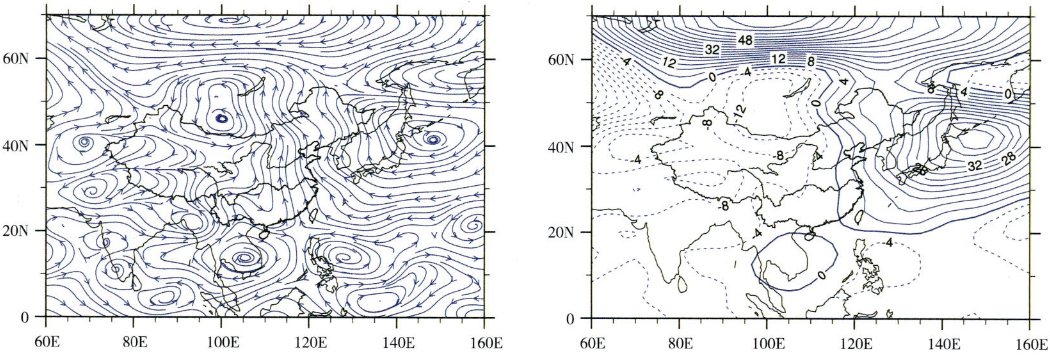

a　b

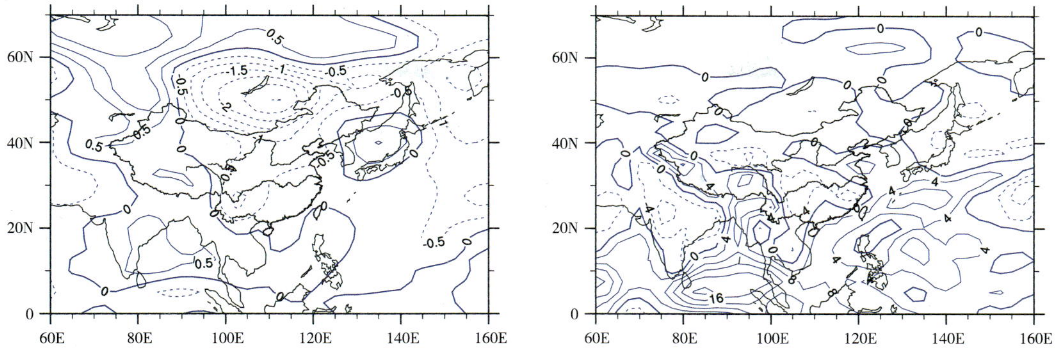

c　　d

图2.21　2012年6月1日700hPa等压面

（a为低频流场，b为低频位势高度场，c为低频温度场、d为低频比湿场）

资料来源：引自国家基础地理信息中心下载（网址：http：//ngcc. sbsm. gov. cn）。

（1）低频温度场的配置（表2.6）

表2.6　不同区域、不同等压面低频高低温中心时段

区域	等压面/hPa	低频高、低温中心时段
西太平洋	200	低频高温中心6月3—10日；低频低温中心6月18—30日
	500	低频高温中心6月6—8日；低频低温中心6月21—28日
	700	低频高温中心6月6—7日；低频低温中心6月18—27日
	850	低频高温中心6月1—9日；低频低温中心6月17—30日
印度—孟加拉湾	200	低频高温中心6月1—9日；低频低温中心6月15—30日
	500	低频高温中心6月1—15日；低频低温中心6月14—17日，6月24—30日
	700	低频高温中心6月1—6日；低频低温中心6月18—27日
	850	低频高温中心6月1—7日；低频低温中心6月5—27日
巴尔喀什湖	200	低频高温中心6月8—19日；低频低温中心6月24—30日
	500	低频低温中心6月8—16日；低频高温中心6月21—30日
	700	低频低温中心6月10—19日；低频高温中心6月22—30日
	850	低频低温中心6月9—19日；低频高温中心6月23—30日

从表2.6可以看出，低纬度的西太平洋和印度—孟加拉湾区域，850hPa、700hPa、500hPa、200hPa各等压面，上下各层都是低频高温中心或低频低温中心相对应。中高纬的巴尔喀什湖及其附近区域则不同，当200hPa等压面为低频高温中心时，其下面的500hPa、700hPa和850hPa等压面为低频低温中心与之对应；反之，当200hPa等压面为低频低温中心时，其下面各等压面与之对应的是低频高温中心。

（2）低频温度场与低频流场的配置

低频温度场图上的低频高、低温中心与低频流场图上的低频气旋、低频反气旋的配置大致是：低纬度西太平洋和印度—孟加拉湾区域，850hPa、700hPa、500hPa、200hPa等压面，低频气旋伴有低频低温中心，低频反气旋伴有低频高温中心（各层等压面都是如此）。中高纬度巴尔喀什湖及其附近区域则不同，当200hPa等压面低频反气旋伴有低频高温中心时，其下500hPa、700hPa和850hPa等压面为低频反气旋伴有低频高温中心；当200hPa等压面低频气旋伴有低频高温中心时，其下各等压面低频气旋伴有低频低温中心。

（3）700hPa等压面各气象要素低频场的配置

把低频流场图上的低频气旋、低频反气旋，低频高度场图上的低频低压、低频高压和低频温度场图上的低频高温、低频低温中心以及低频比湿场图上低频比湿大小值中心，以2012年6月1—30日逐日演变时段联系起来进行分析，得到如下的对应关系：

低纬地区（西太平洋和印度—孟加拉湾区域），低频反气旋（低频气旋）对应低频高压（低频低压）对应低频高温中心（低频高温中心）对应低频比湿大值中心（低频比湿大值中心）。表明低纬地区无论低频反气旋、低频高压或是低频气旋、低频低压，都伴有相对应的低频高温和较大的低频比湿。

中高纬地区（巴尔喀什湖及其附近区域），低频反气旋（低频气旋）对应低频高压（低频低压）对应低频高温中心（低频低温中心）对应低频比湿小值中心（低频比湿大值中心）。表明中高纬地区与低纬地区不同，低频反气旋、低频高压伴有相对应的低频高温中心和低频比湿小值中心；低频气旋、低频低压伴有相对的低频低温和低频比湿大值中心。

2.2.8 不同来源格点资料滤波

图2.22给出的是2012年6月23日700hPa低频天气图，分别使用3种u、v格点资料，包括MICAPS资料（格距4°×4°）、NCEP/NCAR再分析资料（格距2.5°×2.5°）和ERA－Interim资料（格距1.5°×1.5°），这3种资料都能从网上下载，实时得到。比较起来，3种资料绘制的低频流场的基本形势相近，但MICAPS资料中闭合系统（低频气旋、低频反气旋）比NCEP/NCAR和ERA－Interim少，这与资料格点的分辨率和范围有关。特别是从业务预报和科研分析角度考虑，MICAPS格点资料缺少的就是北半球12°N以南和南半球低纬度格点资料，使得无法分析赤道南北两侧的低频系统。

2.2.9 数值预报产品滤波

随着数值预报、预测模式的改进和完善，数值预报、预测产品（环流形势场、物理量场和各种气象要素场等）的精度越来越高，时效越来越长，低频天气图利用数值预报产品中的u、v、h等格点资料，把预报值当做实况值，则可进一步延长延伸期天气过程预报的时效。比如，现在一般用实时（当天实况）格点资料，利用低频天气图，制作未来30天的天气过程预报。如果用未来30天预报的格点资料，则可得到未来第30天的低频天气图，根据此图，用低频天气图方法，可以制作未来60天的天气过程预报，是预报时效在原来30天的基础上延长了30天。因此，应用数值预报产品中的格点资料，绘制低频天气图制作延伸期预报，是一项有意义的工作，也是今后低频天气图方法发展的重要一环。

以2012年6月为例，6月1日这一天，根据当天实况格点资料只能绘制6月1日的低频天气图。假如6月1日这一天，利用6月2—10日数值预报格点资料绘制低频天气图，便可得到6月10日的低频天气图，根据此图制作未来30天的延伸期预报，则比6月1日作预报延长了10天预报时效，这延长的10天预报时效就是因为应用了数值预报产品的结果，依此类推。

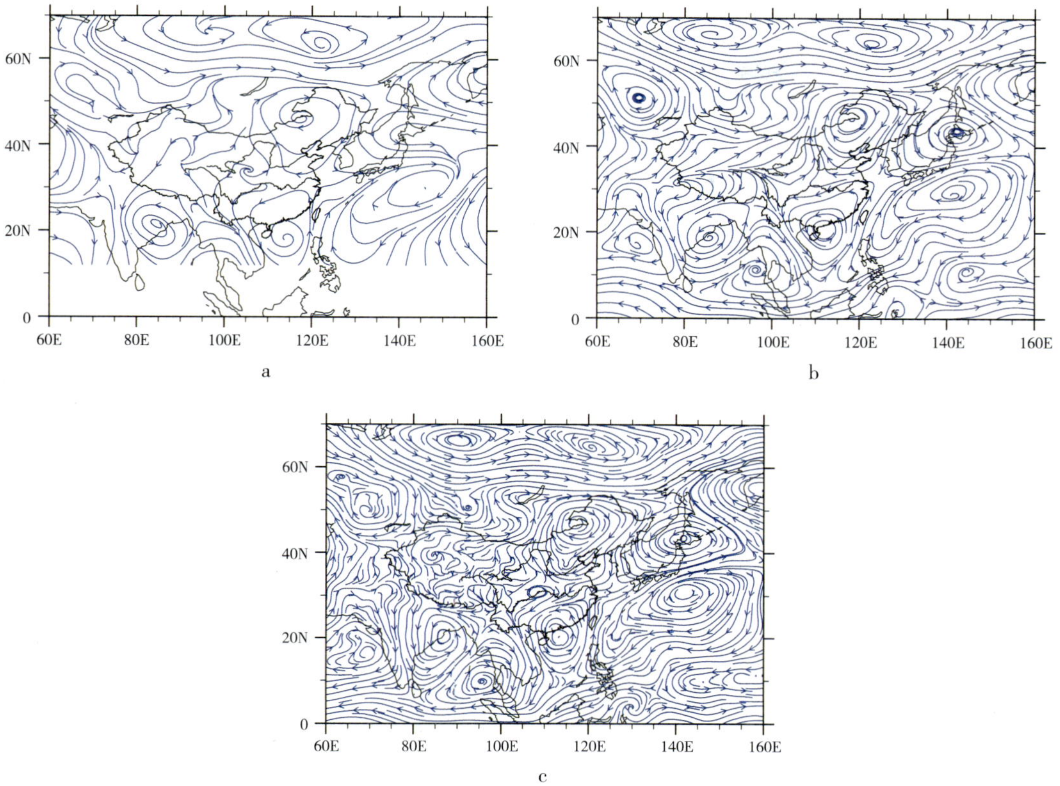

图 2.22　2012 年 6 月 23 日 700hPa 等压面低频天气图

（a、b、c 分别为 MICAPS 资料、NCEP/NCAR 和 ERA－Interim 资料）

资料来源：引自国家基础地理信息中心下载（网址：http：//ngcc. sbsm. gov. cn ）。

但从 6 月 1—30 日低频天气图上的低频气旋和低频反气旋逐日动态看，与根据当日实况资料绘制的低频天气图（图略）对比，低纬度地区两者的低频系统基本上差不多，但中高纬地区两者存在差异，即使用第 10 天（6 月 10 日）预报格点资料的低频系统比使用同一天实况格点资料的低频系统，时而多，时而少；时而有，时而无。而且，预报资料的低频天气图，有时会出现不连续现象，如：2012 年 6 月 20 日在巴尔喀什湖以西地区出现一个低频气旋，次日同一地区出现一个低频反气旋。同样，2012 年 6 月 20 日在印度东部为低频高压脊，次日同一地区新生一个低频气旋。这些都可能与大气环流系统稳定与否和数值预报精度等因素有关，可以在实际工作中探索（图略）。

2.2.10　分析和比较

从本章 2.2 节中的 2.2.1 至 2.2.9 的论述，从滤波器的选择到主周期的确定，再到不同周期、不同等压面、不同气象要素，到空间平面滤波、数值预报产品应用，无一不在分析和揭露大气中存在的低频振荡现象，而且是 30～50 天振荡比较明显。其目的是为了证实 30～50 天带通滤波后绘制的低频天气图是符合大气多尺度时频变化中，30～50 天的周期是其中的一个时频变化特征是可行的。

通过 2.2 节一系列的分析比较，可以清楚地看到：

（1）在多时间尺度的大气时频变化中，30～50 天时间尺度振荡是比较明显，而且各区普遍存在，从低纬 - 中纬 - 高纬，从海洋 - 陆地，从平原 - 山地等不同区域大气都存在 30 ~ 50 天的周期振荡现象。从垂直剖面看，从低纬 - 中高纬，各层等压面都存在 30 ~ 50 天振荡现象。比较而言，低层（850hPa、700hPa）和高层（200hPa）振荡更明显一些。至于低频时段（10 ~ 90 天）的 10 ~ 20 天、60 ~ 80 天以及更多的时频振荡特征也都是存在的，只是因为本书主要论述 30 ~ 50 天的振荡，故未重点讨论其他时频振荡现象。

（2）低频天气图上的低频系统（低频气旋和低频反气旋），其中心位置在低纬地区从 850hPa ~ 200hPa 是逐渐向西北或西倾斜的，显示出低频系统的准斜压结构。在中高纬地区从 850hPa ~ 200hPa 其中心位置基本上是垂直对应，显示出低频系统的相当正压结构。

（3）无论格点资料的出处是哪里，何种气象要素（风、位势高度、水汽、温度和降水量等）和物理量（涡度、散度、垂直速度和地球对外长波辐射等），选取哪层等压面，都可根据预报业务和科研分析的需要，有针对性地进行滤波计算。至于在低频时段内，哪种带通（10 ~ 20 天，30 ~ 50 天或 40 ~ 60 天，60 ~ 80 天）滤波合适，同样要根据需要而定。

（4）根据本章的分析和作者近年来的预报业务实践，在当前全国使用推广低频天气图，进行月内重要天气过程预报的过程中，作者建议绘制低频天气图时：我国东部地区以 700hPa、NCEP/NCAR 格点资料（风），Butterworth 带通（30 ~ 50 天）滤波；我国西部与东部基本相同，只是 700hPa 等压面改为 500hPa 等压面。MICAPS 格点资料的主要问题是缺少赤道两侧的资料，影响到我国，特别是南方地区的预报业务和科研分析。

（5）延伸期天气过程预报，使用低频天气图方法，利用数值预报产品中的格点资料，能够进一步延长天气过程的预报时效，值得进一步探索，是今后发展的方向。

2.3 低频天气图的功能

低频天气图的重要功能在于它是制作延伸期天气过程预报的重要工具之一。可以预报强降水、旱涝转折和干旱、冷空气活动以及高温、沙尘暴等重要天气过程在某一区域发生的具体时段的起止日期，预报时效一般为 10 ~ 30 天或更长一些。低频天气图方法起到了不同于中短期天气预报和月以上气候预测的独特作用。

延伸期低频天气图方法，能借助计算机这一现代化工具，使其客观化，成为一个软件系统安装在各省、市、区和有关大专院校的业务或实用平台，供业务人员或高年级学生或硕士、博士研究生在日常预报值班或实习中使用。

而且，该方法今后发展方向之一是充分利用数值预报产品，进一步延长天气过程的预报时效。举例如下：根据 x 日的低频天气图，制作出 $x+10$ 日至 $x+30$ 日的天气过程预报，即提前 10 ~ 30 天预报天气过程发生。如果数值预报产品（格点 u、v）等资料进一步提高，预报时效达到 30 天，则可以使用预报的 $x+30$ 日预报的格点资料，在 x 日便能绘制 $x+30$ 日的低频天气图，制作 10 ~ 30 天的天气过程预报，则预报时效为 $x+30+10$ 日至 $x+30+30$ 日的天气过程，预报时效延长到 40 ~ 60 天。这样随着数值预报产品的精度越来越高、预报时效越来越长，使用数值预报产品的低频天气图预报天气过程的时效也会越来越长。

2.4　低频天气图与未滤波天气图比较

本节将比较分析低频天气图与未滤波天气图在同一层面、不同带通滤波和同一带通滤波、不同层面的中高纬地区（以巴尔喀什湖及其附近地区为例）和中低纬地区（以西太平洋区域为例）的环流形势和环流系统的演变特征。

2.4.1　同一层面的不同带通滤波

（1）10～20 天滤波的 700hPa 等压面低频流场图上，2012 年 6 月 6 日低频气旋生成于巴尔喀什湖西北方，缓慢向东南移动；6 月 10 日位于巴尔喀什湖附近，然后向北再向东偏南移动到贝加尔湖西南方，继而向东移至贝加尔湖东南方；22 日减弱并逐渐消失（图略）。

与之相对应的未滤波的 700hPa 等压面流场图（图略）在低频气旋维持的 6 月 6—22 日，同一地区（巴尔喀什湖及其附近地区）先后于 6 月 7—16 日和 6 月 17—22 日发生两次低频气旋的生消过程。

下面分析低频反气旋和反气旋的演变特征，同样是巴尔喀什湖及其附近地区。

低频反气旋的演变过程：6 月 16 日巴尔喀什湖地区生成低频反气旋，原地少动；22 日向北然后向东移动到贝加尔湖西北方，于 28 日移至俄罗斯滨海地区逐渐减弱并消失。可以看出，该地区先后生成的低频气旋和低频反气旋，其生消和演变过程基本相似，反映出大气低频（10～20 天）变化在该地区的振荡特征。

与上述过程对应的未滤波的 700hPa 等压面流场图，在低频反气旋生消期间（6 月 16—28 日），反气旋生成于 6 月 19 日，东移到贝加尔湖西北方后，继续东移并消失。反气旋的生消演变过程也与气旋类似。

从以上低频天气图与未滤波天气图（均为 700hPa 等压面和 10～20 天滤波）的比较结果分析，两者在巴尔喀什湖地区的低频气旋、低频反气旋与未滤波的气旋、反气旋的生消演变过程基本相同，所不同的是，在低频气旋（低频反气旋）从生成到消亡期间，未滤波气旋（反气旋）会发生 1～2 次生消过程。一方面表明，低频天气系统反映的天气实体就是未滤波的天气系统；另一方面也表明，低频天气系统的生成、持续、移动和消亡比未滤波的天气系统生命史要长，规律性更强，更容易掌握并预测它们的演变过程。

再看看西太平洋地区 700hPa 等压面 10～20 天滤波的低频天气系统与未滤波的天气系统的演变特征。西太平洋地区低频反气旋从东向西移至 25°N，145°E 附近洋面（2013 年 6 月 13 日），先西进后东退，西进至日本东南沿海，于 6 月 22 日又东退回原地，然后减弱东移直至消失（图略）。

与上述过程相应的未滤波的 700hPa 等压面流场图，在低频反气旋维持的 6 月 13—22 日，反气旋同样经历了一次西进东退的生消过程，而且生消时间、地点与低频反气旋相同（图略）。

西太平洋地区的低频气旋与未滤波气旋的演变特征与该地区的低频反气旋和气旋差不多，低频气旋 2013 年 6 月 21 日在（10°N，155°E）附近洋面生成，不断向西北移动，30 日移至我国华南以南洋面，然后西移逐渐减弱消失。与此同时，未滤波气旋也于6月21日在低频气旋相邻区域生成，不断向西北移动，也于30日移至华南以南洋面，然后西移减弱消失（图略）。

以上对比分析不难看出，西太平洋地区与巴尔喀什湖地区一样，不论纬度高低或经度东西，低频系统与未滤波环流系统的生消演变特征基本相同。当然，也存在一些差异，巴尔喀什湖地区处于大气环流西风带，大气环流系统经常调整变动，故一次低频环流系统的生消过程对应1~2次未滤波环流系统的生消过程。而西太平洋地区，大气环流演变相对缓慢、稳定，故一次低频系统的生消过程只对应一次未滤波的生消过程。

（2）30~50天滤波的700hPa等压面低频流场图上，2012年6月10日，巴尔喀什湖西北方生成一个低频气旋，相对稳定在原地；20日向东移至贝加尔湖西北方，继续向东移，于25日到达黑龙江以北地区，然后东移消失（图2.23）。

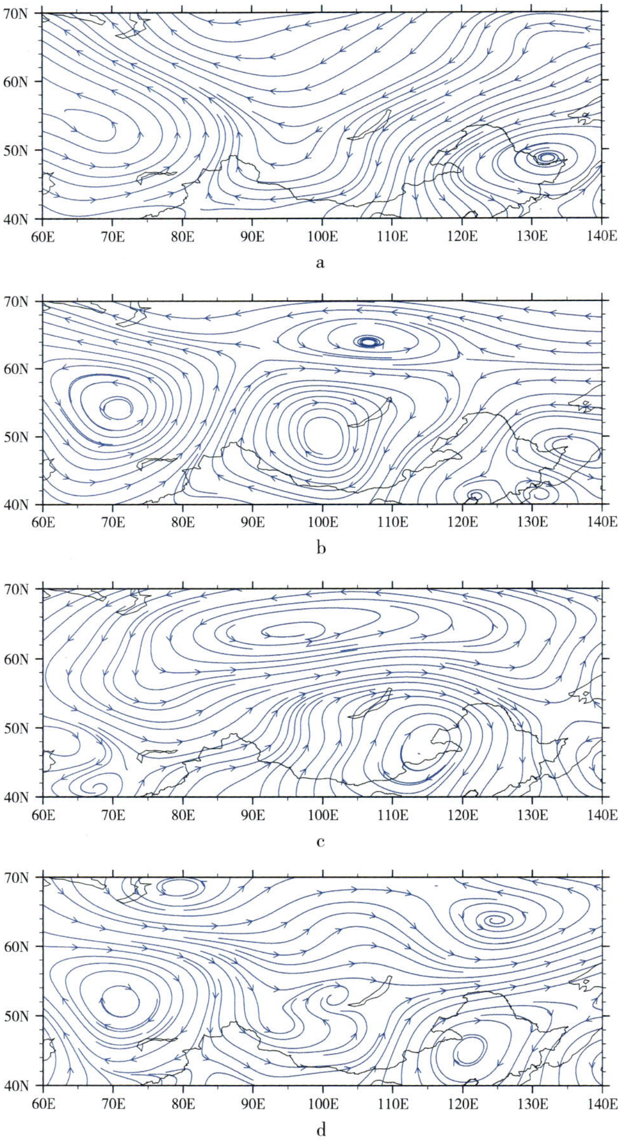

图2.23 30~50天滤波的700hPa等压面巴尔喀什湖地区低频气旋演变图

［a、b、c、d分别为2012年6月10日、15日、20日、25日（间隔5天）］

与上述低频气旋生消过程（6 月 10—25 日）对应的未滤波气旋在同一地区、同一时段内，发生了两次生消过程：第一次是 6 月 10 日（图 2.24a）；第二次是 6 月 18 日（图 2.24b）。这两次气旋生命史在一周左右，东移至我国东北地区以北后，逐渐减弱消失。

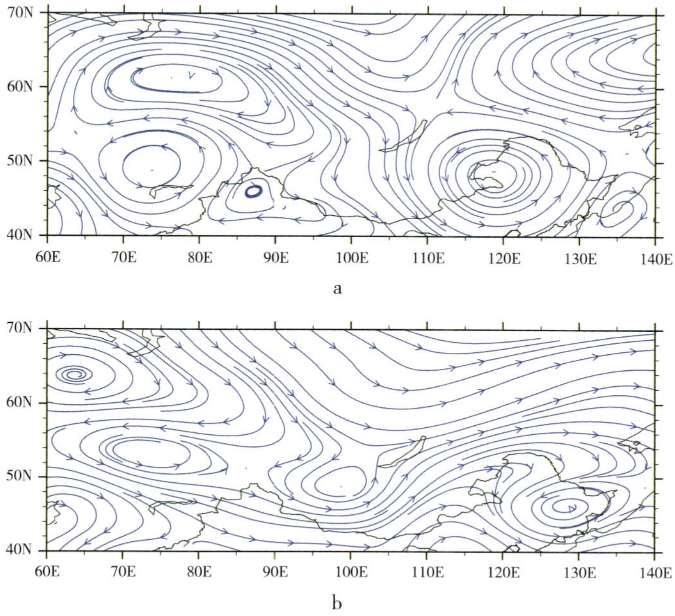

图 2.24　2012 年 6 月巴尔喀什湖地区未滤波气旋演变（a 为 6 月 10 日，b 为 6 月 18 日）

30 ~ 50 天滤波后巴尔喀什湖地区低频反气旋和未滤波反气旋生消演变特征与上述该地低频气旋和未滤波气旋大致相同。2013 年 6 月 21 日一个低频反气旋生成于巴尔喀什湖附近地区，原地维持 15 天后，7 月 6 日向东移至贝加尔湖的北方，11 日东移至我国东北地区以北减弱消失（图略）。

与上述低频反气旋生消过程（6 月 21—7 月 11 日）对应的未滤波反气旋在同一地区、同一时段内，发生了 3 次生消过程：第一次是 6 月 21 日生成，26 日东移减弱消失；第二次是 6 月 26 日生成，7 月 2 日东移减弱消失；第三次是 7 月 3 日生成，11 日东移减弱消失（图略）。

从以上分析不难看出，无论是 10 ~ 20 天滤波或 30 ~ 50 天滤波，低频系统与未滤波系统比较，其结果相同，即低频系统实际上反映出未滤波系统的生消演变过程。30 ~ 50 天滤波在巴尔喀什湖地区一次低频气旋维持期间（15 天以上），对应两次未滤波气旋生消过程；一次低频反气旋维持期间（20 天以上），对应 3 次未滤波反气旋生消过程。两者的这一特征，具有明显的预报意义，一个地区的天气系统，要预报未来 20 天 2 ~ 3 次生消调整等演变过程有相当大的难度，但通过低频天气图，一个地区的低频系统具有 30 ~ 50 天的振荡周期，根据低频系统的持续性和连续性，可以预测在低频气旋、低频反气旋维持期，将有数次未滤波气旋、反气旋在该地区生消、调整过程。

再看看西太平洋地区 700hPa 等压面 30 ~ 50 天滤波的低频反气旋与未滤波反气旋生消演变的特征。

2012 年 6 月 5 日西太平洋地区生成一个低频反气旋，中心位于 13°N，140°E，缓慢向西后向东北，最后向西南移动，25 日位于我国台湾东北洋面，之后分为两个中心，分别向西南和东北移动，逐渐减弱消失（图 2. 25）。

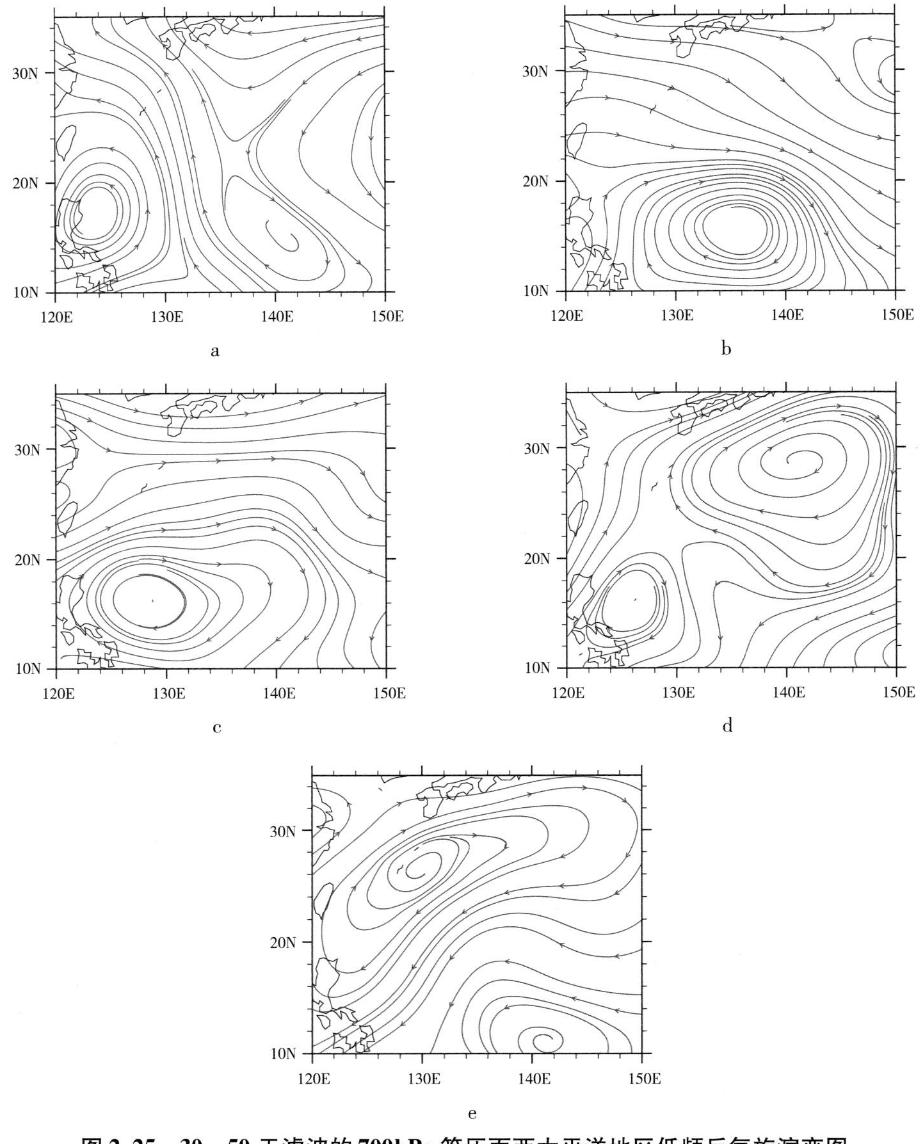

图 2. 25　30 ~ 50 天滤波的 700hPa 等压面西太平洋地区低频反气旋演变图

［a、b、c、d、e 分别为 2012 年 6 月 5 日、10 日、15 日、20 日、25 日（间隔 5 天）］

在 6 月 5—25 日低频反气旋西移过程中，同一地区发生两次未滤波反气旋西移的生消过程：第一次反气旋生消期为 6 月 5—9 日（图 2. 26a），第二次为 6 月 10—25 日（图 2. 26b）。

西太平洋地区 30 ~ 50 天滤波的低频气旋与未滤波气旋演变特征比较，两者同样反映出一次低频气旋生消过程会先后发生两次未滤波气旋生消过程。低频气旋 2012 年 5 月 21 日在菲律宾东南洋面（1°N，140°E）附近生成后向西北移动，6 月 1 日移至菲律宾东部海面，7 日减弱消失在我国台湾东南海面（图略）。

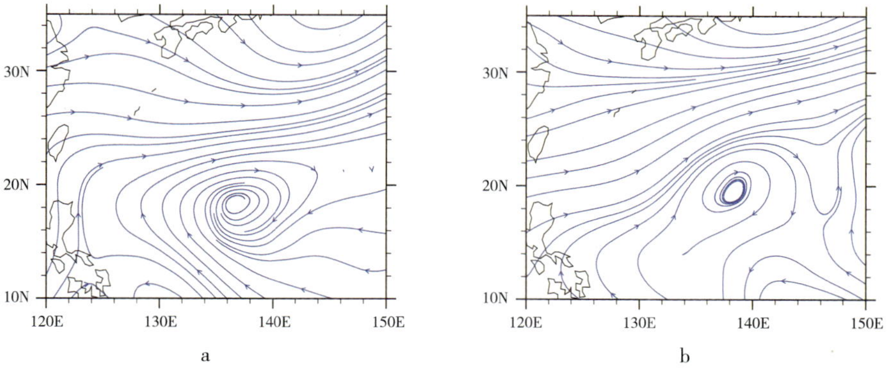

图 2.26　2012 年 6 月 700hPa 等压面西太平洋地区未滤波反气旋演变

（a 为 6 月 6 日，b 为 6 月 10 日）

低频气旋维持时间（5 月 21 日—6 月 7 日），同一地区发生一次未滤波气旋生消过程，5 月 21 日生成在 7°N，143°E 附近洋面，比低频气旋生成地略偏北，6 月 1 日向西北方移至菲律宾北部附近，5 日减弱消失（图略）。

（3）60～80 天滤波。700hPa 等压面低频流场图上（2012 年 6 月 1—30 日），40°～70°N，60°～160°E 区域内，呈西高东低的低频流型，西边为低频反气旋，东边为低频气旋。2012 年 6 月上半月，基本上以这种低频流型为主（图略）。

在中高纬地区低频流型为西高东低型期间，6 月上半月中高纬地区未滤波的流型也基本上为西高东低型，只不过经 60～80 天滤波处理后，低频气旋和低频反气旋空间尺度大，而未滤波的气旋和反气旋空间尺度小，虽然西高东低的形势不变，但有 6 个气旋和反气旋活动（图略），低频系统与未滤波天气系统的中心并不一一对应。

再比较低纬地区 60～80 天滤波 700hPa 等压面低频天气系统与未滤波天气系统的演变特征（图略）。

2012 年 6 月西太平洋地区低频气旋的生消过程，从 6 月 1 日低频气旋在菲律宾以东洋面生成，缓慢向西北方向移动，20 日到达我国华南沿岸后继续向西北移动，30 日在黄河源区减弱消失，生消过程长达 30 天。在此期间，同一地区先后有 3 次未滤波气旋的生消过程，分别是 6 月 1—7 日，6 月 14—20 日，6 月 21—29 日（图略）。

2012 年 6 月西太平洋地区低频反气旋的生消过程，从 6 月 15 日低频反气旋在菲律宾以东洋面生成，先向西南方移动，然后又向东北方移动，到达我国钓鱼岛东北洋面后继续东移，7 月 10 日移出 160°E。低频反气旋在该区域的生消过程长达 25 天，在此期间，同一地区先后有两次未滤波反气旋分裂、调整、生消过程，分别发生在 6 月 15—26 日和 6 月 29 日—7 月 9 日（图略）。

从 2.4.1 节论述的内容看，在同一层面（700hPa 等压面），无论 10～20 天、30～50 天或 60～80 天的带通滤波，也无论气旋和反气旋是否经过滤波器计算处理，低频系统和未滤波系统，都具有以下演变特征：

（1）低频气旋、低频反气旋和未滤波气旋、反气旋的生成、消失的地区、时间以及它们的移动路径基本相似。这一特征有着预报上的指示意义。

（2）低频气旋、低频反气旋生成—持续—消失期间，总有相应的未滤波气旋、反气旋生消过程发生，带通滤波时间越长，则对应的未滤波系统发生的生消过程次数越多。一般而言，10～20 天滤波的低频系统对应未滤波系统发生 1～2 次生消过程，30～50 天、60～80 天滤波的低频系统对应未滤波系统发生 2～3 次、3 次生消过程。

（3）通过低频系统和未滤波系统的比较分析，显示出预报指示性表现在两个方面。一方面可以根据低频系统的持续性，预报未来延伸期（10～30 天）未滤波系统在某一地区将要发生 1～2 次、2～3 次生消过程，这无疑对天气预报有参考价值。另一方面，可以提供一个预报的气候背景，即未来延伸期（10～30 天）未滤波气旋或反气旋将在某一地区频繁活动（生成、持续、调整和消失）。

2.4.2 同一带通滤波的不同层面

（1）30～50 天滤波，850hPa 等压面

2012 年 6 月 11 日，巴尔喀什湖地区一个低频气旋生成，原地维持，10 天后东移至贝加尔湖北方，25 日东移至我国东北以北地区后消失，生消过程历时 15 天（图略）。

在低频气旋生消的 15 天期间，未滤波气旋在同一区域发生了两次生消过程：6 月 11—18 日和 6 月 18—22 日，都与低频气旋一样，生成于巴尔喀什湖地区，东移过程中消失（图略）。

巴尔喀什湖地区的低频反气旋的生消演变与低频气旋相似。6 月 21 日生成，先是原地少动，而后向东移动，7 月 8 日消失，生消过程历时半个多月（图略）。

在低频反气旋持续期间，同一地区发生了两次未滤波反气旋的生消过程：6 月 21—26 日和 7 月 1—5 日。与低频反气旋一样，生成于巴尔喀什湖地区，东移过程中消失（图略）。

下面再分析 850hPa 等压面 30～50 天滤波后西太平洋地区的低频系统和未滤波系统。

图 2.27 是低频反气旋的演变过程。2012 年 6 月 5 日低频反气旋生成在（18°N，140°E）附近洋面，原地少动，15 日向西移动到菲律宾东部洋面，25 日位于我国台湾地区东北方洋面，30 日西移至我国东部沿海，以后减弱消失，生消过程历时 25 天。

在低频反气旋维持的 25 天期间，同一地区发生 3 次未滤波反气旋生消调整过程：6 月 5—11 日、6 月 13—25 日和 6 月 27 日至 7 月 7 日（图略）。

低频气旋演变过程是：2012 年 6 月 11 日低频气旋在（2°N，150°E）附近生成，16 日西移到 5°N，130°E 附近洋面，26 日向东北方移动，30 日消失，生消过程历时 20 天。

在低频气旋维持的 20 天期间，同一地区未滤波气旋发生了两次生消调整过程：6 月 11—15 日、6 月 21—30 日（图略）。而且，它们的生消地区和演变动态也与低频气旋基本类似。

（2）30～50 天滤波，500hPa 等压面

2012 年 6 月 11 日，30～50 天滤波的 500hPa 等压面上，巴尔喀什湖地区生成一个低频气旋，到 16 日维持在原地，然后向东北方移动，21 日移至贝加尔湖西北方，26 日继续东移至我国东北以北地区，30 日减弱消失（图略），生消过程历时 20 天。

在低频气旋维持期间（6 月 11—30 日）相应的地区共发生了 3 次未滤波气旋的生

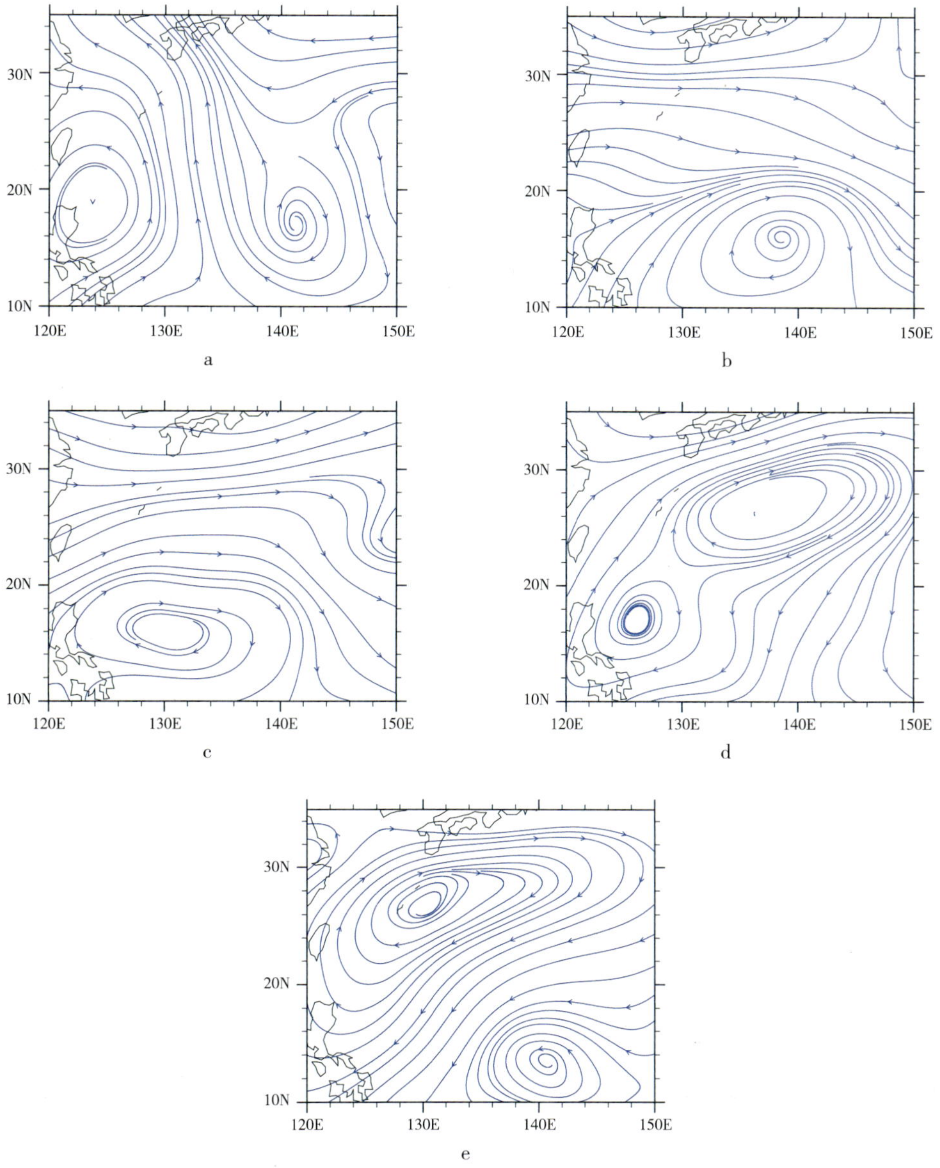

图 2.27　850hPa 等压面西太平洋地区的低频反气旋演变

（a、b、c、d、e 分别为 2012 年 6 月 5 日、10 日、15 日、20 日、25 日）

消过程：6 月 11—18 日，6 月 18—22 日，6 月 26 日—7 月 3 日（图略）。这 3 次未滤波气旋的生消地区、移动路径都与低频气旋基本相同。

巴尔喀什湖地区生成的低频反气旋，其生消地区和移动路径与低频气旋基本相同。2012 年 6 月 21 日生成后，依然是向东移动，7 月 1 日移至贝加尔湖的北方，在东移中 7 月 3 日消失（图略），生消过程历时 13 天。

在低频反气旋持续期间（6 月 21 日—7 月 3 日），同一地区未滤波反气旋 6 月 21 日生成，28 日东移至贝加尔湖西北减弱，继续东移，29 日消失（图略）。

下面再分析 500hPa 等压面 30～50 天滤波的西太平洋地区低频系统和未滤波系统。

低频反气旋。2012 年 6 月 5 日，菲律宾以东洋面生成一低频反气旋，稳定少动，缓慢向东北移动，25 日移至日本东南洋面（30°N，140°E）附近，并继续东移至 160°E 以东，生消过程历时 20 天。

在低频反气旋维持期间（6 月 5—25 日），同一地区发生两次未滤波反气旋生消过程：6 月 5—14 日、6 月 15—25 日，它们的生消活动地区和移动路径与低频反气旋类似（图略）。

低频气旋。2012 年 6 月 1 日低频气旋生成与菲律宾以东洋面，向东南方移动，6 日移至越南东南沿海，11 日西移至中南半岛南部（5°N，100°E）附近。17 日消失，生消过程历时 17 天（图略）。

在低频气旋生消移动期间，同一地区未滤波气旋发生了一次生消调整过程：6 月 1—11 日，其生消地区和移动路径与低频气旋基本相同（图略）。

（3）30 ~ 50 天滤波，200hPa 等压面

200hPa 等压面 30 ~ 50 天滤波图上，（40° ~ 70°N，60° ~ 160°E）区域，2012 年 6 月基本上呈现两类环流形势，一种是自西向东低频气旋—低频反气旋—低频气旋（图 2.28a），以 6 月 18 日为例；另一种是相反的流型，自西向东低频反气旋—低频气旋—低频反气旋（图 2.28b），以 6 月 28 日为例。

图 2.28a 上，巴尔喀什湖地区为一低频气旋，贝加尔湖地区为一低频反气旋，俄罗斯远东地区为一低频气旋。同一区域未滤波环流形势基本相同，即自西向东分别是气旋（巴尔喀什湖地区）、反气旋脊（贝加尔湖地区）、气旋槽（俄罗斯远东地区）（图略）。

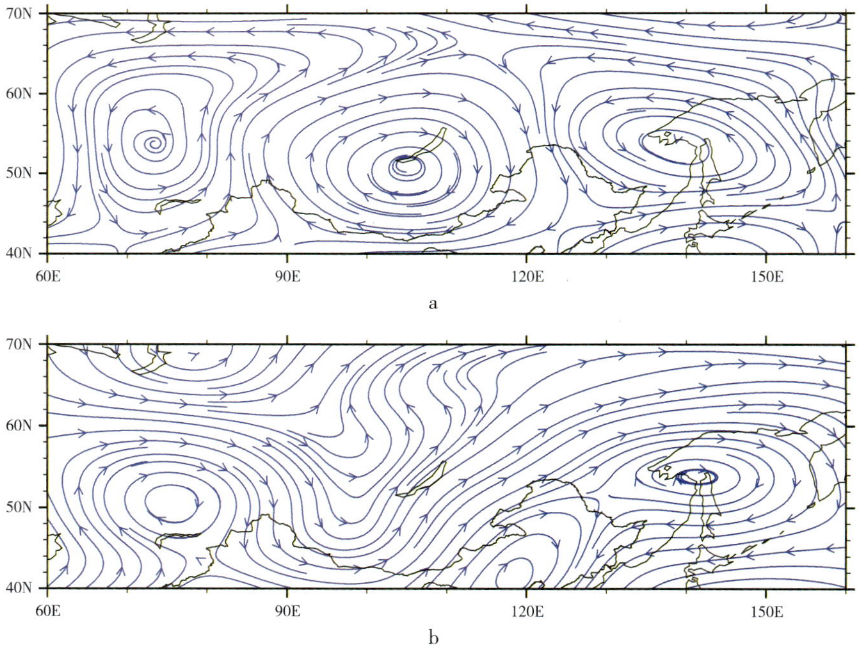

图 2.28 200hPa 等压面 30 ~ 50 天滤波低频系统

（a 为 2012 年 6 月 18 日，b 为 2012 年 6 月 28 日）

图2.28b上，环流形势与2.28a相反，巴尔喀什湖地区为一低频反气旋，贝加尔湖为一低频气旋槽，俄罗斯远东地区为一低频反气旋。同一区域未滤波环流形势基本相同(图略)。值得注意的是，对流层上层（200hPa等压面)，30～50天滤波的低频系统与未滤波的环流系统基本上是一一对应，只不过有时低频气旋和低频反气旋对应的是未滤波的气旋槽、反气旋脊，而不是闭合系统。

以上是高纬地区滤波与非滤波环流形势的比较，下面再比较中低纬地区。

中纬度地区（20°～40°N，60°～160°E)，以2012年6月22日为例（图略)，自西向东排列着低频反气旋（我国西藏西部)、低频气旋（长江中下游)、低频反气旋（日本)。与未滤波环流形势（图略）比较，两者基本一样，即上述地区自西向东分布着反气旋、气旋槽、反气旋。

低纬度地区（0°～20°N，60°～160°E)，基本上处于偏东低频气流控制下，但波动较多，反而未滤波图上，为一致的偏东气流（图略)。

总的从2.4.2节论述的内容看，在同一带通（30～50天）滤波的不同等压面850hPa、500hPa、200hPa［700hPa已在2.4.1节（2）中分析]，低频系统与未滤波系统比较，其结果与2.4.1节相似。当一低频系统在某一地区生消期间，总有1～3次相同的未滤波环流系统在同一地区生消过程，其移动路径也基本相同。但200hPa等压面有所不同，当低频系统维持时，也有相应的未滤波环流系统维持，但不一定是闭合环流系统，而是槽脊。

参考文献

[1] Sun G, Chen B. Oscillation characteristics and meridional propagation of atmospheric low frequency waves over Qinghai – Xizang Plateau. Chinese Journal of Atmospheric Science, 1989, 12: 293 – 300.

[2] 章基嘉，孙国武，陈葆德．青藏高原大气低频变化的研究．北京：气象出版社，1991：88 – 104.

[3] Krishnamurti T. N., S. Gadgil. On the structure of the 30 to 50 day mode over the globe during FGGE. Tellus, 1985, 37A: 336 – 360.

[4] 张可苏．40～50天的纬向基流低频振荡及其失稳效应．大气科学，1987，11(3)：227 – 236.

[5] 李崇银．大气中的季节内振荡．大气科学，1990，14(1)：32 – 45.

[6] Torrence, C., Compo G. P. A practical guide to wavelaet analysis. Bull. Am. Meterol. Soc., 1998, 79: 61 – 78.

[7] 朱玉翔．气象科研与业务中的统计方法．中国气象局干部培训学院教材．

[8] 郑祖光，刘丽红．经验模态分解与小波分析及其应用．北京：气象出版社，2010.

[9] 吴洪宝，吴蕾．气候变率诊断和预测方法．北京：气象出版社，2005：204 – 208.

[10] 魏凤英．现代气象统计诊断与预测技术．北京：气象出版社，2007：71 – 104.

[11] 黄嘉佑，李黄．气象中的谱分析．北京：气象出版社，1984：79 – 96.

[12] Murakami M. Analysis of the deep convective activity over the Western Pacific and Southeast Asia Part II: Seasonal and intraseasonal variations during Northern Summer. J Meteor Soc Japan, 1984, 62(1): 88 – 108.

[13] Duchon C E. Lanczos filtering in one and two dimensions. J Appl Meteor, 1979, 18(8): 1016 – 1022.

[14] 陈兴跃，王会军，曾庆存．大气季节内振荡及其年际变化．北京：气象出版社，2000：142 – 144.

[15] 姚菊香，王盘兴，李丽萍．季节内振荡研究中两种数字滤波器的性能对比．南京气象学院学报，2005，28(2)：248 – 253.

[16] 孙国武,李震坤,信飞,等. 延伸期天气过程预报的一种新方法——低频天气图. 大气科学,2013,37(4):945-954.

[17] He J H,Lin H,Wu Z W. Another look at influences of the Madden-Julian Oscillation on the wintertime East Asian weather. J Geophys Res,2011:116.

[18] 琚建华,赵尔旭. 东亚夏季风区的低频振荡对长江中下游旱涝的影响. 热带气象学报,2005,21(2):163-171.

[19] 梁萍,丁一汇. 基于季节内振荡的延伸预报试验. 大气科学,2012,36(1):102-116.

第 3 章　低频天气图分析

低频天气图的基本分析规则和方法与未滤波的天气图的分析规则和方法相同，两者都符合天气学基本原理，适合天气学分析规则，低频天气图只不过是通过带通（30 ~ 50 天）滤波器处理的天气图（图 3.1）。

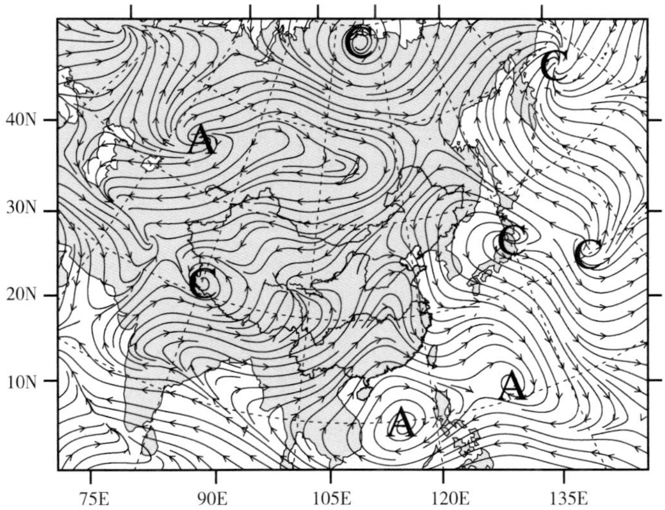

图 3.1　2007 年 10 月 9 日 700hPa 低频天气图

资料来源：引自国家基础地理信息中心下载（网址：http：//ngcc. sbsm. gov. cn ）。

3.1　低频天气图分析原则

先回顾一下天气学教科书中关于天气图的基本分析方法。天气图是填有各地同一时间气象观测记录的特种地图，它描述了某一瞬间某一区域的天气情况。对天气图的连续分析和研究，就可获得天气过程发展的规律，从而作出天气预报。因此，天气图是制作天气预报的基本工具之一。日常业务工作中，除绘制地面天气图外，还绘制等压面图，以及其他气象要素和物理量图等辅助图表。

在进行天气分析时，依据天气图上的气象观测资料，运用天气学原理，分析各种天气现象和天气系统的演变过程，从而掌握它的发展规律。只有对天气形势做出正确的分析后，才有可能做出正确的天气预报。

同样，低频天气图的分析也是如此。根据格点气象资料（风、位势高度等），使用 NCL 绘图软件（或 GrADS 绘图软件）绘制低频天气图（低频流场图、低频位势高度场图等），以便能反映大范围的大气低频运动。为此，在低频天气图上，重点分析低频气旋和低频反气旋，低频高压和低频低压等。低频流场图上，可以不分析流场的其他形式，如：相对均匀的低频气流、低频奇异线（即低频间断线和低频渐进线），以及辐散、辐合中心等。下列的低频天气图分析原则必须重视和掌握。

3.1.1 低频天气系统的连续性

低频天气图上低频系统的生消演变有一定的历史过程，所以分析低频天气图时特别应该注意低频系统演变的历史连续性。当图上某一区域分析出一个低频系统时，就要查看一下前一张图上情形怎样，看看低频系统是从哪儿移来或新生的。根据它过去的移动速度，看看它现在的位置是否合理。尤其低频系统的持续性较长久，连续性也比较明显，易于追踪。

3.1.2 低频天气系统的生消

低频大气中低频系统也经历着不断的新的系统生成和旧的系统消失，以及一个系统分裂为两个系统或两个系统调整合并为一个系统等过程。当图上某一区域分析出一个新生的低频系统时，就要看看这个区域过去一段时间内有没有使它新生的条件。这种条件在低频天气图上经常是一个低频系统原地少动且发展时，其低频气旋（低频反气旋）SE 部伸向其他区域的低频槽（脊）断裂，发展为一个新的低频气旋（低频反气旋）。反之，如果前一张图上的某一区域的低频系统在这一张图上“失踪”了，那就得找找它过去一段时间内有没有趋于消亡的迹象。这种“迹象”在低频天气图上经常是一个低频系统逐渐演变成低频槽、脊直至消失，或低频系统的范围越来越小，消失或移到低频天气图范围外。一个低频系统从新生到消亡的生命史为 10 ~ 30 天。

3.1.3 低频天气系统的移动

低频天气图是制作延伸期天气过程预报的主要工具，且应该着重分析整个东亚甚至整个欧亚地区的低频气旋和低频反气旋，对于一些小扰动和生命史 3 天以下的低频系统可以忽略不计，这些局部地区小扰动和生命史甚短的低频系统对 10 ~ 30 天的延伸期天气过程预报基本上没有影响。

在分析低频天气图时，会出现一些技术问题，如：低频系统的突变与加速、低频系统的移动，都必须按天气学规则仔细分析，最基本的方法是反复翻阅当日及以前、以后数日的低频天气图，看看整个低频环流形势场的变化，这样才能比较准确地判断低频系统在移动过程中的加速和突变，从而使每一个低频系统具有客观的、完整的和连续的相对静态或动态的图像。避免原本是一个系统的连续演变，被分析成几个新生系统的独立变化，从而破坏了低频系统的完整和连续性等特性。

3.2 低频天气系统的确定

低频天气图上，如果是低频流场，则出现低频气旋、低频反气旋，如果是低频位势高度场，则出现低频低压、低频高压等，称为低频天气系统。这里特别强调的是低频天气图，图面范围内出现的低频气旋、低频反气旋弯曲和低频槽脊，都不能确定为低频天气系统。这样便将普通天气图转化为“低频天气图”，将普通天气图上的气旋、反气旋和高压、低压转化为“低频天气图”上的“低频气旋”、“低频反气旋”和“低频低压”、“低频高压”。实质上，从某一给定时段和某一给定区域的低频位势高度曲线的演变特征来看，低频天气图（以 700hPa 位势高度为例）上，低频系统（低频低压、低频高压）反映出该时段、该地区低频位势高度曲线振荡的最大正位相或最大负位相，即低频低压对应最大负位相，低频高压对应最大正位相，如图 3. 2 所示。

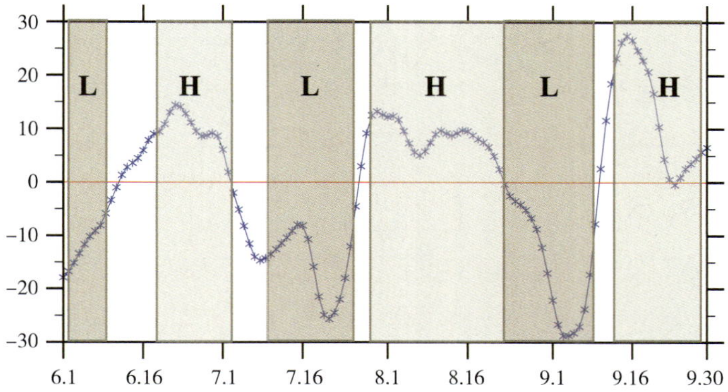

图 3. 2　低频位势高度和低频天气系统逐日演变

（L、H 分布代表低频低压和低频高压）

图 3. 2 是 2011 年 6 月 1 日—9 月 30 日西太平洋地区（25° ~ 35°N，125° ~ 140°E）的逐日低频位势高度曲线和对应的逐日低频低压（黑色区）和低频高压（灰色区）。从图中可以看出，低频低压（低频高压）与低频高度曲线最大负位相（正位相）基本上是一致的。这样，通过低频曲线可以推断出低频系统；反之亦然。使得两种预报方法——低频天气图[1]和天气关键区低频曲线[2]相互结合和补充。

3. 3　低频天气系统的特征

根据 2010—2012 年每年 5 月 1 日—9 月 30 日（153 天）低频天气图（范围：0° ~ 70°N，60° ~ 160°E)，共计 1 989 张逐日低频天气图，分析各个区域出现的每一个低频天气系统：低频气旋和低频反气旋以及它们的生成地域、生消日期、移动路径和强度变化等。统计、归纳后得到低频系统具有两种类型和 4 个特性。

3. 3. 1　低频系统的两种类型：原地振荡和位相传播

原地振荡，即在某区域生成一个低频系统后，仅在原地附近振荡，不移到其他区域。在同一区域一段时间内出现低频气旋后，另一段时间内又出现低频反气旋，反之亦然。实际反映出低频系统在该区域位相变化，呈周期性振荡。

位相传播，即在某区域生成一个低频系统可以 E、W 或 S、N 位移。大多数情况下，高纬地区的低频系统往往向偏 E 或 SE 方移动；低纬地区（尤其是西太平洋）的低频系统往往向偏 W 或 NW 方移动。下面将给出不同区域低频系统原地振荡和位相传播的实例。

（1）西太平洋低纬地区

图 3.3 是一个低频系统原地振荡的例子[3]。

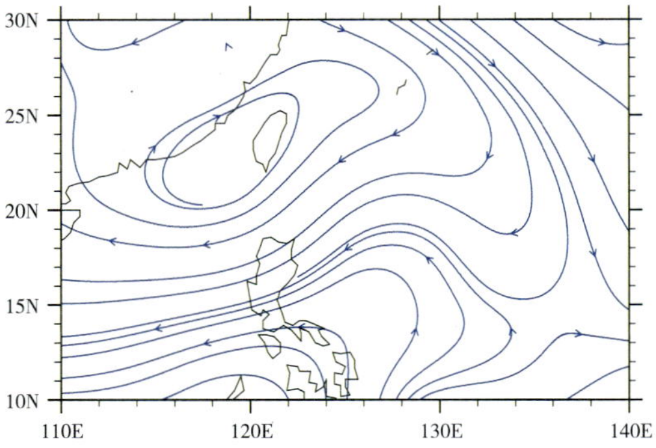

（9月21日）

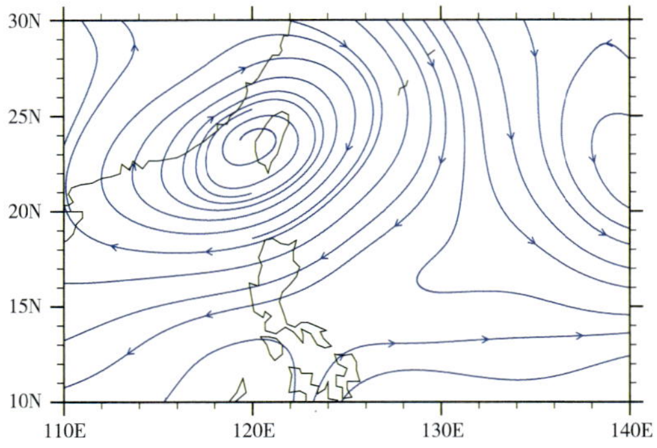

（9月24日）

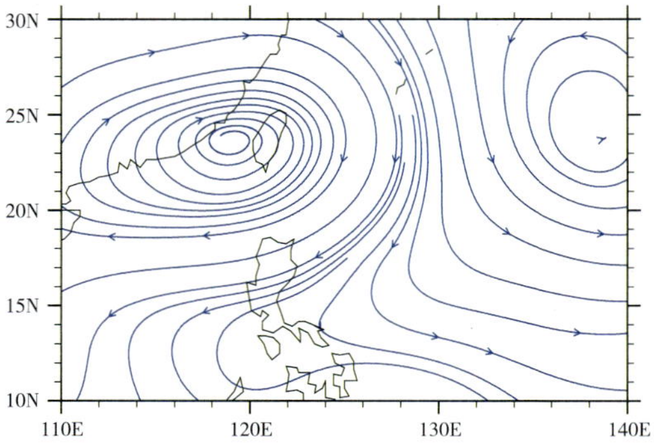

（9月27日）

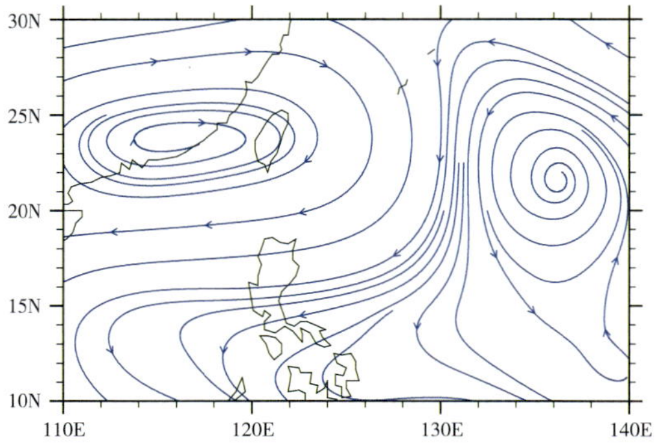

（9月30日）

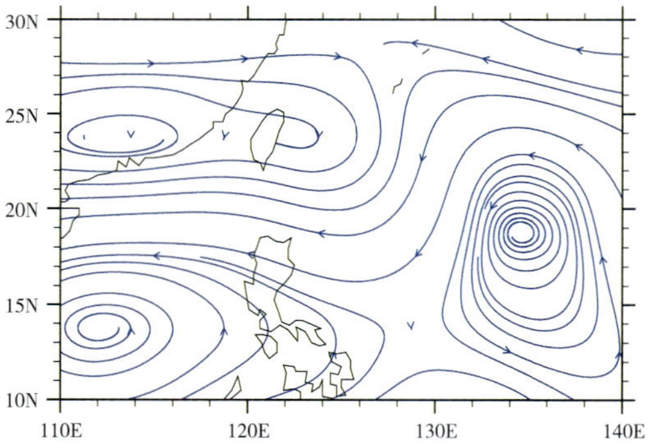

（10月3日）

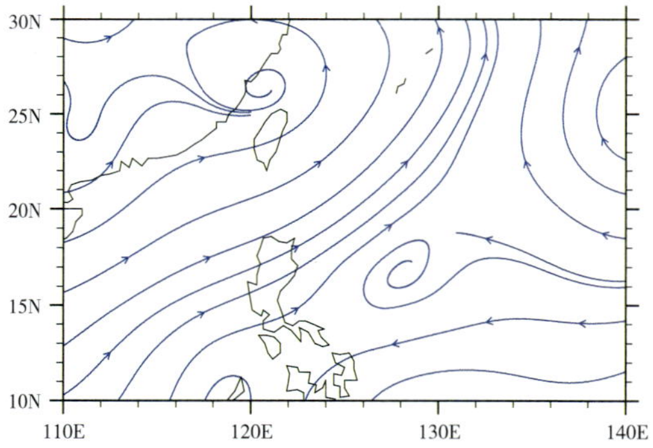

（10月12日）

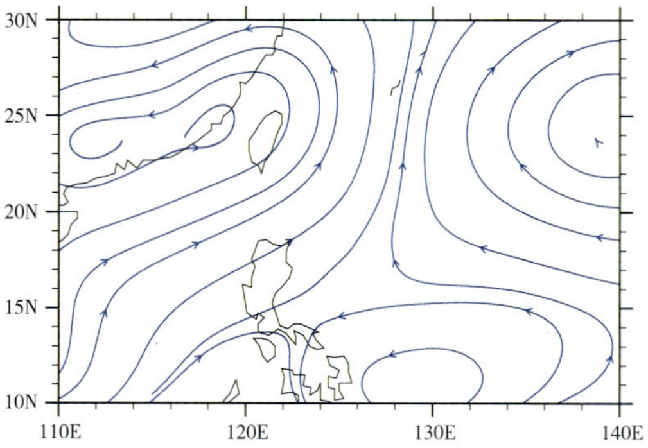

（10月15日）

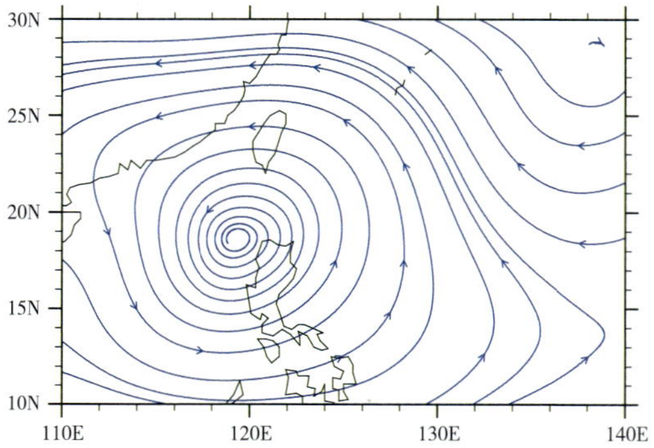

（10月18日）

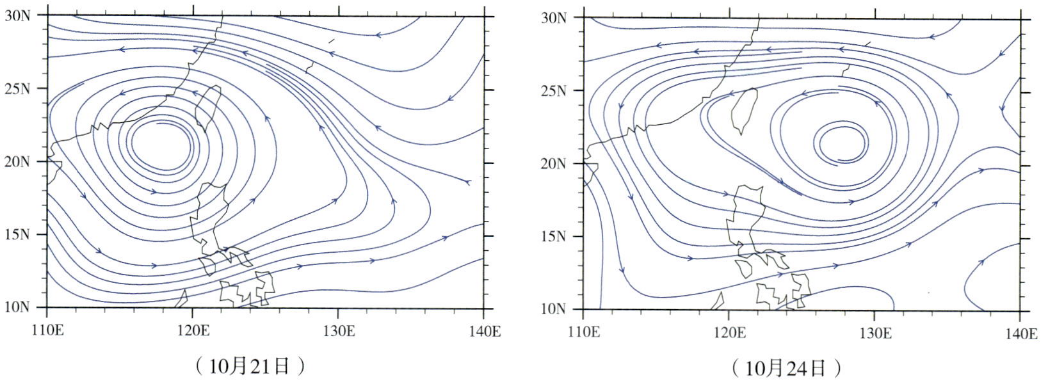

图 3.3　700hPa 等压面低频系统的原地振荡（2010 年 9 月 21 日—10 月 24 日）

从图 3.3 可以看出，2010 年 9 月 21 日—10 月 24 日的 700hPa 低频流场图上，在我国 SE 沿海及其附近洋面上，9 月 21 日低频反气旋生成，此后中心位置少动，持续 15 天，10 月 5 日消失；之后不久（10 月 12 日），同一区域又生成低频气旋，同样中心位置少动，持续 17 天，于 10 月 29 日原地消失。这两个原地振荡的低频气旋和低频反气旋，活动周期近 40 天。

图 3.4 是低频系统位相传播（向 NW）的例子[4]，可以看到，6 月 2 日在菲律宾以东洋面生成一个低频反气旋，持续 31 天，于 7 月 3 日在日本东南部消失。这期间低频反气旋先是向西偏北方向移到台湾省附近，然后向东偏北方向移到日本东南部沿海地

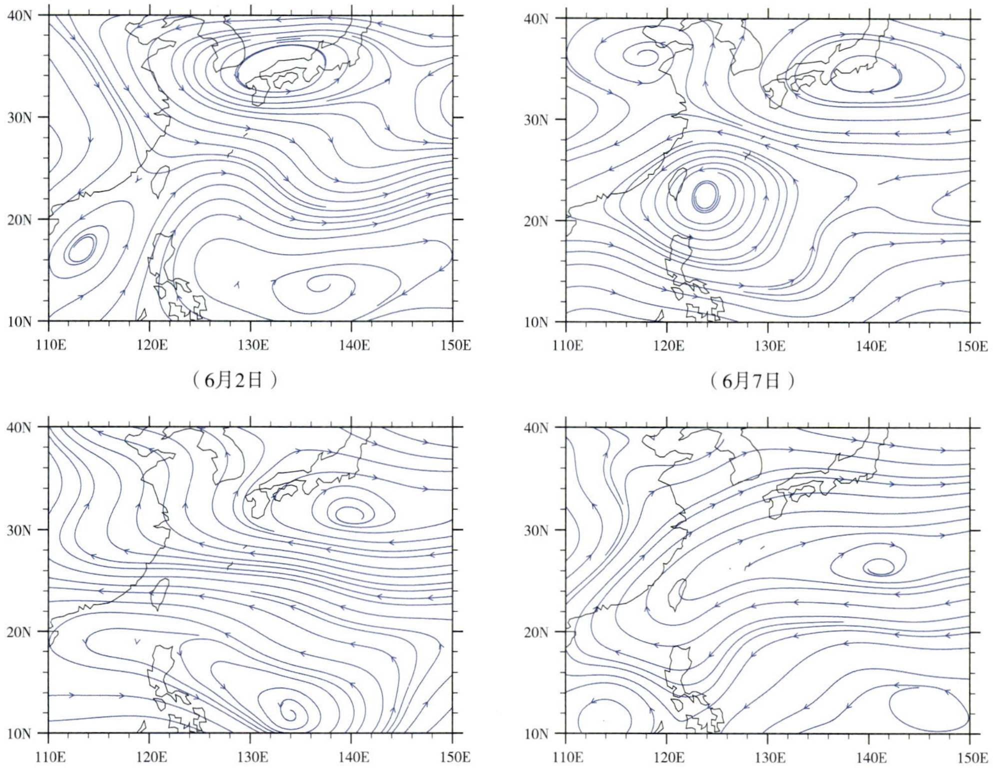

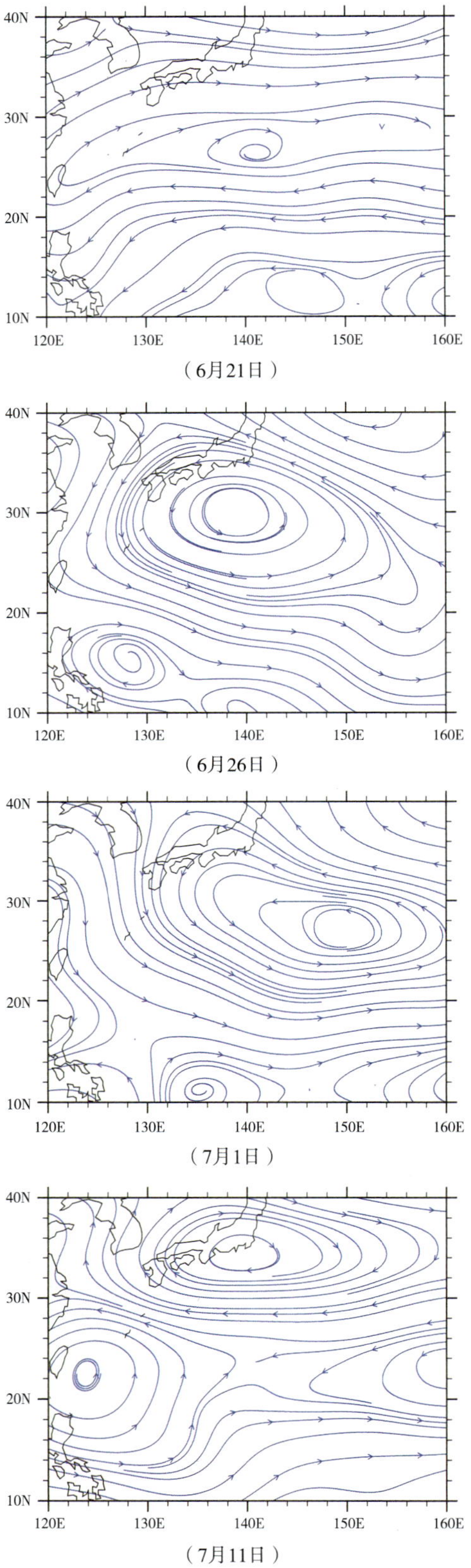

图 3.4　700hPa 等压面低频系统的位相传播（2011 年 6 月 1 日—7 月 16 日）

区。当低频反气旋移到台湾省以东洋面时，菲律宾以东洋面生成一个低频气旋，持续30 天，于 7 月 17 日在日本东南部沿海消失。这个低频气旋的生消区域和移动路径与低频反气旋基本相同。

（2）亚洲大陆中高纬地区

先分析一个低频系统在亚洲大陆中高纬地区原地振荡的例子（图 3.5）。

在图上可以分析出，（60°～70°N，110°～120°E）区域内，2012 年 8 月 14 日新生一个低频气旋，维持在原地活动直到 8 月 27 日消失在原地。8 月 29 日，与低频气旋相同的区域内，新生一个低频反气旋，同样在原地活动直到 9 月 22 日消失。这两个先后生成的低频气旋和低频反气旋从负位相到正位相原地振荡，振荡周期 39 天（8 月 14 日—9 月 22 日），在 30～50 天低频周期范围内。

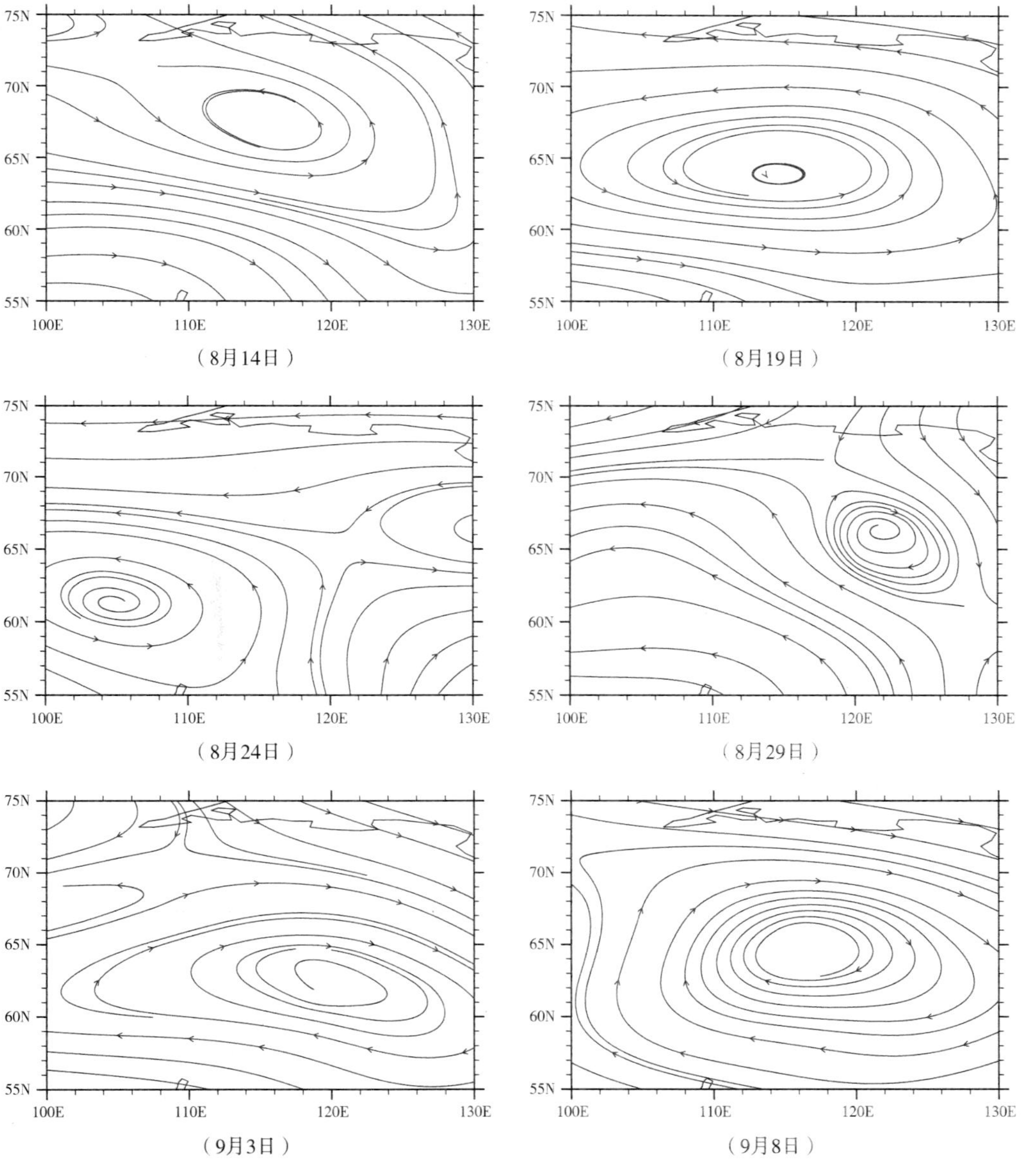

图 3.5　700hPa 等压面中高纬地区低频系统的原地振荡（2012 年 8 月 14 日—9 月 8 日）

下面再分析低频系统位相传播的例子。这3例的传播路径方向各不相同，一个是向东传播（图3.6）；另一个是向西传播（图3.7）；还有一个是向南偏东传播（图3.8）。

图3.6显示出低频系统东移的个例。2011年8月14日俄罗斯西伯利亚区域内（55°~60°N，70°~80°E），生成一个低频反气旋；19日东移到我国新疆以北的西伯利亚区域内（55°~60°N，90°~100°E）；24日继续东移到我国东北地区以北的俄罗斯境内（50°~60°N，115°~125°E）；29日进一步东移到俄罗斯萨哈林岛附近直到9月4日东移消失，继低频反气旋之后，8月25日在低频反气旋生成的区域，新生一个低频气旋。这个低频气旋8月25日生成，9月17日消失，其演变过程（生成、消失区域和移动路径方向）与低频反气旋的演变过程大体一致。低频气旋和低频反气旋的位相传播周期35天（8月14日—9月14日），在30~50天低频周期范围内。

表3.1　2011年8月14日—9月17日A，C东移表

A 8月14日	C 8月25日
A 8月19日	C 8月30日
A 8月24日	C 9月4日
A 8月29日	C 9月9日
A 9月3日	C 9月14日

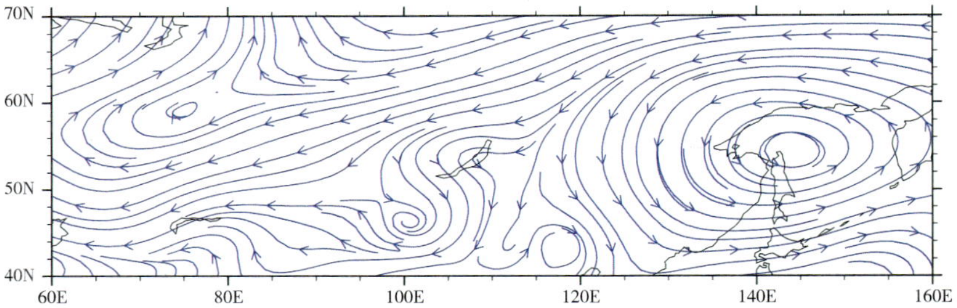

（8月14日）

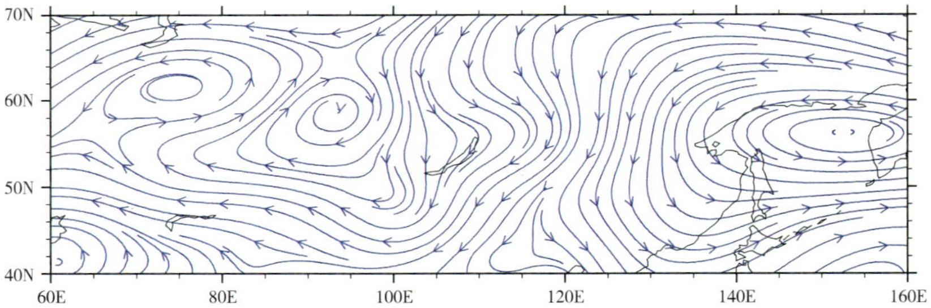

（8月19日）

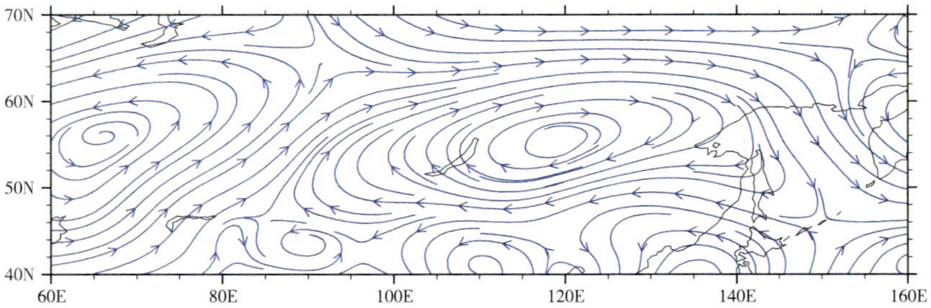

（8月24日）

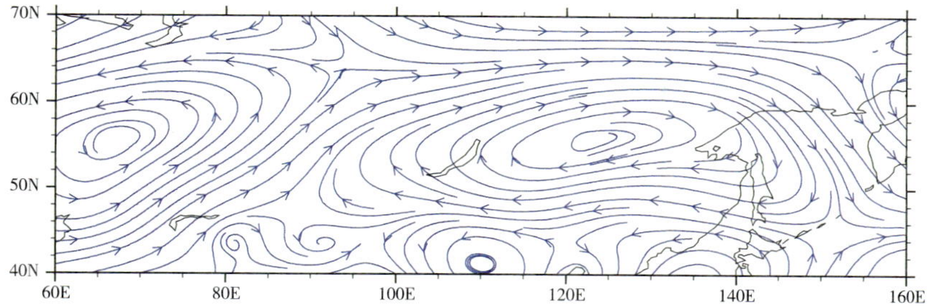

（8月25日）

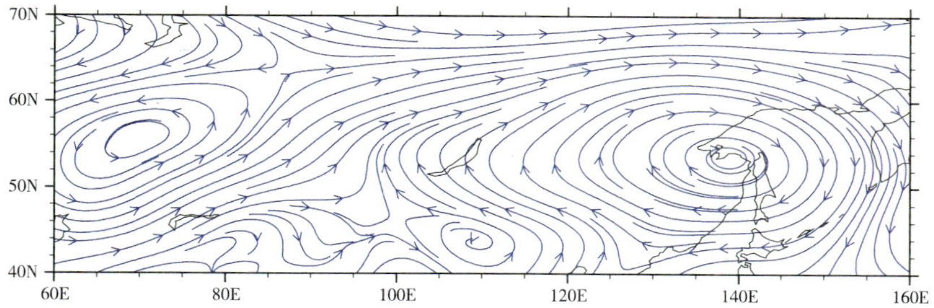

（8月29日）

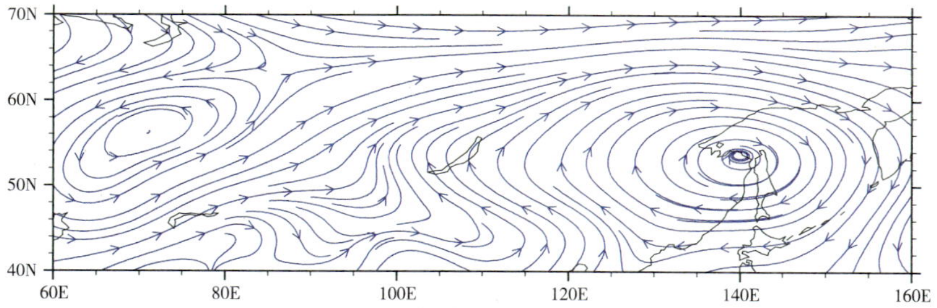

（8月30日）

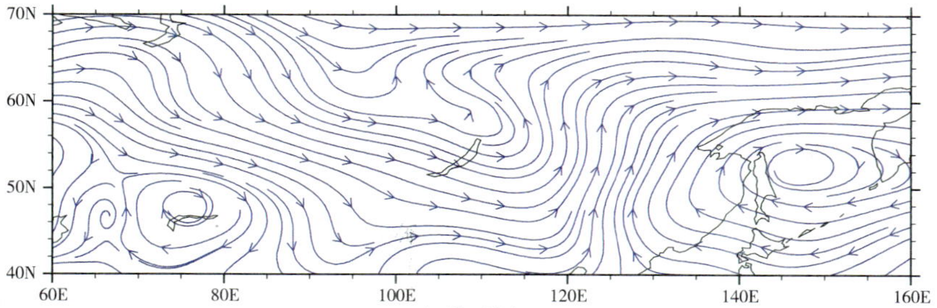

（9月3日）

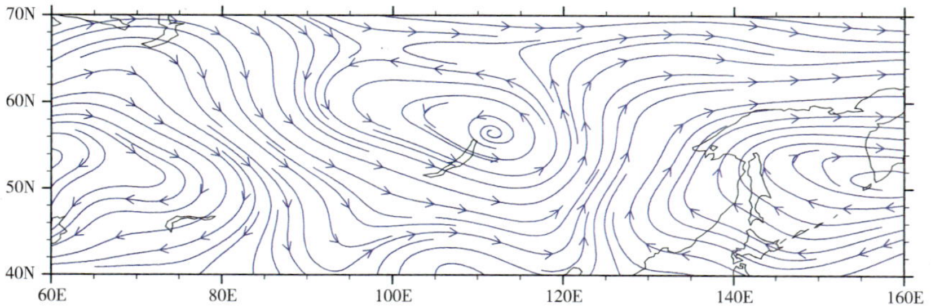

（9月4日）

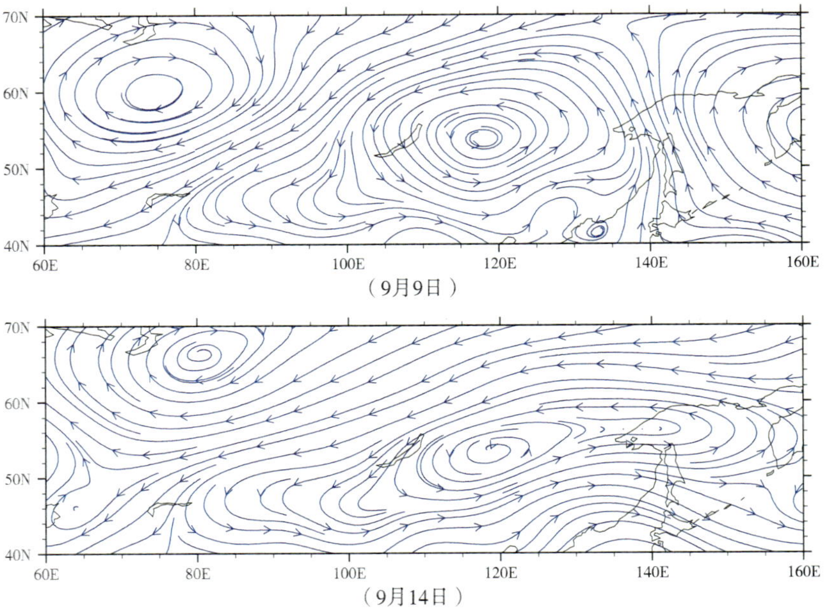

图 3.6　700hPa 等压面低频系统向东移动（2011 年 8 月 14 日—9 月 14 日）

图 3.7 显示出低频系统西移的个例。2010 年 5 月 2 日贝加尔湖东北方（60°～70°N，110°～120°E）生成一个低频气旋；5 月 7 日向西移到俄罗斯西伯利亚区域内（55°～65°N，80°～90°E）；5 月 12 日略向南移，位于巴尔喀什湖东北方（50°～60°N，80°～90°E）；5 月 17 日略向南向西移动到巴尔喀什湖—我国北疆（45°～50°N，80°～90°E）；5 月 22 日，向西移到巴尔喀什湖西北方（45°－55°N，60°～70°E），5 月 24 日继续西移到 60°E 以西。继低频气旋之后，一个低频反气旋在我国东北及其附近地区生成（40°～50°N，110°～120°E），比低频气旋生成地偏南。这个低频反气旋生成后的移动路径、方向与低频气旋一样，一直向西于 6 月 9 日移到 60°E 以西。

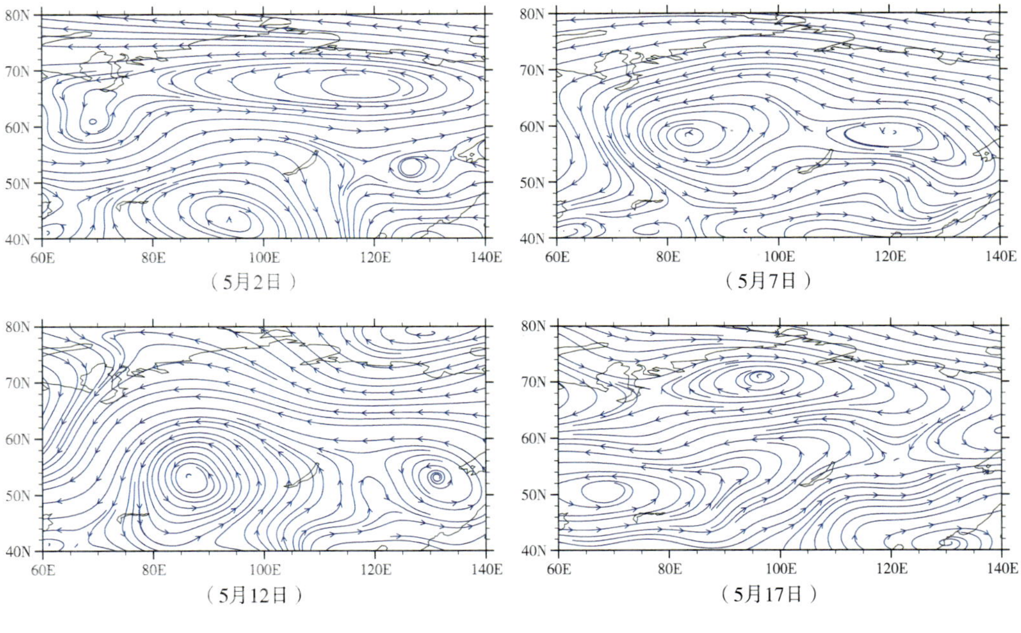

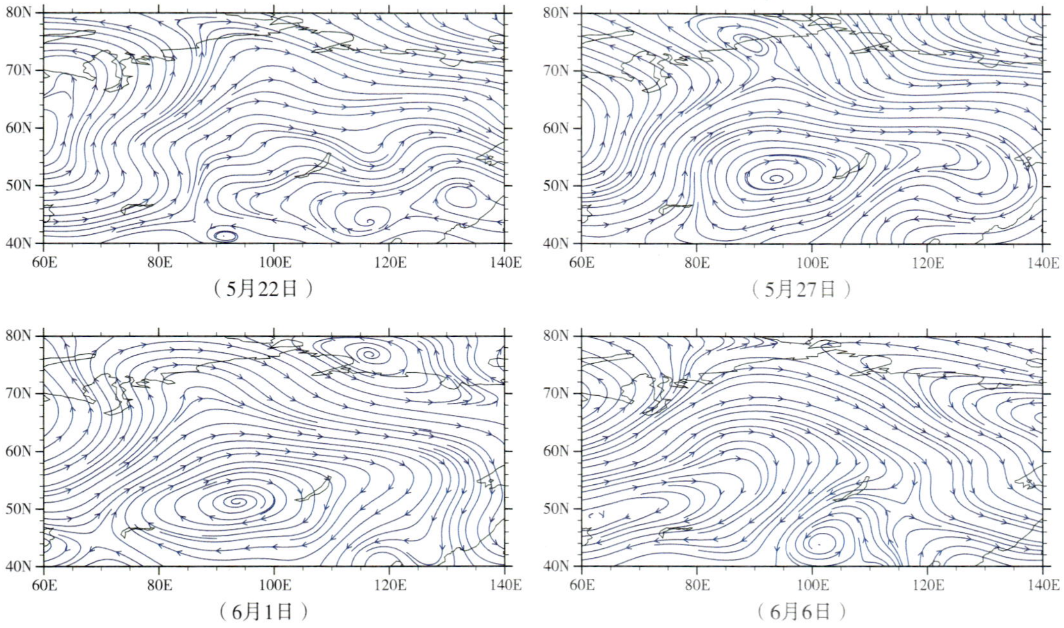

图 3.7　700hPa 等压面低频系统向西移动（2010 年 5 月 2 日—6 月 6 日）

图 3.8 显示出低频系统向南偏东移动的个例。2010 年 5 月 28 日贝加尔湖西侧（50°～60°N，100°～110°E）生成一个低频气旋；6 月 2 日低频气旋向南移到蒙古人民共和国南部（40°～50°N，100°～105°E）；6 月 7 日继续南移到我国河套以南地区（40°～45°N，105°～110°E）；6 月 12 日转向东偏北方向移动到我国东北附近地区（35°～40°N，130°～140°E）；6 月 17 日东移到俄罗斯哈林岛附近，然后转向东南方移动到日本以东洋面（40°～45°N，155°～160°E），于 6 月 30 日消失。在低频气旋向 S→NE→SE 移动过程中，低频气旋生成的地区于 6 月 13 日生成一个低频反气旋，低频反气旋重复低频气旋的移动路径、方向移动，直到 7 月 3 日消失。

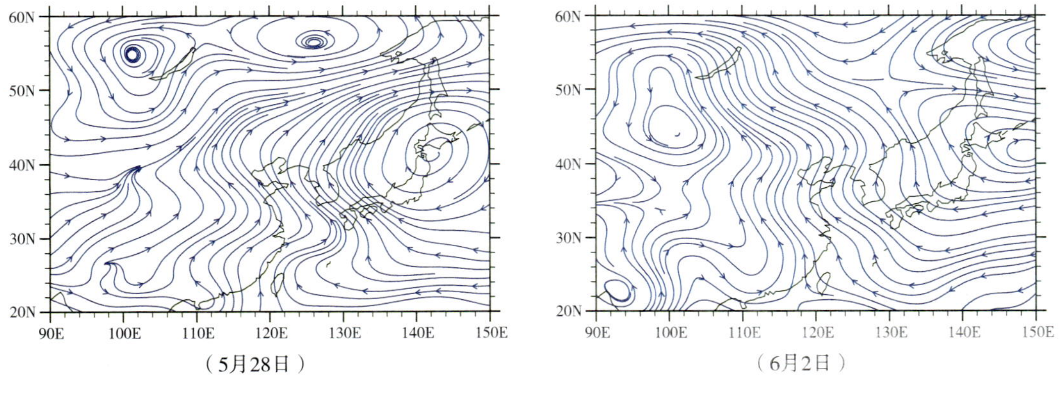

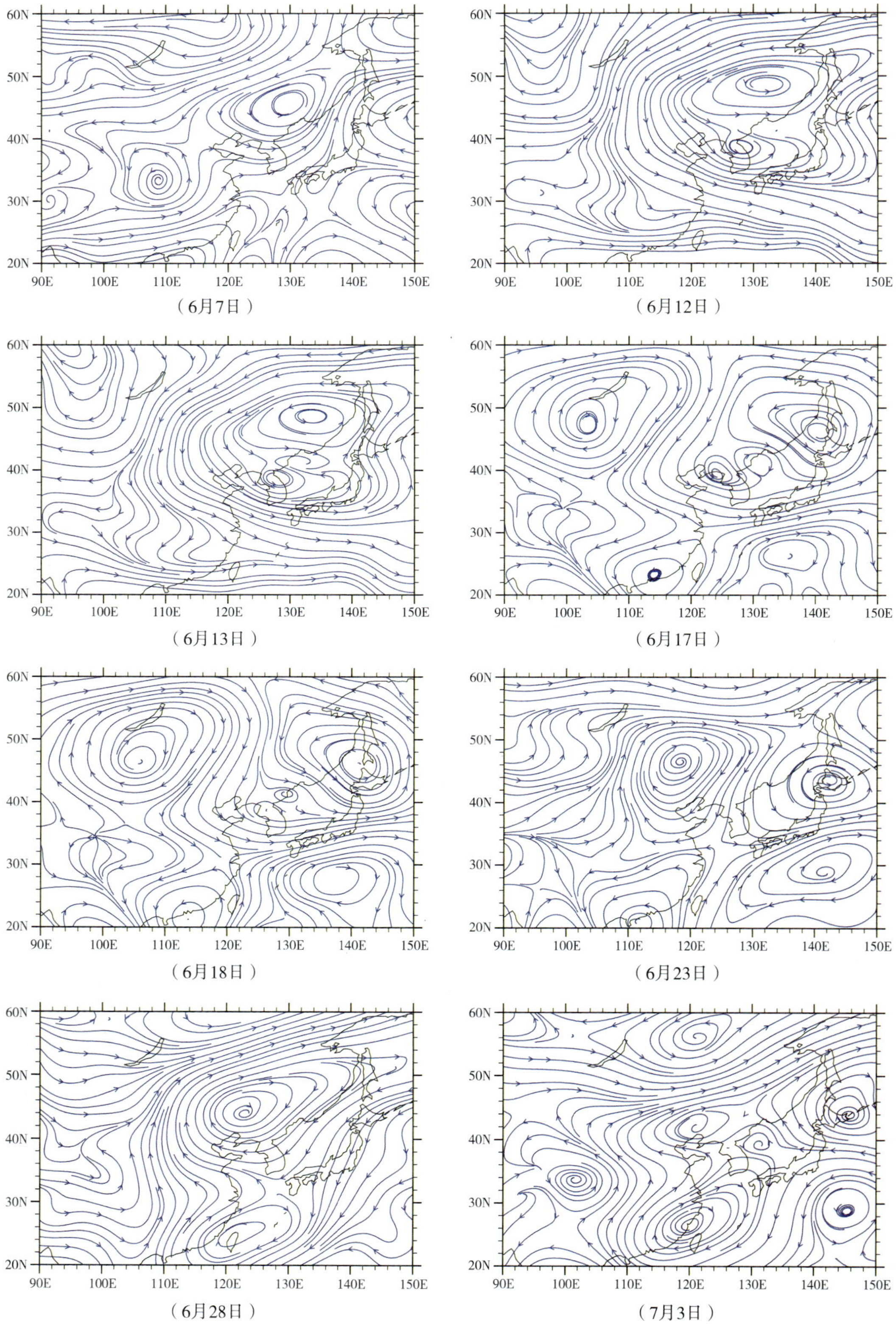

图 3.8　700hPa 等压面低频系统向南偏东移动（2010 年 5 月 28 日—7 月 3 日）

3.3.2　低频系统的 4 个特性

从西太平洋向西到亚洲大陆西部和从印度洋向北到亚洲大陆北部（0°～70°N，60°～160°E）区域内各地区的低频系统（低频气旋和低频反气旋）生成、消失日期，统计分析 2000—2012 年每年 5 月 1 日—9 月 30 日 153 天，共 13 年计 1 989 天，即分析 1 989 张逐日低频天气图。统计分析结果表明，各个不同地区的低频系统具有 4 个特性：时间周期性、空间连续性、演变相似性和地域准定常性。

（1）周期性

按照一个低频气旋（低频反气旋）生成后，原地区及其附近地区重新生成一个低频气旋（低频反气旋），前后两个低频气旋（低频反气旋）生成日之间的间隔日数称为低频系统的振荡周期。并且根据低频天气图上 8 个天气关键区（关键区的确定详见 2.2 节）统计低频系统。

通过统计，5 年（2008—2012 年）8 个天气关键区共出现低频系统生消过程 345 个，它们的活动周期如表 3.2 所示。

表 3.2　低频系统活动周期

周期	10～20d	30～50d	其他
2008 年/次	18	25	9
2009 年/次	11	30	11
2010 年/次	25	42	9
2011 年/次	21	35	8
2012 年/次	25	30	12
总次数/次	100	162	49
百分率/%	32	52	16

从表中可以看出，低频系统的活动周期以 30～50 天为主，占 52%；10～20 天次之，占 32%；其他周期（主要是 22～26 天）占 16%。

（2）连续性

低频系统的生消过程为 10～30 天，故每一个低频系统生成后可以维持 10 天以上，其逐日连续演变特征非常明显，不像未滤波天气图上的天气系统，逐日生消、调整、强度变化等都非常明显和迅速，远不及低频系统的缓变、稳定。虽然阻塞系统也能稳定维持一段时间，但也不如低频系统持续时间长。这从本章图 3.3～图 3.8 各图中可以看出，如图 3.8 中低频系统向南，然后向东北，再向东南历时 36 天（5 月 28 日—7 月 3 日）演变过程中，其逐日连续变化的特征一目了然。

（3）相似性

相似性是指低频系统在移动过程中其移动路径方向基本相似。需要说明的是，低频系统移动路径的相似。不是低频天气图各个不同地区所有低频系统，而是某一个地区、某两个低频系统（一个低频气旋和一个低频反气旋）先后生成而后移动，这两个低频系统的移动路径、方向基本相似。还有另外一种情况，即前文述及的 8 个天气关键区，每一个关键区内生成的低频系统，其移动路径、方向也是基本相似的。低频系统移动路径、方向的相似，可从图 3.4（向西北方移动）、图 3.6（向东移动）、图 3.7（向西移动）和图 3.8（向南偏东移动）中可以清楚看出。

（4）准定常性

2000—2012 年每年 5—9 月逐日低频系统生成地区的统计结果表明，低频系统（低频气旋和低频反气旋）大多在某些特定地区生成，生成后一部分低频系统原地振荡；另一部分则传播到另一地区。低频系统在这些特定地区表现出明显的准定常特性，似乎具有一定的地理依赖性。这些特定地区在 30°N 以北，分别是：贝加尔湖以西的西伯利亚地区、巴尔喀什湖—我国北疆地区、青藏高原东侧—河套地区和鄂霍次克海地区；在 30°N 以南，分别是西太平洋地区、我国华南—中南半岛地区和印度—孟加拉湾地区（图 3.9）。从图 3.3（西太平洋低频系统的原地振荡）和图 3.5（高纬大陆地区低频系统的原地振荡）可以看出低频系统在这两个特定地区的准定常性特征。

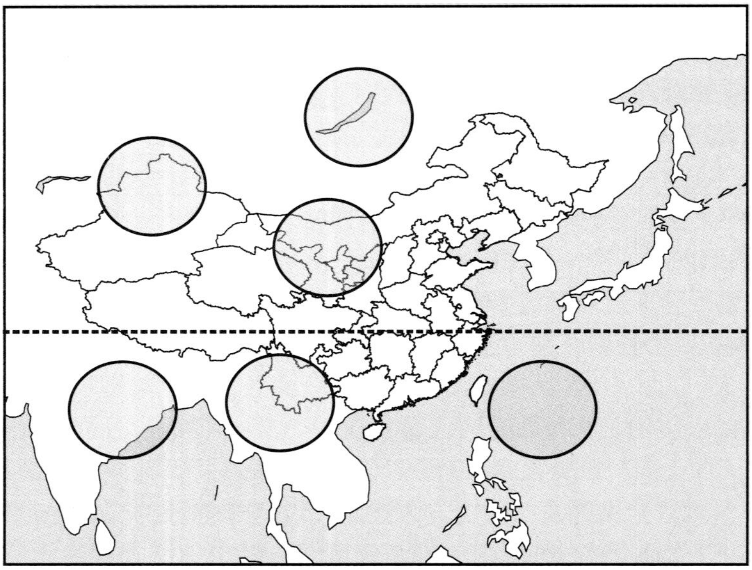

图 3.9　低频系统准定常性地区分布示意

参考文献

[1] 孙国武，信飞，陈伯明，等．低频天气图预报方法．高原气象，2008，27（增刊）：64－68.

[2] 孙国武，信飞，孔春燕，等．大气低频振荡与延伸期预报．高原气象，2010，29（5）：1142－4417.

[3] 孙国武，孔春燕，信飞，等．天气关键区大气低频波延伸期预报方法．高原气象，2011，30（3）：594－599.

[4] 孙国武，冯建英，陈伯明，等．大气低频振荡在延伸期预报中的应用进展．气象科技进展，2012，2（1）：12－18.

第4章　低频天气图应用

如何应用低频天气图？如何创造性地用好低频天气图？如何使低频天气图成为延伸期天气过程预报的有效预报工具？关键在于理解低频天气图预报方法的思路和实质；领会低频天气图预报方法的技术要点；熟悉低频天气图上低频系统的特性；掌握低频天气预报方法技术流程；学会低频天气图预报方法的预报制作步骤；明确低频天气图预报方法的天气学原理；以及建立低频天气图方法预测模型时，要充分考虑低频系统的分布和配置等。

本章主要围绕低频天气图预报方法[1-3]，进行比较全面细致的介绍和论述，并列举业务预报工作中的预报实例来解释具体的使用低频天气图方法，以达到业务人员能在业务工作中运用低频天气图制作延伸期天气过程预报。

4.1　低频天气图预报思路

低频天气图是一种有别于统计学预报方法和数值天气预报方法以及天气学预报方法而又与之存在密切联系的延伸期天气过程预报的新方法。这种方法使用了统计学方法，使用了数值预报产品和天气学预报分析方法，而且符合天气动力学原理和规则。

低频天气图方法有较强的地域特色，适合省、市、区气象业务单位和某一气候区应用，推广应用时，最重要的一点是结合本地区的大气环流、天气系统、地形地理和服务需求等诸多特点，把这些特点融合在低频天气图方法中，有所创新地应用低频天气图方法，得到具有地区特色的低频天气图方法。

低频天气图预报方法的思路类似于以天气学、动力学为基础的中、短期预报员做天气过程预报的思路。预报员做中、短期预报时，如低压槽移来，不是简单地根据低压槽移来时降水的历史概率来预报，而是分析低槽的强度、移动、演变及其与上下游天气系统的联系、物理量的分布特征等，综合分析做出预报。所不同的是，低频天气图预报方法所用的工具是低频天气图，分析对象是缓慢变化的低频气旋和低频反气旋等低频系统。与分析未滤波的天气图一样，分析低频系统的新生和消失，加强和减弱，移动方向和稳定少动，以及与上、下游低频系统的联系等。

4.2　低频天气图预报要点

低频天气图预报方法是以天气学为基础，符合天气学原理，天气学中天气图分析规则完全适用于低频天气图。只不过将天气图及其快变的天气系统（高频扰动）改变为低频天气图及其慢变的低频天气系统（低频变化）。它既不是一一对应的统计相关法，也不是环流形势场前期相似预测后期的相似法。因此，应用这种方法时，掌握其预报要点是十分必要的。这些要点是：

4.2.1　仔细分析每日低频天气图上低频系统（低频气旋和低频反气旋）的演变过程（生成、持续、稳定、移动、路径、强弱和周期等），特别关键的是要着重分析低频系统的分布和配置（相互的地理位置）及其相应低频气流的流向和辐合等。

4.2.2　详细了解低频系统的2类状况和4个特性（详见第3章3.3节）。低频天气图方法是基于大气低频振荡客观存在的事实，利用统计学滤波方法，提取大气中的低频（30～50天）信号，制作延伸期天气过程预报。使用低频天气图制作延伸期天气预报，必须把低频系统的2类状态和4个特性全面综合地运用到预报制作过程中。可以说，低频系统的状态和特性是制作延伸期预报的基础。

4.2.3　深入研究低频天气图的天气学意义。低频系统反映的天气实体（即低频系统与未滤波天气系统之间的对应关系）及其大气环流演变过程，因为低频系统的变化与引起的天气过程发生的某种天气系统的生成、维持、移动、发展、减弱和消失过程相联系。

4.3　低频天气图预报对象

在延伸期即10～30天预报时效内，预报天气过程发生的日期和时段。那么，低频天气图预报方法的预报对象是什么？换句话说，就是低频天气图能预报哪些天气过程呢？从近几年全国各地有关气象业务部门使用低频天气图预报方法的情况看，主要预报重要天气过程如夏季强降水过程、高温热浪过程、春季沙尘暴过程和冬季寒潮低温过程以及重要气候事件如干旱过程、旱涝转折过程等。比月短期气候预测（气象要素如气温的偏高偏低、降水趋势的偏多偏少）更细且具体。

这里还需要特别说明的是，低频天气图预报方法必须根据本地天气气候特点，主要抓那些地方气象服务重点关注的重要天气转折天气和灾害天气等高影响天气、气候事件。比如上海气候中心重点抓夏半年的强降水过程，规定上海全区11个气象站中有3站日降雨量≥10mm，定为强降水过程。因为统计分析表明，当上海地区达到了3站日降雨量≥10mm时，全区一般都会出现中－大雨或大－暴雨过程。同时也抓夏季的高温和冬季冷空气等重要天气过程的延伸期预报。高温天气过程的标准是：上海地区11个气象站有1个以上的站出现≥35℃，且连续3天以上，定为高温天气过程。冷空气过程的标准是：日极端最低气温≤0℃或日极端最低气温24小时变温≤－4℃，定为冷空气活动过程。福建、海南气候中心则主要抓日降雨量≥25mm大雨以上强降水过程的延伸期预报，前者以前汛期（4—6月）为主；后者则以秋汛期（8—10月）为主。深圳市气候中心也是抓≥25mm的大雨以上强降水过程，预报时期包括前汛期（4—6月）和后汛期（7—9月）。中国气象局兰州干旱气象研究所主要侧重沙尘暴、干旱等天气气候过程的延伸期预报，为业务部门提供技术支撑。沙尘暴标准：西北地区相邻3个气象站出现能见度＜1km的沙尘天气，定为沙尘暴天气过程。干旱过程、西北区东部（甘肃省东部、宁夏回族自治区南部和陕西省）连续无1mm以上降水日≥10天，定为气象干旱过程。总之，确定预报对象，一要根据气象服务需求；二要符合本地天气气候特点。

4.4　低频天气图预报步骤

所谓预报步骤就是使用低频天气图预报方法制作延伸期天气过程预报时的具体技术步骤，按以下步骤操作。

4.4.1　下载格点资料

格点距 2.5°×2.5°或 4°×4°或 5°×5°均可，这些格点资料可以是 u、v，也可以是位势高或其他气象要素和物理量，来源于 Micaps 或 NCEP/NCAR 或其他系统资料均可。

4.4.2　滤波计算绘图

滤波器可以选择 Butterworth 滤波器，也可选择其他滤波器对格点资料进行滤波处理。低频滤波的带通设定，在低频时段内（10～90 天），根据预报需要，可取 10～20 天、30～50 天或 40～60 天、60～80 天等。绘低频天气图的层次（700hPa、500hPa 等压面或其他层次等压面均可），也要根据地区不同，预报天气过程不同而有所变化。低频天气图的范围大小，同样要根据不同纬带、不同季节和不同需要决定。对上海地区夏半年强降水过程预报而言，绘制的低频天气图是 700hPa 等压面流场（u、v），选择的频带是 30～50 天滤波，范围是（0°～70°N，60°～160°E）。总之，不能千篇一律，各地要根据本地特点，因地制宜地绘制低频天气图。

4.4.3　分析低频系统

逐日分析低频天气图上各个不同地区出现的所有低频系统（低频气旋和低频反气旋）生成、消失的地理位置（系统中心的经纬度），并进一步分析低频系统稳定少动的持续天数和移动路径。低频天气图的分析质量，直接影响天气过程预报结果，正确分析低频天气图，了解低频系统的活动特性，是低频图方法的基本功。

4.4.4　天气关键区的划分

前已述及，低频系统具有的 4 个特性中，有一个特性是低频系统在地域上的准定常性，即低频系统在某些地区经常性地生成。

从天气学角度分析，某地发生的天气过程，是该地以南和以北或以西和以东有天气系统向该地移来并相遇，即有相应的不同方向的气流在该地汇合而引起。所谓天气关键区是指常有天气系统生成并影响本地出现天气过程的地区。低频天气图上的天气关键区是同样的道理，即分析影响本地出现天气过程的低频系统常出现在那些地区，这些地区被定为天气关键区。在划分关键区之前，查看气象台预报员天气个例预报总结，了解引发本地区某类天气过程的天气系统的来龙去脉，在这方面应吸取天气预报员的经验。另外，要统计低频系统生成的地区，分析低频系统的分布，特别是低频系统的生成集中区。两者综合考虑来划分关键区。同时，还应注意不要破坏低频系统地域特征和完整性，不能把 A 地区生成的低频系统移到 B 地区时，分析认为是 B 地区新生成的低频系统。

以上海强降水天气过程为例，上海位于30°N附近的副热带地区，在30°N以北，则主要考虑W、NW和N方南下的冷空气，故关键区定为西伯利亚—贝加尔湖、新疆—蒙古人民共和国、河套等地区，这些地区也是低频系统集中出现的地区。在30°N以南，则主要考虑东亚夏季风和印度季风的北上，故关键区定为西太平洋、中南半岛—华南和印度—孟加拉湾地区，这些地区同样是低频系统频发的地区。因此，根据上海地区的天气预报经验和低频系统在各个地区的发生频次，共划分确定8个关键区（图4.1）：1区，0°~30°N，120°~160°E（西太平洋区域）；2区，0°~30°N，100°~120°E（我国华南—中南半岛区域）；3区，0°~30°N，80°~100°E（印度—孟加拉湾区）；4区，30°~50°N，120°~160°E（我国东北—黄海—日本区域）；5区，30°~50°N，100°~120°E（蒙古人民共和国—黄河中、下游区域）；6区，30°~50°N，80°~100°E（我国新疆—青藏高原区域）；7区，50°~70°N，120°~160°E（鄂霍茨克海及其邻近区域）；8区，50°~70°N，80°~120°E（俄罗斯西伯利亚—贝加尔湖区域）。

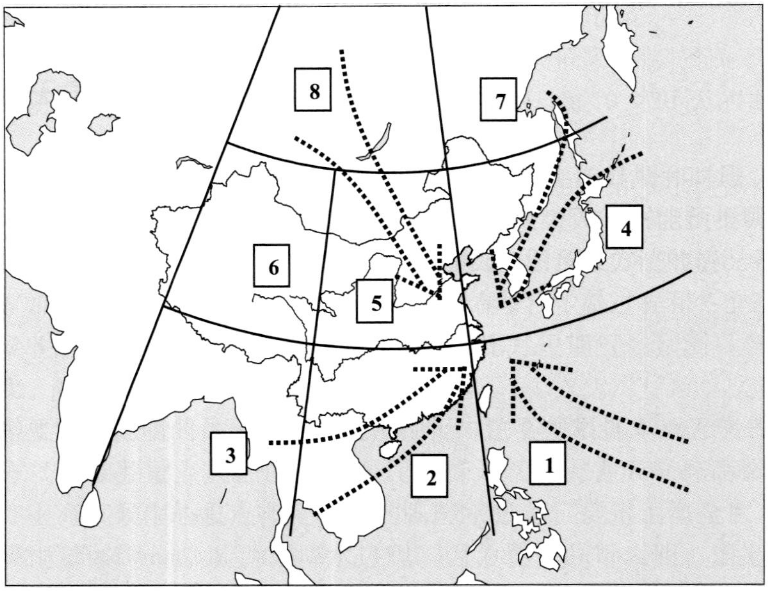

图4.1 低频系统关键区

此外，划分关键区，还可采取自然正交分解的方法[4]。分析2007—2011年5—9月上海地区所有较强降水过程期间700hPa流场图上低频系统的生消变化及其地理分布特征。

图4.2为2007—2011年汛期（6—9月）上海地区所有较强降水过程发生时段逐日700hPa低频流场图上，东亚地区范围（0°~70°N，60°~160°E）内低频气旋和低频反气旋出现的地理位置统计。分析表明，上海地区较强降水发生期间，低频系统存在明显的地域集中性。30°N以南的低频系统体现得更为清晰。印度半岛及孟加拉湾附近地区、南海附近地区以及中低纬度西太平洋附近地区均为低频系统活动最为集中的区域。中高纬地区最显著的低频系统集中区域为（35°~55°N，100°~120°E），即蒙古人民共和国—河套地区，这里是影响我国冷空气的必经之地。另外，在145°E以东的中高纬度地区也存在低频系统较为集中的区域。

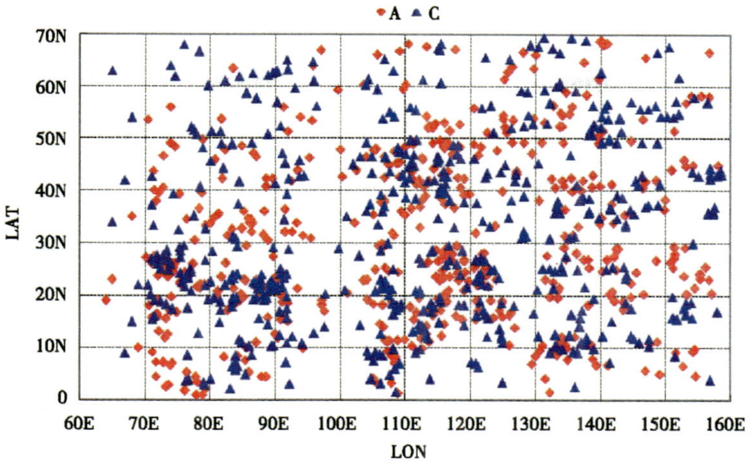

图4.2　2007—2011年6—9月上海地区强降水过程期间低频气旋和低频反气旋的出现位置统计
（蓝色标记表示低频气旋，红色标记表示低频反气旋）

上面仅是统计结果，下面将对2007—2011年汛期（6—9月）上海地区较强降水过程期间的低频流场做向量场的经验正交分解，前10个主成分的方差贡献率为73%。统计分析前10个特征向量的空间分布，可以更清晰地了解低频系统的地域性特征。图4.3显示，在中低纬的3个区域（5°～30°N，65°～95°E）、（10°～30°N，105°～120°E）以及（0°～30°N，130°～150°E）低频系统密集。前两个区域正是影响上海的主要水汽源地，即孟加拉湾附近地区和南海附近地区。（0°～30°N，130°～150°E）是中低纬西太平洋附近地区，这一地区为西太平洋低频反气旋活跃区。中高纬地区低频系统的集中区域，首先集中性最为明显的地区是（30°～50°N，100°～120°E），即贝加尔湖—蒙古人民共和国—河套地区，这里是影响我国东部地区冷空气的必经之地，另外在（50°～60°N，130°～150°E）附近存在一个低频系统集中区域，这一地区是鄂霍次克海及附近地区（图4.3）。

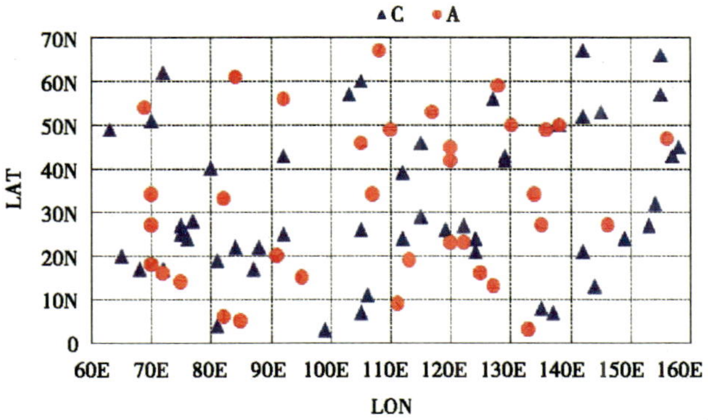

图4.3　近5年较强降水过程期间低频流场EOF正交分解后的前10个主成分空间分布中低频气旋及低频反气旋的出现位置统计（▲表示低频气旋，●表示低频反气旋）

根据EOF分解后的主成分空间向量分布，将东亚区域划分为8个关键区。将其中5个定义为活跃关键区，包括3个中低纬关键区：第一关键区为副热带高压及台风的重要活动区（0°~30°N，120°~150°E），第二关键区为南海附近地区（0°~30°N，100°~120°E），第三关键区为印度半岛及孟加拉湾附近地区（0°~30°N，70°~100°E）。两个中高纬关键区：充分考虑到东北冷涡及东亚大槽位置，将（30°~50°N，120°~150°E）定义为第四关键区，中高纬最显著的低频系统集中区域为贝加尔湖—蒙古人民共和国—河套附近地区（30°~50°N，100°~120°E）是冷空气活跃区，将其命名为第五关键区。除此之外，还定义了3个次活跃关键区，分别为第六关键区（30°~50°N，70°~100°E），第七关键区为（50°~70°N，120°~150°E）以及第八关键区（50°~70°N，100°~120°E）。

4.4.5 关键区低频系统的统计

归纳并整理4.4.3节和4.4.4节的分析结果，以便得到各个区域低频系统生、消的起止时间和移动路径（低频气旋和低频反气旋分别整理）。这样便会得到不同区域的低频系统在30~50天的时段内，有时先出现低频气旋（或低频反气旋），再出现低频反气旋（或低频气旋），又出现低频气旋（或低频反气旋）……但各区域的低频系统是不同步的。以表4.1、表4.2作为例子，仅给出一个月的统计表。

表4.1　逐日低频系统登记表

7月	1区	2区	3区	4区	5区	6区	7区	8区
1日	A	C_5	A			C		A_4
2日	A	C_5	A			C		A_4
3日	A	C_5	A			C		
4日	C　A_2	C_5				C		
5日	C　A_2	C_5						
6日	C　A_2	C_5					C	A
7日	C　A_2	C_5					C	A
8日	C　A_2	C_5					C	A
9日	C　A_2	C_5					C	A
10日	C　A_2						C	A_7
11日	C　A_2		A				C	A_7
12日	C　A_2		A	C			C	A_7
13日	C　A_2		A	C			C	A_7
14日	C　A_2		A	C			C_4	A_7
15日	C　A_2		A	C			C_4	A_7
16日	C		A	C	A		C_4	
17日	C			C	A		C_4	
18日	C			C	A		C_4	C
19日	C			C_1	A		C_4	C

续表

7 月	1 区	2 区	3 区	4 区	5 区	6 区	7 区	8 区
20 日	C			C_1	A	A	C_4	C
21 日	C			C_1	C　A	A	C_4	C
22 日	C			A　C_1	C　A	A	C_4	C
23 日	C			A　C_1	C　A	A	C_4	C
24 日	C_2			A　C_2	C　A_4	A	C_4	C
25 日	C_2			A　C_2	A_4	A		C
26 日	C_2			A　C_2	A_4	A		C
27 日	C_2		C	A　C_2	A_4	A		C
28 日	C_2		C	A　C_2	A_4	A		C
29 日	C_2		C	A　C_2	A_4	A		C
30 日	C_2		C	A　C_2	A_4			C_4
31 日	C_2		C	A　C_2	A_4			C_4

表 4.2　逐日低频系统演变表

关键区	低频系统	演变过程
1 区	A	6. 25—A_2　7. 4—7. 15
	C	7. 4—C_2　7. 24—C　7. 31—8. 4
2 区	A	
	C	6. 14—C_5　6. 27—7. 9
3 区	A	6. 29—7. 3；7. 11—7. 16
	C	7. 27—8. 6
4 区	A	7. 22—8. 7
	C	7. 12—C_1　7. 19—C_2　7. 24—8. 5
5 区	A	7. 16—A_4　7. 24—8. 6
	C	7. 21—7. 24
6 区	A	7. 20—7. 29
	C	6. 29—7. 4
7 区	A	
	C	7. 6—C_4　7. 14—7. 24
8 区	A	6. 12—A_5　6. 16—A_4　6. 26—7. 2；7. 7—A_7　7. 10—7. 13
	C	7. 18—C_4　7. 30—8. 2

注：7. 6 表示 7 月 6 日，依此类推。

表 4. 1 是 2012 年 7 月逐日低频系统登记，逐日低频系统：低频气旋和低频反气旋是从每日低频天气图上分析得出，8 个关键区的低频系统是指在该区生成的低频系统，

必须分区登记它们的生消日期和移动状况。表4.2是根据表4.1的登记结果统计各关键区低频系统生消日期及其移动或不移动过程。表4.1、4.2中，A（C）表示低频反气旋（低频气旋）；A（C）右下角数字表示关键区。如表4.1，7月4日第1关键区C生成，7月24日C2，说明第1关键区7月4日生成的C缓慢向西移动，在1区维持到7月23日，7月24日C移到第2关键区，故记为C_2。又如表4.2，第8关键区A 6月12日—A_5 6月16日—A_4 6月26日—7月2日，表示这个A，6月12日生成，6月16日向东南移到第5关键区；6月26日向东移动到第4关键区；7月2日消失。

4.4.6 分析低频系统与预报对象的对应关系

根据4.3节介绍的内容，分析以本地区天气、气候和服务需求所确定的预报对象如强降水、高温、沙尘暴和干旱等重大天气气候过程发生时段内，各个关键区低频气旋和低频反气旋的发生、持续、强度、移动、消失和周期等演变特征，以及各关键区低频系统的分布和配置，并进一步分析与这些低频系统相应的低频气流的方向，特别关注低频偏北、偏南气流或偏东南、偏西南气流在本地区的汇合，把各关键区低频系统的活动和预报对象发生联系在一起，得到预报对象的预报指标。这些预报指标是低频天气图上各关键区低频系统的活动特征，是“面”上的指标，不是一对一的“点”上的指标。

4.4.7 建立预测模型：静态模型和动态模型

预测模型的建立分为两种类型：静态，即预测模型中的低频系统以在各关键区原地振荡为主；动态，即预测模型中的低频系统以在各关键区相互移动为主，主要是向偏东（西风带系统）、偏西（副热带系统）位移。

预报模型以省（区）范围或以相同类型的气候区范围建立为宜，不可能建立全国和行政大区范围的预测模型。道理很简单，各地有各地的天气气候特点和相应的环流形势和影响系统，预测模型有很强的地域特点[5]。

（1）预测模型（静态）

预测模型的建立步骤是：首先，选定预报对象，如夏季强降水，以上海地区降水过程为例，定出具体的标准，统计出历年的个例。其次，分析每一个降水个例与各个关键区低频系统的对应关系及其各关键区低频系统的分布配置以及各关键区低频系统的活动状态：原地振荡或位相传播。在这些分析工作的基础上，归纳整理预报降水过程的相应指标，即降水过程发生时，各关键区低频系统的活动特征和分布配置。再次，低频天气图延伸期预报方法不是单一的一一对应，而是强调各关键区低频系统的分布和配置，这种配置有利于低频系统及其相应的低频气流有南、北方向或东、西方向的汇合而引起降水过程。

该预测模型是根据2008—2012年5—9月上海地区103次强降水过程的低频系统的活动特征合成分析得到的（图4.4）。从图中可以看出，上海地区发生强降水过程时，在南、北各关键区有相应的低频系统活动，低频系统（低频气旋和低频反气旋）位于高纬地区的乌拉尔山到贝加尔湖及其附近地区和中纬地区的中亚、新疆、蒙古以及河套地区。热带低纬地区则位于印度—孟加拉湾、华南到中南半岛和西太平洋区域。低频系统的分布有利于偏北方向（N，NW，W）和偏南方向（SE，SW）的低频偏北和偏南气流在副热带地区汇合。

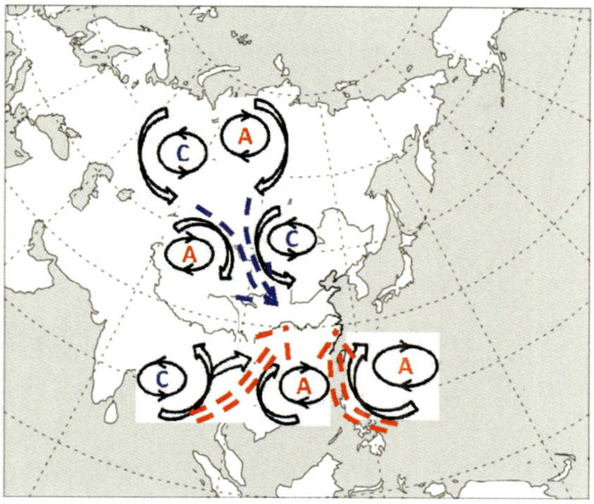

图 4.4　预测模型（静态）示意图

为了进一步研究上海地区强降水发生期间的低频系统配置特征，将较强降水发生期间（2007—2011 年）700hPa 低频流场做向量场的 EOF 正交分解，分析前 4 个特征向量（方差贡献率为 47%）的空间分布（图 4.5）。

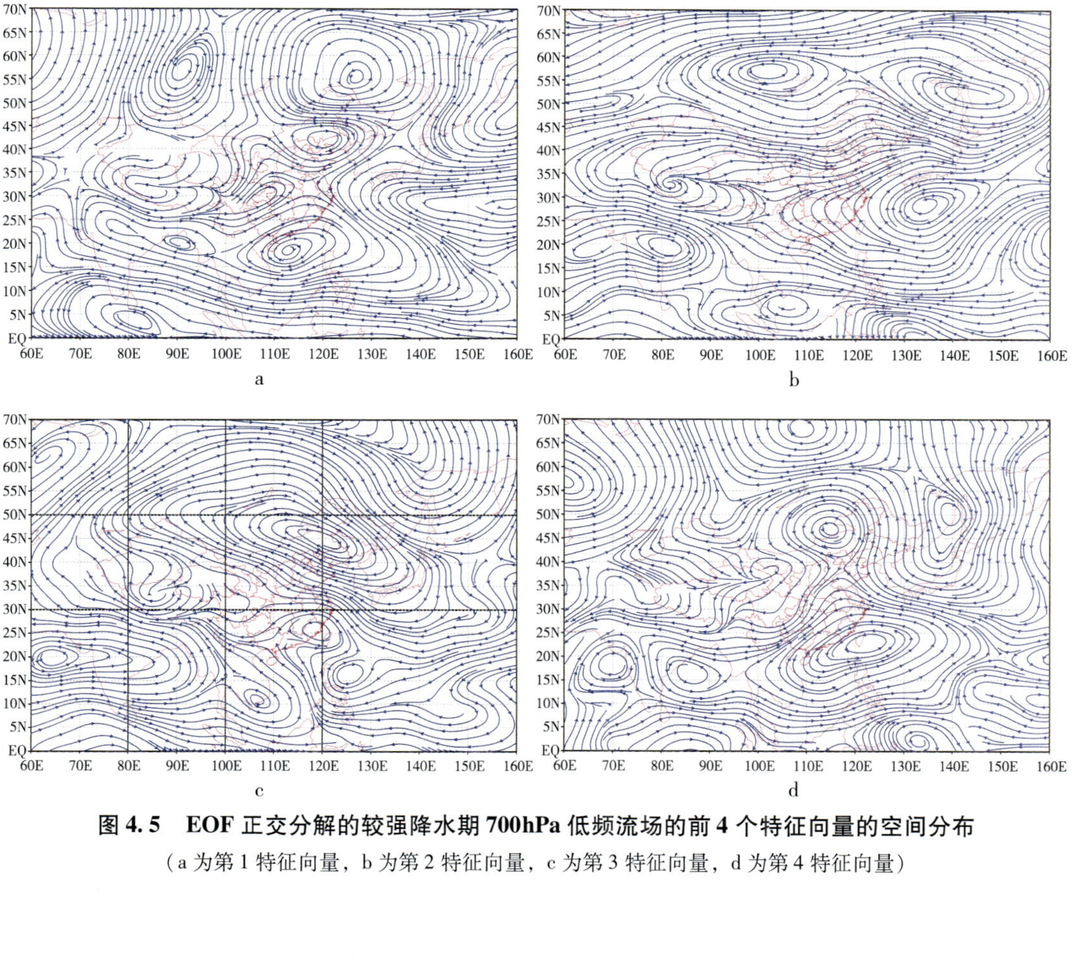

图 4.5　EOF 正交分解的较强降水期 700hPa 低频流场的前 4 个特征向量的空间分布

（a 为第 1 特征向量，b 为第 2 特征向量，c 为第 3 特征向量，d 为第 4 特征向量）

第一特征向量的空间分布特征清晰地体现了南北低频气流在上海附近地区的交汇。这印证了低频天气图方法一直强调的最主要的降水配置型，即冷暖空气的交汇是导致上海附近地区较强降水过程发生发展的重要因素。分析第一特征向量中，低频气旋和低频反气旋的空间分布特征，发现中低纬显著低频系统主要为孟加拉湾至南海地区的低频反气旋，使得低频偏南气流到达长江下游；中高纬地区的显著低频系统主要位于华北北部的低频反气旋以及西伯利亚附近地区的低频气旋。使得偏北气流可以直达长江下游。第二特征向量则主要反映了位于我国东南沿海的低频气旋的北侧偏东气流所携带的海上水汽，造成上海地区的较强降水过程，这种环流形势在实际大气中往往对应台风或倒槽等影响。第三特征向量的低频系统配置则体现了西太平洋低频反气旋的影响，对应实际的天气实体则为西太副高西侧的偏南气流。第四特征向量与第二特征向量类似，主要为南海附近气旋影响。

综合以上分析可以得到，导致上海地区较强降水发生发展的最主要条件为南北气流在副热带地区的交汇。其次，孟加拉湾附近的西南暖湿气流输送以及南海附近的低频系统都是上海地区较强降水发生发展的主要影响系统。很显然在降水过程发生期，700hPa低频流场通过 EOF 正交分解的第 1、2、3、4 特征向量空间分布，体现出预测模型低频系统的分布特征。

（2）预测模型（动态）

静态预测模型，主要预测中雨以上降水过程，也含大雨、暴雨和特大暴雨过程，但不能区分降水过程的等级强度。

动态预测模型，可以在延伸期降水过程预测中，专门预测≥50mm 和≥100mm 的暴雨和特大暴雨过程。

仍以上海地区≥50mm 和≥100mm 强和特强降水过程预测为例论述动态预测模型的建立。

2008—2012 年每年 6—9 月，上海地区共发生≥50mm 降水过程 23 次，分析每一次过程发生当日及前 30 天的 700hPa 等压面上的低频系统，发现这些降水过程出现当日的低频流场特征，即低频系统的位置分布，不同的降水过程具有相同的低频流场特征，基本分为两类低频特征：一类是上海地区的 N－NW 方为低频反气旋；SE－E 方也为低频反气旋；另一类是上海地区的 N－NW 方为低频气旋；SE－E 方为低频反气旋。针对上海地区而言，前一类称为“北方低频反气旋和南方低频气旋型”（简称“A”型）；后一类称为“北方低频气旋和南方低频反气旋型”（简称“B”型）。把 23 次≥50mm 降水过程属于“A 型”和“B 型”的低频流场特征，绘制成低频流场合成图（图 4.6）。

从图 4.6a 和图 4.6b 可以看出，A 型和 B 型无论上海地区 N－NW 方是低频反气旋或低频气旋，都有利于低频系统引导低频偏北气流南下；而位于 SE－E 方的低频反气旋，同样有利于低频系统引导低频偏南气流北上。因此，A 型和 B 型低频系统的分布，使得相应的低频偏北和偏南气流在上海及其附近地区汇合，容易产生降水过程。

在图 4.6 中，前 20 天、前 10 天到当天的低频系统动态是如何得到的？对≥50mm 降水的每 1 次过程当天的低频气旋和低频反气旋，分析它们各自在前 30 天内每天的演变状态（低频系统的中心位置和移动方向），归纳整理如图 4.6 低频系统的时间、位置移动路径。图 4.6 就是建立的≥50mm 降水过程的动态预测模型。

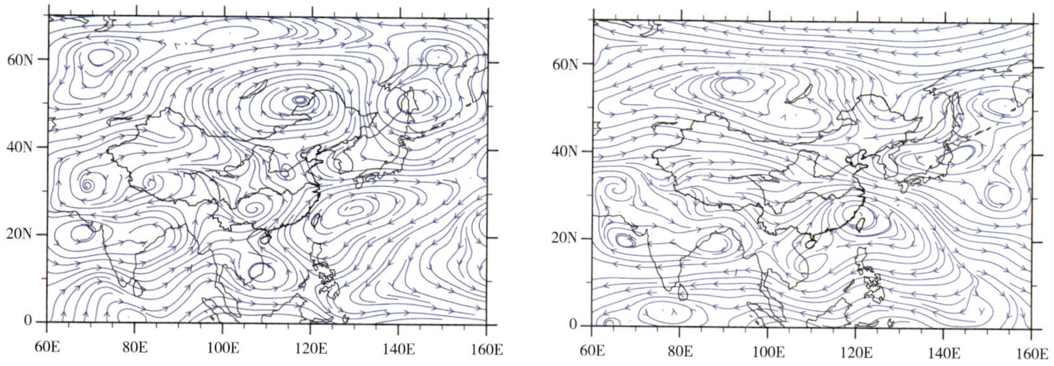

a　　　　b

图 4.6　≥50mm 降水过程的低频流场合成图（a 为 A 型，b 为 B 型）

（粗实线圆表示低频系统，旁边数字 0，－10，－20 表示当天、前 10 天、前 20 天，粗箭头表示低频系统移动方向）

资料来源：引自国家基础地理信息中心下载（网址：http：//ngcc. sbsm. gov. cn ）。

≥100mm 特强降水过程动态模型建立的方法与≥50mm 强降水过程相同。2008—2012 年每年 6—9 月，共有 7 次≥100mm 特强降水过程发生（表 4. 3），而且都是受台风或热带低压影响。

表 4. 3　上海地区≥100mm 降水过程　　单位：mm

日期	2008. 6. 27—6. 28	2009. 7. 22—7. 24	2009. 7. 30	2009. 8. 2
最大日降雨量	128. 4	122. 9	172. 9	100. 7
影响系统	“风神” 台风	“莫拉菲” 台风	热带低压	热带低压
日期	2009. 8. 10	2010. 9. 1	2012. 8. 8	
最大日降雨量	106. 4	127. 6	206. 9	
影响系统	“莫拉克” 台风	“狮子头” 台风	“海葵” 台风	

根据表 4. 3 所列 7 次受台风或热带低压影响发生的≥100mm 特强降水过程的当日 700hPa 等压面上的低频系统，发现不同时期的特强降水过程发生当日的低频流场特征基本相似，即低频气旋和低频反气旋的位置分布基本相似，对上海地区而言，北有低频反气旋（有时为低频气旋）南有低频气旋（对应台风或热带低压）。7 次特强降水过程发生当天的低频流场的合成图如图 4. 7 所示。

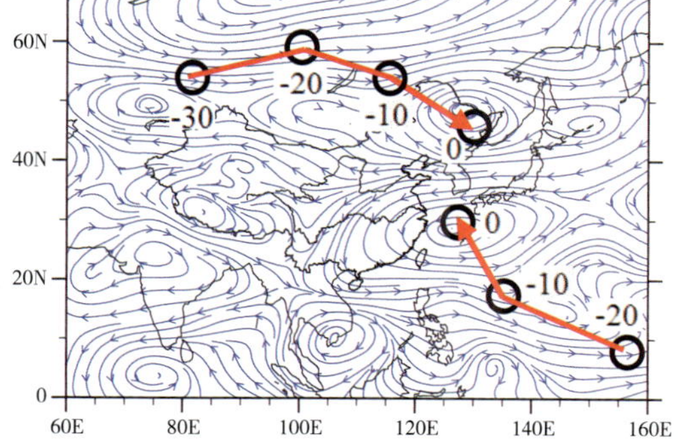

图 4. 7　同图 4. 6，但为≥100mm 降水过程

资料来源：引自国家基础地理信息中心下载（网址：http：//ngcc. sbsm. gov. cn ）。

图 4. 7 基本上反映 7 次特强降水过程共同的低频特征，主要是低频系统的分布配置。然后再进一步追踪 7 次过程中每 1 次过程发生当日北方的低频反气旋和南方的低频气旋在前 30 天内每天的演变动态（中心位置和移动路径），归纳综合后如图 4. 7 中的降水发生当天及前 10 天、前 20 天低频系统的所在位置和移动路径。这就是≥100mm 降水过程的动态预测模型，称之为"C 型动态预测模型"。

这里需要说明的是，台风的生命史短，而低频气旋的生命史长。所以，不是低频气旋维持时段都有台风与之对应，但有台风时都有低频气旋对应。

下面针对强和特强降水过程的动态预测模型进行深入一些的分析来阐述动态预测模型的关键之处，即北方和南方低频系统的演变。

图 4. 8 是 3 个不同时段的 700hPa 等压面位势高度的经度—纬度—时间剖面图。左半幅图从（60°N，60°E）到（30°N，120°E），呈 NW - SE 走向；右半幅图从（10°N，160°E）到（30°N，120°E），呈 SE - NW 走向，两者的结合点在（30°N，120°E）。如此设计图 4. 8，也是为了进一步论述上海及其邻近地区以北和以南的低频系统及其相应的低频气流。

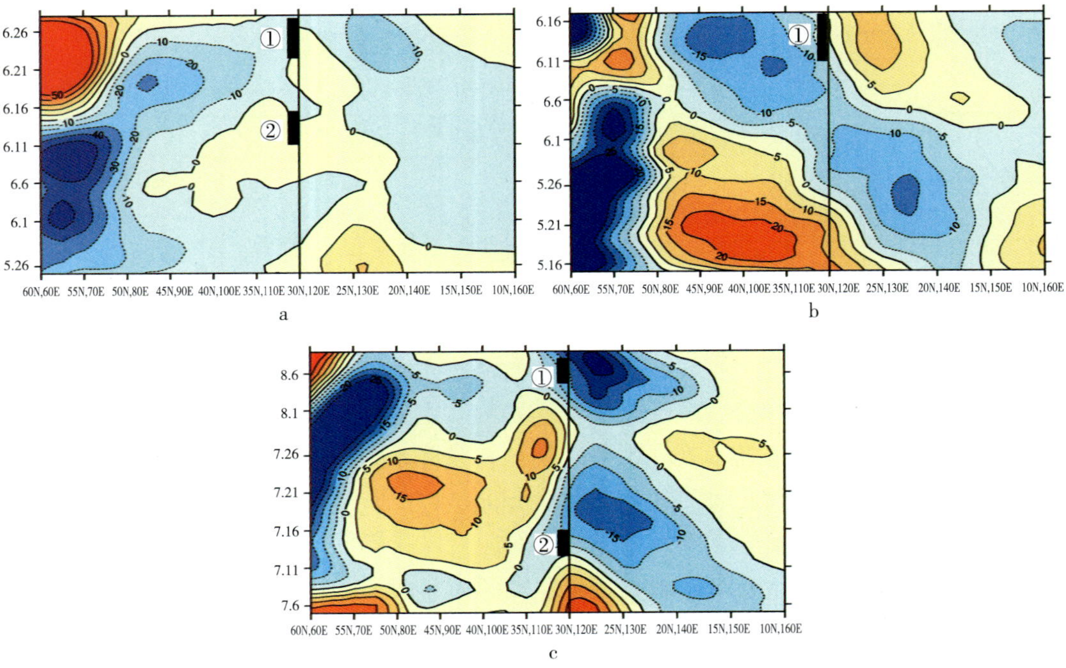

图 4. 8　30 ~ 50 天滤波后 700hPa 等压面位势高度的经度 - 纬度 - 时间剖面图

（a. 2008 年 5 月 25 日—6 月 28 日；b. 2011 年 5 月 15 日—6 月 17 日；c. 2012 年 7 月 5 日—8 月 9 日）

图中黑色直方块表示≥50mm 降水过程：①为第 1 次；②为第 2 次。

从图 4. 8a 可以看出，高纬地区有正、负位势高度波列由 NW 向 SE 传至中纬地区；同样，低纬地区有正、负位势高度波列由 SE 向 NW 传至中纬地区。当北、南两支波列在中纬地区汇合时，发生的第 1 次强降水时段（6 月 10—15 日），恰好反映出"北高南高"低频环流形势，即上海及其邻近地区北有低频高压移来；南也有低频高压移来，这正是本节图 4. 6a 所建立的"A"型动态预测模型。发生的第 2 次强降水过程（2008 年 6 月 23—28 日），也恰好反映出"北低南高"低频环流形势，即上海及其邻近地区北有低频低压移来；南仍然有低频高压移来，这也正是本节图 4.6b 所建立的“B”型动态预测模型。

图 4.8b 和 c，同样反映出与图 4.8a 相同的结果。在图 4.8b，2011 年 6 月 10—18 日强降水时段，显示出“北高南低”的低频环流形势，即上海及其邻近地区北有低频高压移来；南有低频低压移来，这也正是本节图 4.7 所建立的“C 型动态预测模型”。图 4.8c 与 4.8b 相同，第 1 和 2 次强降水时段，反映出来的北、南低频系统的配置都是“北高南低”的低频环流形势，符合“C 型动态预测模型”所表述的内容。

图 4.9 是 2011 年 5 月 1 日—9 月 30 日 700hPa 等压面位势高度的一点（30°N，120°E）相关图。以上海为定点（30°N，120°E）的逐日位势高度与 0°～70°N，60°～160°E 范围内各网格点（2.5°×2.5°经纬度）逐日位势高度组成的时间序列，计算它们的相关系数，计算结果如图 4.9 所示。

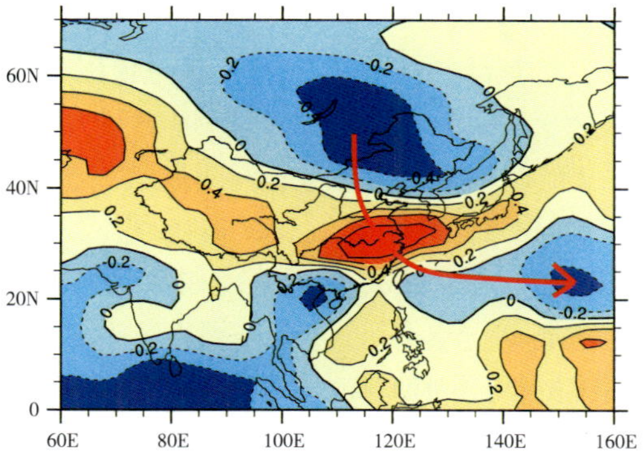

图 4.9　一点（30°N，120°E）700hPa 等压面位势高度相关图，剪头表示低频波走向

由图 4.9 可见，以定点（30°N，120°E）为中心的上海地区与其以北的贝加尔湖及其附近地区为负相关；而与其以南的西太平洋区域亦为负相关，组成一个 NW－SE 的“－，＋，－”水平低频波列。

这个水平低频波列的意义在于：联系了高、中、低纬地区的环流系统，反映出环流异常的地理位置分布状态，具有一定的气候学意义，此其一。其二，通过相关系数的计算，具体地表明了各环流系之间的相关关系。由于波列的“－，＋，－”关系，当上海及其邻近地区位势高度偏高，有可能为高压系统时，则其西北方的贝加尔湖及其附近地区位势高度偏低，有可能为低压系统，其东南方的西太平洋区域，位势高度也偏低，也有可能为低压系统，再结合前面阐述的 A、B 和 C 型动态预测模型分析，不难看出，至少从一个侧面反映出预测模型的天气学意义。

4.4.8　制作预报

根据低频系统的周期性、连续性和准定常性特征，预报各个区域的低频系统，再根据低频系统与上海降水过程的对应关系，预报降水过程。在上海降水过程的预报时效为 15～45 天。以 2009 年 6 月 29 日—7 月 2 日强降水过程预报为例予以说明。

在 2009 年 5 月 25 日—6 月 11 日的逐日 700hPa 低频流场图上（图略），5 月 29 日河套附近地区出现低频气旋，外推 30 天，预计 6 月 28 日该区将会再次出现低频气旋；

6 月 11 日在孟加拉湾东部地区出现低频反气旋，外推 30 天，预计 7 月 1 日该区将会再次出现低频反气旋；6 月 9 日西太平洋地区出现低频反气旋，外推 20 天，预计 6 月 29 日该区将会再次出现低频反气旋。还有，预计贝加尔湖地区、新疆北部地区 6 月 30 日、7 月 1 日将会出现低频气旋。至于外推周期为何取 20 天、30 天，主要根据前期和历史同期的低频波计算得到。

上述预报的低频流场图上的低频天气系统的配置，符合预测模型（图 4.4），反映出上海地区北方、西北方有低频气旋；东南方、西南方有低频反气旋。表明北有偏北气流下来；南有偏南气流上来，北、南方冷、暖气流在此交汇，引起强降水过程。

再以 2011 年 6 月 5—11 日上海地区强降水过程预报为例，根据 4 月 30 日贝加尔湖地区和新疆地区分别出现低频气旋和低频反气旋，外推 40 天，则 6 月上旬末贝加尔湖地区和新疆地区将分别出现低频气旋和低频反气旋，表明上海地区的西北方和北方将有低频偏北气流向东南方移到上海地区。5 月 8 日中南半岛附近出现低频反气旋，外推 30 天，则 6 月上旬后期该地区将有低频反气旋生成，这一地区低频反气旋的存在，有利于低频西南气流向东北方推进。5 月 19 日河套地区出现低频气旋和 5 月 20 日西太平洋地区出现低频反气旋，外推 20 天，则 6 月上旬末该两地区将分别有低频气旋（河套）和低频反气旋（西太平洋）生成。表明低频偏北、偏南气流又进一步向上海地区推进了一步。这样，恰好在 6 月上旬后期和中旬前期出现如图 4.4 所示的低频系统的分布，故预报了此次过程。至于外推周期（各区低频系统周期不尽相同）的选取，主要根据历年同期和当年前期低频系统的活动周期。

再以 2012 年 6 月上海地区的一次强降水过程预报为例，介绍低频天气图预报方法。

根据 2012 年 5 月 18 日低频天气图上的低频系统，按照低频系统的特性外推，得到 6 月中旬中期、中旬后期和下旬前期的时段内，新疆—蒙古人民共和国将有低频气旋活动，其后部将有相应的低频偏北气流南下；同时，西太平洋地区将有低频反气旋及其西南部的低频偏南气流西北上；孟加拉湾地区有低频反气旋及其西部的偏南气流东北上。低频系统的分布和配置表明，在 6 月中旬中到下旬初，将有低频偏北和偏南气流在上海地区汇合，符合预测模型（图 4.4），故预报 6 月中旬中、后期—下旬前期上海地区将出现强降水过程（预报过程发生日期为 6 月 17—23 日），提前 30 天发布预报（表 4.4 和表 4.5）。

表 4.4 上海地区强降水过程预报统计

发布预报日期	预报时段	降水实况	备注
5 月 18 日	6 月 17—23 日	6 月 17—18 日全市普降大到暴雨，局部地区大暴雨，金山单日降水量达 138.4mm	入梅首场降水（6 月 17 日入梅）

表 4.5 上海地区 11 站降水实况雨量 单位：mm

6 月	崇明	嘉定	宝山	浦东	徐家汇	青浦	闵行	松江	南汇	奉贤	金山汇
17 日	11.1	10.6	15.0	28.2	20.8	18.0	31.9	27.0	26.6	42.6	42.0
18 日	28.6	25.7	26.3	82.7	75.6	29.0	66.1	57.9	87.3	108.4	138.4

4.5　低频天气图预报流程

综合 4.4 节从 4.4.1 至 4.4.8 节的 8 个预报步骤，低频天气图预报方法流程如图 4.10 所示。图 4.10 就是运用低频天气图方法操作过程中的具体步骤。

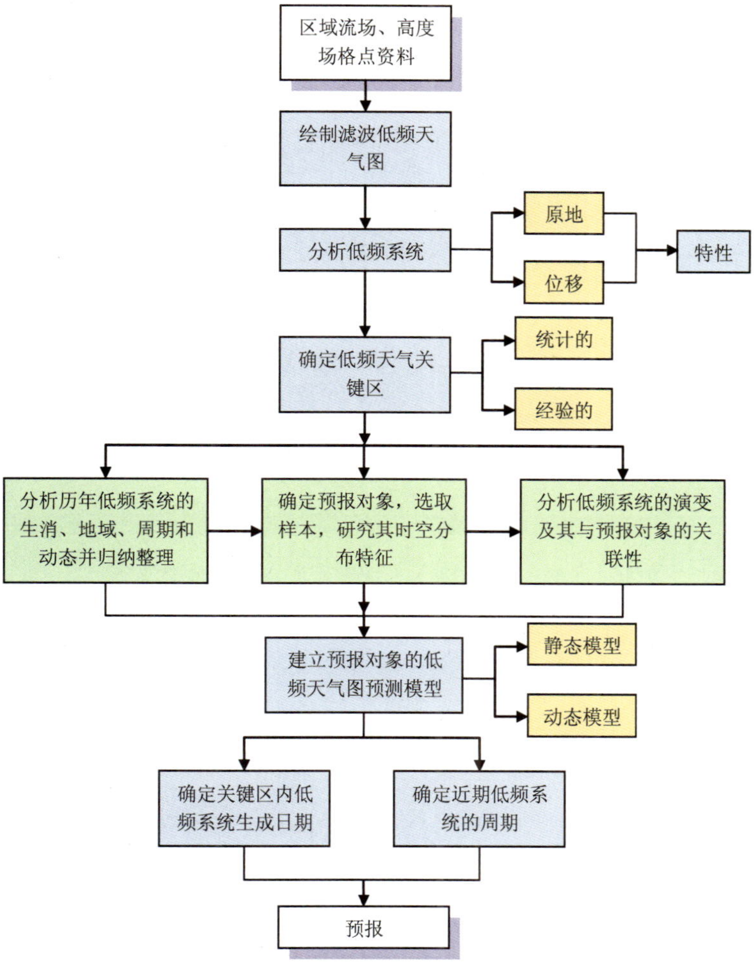

图 4.10　低频天气图业务预报流程

4.6　低频天气图预报方法操作系统（以延伸期干旱、沙尘暴过程低频预报方法系统为例介绍）

4.6.1　预报系统整体结构

延伸期干旱、沙尘暴过程低频方法预报系统采用 VB. Net 和 SharpGIS 技术作为前台的开发工具，共有低频天气图方法和关键区低频曲线两种预报方法，预报的主要内容分为干旱过程和沙尘暴过程预报两项。系统可在 Windows XP、Windows 2000 及以上版本的环境下安装运行，其通用性确保在不同省（市、自治区）的本地化推广应用。系统还需 NET framwrok 2.0 软件的支持，该软件可从互联网上下载安装。

目前该系统分为干旱过程低频预报方法和沙尘暴过程低频预报方法两个子系统（图 4.11）。点击干旱（沙尘暴）图标即进入干旱（沙尘暴）预报界面。各子系统的主界面（图 4.12）分别有系统设置、资料设置、低频天气图、关键区低频波、预报制作、历史数据、帮助文档和退出系统 8 个功能选择按钮，界面左下方为操作窗口，右下方为显示窗口，为了操作方便，界面的顶端设置了干旱、沙尘暴两个子系统的切换按钮。

图 4.11　启动界面

图 4.12　主界面显示

资料来源：引自国家基础地理信息中心下载（网址：http：//ngcc. sbsm. gov. cn ）。

4.6.2　子模块功能介绍

（1）系统设置

系统设置窗口的主要功能是完成各个关键区的区域设置及气旋和反气旋的周期设置，供后续预报使用。系统设置可通过点选图层控制中的复选框，显示或消除地图，也可更改地图的投影方式（麦卡托投影和兰伯特投影），以便能更清晰显示低频系统，视图美观。通过点击关键区管理中的条目，可高亮显示所选的关键区位置。通过点击“增加”，“编辑”按钮，将弹出关键区设置窗口，可根据影响不同区域的低频天气系统，设置不同关键区，修改关键区低频气旋、低频反气旋的周期，进行外推做预报，这样，确保了该系统在不同省（市、自治区）的本地化推广应用。图 4. 12 中所示为影响西北地区干旱（沙尘暴）过程的 9 个关键区。

（2）资料设置

资料设置窗口（图 4. 13）设置了 NCEP 资料的存放路径及网址输入，可实现本地链接和在线下载两种方式对资料的输入。系统在资料下载方面应用了续接方式，即系统可识别已下载完成的数据，从未下载的日期开始下载，达到节省时间的目的。该窗口还设置了 9210 工程资料的输入路径，以便对预报结果进行检验。对预报结果分为低频数据输出路径和预报结果输出路径归类，方便用户对预报结果的查询与检验。

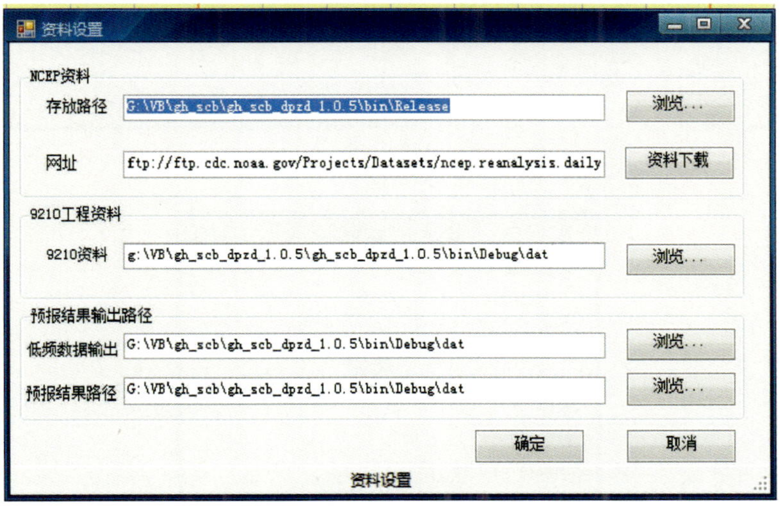

图 4. 13　资料设置窗口界面

（3）低频天气图

资料下载完毕后，点击“低频天气图”功能选择按钮，进入低频天气图分析界面。界面左侧是选择窗口，右侧是显示窗口。首先选择起止时间，点击“低频运算”按钮，系统将进行低频过滤运算，并将计算的日期列在左下方。点击相应的日期，右侧显示窗口即出现对应日期的低频天气图。系统设置了要素和层次选择，可根据需要分析不同层次的低频流场和低频高度场（图 4. 14）。

分析低频流场的低频系统时，通过鼠标右击进行添加气旋点和反气旋点（图 4. 15），编辑气压点属性，如新增、移动或振荡，气旋或反气旋。选定气压点属性后，将会自动给出相应气压点的经纬度、所在关键区等信息，以便对逐日低频系统进行统计分析。系统可实现天气图的放大、缩小、地图漫游、图片保存和显示经纬度等功能。此外，还实现了天气图的自动播放功能。

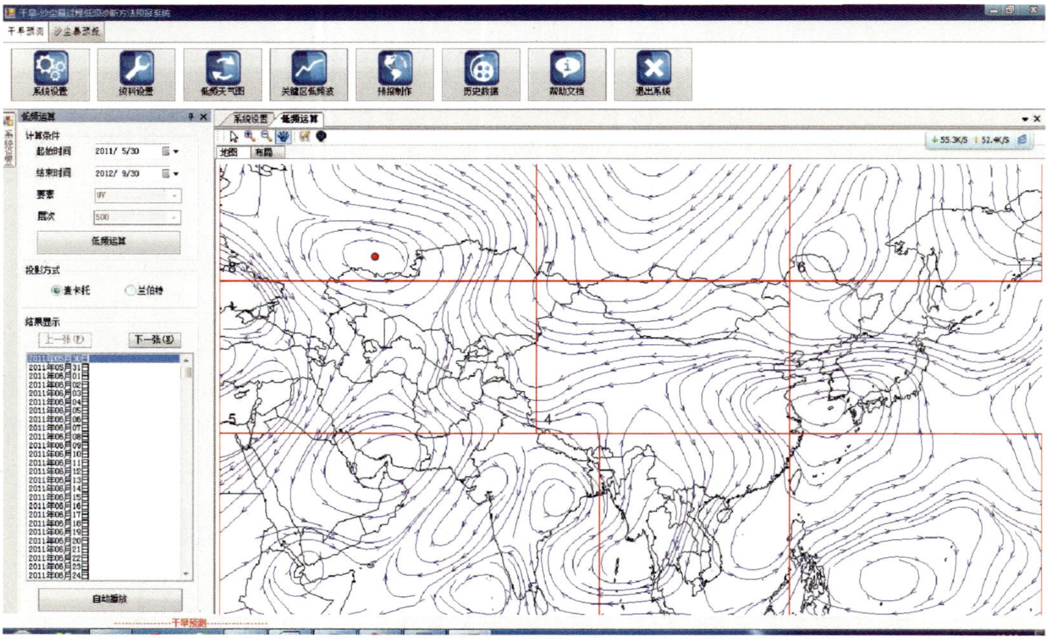

图 4.14 低频天气图分析界面

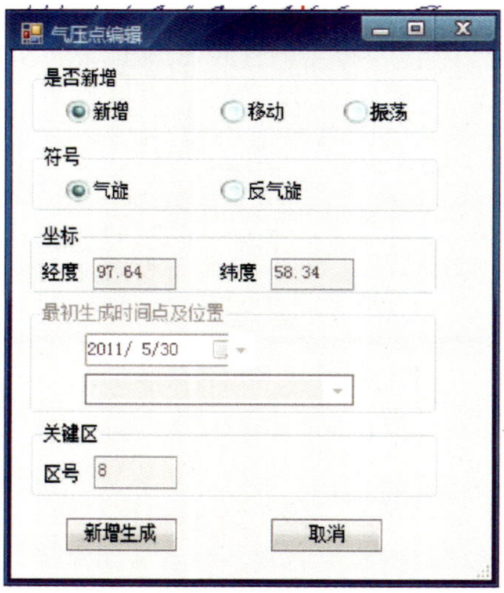

图 4.15 气旋点和反气旋点的编辑窗口

（4）关键区低频波

进入关键区低频波分析界面（图 4.16），选择低频波关键区、起止时间后，点击显示，则右侧绘制出相应关键区某段时间内的低频曲线图。通过分析低频曲线，右击鼠标手动给出低频波峰点（谷点）最后出现的时间，添加对应关键区低频波周期，即自动给出下一次峰点（谷点）出现的时间，可做出预报。

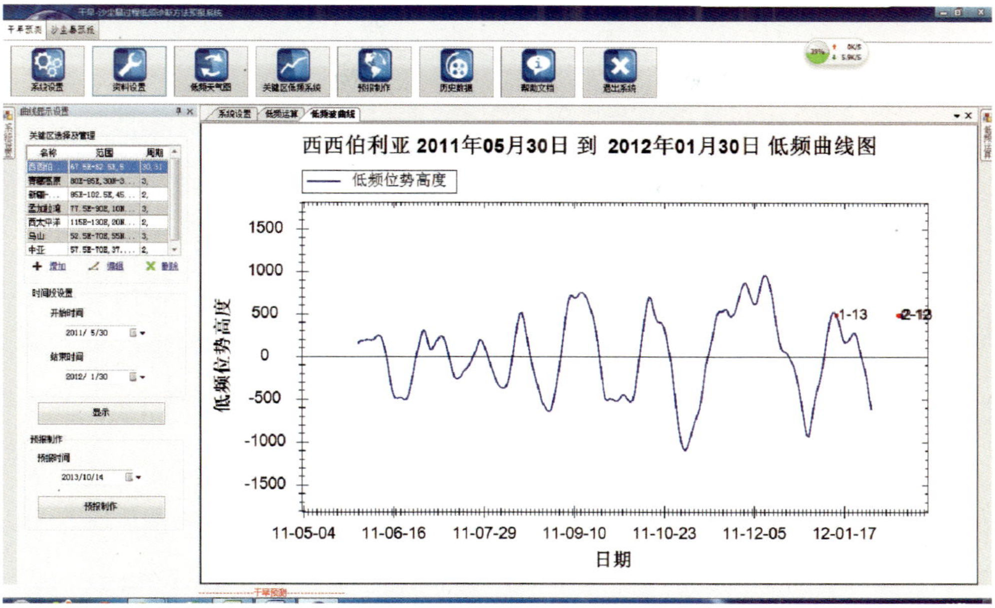

图 4.16　关键区低频波曲线分析界面

（5）预报制作

点击主界面上的“预报制作”按钮，进入预报制作界面。选择起止时间后 ，点击“低频系统统计情况”按钮，弹出各个关键区逐日低频系统的生成、移动和消失情况，便于追踪低频系统的演变特征及分析各关键区低频系统的配置情况（图 4.17）。

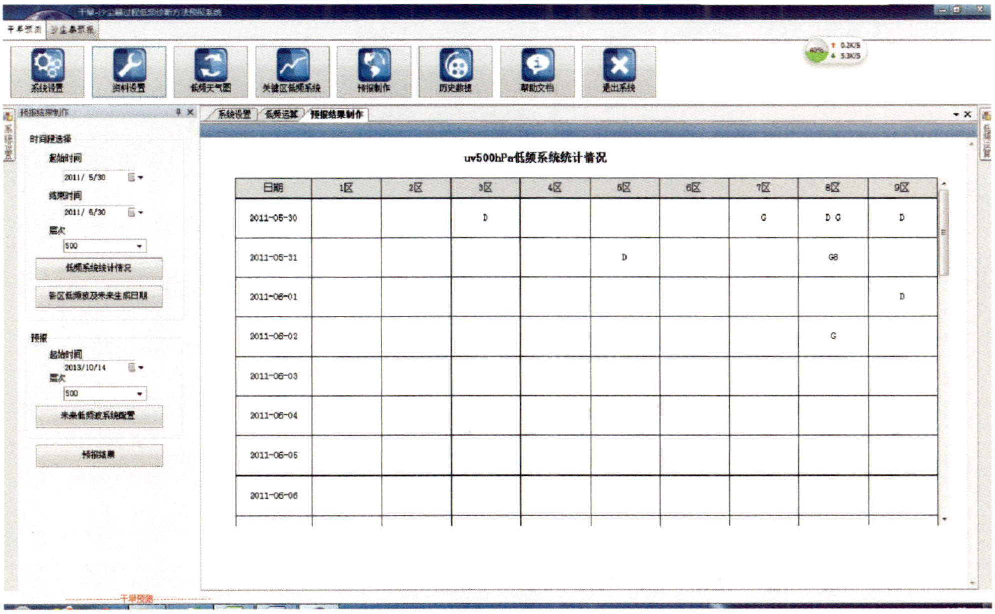

图 4.17　低频系统统计界面

选择预报时间，点击“各区低频系统及未来生成日期”按钮，则弹出各个关键区的生成日期及加上两个周期后的未来生成日期结果（图 4.18）。

图 4.18　各区低频系统及未来生成日期界面

选择预报时间，点击“未来低频系统配置”按钮，则给出未来30天内各个关键区可能出现气压点的日期（图4.19），通过分析各区未来30天内生成的低频系统的配置情况，做出预报。

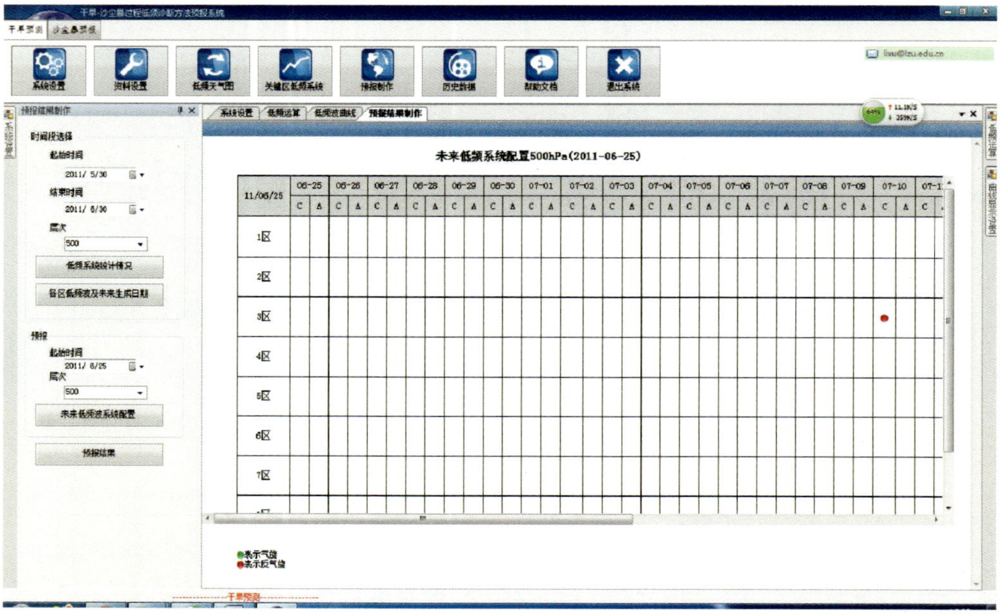

图 4.19　未来低频系统配置界面

点击“预报制作”按钮，则弹出如图4.20所示的预报制作界面，左侧是利用关键区低频曲线的预报结果，可以进行查询；右侧是集成的预报结果制作，可根据左侧的预报（关键区低频曲线）和天气系统的配置做出最终的预报，预报结果可导出。

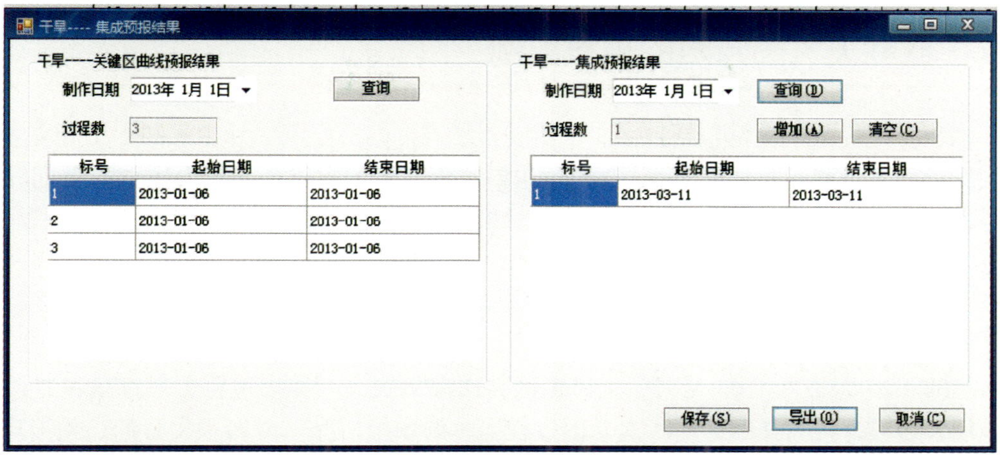

图 4.20 预报制作

(6) 历史数据

为检验预报结果，给出降水、沙尘暴等气象要素的历史资料库，根据起止时间进行入库和列表查看以及图表显示，并与预报结果进行对比。

(7) 帮助文档

点击“帮助文档”按钮，系统将给出帮助文档，详细介绍系统按钮的功能。

(8) 退出系统

安全退出系统。

(9) 预报业务流程

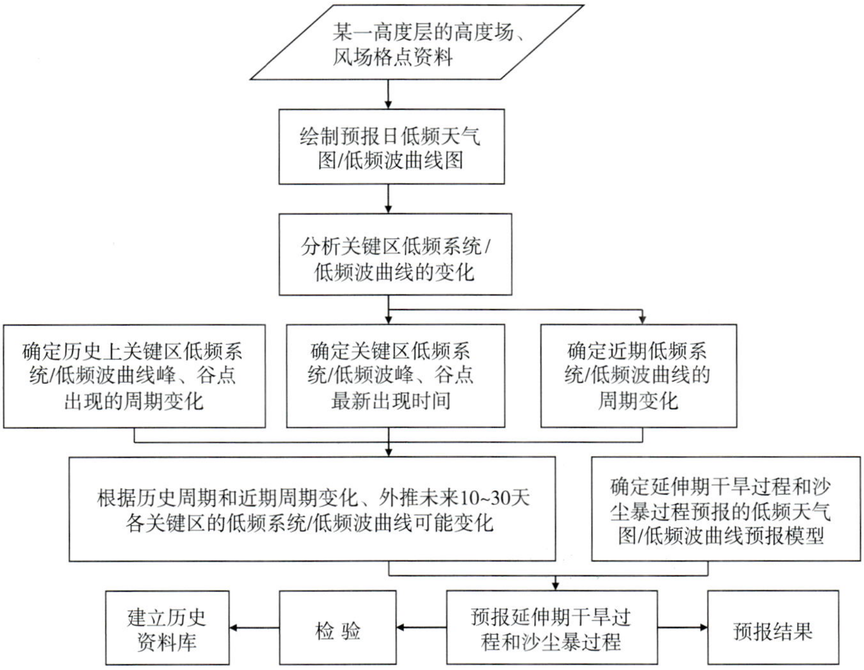

图 4.21 延伸期干旱—沙尘暴过程低频方法预报业务流程

资料来源：引自国家基础地理信息中心下载（网址：http：//ngcc. sbsm. gov. cn ）。

4.7 低频天气图方法的预报实例

本节介绍的预报实例包括暴雨、旱涝转折、高温、冷空气、沙尘暴和干旱等重大天气气候过程。这些预报实例都是2008—2012年全国有关省、市、自治区业务部门在值班预报中的实际预报结果，不是使用已经过去的历史资料和已经出现的天气气候过程，分析检验其预报结果如何。

4.7.1 暴雨预报

2008—2012年每年6—9月，上海地区共出现9次大-暴雨过程，局部地区日降水量≥100mm，为特大暴雨，这9次暴雨过程当时的预报情况（发布预报日期、预报降水过程发生时段、降水实况和预报时效）列于表4.6。

表4.6 上海地区2008—2012年每年6—9月暴雨过程统计表 单位：mm

序号	起报日期	预报降水过程发生时段	降水实况	预报时效
1	2008.5.9	6月上旬后期—中旬初	6.7—6.11中-大雨，局部地区暴雨；6.10最大日降雨量114.8mm	30天
2	2008.6.11	6月下旬中、后期	6.27—6.28大-暴雨；6.27最大日降雨量128.4mm	16天
3	2008.8.3	8月下旬中、后期	8.24—8.26大到暴雨；8.25最大日降雨量164.5mm	21天
4	2009.6.15	7月中旬末—下旬初	7.22—7.24中-大雨，局部地区暴雨；7.22最大日降雨量122.9mm	37天
5	2009.7.6	7月下旬末—8月上旬前期	7.28—8.2暴雨；8.2最大日降雨量172.9mm	22天
6	2009.7.6	8月上旬后期—中旬前期	8.10—8.12大-暴雨；8.10最大日降雨量106.4mm	35天
7	2010.7.25	8月下旬后期—9月初	8.27中到大雨；8.30—9.1大到暴雨；9.1最大日降雨量125.8mm	33天
8	2011.6.3	6月中旬后期—下旬初	6.17—6.19大-暴雨；6.18最大日降雨量126.3mm	15天
9	2012.7.6	8月上旬中、后期	8.8—8.9暴雨；8.8最大日降雨量206.9mm	33天

序号1：强降水过程（表4.6）。2008年6月7—11日，上海地区出现了中-大雨，局部地区暴雨过程，6月10日最大日降雨量114.8mm。最大降水日700hPa低频流场图和未滤波流场图，如图4.22所示。

在低频流场图（图4.22a）上，位于副热带的上海地区，其北面是低频反气旋，低频反气旋前部有低频偏北气流向南流向副热带地区；其南面也是低频反气旋，反气旋后部有低频偏南气流向北流向副热带地区。于是，北方南下的低频偏北气流与南方北上的低频偏南气流汇合于该地区形成低频辐合区而引起降水。

图 4.22b 未滤波流场图上，其环流形势及其环流系统分布与图 4.22a 基本相似。副热带地区以北、以南都是反气旋，分别有偏北气流南下和偏南气流北上，在上海所在的副热带地区汇合形成辐合区，从而引起该地区产生降水。

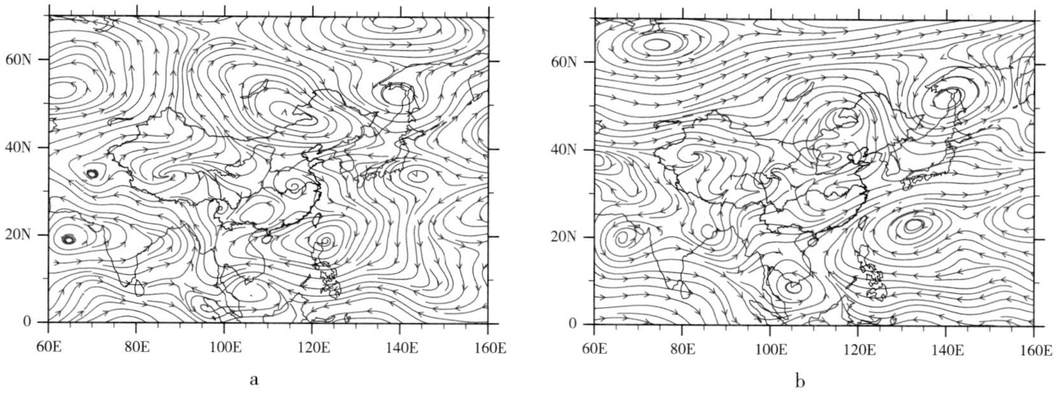

图 4.22　2008 年 6 月 10 日 700hPa 低频流场图 a 与未滤波流场图 b

资料来源：引自国家基础地理信息中心下载（网址：http：//ngcc.sbsm.gov.cn）。

2008 年 5 月 9 日，业务值班发布了 6 月上旬后期到中旬初有强降水过程的预报，降水实况出现在 6 月 7—11 日，从发出预报的当天到降水实况出现的当天，间隔 30 天，即提前 30 天预报出了这次强降水过程。

是使用低频天气图预报方法对这次强降水过程进行预报的。通过预报强降水发生当日的低频环流系统的出现，特别是各系统的分布和组合来预报强降水过程。

5 月 9 日发布预报以前的每日低频天气图的分析统计中，5 月 1 日印度—孟加拉湾地区出现了低频气旋，外推 40 天，则 6 月 10 日又将有低频气旋出现；5 月 1 日西伯利亚地区出现了低频反气旋，外推 40 天，则 6 月 10 日将有低频反气旋出现；5 月 8 日蒙古人民共和国—河套地区出现了低频气旋，外推 30 天，则 6 月 7 日，将有低频气旋出现，5 月 9 日西太平洋地区出现了低频反气旋，外推 30 天，则 6 月 8 日将有低频反气旋出现。

上述的 4 个地区在 6 月 7—10 日出现的低频系统的位置和分布，正好与“静态预测模型”（图 4.4）和“动态预测模型”A 型（图 4.6a）相符，故预报 6 月上旬后期到中旬初将有强降水过程发生。

关于外推周期的确定，详见本书第 3 章 3.2.2 节表 3.1，主要是选取历年同期低频系统振荡的优势周期和当年前期低频系统的优势周期来确定预报外推的周期，如 40 天、30 天等。以下预报实例的周期天数的确定，均按此进行，不再在每一个预报实例中重述。

序号 2：强降水过程（表 4.6）。2008 年 6 月 27—28 日上海地区出现了大 - 暴雨过程，6 月 27 日最大日降雨量 128.4mm。最大降水日 700hPa 低频流场图和未滤波流场图如图 4.23 所示。

图 4.23a 上，位于副热带的上海地区，其北面是低频气旋；其南面也是低频气旋。相应同时未滤波流场图（图 4.23b）上，与图 4.23a 略有差别，虽然上海地区以北低频气旋对应的未滤波气旋，但以南低频气旋位置偏南，未滤波气旋位于上海及其附近地区，引起强降水过程。

2008 年 6 月 11 日，业务值班发布了 6 月下旬中、后期有强降水过程的预报，降水实况出现在 6 月 27—28 日，从发出预报的当天到降水实况出现的当天，间隔 16 天，即提前 16 天预报出了这次强降水过程。

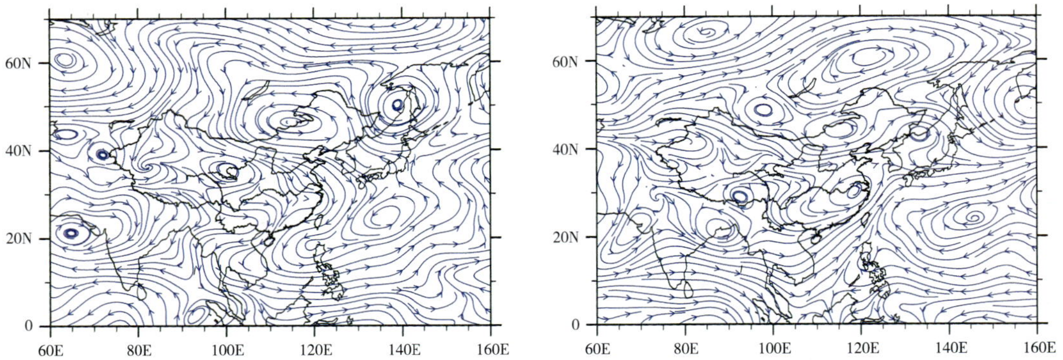

a　　　　b

图 4.23　2008 年 6 月 27 日 700hPa 低频流场图 a 与未滤波流场图 b

资料来源：引自国家基础地理信息中心下载（网址：http：//ngcc. sbsm. gov. cn ）。

仍然是使用低频天气图预报方法来进行预报的。同样是通过预报强降水发生当日的低频环流系统的出现，特别是系统的分布和组合来预报强降水过程。

6 月 11 日发布预报以前的每日低频天气图的分析统计中，5 月 16 日西伯利亚地区出现了低频反气旋，外推 40 天，则 6 月 25 日将有低频反气旋出现；6 月 8 日西太平洋地区出现了低频气旋，外推 20 天，则 6 月 28 日将有低频气旋出现；6 月 8 日印度—孟加拉湾地区出现了低频气旋，外推 20 天，则 6 月 28 日将有低频气旋出现；6 月 11 日中亚—新疆地区出现了低频气旋，外推 20 天，则 6 月 31 日将有低频气旋出现。

上述的 4 个地区在 6 月 25—31 日出现的低频系统的位置和分布，与“动态预测模型 C 型”（图 4. 7）相符，故预报 6 月下旬中、后期将有强降水过程发生。

序号 3：强降水过程（表 4. 6）。2008 年 8 月 24—26 日，上海地区出现了大－暴雨过程，8 月 25 日最大日降雨量 164. 5mm。最大降水日 700hPa 低频流场图和未滤波流场图如图 4. 24 所示。

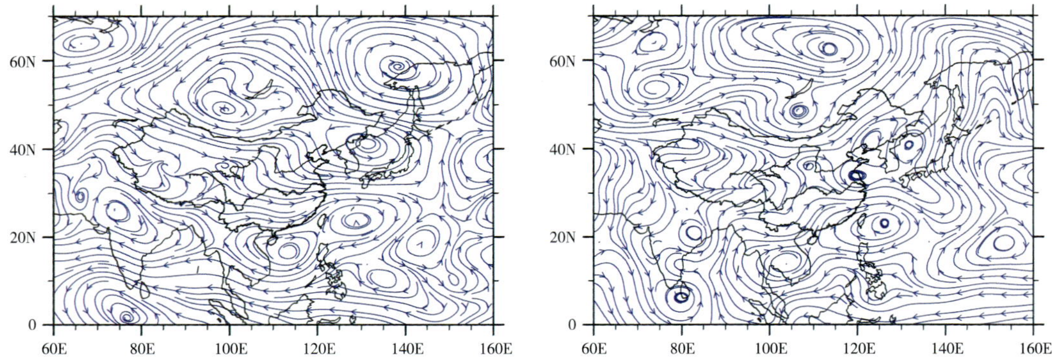

a　　　　b

图 4. 24　2008 年 8 月 25 日 700hPa 低频流场图 a 与未滤波流场图 b

资料来源：引自国家基础地理信息中心下载（网址：http：//ngcc. sbsm. gov. cn ）。

从图 4. 24a 可以看出，位于（30°N，120°E）附近的上海及其邻近地区，其北面是低频气旋，低频气旋后部有低频偏北气流向南流向副热带地区；其南面是低频反气旋，低频反气旋后部有偏南低频气流向北流向副热带地区。北方南下的低频偏北气流与南方北上的低频气流汇合于上海及其邻近地区形成低频辐合区而引起降水。

在与图 4. 24a 同日的未滤波流场图（图 4. 24b）上，其环流形势及其环流系统的位置和分布与图 4. 24a 的低频流场基本相似。上海及其邻近地区，北有气旋后部的偏北气流南下；南有反气旋后部引导的偏南气流北上，北、南气流在该地区汇合形成辐合区，从而引起该地区发生强降水过程。

2008 年 8 月 3 日，业务值班发布了 6 月下旬中、后期出现强降水过程的预报，降水实况出现在 8 月 24—26 日，从发出预报当天到降水实况出现当天，间隔 21 天，即提前 21 天预报出了这次强降水过程。

还是使用低频天气图方法预报出这次强降水过程的。先预报强降水过程发生日的低频环流系统的出现，特别是各低频系统的分布和组合来预报强降水过程。

分析统计 8 月 3 日以前的每日低频天气图，得到 7 月 15 日朝鲜半岛—日本附近出现了低频气旋，外推 40 天，则 8 月 24 日将有低频气旋出现，相应的低频东北气流流向上海及其邻近地区；7 月 18 日中亚—新疆地区出现了低频气旋，外推 40 天，则 8 月 27 日将有低频气旋出现，其后部的低频偏北气流将会向南流动；7 月 31 日印度—孟加拉湾地区出现了低频气旋，外推 30 天，则 8 月 30 日将有低频气旋出现，其前部的低频偏南气流将向北流动；8 月 3 日西太平洋地区出现了低频反气旋，外推 20 天，则 8 月 23 日将有低频气旋出现，其后部的低频偏南气流将向北流动。

上述 4 个地区在 8 月 23—30 日出现的低频系统的位置和分布，正好与“静态预测模型”（图 4. 4）和“动态预测模型 B 型”（图 4. 6b）相符，故预报 8 月下旬中、后期将有强降水过程发生。

序号 4：强降水过程（表 4. 6）。2009 年 7 月 22—24 日，上海地区出现了中 - 大雨、局部地区暴雨过程，7 月 22 日最大日降雨量 122. 9mm。最大降水日 700hPa 低频流场图和未滤波流场图（图 4. 25）。

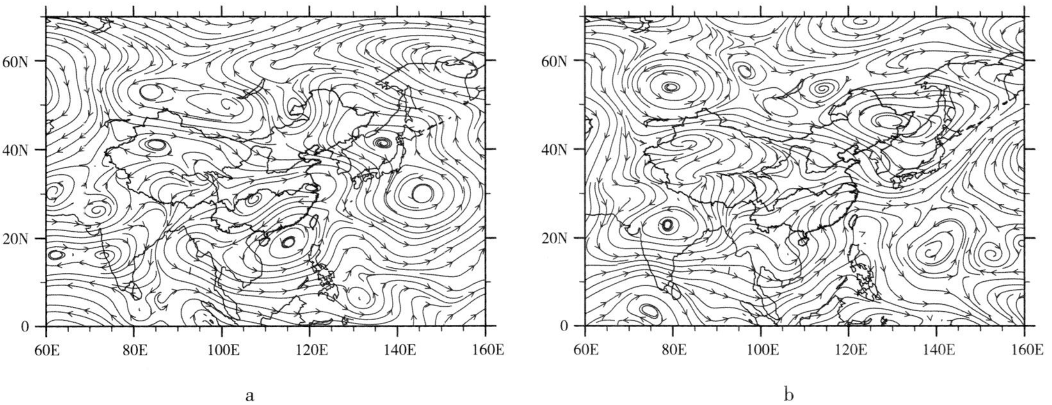

图 4. 25　2009 年 7 月 22 日 700hPa 低频流场图 a 与未滤波流场图 b

资料来源：引自国家基础地理信息中心下载（网址：http：//ngcc. sbsm. gov. cn ）。

在图 4. 25a 上，上海地区（位于副热带）以北是低频气旋，其底部的低频偏西气流流向副热带地区；以南也是低频气旋，其前部的低频偏南气流流向副热带地区。北方南下的低频偏北气流和南方北上的低频偏南气流在副热带地区汇合形成辐合区而引发降水。

与图 4. 25a 同日的未滤波流场图（图 4. 25b）上，其环流形势及其环流系统的位置和分布与图 4. 25a 的低频流场基本相似。副热带地区北有气旋后部的偏北气流南下；南有气旋前部的偏南气流北上，北南气流汇合于副热带地区引发强降水过程。

2009 年 6 月 15 日，业务值班发布了 7 月中旬末—下旬初出现强降水过程的预报，降水实况出现在 7 月 22—24 日，从发出预报当天到降水实况出现当天，间隔 37 天，即提前 37 天预报出了这次强降水过程。

依然是使用低频天气图方法预报出这次强降水天气过程的，是通过预报强降水过程发生日的低频环流系统的出现，尤其是各低频系统的分布和配置来预报强降水过程。

在分析每日低频天气图并统计各地区低频系统生、消演变过程中，发现到 6 月 15 日为止的各低频系统周期外推后将出现的各低频系统，符合预测模型。即：6 月 9 日西太平洋地区出现低频反气旋，外推 40 天，则 7 月 19 日将有低频反气旋出现，相应的低频偏南气流流向上海及其邻近地区；6 月 11 日印度—孟加拉湾地区出现低频反气旋，外推 40 天，则 7 月 21 日将有低频反气旋出现，其后部的偏南气流向东北方流向副热带地区；6 月 12 日我国华南—中南半岛出现低频反气旋，外推 40 天，则 7 月 22 日将有低频反气旋出现，这有利于配合印度—孟加拉湾地区流向东北的偏南气流流向副热带地区；6 月 14 日西伯利亚—贝加尔湖地区出现低频反气旋，外推 40 天，则 7 月 24 日将有低频反气旋出现，相应的其前部低频偏北气流流向副热带地区。

上述 4 个地区在 7 月 19—24 日出现的低频系统的位置和分布及其相应的低频偏北、偏南气流在副热带形成的辐合区，正好与“静态预测模型”（图 4. 4）和“动态预测模型 C 型”（图 4. 7）相符，故预报 7 月中旬末—下旬初将有强降水过程出现。

序号 5：强降水过程（表 4. 6）。2009 年 7 月 28 日—8 月 2 日，上海地区出现了暴雨过程，8 月 2 日最大日降雨量 172. 9mm。最大降水日 700hPa 低频流场图和未滤波流场图如图 4. 26 所示。

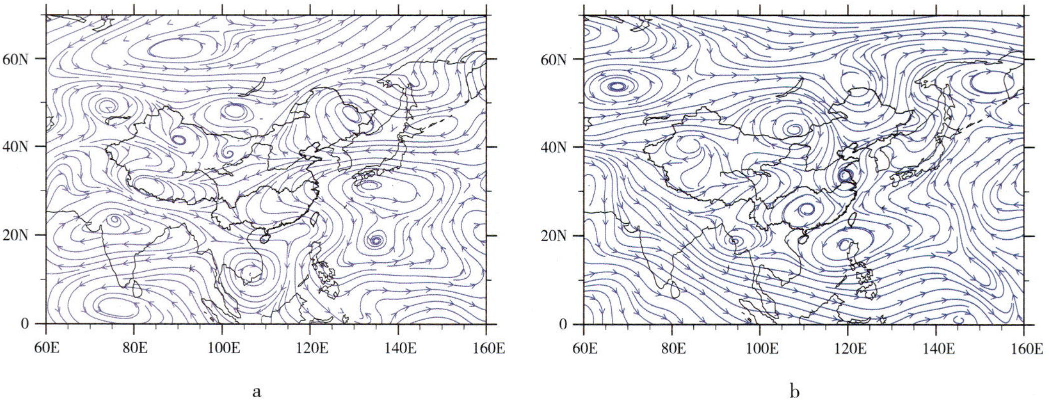

图 4. 26　2009 年 8 月 2 日 700hPa 低频流场图 a 与未滤波流场图 b

资料来源：引自国家基础地理信息中心下载（网址：http：//ngcc. sbsm. gov. cn ）。

从图 4.26a 可以看出，上海地区（位于副热带）以北是低频反气旋，其前部的低频偏东北气流流向副热带地区，以南是低频气旋，低频气旋环流控制副热带地区，引发降水。

与图 4.26a 同日的未滤波流场图（图 4.26b）上，其环流形势及其环流系统的位置和分布与图 4.26a 的低频流场基本相似。副热带地区北有反气旋前部的偏北气流南下；副热带地区受气旋控制，引发强降水过程。

2009 年 7 月 6 日，业务值班发布了 7 月下旬末—8 月上旬前期出现强降水过程的预报，降水实况出现在 7 月 28—8 月 2 日，从发出预报当天到降水出现当天，间隔 22 天，即提前 22 天预报出了这次强降水过程。

仍然是使用低频天气图方法预报出这次强降水天气过程的。通过预报强降水过程发生日的低频环流系统的出现，尤其是各低频系统的分布和配置来预报强降水过程。

分析每日低频天气图并统计各地区低频系统生、消演变过程，发现 7 月 6 日以前各低频系统周期外推后将出现的各低频系统，符合预测模型。即 6 月 17 日西伯利亚—贝加尔湖地区出现低频气旋，外推 40 天，则 7 月 27 日将有低频气旋出现，相应的低频偏北气流流向上海及其邻近地区；6 月 23 日朝鲜半岛—日本附近出现低频反气旋，外推 40 天，则 8 月 2 日将有低频反气旋出现，将会加强上海及其邻近地区的低频偏南气流；7 月 1 日河套及其附近地区出现低频反气旋，外推 30 天，则 7 月 31 日将会出现低频反气旋，加强中、高纬地区低频偏西北气流；7 月 4 日印度—孟加拉湾地区出现低频气旋，外推 30 天，则 8 月 3 日将出现低频气旋，有利于低频偏南气流北上；7 月 6 日西太平洋出现低频气旋，外推 20 天，则 7 月 26 日将有低频气旋出现，控制上海及其邻近地区。

上述 5 个地区在 7 月 26 日—8 月 3 日出现的低频系统的位置和分布及其相应的低频偏北、偏南气流在副热带形成的辐合区，正好与“静态预测模型”（图 4.4）和“动态预测模型 C 型”（图 4.7）相符，故预报 7 月中旬末—下旬初将有强降水过程出现。

序号 6：强降水过程（表 4.6）。2009 年 8 月 10—12 日，上海地区出现了大 - 暴雨过程，8 月 10 日最大日降雨量 106.4mm。最大降水日 700hPa 低频流场图和未滤波流场图如图 4.27 所示。

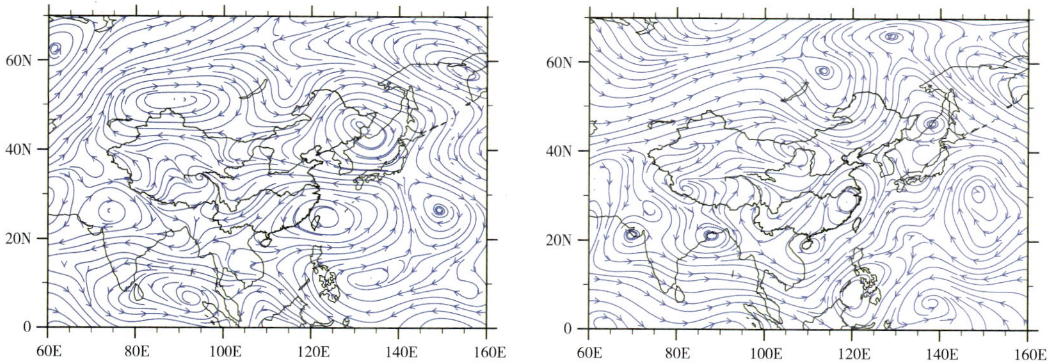

a　　b

图 4.27　2009 年 8 月 10 日 700hPa 低频流场图 a 与未滤波流场图 b

资料来源：引自国家基础地理信息中心下载（网址：http：//ngcc. sbsm. gov. cn ）。

在图4.27a上，上海地区（位于副热带），以北是低频反气旋，有利于低频偏北气流流向副热带地区；以南是低频气旋，其前部的低频偏南气流流向副热带地区。北方南下的低频偏北气流和南方北上的低频偏南气流在副热带地区汇合形成辐合区而引发降水。

与图4.27a同日的未滤波流场图（图4.27b）上，其环流形势及其环流系统的位置和分布与图4.27b的低频流场基本相似。副热带地区北有反气旋前部的偏北气流南下；南有气旋前部的偏南气流北上，北、南气流汇合于副热带地区引发强降水过程。

2009年7月6日，业务值班发布了8月上旬后期—中旬前期出现强降水过程的预报，降水实况出现在8月10—12日，从发出预报当天到降水实况出现当天，间隔35天，即提前35天预报出了这次强降水过程。

还是使用低频天气图方法预报出这次强降水天气过程的。通过预报强降水过程发生日的低频环流系统的出现，尤其是各低频系统的分布和配置来预报强降水过程。

分析7月6日前每日低频天气图并统计各地区低频系统生、消演变过程中，发现到7月6日为止的各低频系统周期外推后将出现的各低频系统符合预测模型。即7月1日中亚—新疆地区出现低频气旋，外推40天，则8月10日将有低频气旋出现，相应的低频偏北气流流向上海及其邻近地区；7月4日印度—孟加拉湾地区出现低频气旋，外推40天，则8月13日将有低频气旋出现，有利于低频偏南气流北上；7月5日西伯利亚—贝加尔湖出现低频气旋，外推30天，则8月4日将有低频气旋出现，这有利于低频偏北气流流向副热带地区；7月6日西太平洋地区出现低频气旋，外推30天，则8月6日将会出现低频气旋，相应的其前部低频偏南气流流向副热带地区。

上述4个地区在8月4—13日出现的低频系统的位置和分布及其相应的低频偏北、偏南气流在副热带形成的辐合区，正好与“静态预测模型”（图4.4）和“动态预测模型C型”（图4.7）相符，故预报8与上旬后期—中旬前期将有强降水过程出现。

序号7：强降水过程（表4.6）。2010年8月27日和8月30日—9月1日上海地区出现了中-大雨和大暴雨过程，9月1日最大日降雨量125.8mm。最大降水日700hPa低频流场图和未滤波流场图如图4.28所示。

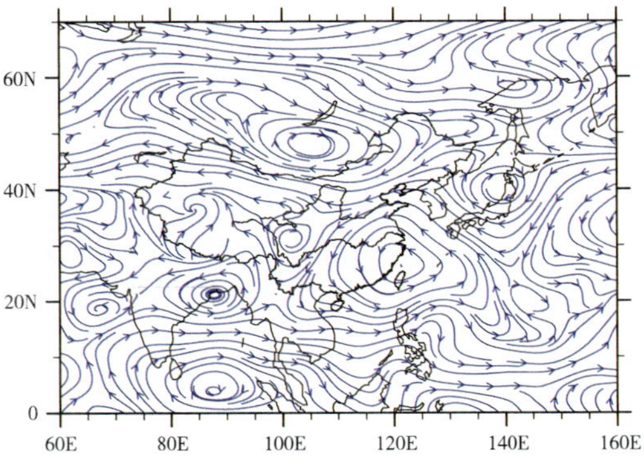

a

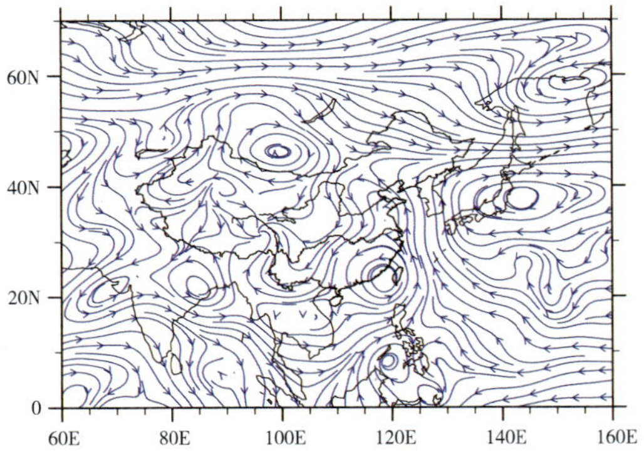

b

图4.28 2010年9月1日700hPa低频流场图a与未滤波流程图b

资料来源：引自国家基础地理信息中心下载（网址：http：//ngcc. sbsm. gov. cn ）。

在图4.28a上，上海地区（位于副热带），以北是低频反气旋，其前部的低频偏北气流流向副热带地区；以南是低频气旋，其前部的低频偏南气流流向副热带地区。北方南下的低频偏北气流和南方北上的低频偏南气流在副热带地区汇合形成辐合区而引发降水。

与图 4.28a 同日的未滤波流场图（图 4.28b）上，其环流形势及其环流系统的位置分布与图 4.28a 的低频流场基本相似。副热带地区北有反气旋前部的偏北气流南下；南有气旋前部的偏南气流北上，北、南气流汇合于副热带地区引发强降水过程。

2009 年 7 月 25 日，业务值班发布了 8 月下旬后期—9 月初出现强降水过程的预报，降水实况出现在 8 月 27 日和 8 月 30 日—9 月 1 日，从发出预报当天到降水实况出现当天，间隔 33 天，即提前 33 天预报出了这次强降水过程。

依然是使用低频天气图方法预报出这次强降水天气过程的。预报强降水过程发生日的低频环流系统的出现，尤其是各低频系统的分布和配置来预报强降水过程。

在分析每日低频天气图并统计各地区低频系统生、消演变过程中，发现到 7 月 25 日为止的各低频系统周期外推后将出现的各低频系统，符合预测模型。即，7 月 17 日印度—孟加拉湾出现低频气旋，外推 40 天，则 8 月 16 日将有低频气旋出现，相应的低频偏南气流流向上海及其邻近地区；7 月 20 日朝鲜半岛—日本附近出现低频反气旋，外推 40 天，则 8 月 29 日将有低频反气旋出现，加强副热带地区的低频偏南气流。7 月 20 日西伯利亚—贝加尔湖地区出现低频气旋，外推 40 天，则 8 月 29 日将有低频气旋出现，有利于偏北气流流向副热带地区；7 月 23 日河套及其附近地区出现低频气旋，外推 40 天，则 9 月 1 日将有低频气旋出现，其后部低频偏北气流流向副热带地区；7 月 25 日西太平洋地区出现低频气旋，外推 40 天，则 9 月 3 日将有低频气旋出现，低频气旋环流控制上海。

上述 5 个地区在 8 月 26 日—9 月 3 日出现的低频系统的位置和分布及其相应的低频偏北、偏南气流在副热带形成的辐合区，正好与“静态预测模型”（图 4.4）和“动态预测模型 C 型”（图 4.7）相符，故预报 8 月下旬后期—9 月初将有强降水过程出现。

序号 8：强降水过程（表 4.6）。2011 年 6 月 17—19 日，上海地区出现了大雨 - 暴雨过程，6 月 18 日最大日降雨量 126.3mm。最大降水日 700hPa 低频流场图和未滤波流场图如图 4.29 所示。

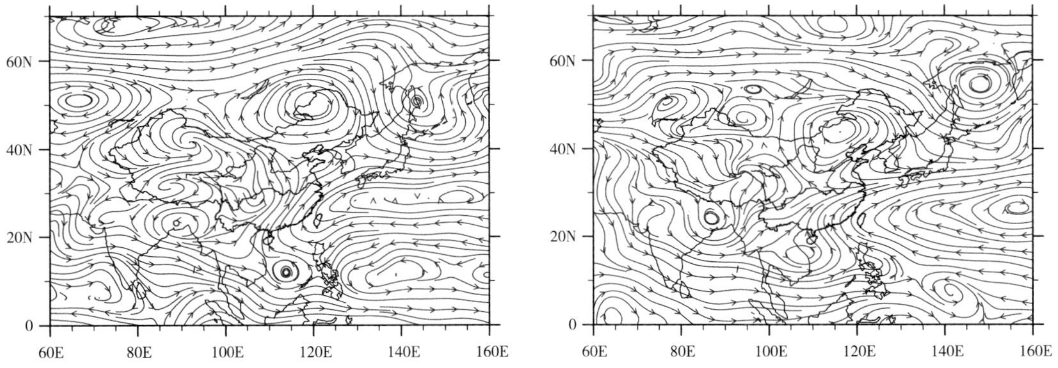

a　　　　　　b

图 4.29　2011 年 6 月 18 日 700hPa 低频流场图 a 与未滤波流场图 b

资料来源：引自国家基础地理信息中心下载（网址：http：//ngcc. sbsm. gov. cn ）。

从图 4.29a 看出，上海地区（位于副热带），以北是低频反气旋，其前部的低频偏北气流流向副热带地区；以南也是低频反气旋，其后部的低频偏南气流流向副热带地区。北方南下的低频偏北气流和南方北上的低频偏南气流在副热带地区汇合形成辐合区而引发降水。

与图 4. 29a 同日的未滤波流场图（图 4. 29b）上，其环流形势及其环流系统的位置和分布与图 4. 29a 的低频流场基本相似。副热带地区北有反气旋前部的偏北气流南下；南有反气旋后部的偏南气流北上，北、南气流汇合于副热带地区引发强降水过程。

2011 年 6 月 3 日，业务值班发布了 6 月中旬后期—下旬初出现强降水过程的预报，降水实况出现在 6 月 17—19 日，从发出预报当天到降水实况出现当天，间隔 15 天，即提前 15 天预报出了这次强降水过程。

依然是使用低频天气图方法预报出这次强降水天气过程的。通过预报强降水过程发生日的低频环流系统的出现，尤其是各低频系统的分布和配置来预报强降水过程。

在分析每日低频天气图并统计各地区低频系统生、消演变过程中，发现到 6 月 3 日为止的各地区低频系统周期外推后将出现的各低频系统，符合预测模型。即 5 月 17 日西伯利亚—贝加尔湖地区出现低频气旋，外推 30 天，则 6 月 16 日将有低频气旋出现，相应的低频偏北气流流向上海及其邻近地区；5 月 20 日河套及其附近地区出现低频气旋，外推 30 天，则 6 月 19 日将有低频气旋出现，加强了低频偏北气流流向副热带地区。6 月 3 日印度—孟加拉湾地区出现低频气旋，外推 20 天，则 6 月 23 日将有低频气旋出现，偏南气流流向副热带地区；6 月 3 日西太平洋地区出现低频反气旋，外推 20 天，则 6 月 23 日将会出现低频反气旋，相应的其后部低频偏南气流流向副热带地区。

上述 4 个地区在 6 月 16—23 日出现的低频系统的位置和分布及其相应的低频偏北、偏南气流在副热带形成的辐合区，正好与“静态预测模型”（图 4. 4）和“动态预测模型 B 型”（图 4. 6b）相符，故预报 6 月中旬后期—下旬初将有强降水过程出现。

序号 9：强降水过程（表 4. 6）。2012 年 8 月 8—9 日上海地区出现了大 - 暴雨过程，8 月 8 日最大日降雨量 206. 9mm。最大降水日 700hPa 低频流场图和未滤波流场图如图 4. 30 所示。

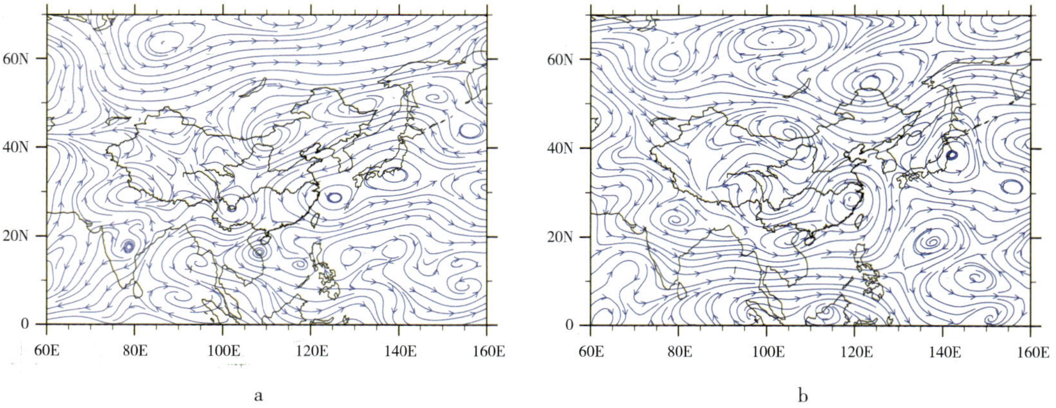

图 4. 30 2012 年 8 月 8 日 700hPa 低频流场图 a 和未滤波流场图 b

资料来源：引自国家基础地理信息中心下载（网址：http：//ngcc. sbsm. gov. cn ）。

图 4. 30a 显示出，位于副热带的上海地区，其北方是低频反气旋，其前部的低频偏东北气流流向副热带地区；其南方为低频气旋，上海及其邻近地受低频气旋环流控制而引起降水。

与图 4. 30a 同日的未滤波流场图（图 4. 30b）上，其环流形势和环流系统的位置和分布与图 4.30a 的低频流场基本相似。副热带地区以北是反气旋；上海及其邻近地区为气旋控制而引发强降水过程。

2012 年 7 月 6 日业务值班发布了 8 月上旬中、后期出现强降水过程的预报，降水实况出现在 8 月 8—9 日，从发出预报当天到降水实况出现当天，间隔 33 天，即提前 33 天预报出了这次强降水过程。

下面叙述如何使用低频天气图方法预报出这次强降水过程的？还是通过预报强降水过程发生日的低频环流系统的出现，特别是低频系统的分布和组合来预报强降水过程的发生。

从分析 7 月 6 日以前的每日低频天气图并统计各地区低频系统生、消演变过程中，得到 7 月 6 日为止的各地区低频系统周期外推后将出现的各地区低频系统的位置和组合，符合预测模型。即 6 月 28 日河套及其附近地区出现低频气旋，外推 40 天，则 8 月 7 日将有低频气旋出现，相应的会有低频偏北气流南下；6 月 29 日印度—孟加拉湾地区出现低频反气旋，外推 40 天，则 8 月 8 日将会出现低频反气旋，低频反气旋的出现，有利于上海及其邻近地区低频偏南气流的维持；7 月 4 日西太平洋地区出现低频气旋，外推 30 天，则 8 月 4 日将有低频气旋出现，并控制上海及其邻近地区；7 月 5 日西伯利亚—贝加尔湖地区出现低频气旋，外推 30 天，则 8 月 5 日将有低频气旋出现，其后部的低频偏北气流加强了河套地区的低频偏北气流。

上述 4 个地区在 8 月 4—8 日出现的低频系统的位置和组合及其相应的低频偏北、偏南气流在上海及其邻近地区形成的辐合区，正好与“静态预测模型”（图 4.4）和“动态预测模型 C 型（图 4.7）相符，故预报 8 月上旬中、后期将有强降水过程发生。

4.7.2　高温预报

上海地区高温过程的标准是：11 个观测站中，至少 1 个站日最高气温≥35.0℃连续 3 天以上。因为高温天气过程的发生是由于特定的大气环流系统控制下所致，所以高温天气过程不是局部地区现象，当 1 个站出现 35.0℃高温日且持续 3 天以上时，整个上海地区乃至与其相邻的长江下游地区都会出现高温天气过程[6]。

2009 年 7 月 12—21 日，上海地区为一次高温天气过程，≥35.0℃的高温日连续 10 天，其中≥37.0℃的高温日连续 3 天，≥38.0℃的高温日连续 2 天。在此期间，7 月 19 日徐家汇、浦东两站日最高气温达到 40.0℃。

从 2009 年 7 月 19 日 700hPa 等压面低频流场图（图 4.31a）可以看出，高温天气过程的形成，主要是西太平洋低频反气旋西部控制上海地区所致。由于西太平洋低频反气旋中心位于上海以东沿海海面，低频东南气流只在华南及其沿海停留，低频西南气流经过华西直达华北地区。而且在 40°N 及以北地区为低频气旋，其底部为偏西平直气流。于是上海地区以南的低频偏南气流不经过上海地区；以北停留的低频偏西平直气流又使得低频偏北气流不能南下，上海地区在低频反气旋控制下，形成连续 10 天的高温天气过程。

图 4.31b 与图 4.31a 是同日的 700hPa 等压面未滤波流场图，其环流形势与图 4.31a 基本相似，西太平洋反气旋中心位于上海以东沿海海面，其西部控制上海地区，以南的偏南气流直达华北，以北（40°N 附近）为平直偏西气流控制，无偏北气流南下，南北气流汇合位置偏北，故上海地区难以形成降水，故高温、少雨天气维持。

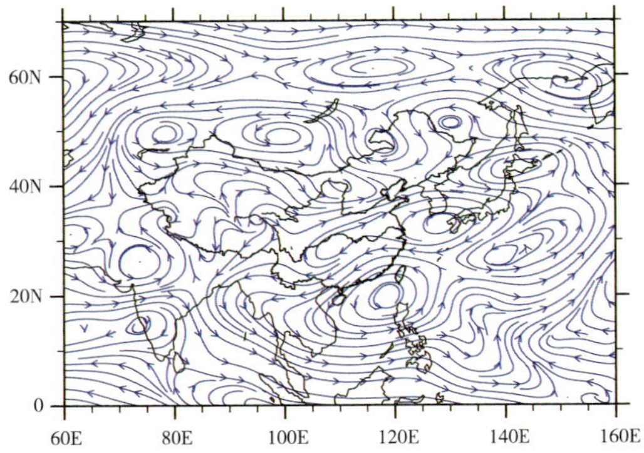

a

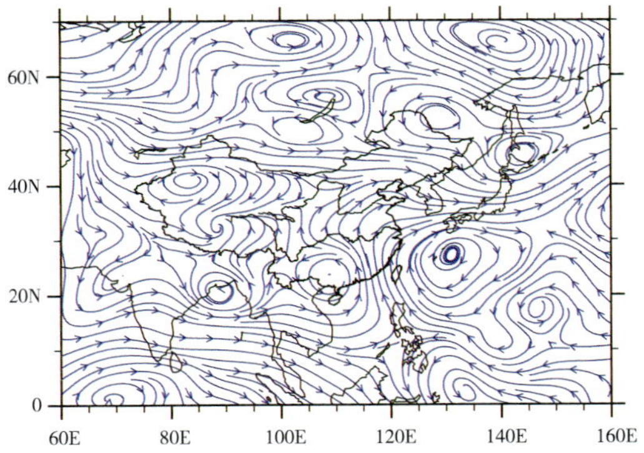

b

图 4.31 2009 年 7 月 19 日 700hPa 等压面低频流场图 a 与未滤波流场图 b

资料来源：引自国家基础地理信息中心下载（网址：http：//ngcc. sbsm. gov. cn ）。

分析每日绘制的低频流场图，可以在 6 月 17 日预报这次高温过程，预报时效为 22 天。因为，6 月 9 日西太平洋地区出现了低频反气旋，外推 30 天，则 7 月 9 日西太平洋地区将会出现低频反气旋。6 月 10 日华南—中南半岛出现了低频气旋，外推 30 天，则 7 月 10 日华南—中南半岛地区将出现低频气旋。6 月 16 日印度—孟加拉湾地区出现了低频气旋，外推 30 天，则 7 月 16 日印度—孟加拉湾地区将出现低频气旋。6 月 17 日俄罗斯西伯利亚—贝加尔湖地区出现了低频气旋，外推 30 天，则 7 月 16 日西伯利亚—贝加尔湖地区将出现低频气旋。6 月 24 日蒙古人民共和国—河套地区出现了低频气旋，外推 30 天，则 7 月 24 日蒙古人民共和国—河套地区将会出现低频气旋。

这样，在 7 月 9—24 日将会出现的低频反气旋和低频气旋的地理位置和分布，与最强高温日（7 月 19 日）基本相似，尤其是西太平洋地区出现低频反气旋和华南—中南半岛地区出现低频气旋，有利于上海地区受低频反气旋控制而出现高温天气过程，故预报出 7 月 9—24 日的高温天气过程。

2010 年 8 月 9—17 日，是上海地区又一次高温天气过程，≥35. 0℃ 高温日连续 9 天，其中≥37. 0℃、≥38. 0℃高温日分别连续 6 天、4 天，8 月 16 日，浦东站日最高气温达到 40. 5℃。

图 4. 32 是 2010 年 8 月 16 日 700hPa 等压面低频流场图和未滤波流场图，图上低频反气旋和低频气旋以及未滤波反气旋和气旋与 2009 年 7 月 12—21 日高温过程的低频和非低频环流形势十分相似（参看图 4. 31a、b）。40°N 附近及以北地区分别为低频偏西气流和偏西北气流；20°N 附近及以南地区分别为低频偏东气流和偏东北气流。上海地区则在低频反气旋控制下形成高温天气过程。

分析每日低频流场图，根据图上各个地区出现的低频反气旋和低频气旋进行周期外推，若外推预测的低频系统的位置和分布近似高温日的低频流场图，则可预报高温天气过程的发生时段。这次高温天气可以在 7 月 20 日预报出来，预报时效 20 天。具体预报情况是：7 月 10 日蒙古人民共和国—河套地区出现了低频气旋，外推 30 天，则 8 月 9 日该地区将出现低频气旋。7 月 12 日印度—孟加拉湾地区出现了低频反气旋，外推 30 天，则 8 月 11 日该地区将出现低频反气旋。7 月 15 日华南—中南半岛地区出现了低频气旋，外推 30 天，则 8 月 14 日该地区将出现低频气旋。7 月 20 日西太平洋地区出现了低频反气旋，外推 20 天，则 8 月 9 日该地区将出现低频反气旋。于是，在 8 月 9—14 日，将出现的低频系统的分布位置与高温日的低频环流场近似，即：上海地区北有低频气旋底部的低频偏西气流；南有低频反气旋底部的低频偏东气流，上海地区在低频反气旋控制下，出现高温天气过程。

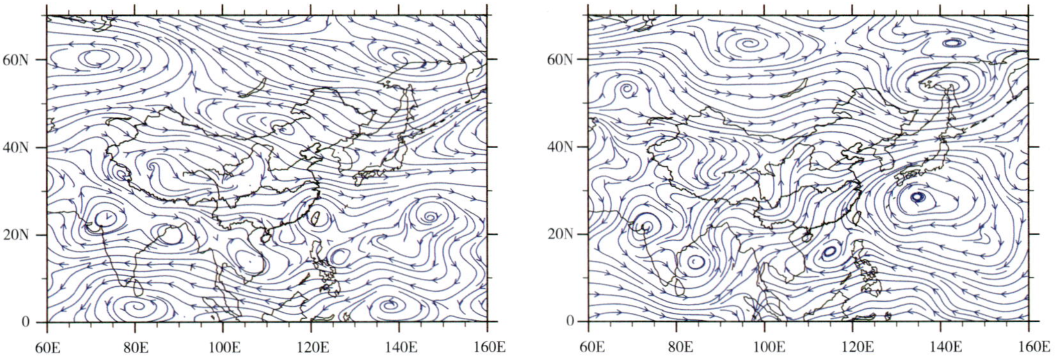

a　　　　b

图 4.32　2010 年 8 月 16 日 700hPa 等压面低频流场图 a 与未滤波流场图 b

资料来源：引自国家基础地理信息中心下载（网址：http：//ngcc. sbsm. gov. cn ）。

至于周期外推选取低频系统 20 天、30 天等周期，是根据历年同期和当年前期低频系统周期的统计结果，确定最优周期。

4.7.3　冷空气预报

冬季（12 月至翌年 2 月）上海地区冷空气的定义是：日极端最低气温≤0℃，且持续≥2 天。按此定义的标准，普查 2007—2012 年冬季的冷空气过程，并分析每一次冷空气出现时极端最低气温最低日的 500hPa 等压面低频流场图上的低频环流特征，主要是低频反气旋和低频气旋的位置和分布及其相应的低频气流，归纳、整理后得到冷空气过程的低频模型（图 4. 33）。

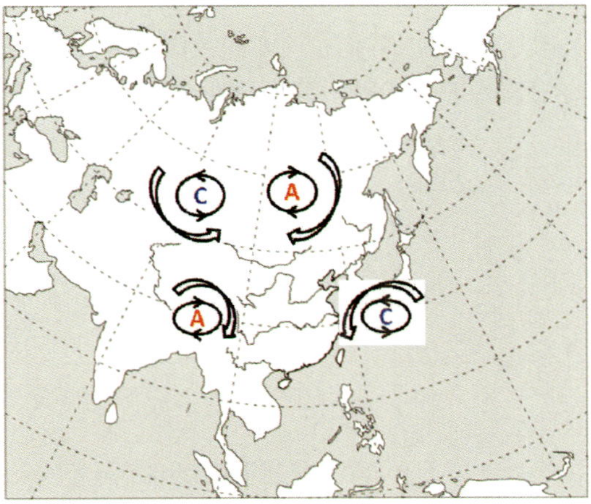

图 4. 33　冷空气低频预测模型（图中箭头表示低频气流的方向）

资料来源：引自国家基础地理信息中心下载（网址：http：//ngcc. sbsm. gov. cn ）。

该预测模型具有明显的天气学意义，40°N 以北，从俄罗斯西伯利亚—蒙古人民共和国地区，出现低频反气旋及其前部的低频偏北气流；或出现低频气旋及其后部的低频偏北气流，再加上印度—孟加拉湾到青藏高原地区出现低频反气旋，青藏高原东部及其东部下游地区为相应的低频偏北气流。于是青藏高原东部的低频偏北气流，再加上北方南下的低频偏北气流叠加而加强了低频偏北气流南下；又加上西太平洋上出现低频气旋及其后部的低频偏北气流共同影响我国东部。这样，3 股低频偏北气流（蒙古人民共和国和青藏高原东部的低频偏北气流以及西太平洋低频气旋后部的低频偏东北气流）抵达长江中下游地区而形成一次冷空气活动过程。

下面列举上海地区 4 次冷空气过程的预测实例。

（1）2010 年 1 月 12—14 日，连续 3 天出现 <0℃的日极端最低气温（12 日、13 日和 14 日分别是 -1.2℃，-3.6℃和 -3.7℃）。

分析每日 500hPa 等压面低频流场图上的低频反气旋和低频气旋出现的地理位置得到：2009 年 12 月 1 日印度—孟加拉湾出现低频反气旋，外推 40 天，则该地区 2010 年 1 月 10 日将会出现低频反气旋；2009 年 12 月 5 日西太平洋出现低频气旋，外推 40 天，则该地区 1 月 14 日将会出现低频气旋；2009 年 12 月 15 日西伯利亚—蒙古人民共和国出现低频气旋，外推 30 天，则 2010 年 1 月 14 日该地区将会出现低频气旋。这样，1 月 10—14 日低频气旋和低频反气旋的生成位置和分布符合“冷空气低频预测模型”（图 4.33），故在 2009 年 12 月 15 日便可预报 2010 年 1 月上旬末到中旬前期发生的冷空气天气过程，预报时效达到 27 天。

图 4.34 是这次冷空气过程极端最低气温最低日（2010 年 1 月 13 日）的 500hPa 等压面低频流场图（图 4.34a）和未滤波流场图（图 4.34b）。图 4.34a 上低频系统的位置和分布及其相应的流向上海地区的低频偏北气流与预测模型（图 4.33）的低频流场特征基本相似，不再重述。而在图 4.34b 上，未滤波流场则反映出，与同日低频流场相似的特征：从新疆北部—蒙古人民共和国的偏北气流与青藏高原下游地区的偏北气流叠加，流向长江下游地区，在我国东部及其沿海地区形成东亚大槽，引导冷空气南下。

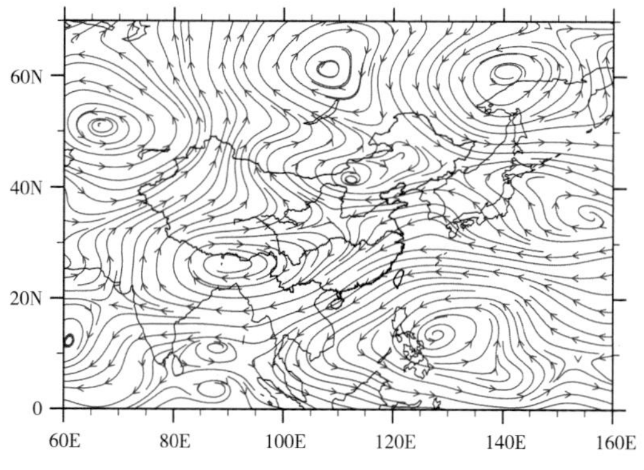

a

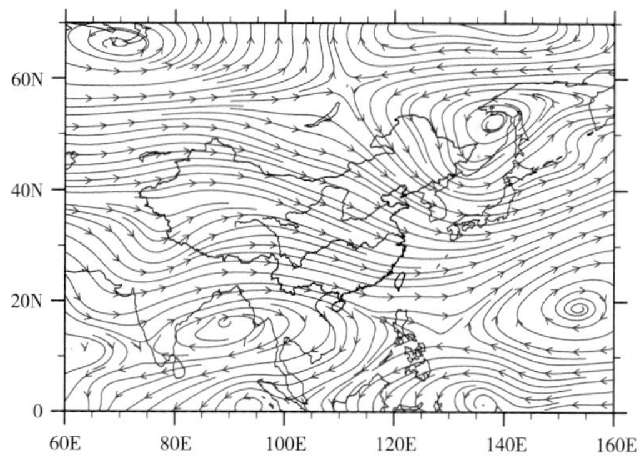

b

图 4.34 2010 年 1 月 13 日 500hPa 等压面低频流场图 a 和未滤波流场图 b

资料来源：引自国家基础地理信息中心下载（网址：http：//ngcc. sbsm. gov. cn ）。

（2）2010 年 2 月 10—13 日连续两天出现≤0℃的日极端最低气温（10 日、11 日、

12 日和 13 日分别是 0.7℃、0.9℃、－1.5℃和－2.2℃）。

从每日 500hPa 等压面低频流场图上低频气旋和低频反气旋出现的地理位置和分布特征来看，2010 年 1 月 2 日印度—孟加拉湾出现低频反气旋，外推 40 天，则该地区 2 月 11 日将会出现低频反气旋；2010 年 1 月 4 日西太平洋出现低频气旋，外推 40 天，则该地区 2 月 13 日将会出现低频气旋；2010 年 1 月 9 日西伯利亚—蒙古人民共和国出现低频气旋，外推 30 天，则该地区 2 月 8 日将会出现低频气旋。于是，2 月 8—13 日，低频气旋和低频反气旋出现的位置和分布符合“冷空气低频预测模型”（图 4.33）。故在 2010 年 1 月 9 日便可预报 2010 年 2 月上旬后期到中旬前期将发生冷空气过程，预报时效约 30 天。

在 2010 年 2 月 10 日极端最低气温 24 小时下降 10.2℃的 500hPa 等压面低频流场图上（图 4.35a），低频系统的位置和分布及其相应的低频偏北气流南下，直达我国东部地区，这一低频流场特征与冷空气预测模型（图 4.33）大致相同，不再重述。而未滤波流场图上（图 4.35b），表现出与同日低频流场相似的环流特征，从蒙古人民共和国下来的偏北气流与青藏高原东部的偏北气流叠加，在我国东部形成东亚大槽，引导冷空气南下，造成上海地区的冷空气天气过程。

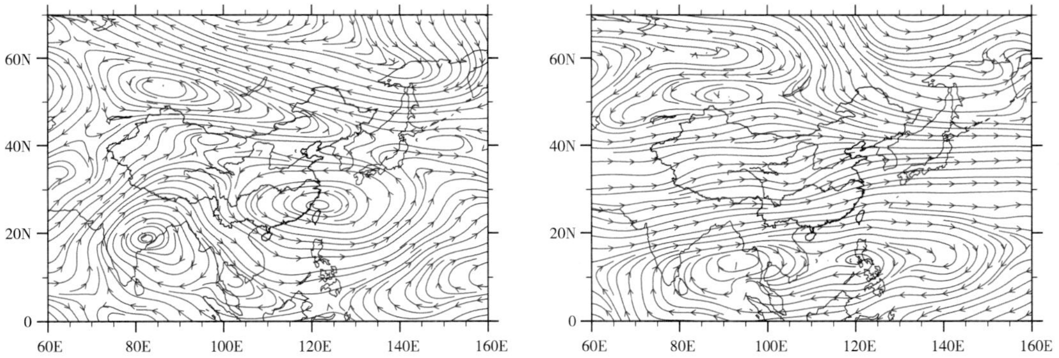

a　　b

图 4.35　2010 年 2 月 10 日 500hPa 等压面低频流场图 a 和未滤波流场图 b

资料来源：引自国家基础地理信息中心下载（网址：http：//ngcc.sbsm.gov.cn）。

2012 年 1 月 23—26 日连续 4 天出现 <0℃的极端最低气温（23 日、24 日、25 日、26 日分别是－2.3℃、－0.1℃、－1.8℃和－1.7℃）。

在相应时期每日 500hPa 等压面低频流场上，可以看出冷空气过程出现前低频系统的活动特征，于是得到：2011 年 12 月 17 日西伯利亚—蒙古人民共和国出现低频气旋，外推 40 天，则该地区 2012 年 1 月 26 日将会出现低频气旋；2012 年 1 月 5 日西太平洋出现低频气旋，外推 20 天，则该地区 2012 年 1 月 25 日将会出现低频气旋；2012 年 1 月 6 日印度—孟加拉湾出现低频反气旋，外推 20 天，则该地区 2012 年 1 月 26 日将会出现低频反气旋。上述 3 个地区（西太平洋、印度—孟加拉湾和西伯利亚—蒙古人民共和国）在 1 月 25 日、26 日将会出现如“冷空气预测模型”（图 4.33）相似的低频气旋和低频反气旋位置分布，故在 2012 年 1 月 6 日便可预报 2012 年 1 月下旬中期将出现冷空气过程，预报时效约 20 天。

图 4.36 是 500hPa 等压面低频流场和未滤波流场图，时间为 2012 年 1 月 23 日（极

端最低气温最低日）。从图中可以看出，40°N 以北的低频气旋底部的低频偏西—偏西北气流与青藏高原东部地区偏北气流叠加，再加上位于我国东部的低频气旋后部的低频偏北气流，形成了与冷空气预测模型（图 4.33）相似的低频环流形势，不再重述。图 4.36b 为未滤波流场，显示出与同日低频流场大致相似的环流特征。40°N 以北气旋后部的偏北气流南下，与青藏高原东部的偏北气流叠加，在我国东部沿海形成东亚大槽，引导冷空气南下，造成上海地区的冷空气天气过程。

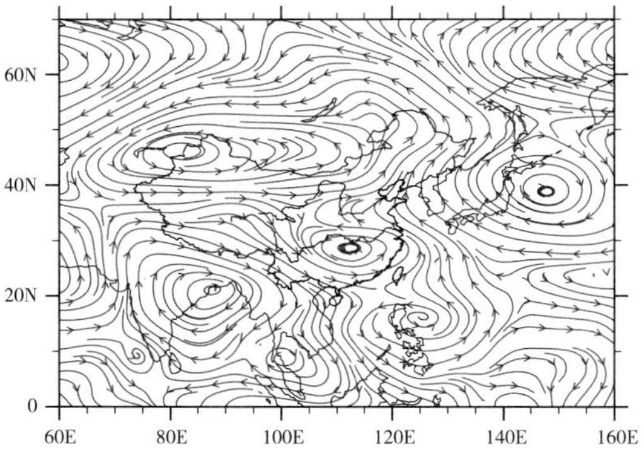

a

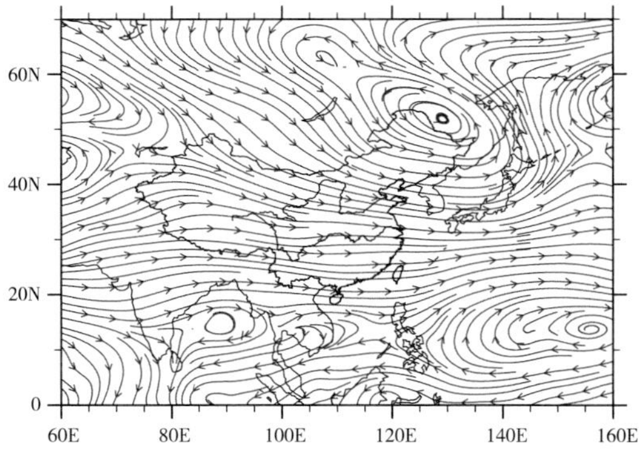

b

图 4.36　2012 年 1 月 23 日 500hPa 等压面低频流场图 a 和未滤波流场图 b

资料来源：引自国家基础地理信息中心下载（网址：http：//ngcc. sbsm. gov. cn ）。

2012 年 2 月 7—9 日连续 3 天出现 <0℃的极端最低气温（7 日、8 日和 9 日分别是 -0.6℃、-2.5℃和 -1.7℃）。

此次冷空气过程出现前的每日 500hPa 等压面低频流场图上，对低频气旋和低频反气旋的分析中发现，2011 年 12 月 24 日西伯利亚—蒙古人民共和国出现低频反气旋，外推 40 天，则该地区 2012 年 2 月 2 日将会出现低频反气旋；2012 年 1 月 20 日西太平洋出现低频气旋，外推 20 天，则该地区 2 月 9 日将会出现低频气旋。于是，在 2012 年 2 月 2—9 日，低频流场图的低频系统特征对长江中下游而言，其西北方为低频反气旋及其相应的低频偏北气流；东和东南方为低频气旋及其相应的偏东北气流，故在 2012 年 1 月 20 日便可预报 2012 年 2 月上旬将出现冷空气天气过程，预报时效约 15 天。

从 2012 年 2 月 8 日（极端最低气温最低日）500hPa 等压面低频流场图（图 4.37a）和未滤波流场图（图 4.37b）可以看出，中心位于新疆北部的低频反气旋控制整个东亚地区，低频反气旋前部的低频偏东北气流与西太平洋低频气旋西北部的低频偏东北气流叠加，形成了冷空气天气过程。图 4.37b 上的未滤波流场，东亚地区仍然西边是反气旋；东边是气旋，东亚大槽位于我国东部沿海，引导冷空气南下，上海地区出现冷空气天气过程。

4.7.4　沙尘暴预报

2010—2012 年每年 3—5 月共预报 13 次沙尘暴天气过程，其中 10 次正确，3 次不正确（表 4.7）。

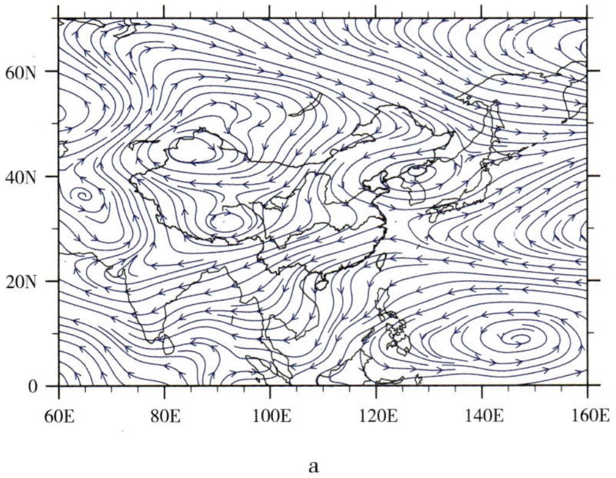

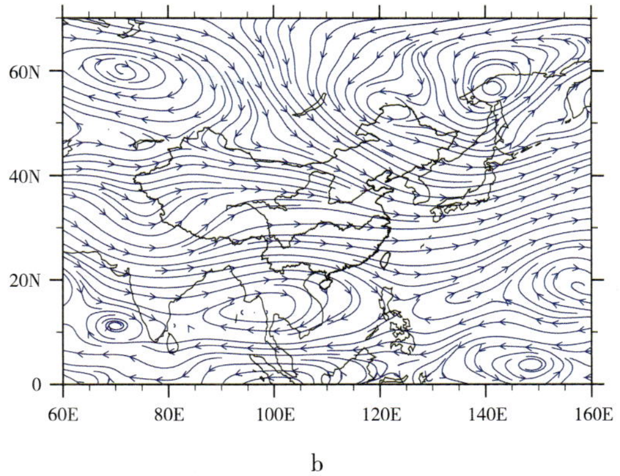

图 4.37　2012 年 2 月 8 日 500hPa 等压面低频流场图 a 和未滤波流场图 b

资料来源：引自国家基础地理信息中心下载（网址：http：//ngcc. sbsm. gov. cn ）。

表 4.7　沙尘暴天气过程预报与实况

序号	起报日期	预报沙尘暴过程发生时段	实况	预报时效	预报结果
1	2010. 4. 5	4 月中旬末	4 月 24—26 日，塔里木盆地、青海北部、甘肃西部、内蒙古中西部、宁夏北部、陕西大部出现大范围大风、扬沙、强沙尘暴天气过程		×
2	2010. 4. 5	5 月中旬中期	5 月 13—14 日青海、甘肃西部局部地区、内蒙古西部、塔里木盆地发生沙尘暴过程	37	√
3	2011. 2. 22	3 月中旬中期	3 月 12—14 日，新疆南部、青海西部的部分地区出现沙尘暴；新疆南部、青海中西部、内蒙古西部、甘肃中东部、宁夏、陕西中北部等地出现扬沙	18	√
4	2011. 3. 28	4 月下旬末期	4 月 28—30 日塔里木盆地、青海北部、甘肃河西及陇中、内蒙古中西部、宁夏、陕西发生强沙尘暴过程	31	√
5	2012. 2. 27	3 月中旬末下旬初期	3 月 19—23 日新疆若羌、民丰出现强沙尘暴；南疆盆地、青海中北部、甘肃河西、内蒙古西部出现大范围扬沙天气，内蒙古中部局部出现沙尘暴	21	√
6	2012. 3. 26	4 月上旬末中旬初	4 月 10—11 日新疆南疆盆地、甘肃西部、内蒙古中西部、陕西北部、山西北部等地部分地区有扬沙，其中，新疆南疆盆地、内蒙古西部等地局部有沙尘暴	15	√
7	2012. 3. 26	4 月中旬末、下旬初	4 月 22—23 日，新疆南疆盆地、内蒙古西部、青海西北部、甘肃西部、宁夏北部有扬沙或浮尘，其中南疆盆地、青海西北部、宁夏北部等地局部地区有沙尘暴	27	√

续表

序号	起报日期	预报沙尘暴过程发生时段	实况	预报时效	预报结果
8	2012.3.26	4月下旬末期	4月26—27日，新疆南疆盆地部分地区、内蒙古、甘肃中部、宁夏北部、华北北部等地有扬沙或浮尘，其中甘肃中部、内蒙古等地局部地区有沙尘暴	30	√
9	2012.4.27	5月中旬初期	5月10—11日，新疆南疆盆地、内蒙古西部和东北部、甘肃西部等地出现扬沙或浮尘，其中内蒙古西部的部分地区有沙尘暴	13	√
10	2012.4.27	5月下旬中期	5月20—22日，新疆等地出现扬沙或浮尘，其中南疆盆地的局部地区有沙尘暴		×
11	2013.3.4	3月中旬中期、下旬末期	3月8—9日，西北大部、华北、黄淮北部和西部以及辽宁西部等地出现扬沙或浮尘天气，内蒙古中西部、甘肃西部和陇东地区、陕西北部等地部分地区出现沙尘暴		×
12	2013.3.31	4月中旬末期	4月17—18日，新疆南疆盆地、内蒙古中西部、甘肃中西部、宁夏、陕西中北部、山西中部及河南西部等地陆续出现沙尘天气，其中南疆、甘肃、宁夏、内蒙古西部局部地区出现沙尘暴，新疆民丰出现强沙尘暴	17	√
13	2013.4.27	5月中旬末期	5月18日，内蒙古西部、宁夏北部出现沙尘天气，其中拐子胡、吉兰太和阿拉善左旗出现沙尘暴	20	√

下面将对预报正确的序号为3、4、5的低频预报个例分析如下：

(1) 2011年3月12—14日，新疆南部、青海西部的部分地区出现沙尘暴过程（表4.7，序号3）。图4.38为2011年3月12日500hPa低频流场图和未滤波流场图。

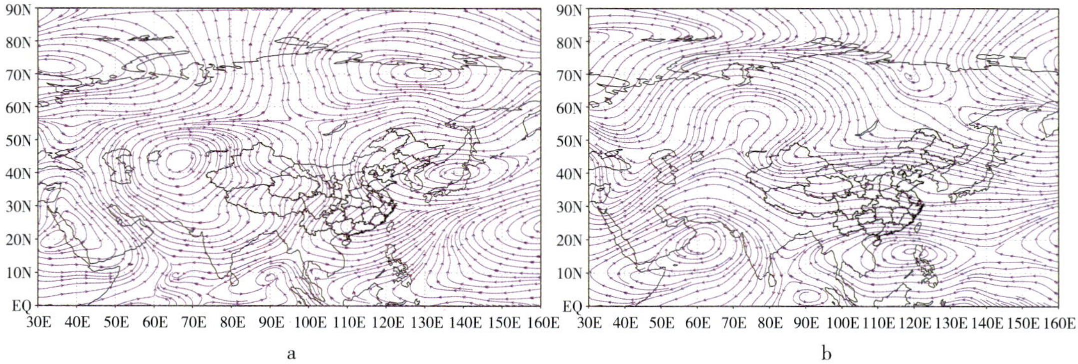

图4.38 2011年3月12日500hPa低频流场图a和未滤波流场图b

资料来源：引自国家基础地理信息中心下载（网址：http：//ngcc.sbsm.gov.cn）。

在低频流场图上（图 4.38a），50°N 以北，80°E 以西为低频反气旋、以东为低频气旋，低频反气旋前部和低频气旋后部的偏北气流携带冷空气南下到西北地区引起沙尘暴过程。

在未滤波流场图上（图 4.38b），其环流形势及其环流系统分布与图 4.38a 相似，气旋反气旋位置比低频气旋反气旋偏南，偏北气流携带着强冷空气南下进入西北地区发生了沙尘暴过程。

2010 年 2 月 22 日，做出了 3 月中旬中期西北地区有沙尘暴过程的预报，沙尘暴过程出现在 3 月 12—14 日，从预报当天到沙尘暴出现当天间隔 18 天，也就是提前 18 天预报出了这次沙尘暴过程。

使用低频天气图预报方法对这次强沙尘暴过程进行了预报。通过预报沙尘暴过程发生当天的低频环流系统的出现，特别是各系统的分布和组合来预报沙尘暴过程。

2 月 1 日，巴尔喀什湖至咸海之间出现了低频反气旋，外推 40 天，3 月 12 日此区域又将有低频反气旋出现；2 月 22 日，孟加拉湾出现低频气旋，外推 20 天，3 月 13 日将会出现低频气旋。

预报的上述两个地区在 3 月中旬初期将会出现的低频系统在低频天气图上的位置、分布符合西北地区出现沙尘暴过程的低频预测流型（图略），因此作出了 3 月中旬初期西北地区将出现沙尘暴过程的预报。

（2）2011 年 4 月 28—30 日沙尘暴过程（表 4.7，序号 4）。

在低频流场图（图 4.39a）上，西西伯利亚为一低频气旋，伊朗高原为一低频反气旋，来自新地岛的冷空气随着低频气旋和低频反气旋之间的西北气流进入西北地区出现沙尘过程。

在未滤波流场图（图 4.39b）上，其环流形势及其环流系统分布与图 4.39a 相似。从西伯利亚到我国西北地区为一支较强的西北气流引导冷空气南下，引发沙尘暴过程。

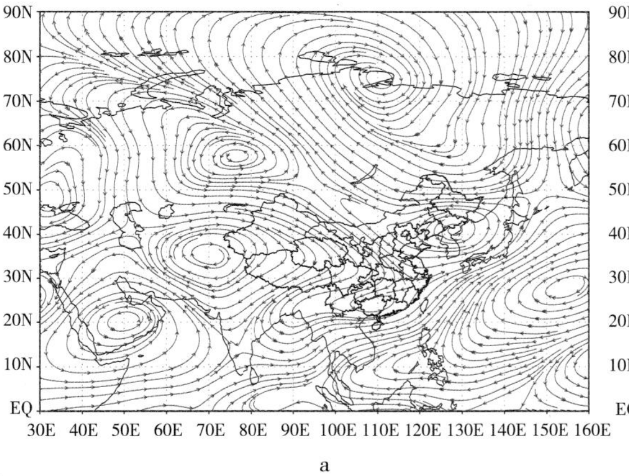

a

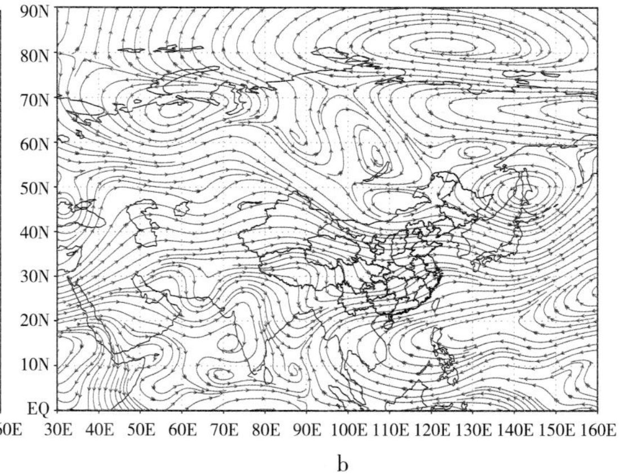

b

图 4.39　2011 年 4 月 29 日 500hPa 低频流场图 a 和未滤波流场图 b

资料来源：引自国家基础地理信息中心下载（网址：http：//ngcc. sbsm. gov. cn）。

2011 年 3 月 28 日，做出了 4 月下旬末期西北地区可能有强沙尘暴过程的预报，沙尘暴过程出现在 4 月 28—30 日，从预报当天到沙尘暴出现当天间隔 31 天，即提前 31

天预报出了这次沙尘暴过程。

使用低频天气图预报方法对这次强沙尘暴过程进行了预报。通过预报沙尘暴过程发生当天的低频环流系统的出现，特别是各系统的分布和组合来预报沙尘暴过程。

3 月 28 日作出预报以前的逐日低频天气图上，3 月 17 日，西西伯利亚出现了一低频气旋，外推 40 天，4 月 27 日此区域又将有低频气旋出现，3 月 19 日，伊朗高原东侧出现了低频反气旋，外推 40 天，4 月 29 日此区域又将有低频反气旋出现。

预报的上述两个地区在 4 月下旬末期将会出现的低频系统在低频天气图上的位置、分布符合西北地区出现沙尘暴过程的低频预测流型（图略），因此做出了 4 月下旬末期西北地区将出现沙尘暴过程的预报。

（3）2012 年 3 月 19—23 日沙尘暴天气过程（表 4.7，序号 5）。

在低频流场图（图 4.40a）上，新西伯利亚为一低频气旋，我国北疆为一低频反气旋，低频偏北气流将冷空气输送到南疆、青海中北部、甘肃河西、内蒙古西部地区引发沙尘暴过程。

在未滤波流场图（图 4.40b）上，其环流形势及其环流系统分布与低频流场图（图 4.40a）相似。我国西北地区西北方存在一个中心位于新地岛的气旋，携带来自新地岛的强冷空气南下进入西北地区新疆，使西北地区为一致的偏西北气流导致发生了沙尘暴过程。

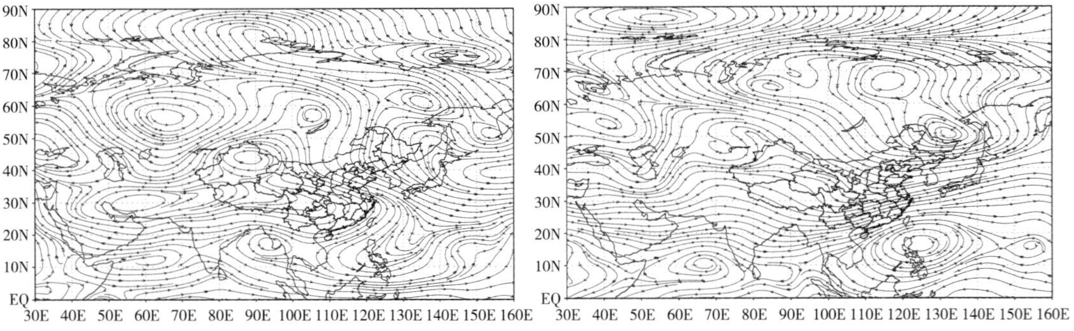

a　　　　　　　　b

图 4.40　2012 年 3 月 19 日 500hPa 低频流场图 a 和未滤波流场图 b

资料来源：引自国家基础地理信息中心下载（网址：http：//ngcc. sbsm. gov. cn ）。

2012 年 2 月 27 日，做出了 3 月下旬初期西北地区有沙尘暴过程的预报，沙尘暴过程出现在 3 月 19—23 日，从预报当天到沙尘暴出现当天间隔 21 天，提前 21 天预报出了这次沙尘暴过程。

使用低频天气图预报方法对这次强沙尘暴过程进行了预报。通过预报沙尘暴过程发生当天的低频环流系统的出现，特别是各系统的分布和组合来预报沙尘暴过程。

2 月 27 日前的每日低频天气图上低频系统演变为：2 月 23 日，东欧平原的北端出现了一个低频气旋，外推 30 天，3 月 25 日将会出现低频气旋；2 月 5 日，我国北疆出现了低频反气旋，外推 45 天，3 月 20 日又会出现低频反气旋。

预报的上述 2 个地区在 3 月下旬初期将会出现的低频系统在低频天气图上的位置、分布符合西北地区出现沙尘暴过程的低频预测模型（图略），因此做出了 3 月中旬末到下旬初期西北地区将出现沙尘暴过程的预报。

4.7.5　干旱

我国西北地区东部气象干旱过程的定义是：该区域的 63 个气象站日平均降水量 < 5mm 的连续日数≥10 天为一次气象干旱过程。下面以一次春旱过程和一次夏旱过程为例，说明如何用低频天气图预报这两次干旱过程。

（1）春旱过程，发生在 2010 年 4 月 22 日—5 月 15 日，持续 24 天

给出干旱过程维持期间的 4 月 25 日 500hPa 低频流场图（图 4.41a）和未滤波流场图（图 4.41b）。

从图 4.41a 可以看出，（40°～60°N，50°～140°E）的纬带内维持着低频反气旋带，自西向东有 3 个低频反气旋，其中最主要的中心位于新疆以北西西伯利亚地区，其底部的低频偏东北气流控制西北地区而引起春旱。

再从图 4.41b 看，与西西伯利亚低频反气旋相对应反气旋中心偏南，位于巴尔喀什湖以北附近，强劲的偏北气流控制西北地区而造成干旱少雨。

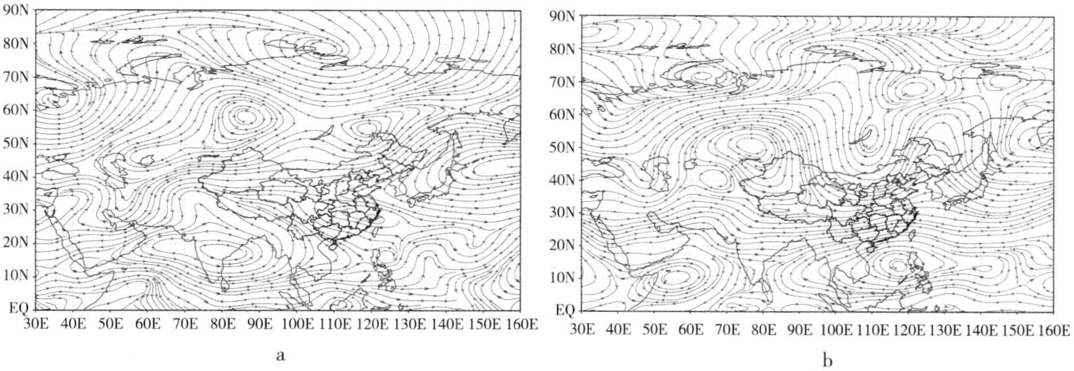

图 4.41　2010 年 4 月 25 日 500hPa 低频流场图 a 和未滤波流场图 b

资料来源：引自国家基础地理信息中心下载（网址：http：//ngcc. sbsm. gov. cn ）。

在 3、4 月逐日低频天气图上，3 月 27 日在欧洲生成一低频反气旋，外推 30 天，则 4 月 26 日该区域将会出现低频反气旋；4 月 12 日，西伯利亚生成一低频反气旋，外推 30 天，则 5 月 12 日该区域将会出现低频反气旋；4 月 1 日，我国东北到俄罗斯远东地区出现了低频反气旋，外推 30 天，则 5 月 1 日该区域将会出现低频反气旋。这样，从 4 月 26 日—5 月 12 日，40°N 以北地区，从欧洲到西伯利亚到俄罗斯东部，将会出现 3 个低频反气旋组成的低频反气旋带，其底部的低频偏东北气流控制我国西北地区，故在 4 月 12 日便可预报 4 月下旬到 5 月上旬将出现干旱少雨天气。

（2）夏旱过程，发生在 2011 年 6 月 27 日—7 月 20 日，持续 24 天

给出干旱过程维持期间的 7 月 10 日 500hPa 低频流场图（图 4.42a）和未滤波流场图（图 4.42b）。

从图 4.42a 可以看出，西西伯利亚低频反气旋前部和贝加尔湖到我国东北地区低频气旋后部所形成的较强低频偏北气流控制西北地区干旱少雨。

在图 4.42b 上，西伯利亚反气旋脊前的偏西北气流控制西北地区而干旱少雨。

从 6 月逐日低频天气图上看出，6 月 11 日贝加尔湖附近出现低频气旋，外推 20

天，则7月1日该区域将会出现低频气旋；6月12日，从欧洲到西西伯利亚有低频反气旋活动，外推30天，则7月12日该区域将会出现低频反气旋活动；5月26日，西太平洋出现了低频气旋，外推30天，则6月25日该地区将会出现低频气旋。从外推情况看，6月25日—7月12日将会出现的低频环流形势为：西北区西北方为低频反气旋；东北方为低频气旋，低频偏北气流控制西北区，加之西太平洋又为低频气旋，无低频偏南气流流向内陆。故在6月12日便可预报7月上、中旬将会出现干旱少雨天气。

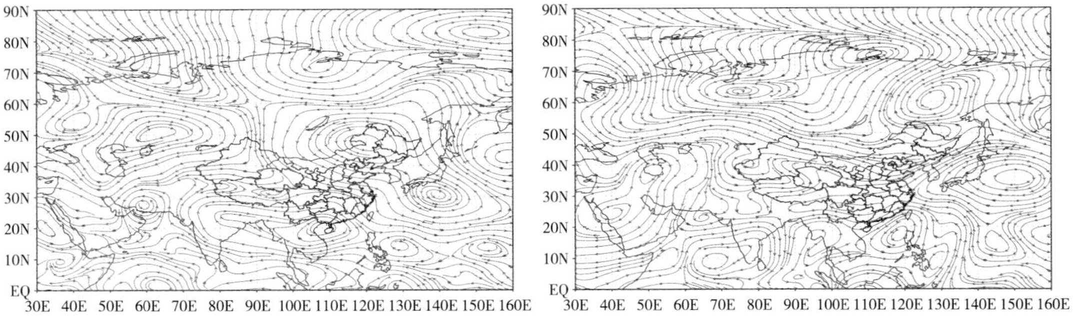

a　　b

图4.42　2011年7月10日500hPa低频流场图a和未滤波流场图b

4.8　天气关键区大气低频波预报方法

天气关键区大气低频波（30～50天滤波的低频位势高度曲线波动，下同）预报方法也是以大气低频振荡原理和特性为依据，但不同于低频天气图预报方法。这种预报方法是根据各个天气关键区大气低频波的演变和配置，即各个天气关键区的低频波变化趋势及相互配置，有利于南、北低频气流在我国东部副热带地区汇合，从而引起中雨以上天气过程。这与低频天气图方法以大气低频系统的振荡、位移为依据，作10～30天上海地区中雨以上降水过程预报是完全不同的。

4.8.1　天气关键区

天气关键区是指春季3—5月影响上海地区中雨以上降水过程的天气系统所在地区。上海地区所处的纬带是我国东部30°N附近的副热带地区，是热带系统北山和温带系统南下的必经之地。但春季3—5月，亚洲夏季风（印度夏季风和东亚夏季风）尚未全面爆发影响我国天气之时，仍以温带系统影响我国东部天气为主要特征，即中高纬低频扰动东传南下，冷空气侵入。因此，天气关键区便可选取30°N以北的新疆地区（30°～50°N，80°～100°E，简称A区）、河套地区（30°～50°N，100°～120°E，简称B区）和贝加尔湖地区（50°～70°N，80°～120°E，简称C区），分别表示从西方、北方东移、南下的大气环流系统，即从西方和北方东移南下的冷空气。但是30°N以南的青藏高原南侧的准定常南支槽（即印缅槽）和西太平洋副热带高压等大气环流系统的偏南扰动，也会对降水过程的发生有一定的影响。于是30°N以南的天气关键区选取西太平洋地区（10°～30°N，120°～160°E，简称D区）、华南及以南地区（10°～30°N，100°～120°E，简称E区）和印度—孟加拉湾地区（10°～30°N，70°～100°E，简称F区）。

4.8.2　关键区大气低频波

把6个天气关键区（A、B、C、D、E和F）每日20时的700hPa位势高度格点资料分区予以平均，样本长度以上年12月1日至当年5月31日，共计182天，便得到各关键区的位势高度曲线，再使用Butter－Worth带通（30～50天）进行滤波，得到各关键区的低频高度曲线。称为大气低频波。

4.8.3　大气低频波与降水过程

2007—2010年3—5月上海地区中雨以上降水过程38次。根据6个关键区低频高度曲线的演变周期和特征，分析其与38次降水过程的关系，发现各关键区的低频波的演变周期长度相同，均为30～50天，但低频波的位相和演变特征对应的降水过程各关键区截然不同：降水发生在A区、D区和C区低频曲线的上升过程中；B区、F区则发生在下降过程中；而E区发生在正位相阶段。各区低频高度曲线的特征演变表明，在西太平洋（D区）和华南及以南地区（E区）低频高度曲线上升，反映出D、E区有低频高压（脊）存在并加强，有利于SE方的低频偏南气流北上；在新疆（A区）和贝加尔湖（C区）的低频高度曲线也是上升，反映出A、C区有低频高压（脊）存在并加强，有利于北方、西方的低频偏北气流南下。而河套地区（B区）和印度—孟加拉湾地区（F区）的低频高度曲线下降，反映出该地区有低频低压（槽）维持。下面仅给出C区、D区的低频高度曲线图（图4.43a、b）。

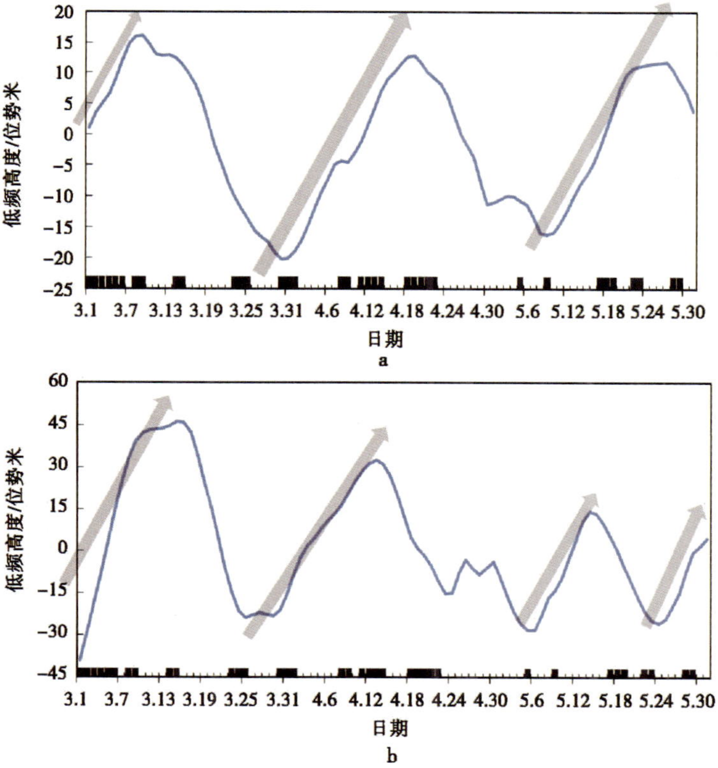

图4.43　2010年3月1日—5月31日700hPa低频位势高度曲线

［a为贝加尔湖地区（C区），b为西太平洋地区（D区），■表示上海地区降水过程］

从图中可以看出，2010 年 3—5 月有降水过程 13 次（图 4. 43a 中的■），发生在 C 区、D 区低频高度曲线上升过程中的降水过程，分别为 10 次（10/13）、9 次（9/13）。

其余各区（A、B、E 和 F）发生的降水过程分别为 9/13、8/13、8/13 和 8/13（图略）。

4. 8. 4　各区大气低频波的配置

4. 8. 3 节中只是分析每个关键区低频高度曲线特征与降水过程的联系，即仅考虑了一个关键区的单一低频波特征。这显然不符合天气学规律。上海地区某次降水过程的发生一般有南下和北上的低频气流汇合。因此，把各区的低频波的特征配置起来分析，则与降水过程的联系比与一个区的联系更为合理，且更加密切。据统计，2007—2010 年 3—5 月，有降水过程 38 次，按每个关键区低频高度曲线特征对应的降水过程计算，符合条件的概率为 25/38（66%）；如综合考虑各关键区的配置，即规定高纬和低纬的低频曲线特征，同时有≥3 个关键区符合条件，才能发生降水过程，则概率为 29/38（76%），明显高于前者。而且这种配置反映出高纬低频系统引导偏北气流南下；低纬低频系统使得偏南气流北上，相互在副热带地区辐合产生降水。

4. 8. 5　大气低频波的外推与预报

制作延伸期预报时，首先根据各区现有的低频高度曲线，外推一个周期 30 ~ 50 天，得到各区未来 30 ~ 50 天的低频高度曲线演变趋势。其次，按照 4. 8. 3 节的分析结果，可以得到各区低频高度曲线演变特征与降水过程的关系。再次，运用 4. 8. 4 节的研究结论，综合考虑各区低频高度曲线相互配置的特征。这样可以做出降水过程的延伸期预报。上海地区 2010 年春季 3—5 月≥中雨过程的延伸期预报就是按上述步骤制作的。

4. 8. 6　大气低频波的辐合

从上节的分析中我们可以看出，各个关键区低频高度曲线的各种演变特征的变化和配置，其实质反映出低频偏北气流南下和低频偏南气流北上，并在位于副热带的上海地区辐合，特别是春季 3—5 月，低频偏北气流的南下，显得更为突出。

下面给出图 4. 44，是从整体上看低频偏北气流南下与低频偏南气流北上以及它们的辐合。而图 4. 45，则从个例上看这种变化。

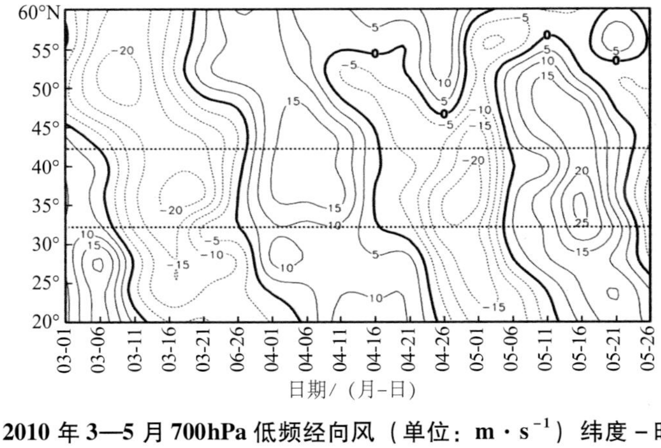

图 4. 44　2010 年 3—5 月 700hPa 低频经向风（单位：$m \cdot s^{-1}$）纬度 - 时间剖面图

图 4.44 是 2010 年 3—5 月 110°~120°E 700hPa 经向风的纬度－时间剖面图。可以看到，低频北风与低频南风的辐合处即零值线，有规律地一次次从高纬向低纬传播，振荡周期为 30~50 天。而且，从图中还可以看出两点：①零值线从高纬向低纬传播过程中，在副热带（32.5°~42.5°N）维持一段时间后，再向低纬传播；②在 30°~45°N 低频经向风的振幅最大，即副热带地区经向风的低频振荡较强。

图 4.45~图 4.47 是 2010 年 3—5 月 110°~120°E 700hPa 经向风廓线图的 3 个个例，我们可以看到，春季一次次低频偏北气流南下，与低频偏南气流辐合，低频经向风的辐合点从中纬度南压到低纬度。见图 4.45，它们的辐合点 3 月第 1、2 候从 45°N 南压到 41°N 时，第 1、2 候出现中到大雨，3 月第 3 候继续南压到 24°N 时无降水。图 4.46 与图 4.47 低频经向风辐合点的南压过程类似。一般当低频经向风的辐合点南压到达 30°~45°N 时，位于副热带的上海地区便发生降水过程（如 4 月第 4、5 候中雨；5 月第 5 候中到大雨），这种现象不仅是几个个例，为此我们还分析了 2007—2010 年 3—5 月 38 次上海地区中雨以上降水过程与低频经向风的合成图（图略）表明，当低频辐合点位于 35°~45°N 时，有利于上海地区发生降水过程。

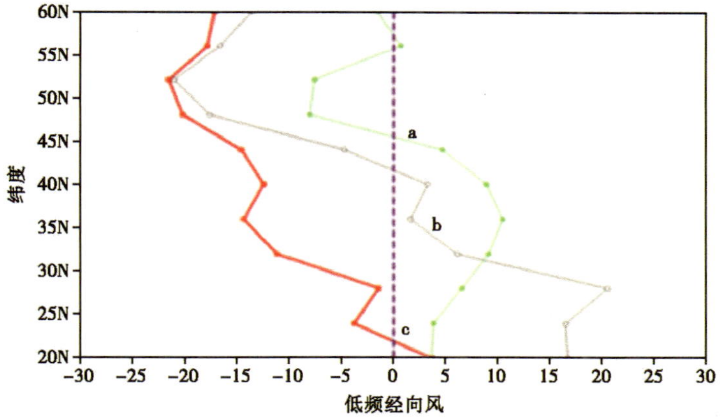

图 4.45　2010 年 3 月 1—3 候 110°~120°E 候平均经向风（单位：$m \cdot s^{-1}$）

廓线图（a 为 3 月第 1 候，b 为 3 月第 2 候，c 为 3 月第 3 候）

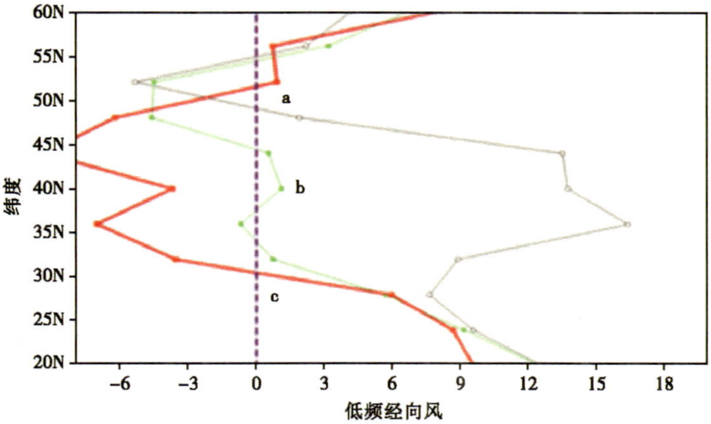

图 4.46　同图 4.45，但为 2010 年 4 月 3—5 候

（a 为 4 月第 3 候，b 为 4 月第 4 候，c 为 4 月第 5 候）

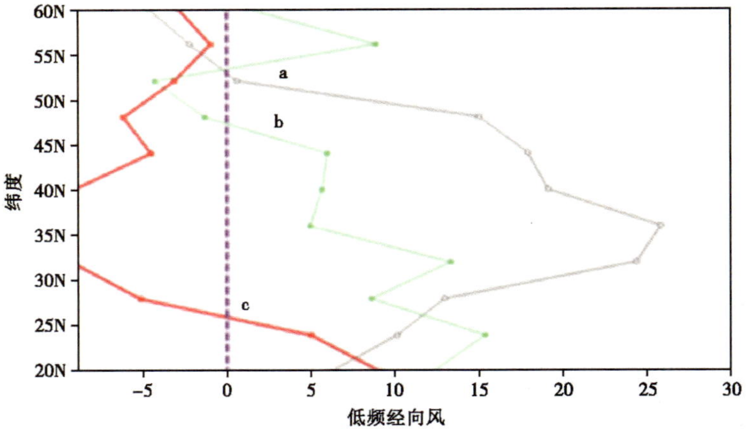

图 4.47 同图 4.45，但为 2010 年 5 月 4—6 候

（a 为 5 月第 4 候，b 为 5 月第 5 候，c 为 5 月第 6 候）

显然，春季低频偏北风占优势，一次次地南下，如与低频偏南风辐合，当辐合点南压到达 35°～45°N 期间，则引起降水过程，然后继续向南压。图 4.45～图 4.47 较好地展示了低频扰动引导冷空气南下影响上海地区降水的天气学过程。

这种预报方法是制作延伸期预报的另一个探索，虽然 2010 年 3—5 月在业务化应用中展现出较好的前景，但在“实用”和“理论”两个方面，都需要进一步探索、改进、完善和研究。

这种方法的关键技术点是：

（1）我国副热带地区 700hPa 经向风的低频振幅最大，亦即该区域大气低频振荡较强。而且，低频偏北气流与低频偏南气流的辐合点从高纬向低纬的南压过程中，一般都在副热带地区维持一段时间。

（2）根据上海地区位于副热带 30°N 附近的特点，30°N 以北的天气关键区是：贝加尔湖、新疆和河套地区，反映低频偏北气流的南下；30°N 以南的天气关键区是：西太平洋、华南及以南和印度—孟加拉湾地区，反映低频偏南气流的北上。

（3）各天气关键区低频波的演变周期（30～50 天）相同；但演变特征与降水过程的对应则不同。无论是低频高度曲线上升或下降，它们的天气学意义比较明显，反映出各关键区低频高压（脊）和低频低压（槽）的维持和加强，有利于北方、西方的低频偏北气流南下和西南方、东南方的低频偏南气流北上。

（4）如果仅考虑某一个关键区低频波的演变特征来预测降水过程，则符合条件的概率为 25/38（66%）；如果综合考虑各个关键区的低频波演变特征，并且予以配置，即要求北方和南方的关键区的低频特征同时符合条件，则概率为 29/38（76%）。显然，这种配置反映出高纬低频系统引导偏北气流南下；低纬低频系统使得偏南气流北上，互相配合，形成降水。

（5）大气低频波的扰动，即低频偏北气流一次次地南压，并与低频偏南气流汇合，其辐合点在从高纬到低纬的过程中，到达 35°～45°N 时，降水过程发生。

参考文献

[1] 孙国武,信飞,陈伯民,等. 低频天气图预报方法. 高原气象,2008,27(增刊):64 - 68.
[2] 孙国武,李震坤,信飞,等. 延伸期天气过程预报的一种新方法——低频天气图. 大气科学,2013,37(4):945 - 954.
[3] 孙国武,冯建英. 低频天气图预报方法的思索. 干旱气象,2013,31(3):558 - 560.
[4] 信飞,李震坤,王超. 自然正交分解在上海地区低频天气图方法中的应用. 气象科技进展,2013,3(1):52 - 56.
[5] 何金海,梁萍,孙国武. 延伸期预报的思考及其应用研究进展. 气象科技进展,2013,3(1):11 - 17.
[6] 孙国武,汤绪,刘新伟,等. 亚欧典型热浪过程的大气环流对比分析. 高原气象,2007,26(3):503 - 510.

第 5 章　低频天气图的天气学原理

从天气学意义分析，低频天气图上的低频天气系统与日常天气图上的天气系统虽有差别，但有密切联系。低频天气系统与某种天气过程的一些主要天气系统的发生、维持、加强、移动和减弱过程相联系。因此，低频天气图及其低频气旋和低频反气旋等低频天气系统具有天气学意义，符合天气学原理，同时也具有统计学意义。下面各节的论述将会涉及一个名词——天气实体。什么是天气实体呢？就是与低频系统演变过程相对应未过滤波天气图或等压面图上的天气系统或环流系统。

5.1　天气学意义（一）：不同位相低频降水的低频环流型及其天气实体

5.1.1　持续性强降水过程的低频特征[1]

通过对逐次强降水过程分析发现，大范围持续性强降水过程基本发生在长江中下游降水低频振荡的峰值阶段，图 5.1 给出了强降水过程发生前后降水低频振荡的周期分布特征。总体来看，大部分强降水过程位于降水 10 ~ 30 天低频振荡的峰值阶段。1981—2010 年 30 年中位于降水 10 ~ 30 天振荡峰值阶段的强降水过程共有 32 次。其中梅汛期（6—7 月）发生 25 次，过程平均持续时间为 6. 2 天。台汛期（8—9 月）发生 7 次，过程平均持续时间为 5. 4 天。据统计，32 次大范围持续性强降水过程对应的 10 ~ 30 天低频降水分量的方差贡献为 32% 。除 10 ~ 30 天月内振荡外，梅汛期还有 13. 6% 的强降水过程位于 30 ~ 60 天低频振荡的峰值阶段。

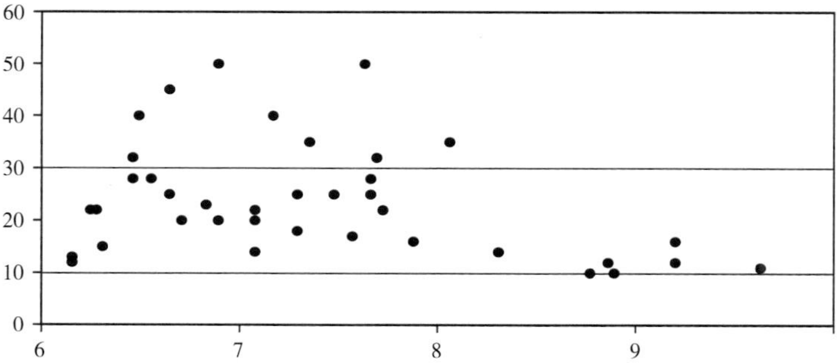

图 5. 1　长江中下游大范围持续性降水过程对应的降水低频振荡的显著周期分布

（横坐标：强降水过程始末时间的中间日期，纵坐标：强降水过程对应的降水低频振荡显著周期的中值）

分别对 32 次强降水过程对应的降水低频波 1 ~ 8 位相的降水距平和低频降水分量进行合成（图 5. 2）。位相合成的具体做法是：对 1981—2010 年逐年夏季 6—9 月长江中下游的区域平均降水进行 10 ~ 30 天滤波，挑出每次强降水过程对应的完整波形，并将每个波动分为 8 个位相。波谷和波峰分别对应 1、5 位相，其他相应位相如图 5.2 所示。需要说明的是，所有进行位相合成的物理量均经过 5 点滑动平均，以确保各位相低频演变的连续性。由图 5.2 可知，10～30 天低频降水分量与实际降水量有很好的对应关系。1～5 位相，实际降水量和低频降水分量呈现增加趋势，5～8 位相，二者呈现减少趋势。在 1（5）位相，即长江中下游夏季降水 10～30 天振荡谷（峰）值位相，实际降水量普遍减少（多）。在强降水过程发生的 4～6 位相，实际降水量为显著正距平，在 5 位相降水强度达到最强。因此，10～30 天低频降水分量的方差贡献及其与实际降水演变的对应关系均表明，10～30 天低频振荡与强降水过程紧密相关。

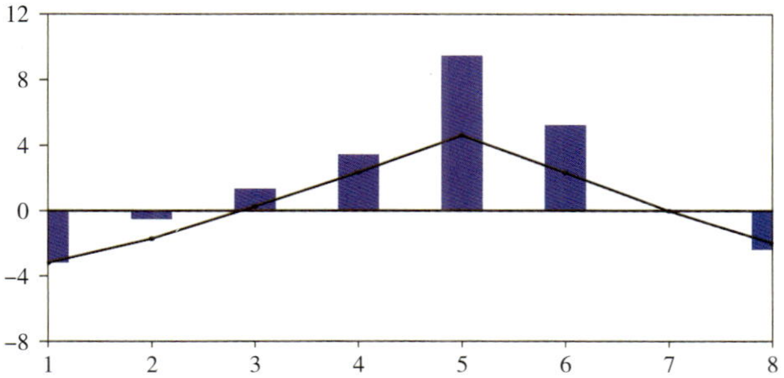

图 5.2　与大范围持续性强降水过程相联系的夏季降水月内低频振荡 8 个位相的实际降水量距平（柱状图）及 10～30 天低频降水分量（折线图）（单位：mm/d；横坐标表示长江中下游降水 10～30 天振荡的 1～8 位相）

鉴于大范围持续性强降水过程主要发生在降水 10～30 天低频振荡的峰值阶段（4～6 位相），同时考虑到梅汛期和台汛期降水影响系统的不同，下面重点讨论与 10～30 天低频降水对应的环流演变特征，以揭示大范围持续性强降水过程发生的可能机制。

5.1.2　梅汛期和台汛期的环流演变

（1）西太平洋副热带高压的演变

从西太平洋副热带高压随降水 10～30 天振荡位相的演变（图 5.2）来看，梅汛期从降水谷值位相（1 位相）到峰值位相（5 位相），副高西伸特征明显，副高西脊点从 130°E 西伸至 120°E，其北界也随之北进。此特征与副高加强西伸有利于长江中下游夏季强降水的已有研究[2]较为一致。但对于台汛期，副高的演变特征却明显不同。副高主体偏北，其西脊点在 1～3 位相基本停滞在 125°E 附近，而 3～5 位相副高则呈东退南撤特征（图略）。

（2）高、低空急流的演变

除对流层中层的副高外，高低空系统的配置也是强降水发生的必要条件。从强降水过程逐位相的高低空急流演变（图略）来看，在梅汛期的降水谷值位相（1 位相，图 5.3a），高空急流中心位于我国西北和日本中部；低空急流中心位于日本南部。伴随副高的西伸（东退），低空西南方急流（高空西风急流）也随之西伸（东退）。到了降水峰值位相（5 位相，图 5.3c），高空急流中心东伸至长江以北；低空急流中心西伸至长江以南，高低空急流在长江中下游附近有很好的配合。二者在垂直方向上的耦合使得长江中下游低层强烈辐合，高层强烈辐散，为大范围持续性强降水过程的发生提供了非常有利的条件。

在台汛期降水 10～30 天振荡谷值位相（1 位相，图 5.3b），副高主体偏北使得低空急流的位置也偏北，位于我国近海—日本一带。高空急流中心位于我国西北和日本海附近。从谷值位相到峰值位相，伴随着副高的东退南撤，低空西南风急流向南落至长江中下游，而高空急流位置变化不大。在峰值位相（5 位相，图 5.3d），降水区位于高空急流的右侧和低空急流的左侧，走向与低空急流基本一致。

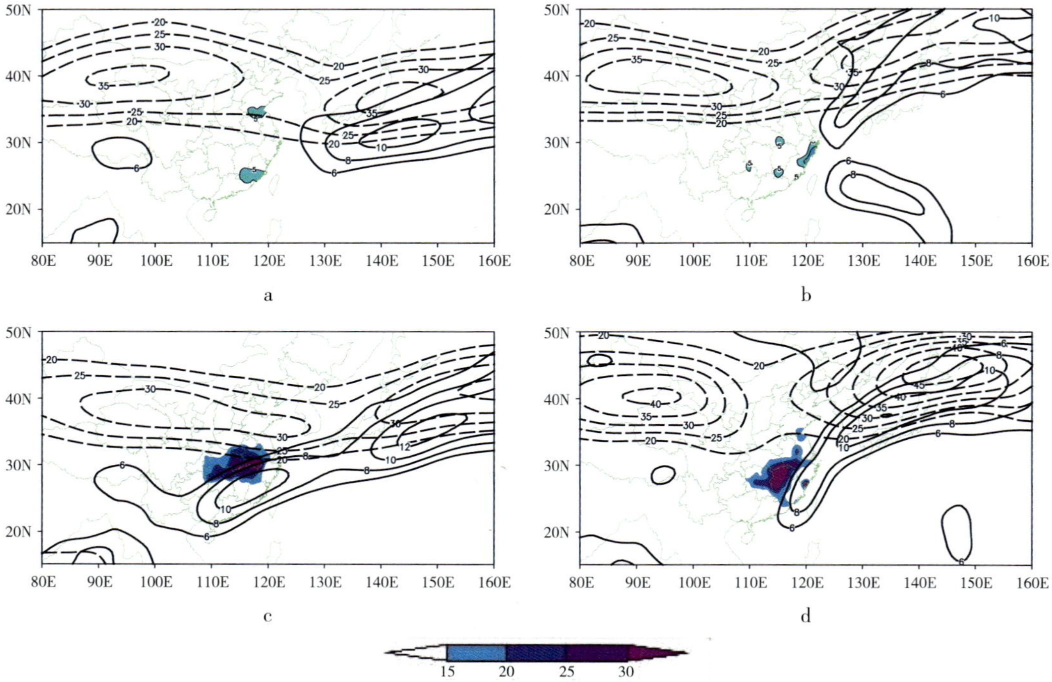

图 5.3　梅汛期（a，c）和台汛期（b，d）降水 10～30d 振荡 1（a，b）、振荡 5（c，d）位相的高低空急流配置

（虚线：200hPa 全风速；实线：700hPa 全风速，单位：m/s；阴影：降水量大值区，单位：mm/d）

5.1.3　梅汛期和台汛期降水 10～30 天振荡的低频环流

降水的低频振荡往往与大气环流的低频振荡有着密切的联系[3,4]。下面分别从对流层中层、低层环流及热带对流的低频振荡及其与强降水过程的可能联系出发，对比分析梅汛期和台汛期的 10～30 天低频环流场。

（1）对流层中层低频环流演变

对于梅汛期降水 10～30 天振荡中层低频环流场的演变（图 5.4a），从第 1 位相开始，位于东北亚地区的低频位势高度低值区南传，于第 5 位相传至长江流域及其以北。同时，中纬太平洋地区“+ − +”的低频波列西传，原位于 140°～160°E 附近的低频位势高度低值区在 5 位相到达 120°E。在降水峰值位相，来自东北亚地区和中纬太平洋地区的低频位势高度低值区在长江中下游汇合。同时，由于低纬地区副高的发展加强，长江中下游附近在降水峰值位相形成了南高北低的低频位势高度分布。长江中下游在低涡的控制之下，有利于气流辐合和上升运动的发展。而副高为之提供了充沛的水汽条件，二者的共同作用造成了长江中下游的峰值降水。

台汛期降水 10 ~ 30 天振荡低频位势高度的分布形势（图 5. 4b）与梅汛期明显不同。从 1 位相到 5 位相，南海的低频位势高度低值区逐渐北传并加强，中纬太平洋的低频位势高度低值区西传，二者在 5 位相同时到达长江中下游。而中高纬地区在 1 ~ 5 位相一直是低频位势高度高值区。因此，5 位相长江中下游附近为南低北高的低频位势高度分布。受其影响，长江中下游出现低频东风，与长江以南副热带西南气流强烈辐合（图略），对长江中下游峰值降水的产生有重要作用。

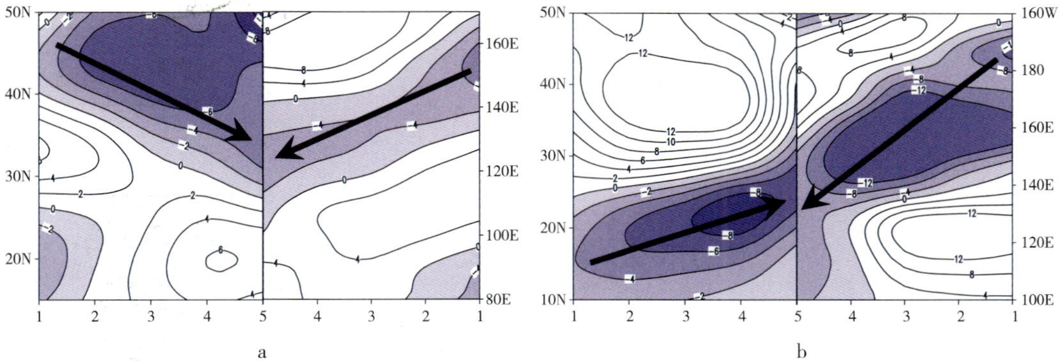

图 5. 4　梅汛期 a 和台汛期 b 降水 10 ~ 30 天振荡 500hPa 低频位势高度的经、纬向传播

（左半边为沿 115° ~ 125°E 的位相 - 纬度剖面图，右半边为沿 30°N 的位相 - 经度剖面图
横坐标表示位相，阴影表示低频位势高度低值区，单位：位势米）

（2）对流层低层低频环流演变

在汛期不同阶段，与强降水过程相联系的低层低频环流场是如何演变的？图 5. 5 给出了梅汛期和台汛期 700hPa 低频风场随位相的演变。在梅汛期，1 位相东亚沿岸自西北太平洋至中高纬依次是低频反气旋、低频气旋、低频反气旋和低频气旋，分别位于菲律宾以东洋面、菲律宾北部，长江中下游和东北亚地区（图 5. 5a）。长江中下游在低频反气旋辐散气流的作用下，降水异常偏少。此后菲律宾东部低频反气旋向西移动，而东北亚低频气旋逐渐向南扩展。至第 3 位相，菲律宾东部的低频反气旋移至我国南海；东北亚低频气旋东移南下，其南边缘已经到达江淮地区；而原先位于二者之间的低频气旋、低频反气旋逐渐减弱消失（图 5. 5b）。至第 5 位相，南海的低频反气旋继续持续，东北亚低频气旋继续南压，中心到达长江中下游（图 5. 5c）。这种南侧低频反气旋、北侧低频气旋的分布形势与对流层中层“南高北低”的低频位势高度分布相对应。长江中下游在低频气旋控制下产生强烈辐合，而其南侧的低频反气旋将大量暖湿水汽向长江中下游输送，二者的共同作用导致了长江中下游降水峰值的产生。6 ~ 8 位相，低频气旋继续向东南扩展，整个华南至西北太平洋地区为低频气旋控制。长江中下游在低频偏北风的控制之下降水逐渐减弱消失（图 5. 5d）。

而在台汛期，1 位相（图 5. 5e）沿东亚沿岸从热带西太平洋到日本海呈现低频气旋、低频反气旋相互交替的低频波列。长江中下游在辐散气流控制之下降水异常偏少。此后，低频波列缓慢向西北方向移动（图 5. 5f）。至第 5 位相，原位于菲律宾东北部的低频气旋和日本海附近的低频反气旋分别向西北移至长江中下游和东北亚地区。南侧低频气旋带来的暖湿气流与北侧低频反气旋带来的干冷空气在长江中下游交汇（图 5. 5g），为降水峰值的产生提供了有利条件。6 ~ 8 位相，随着低频波列的继续西北传，原位于菲律宾东部的低频反气旋移至长江中下游，受反气旋辐散气流影响强降水逐渐减弱消失（图 5.5h）。

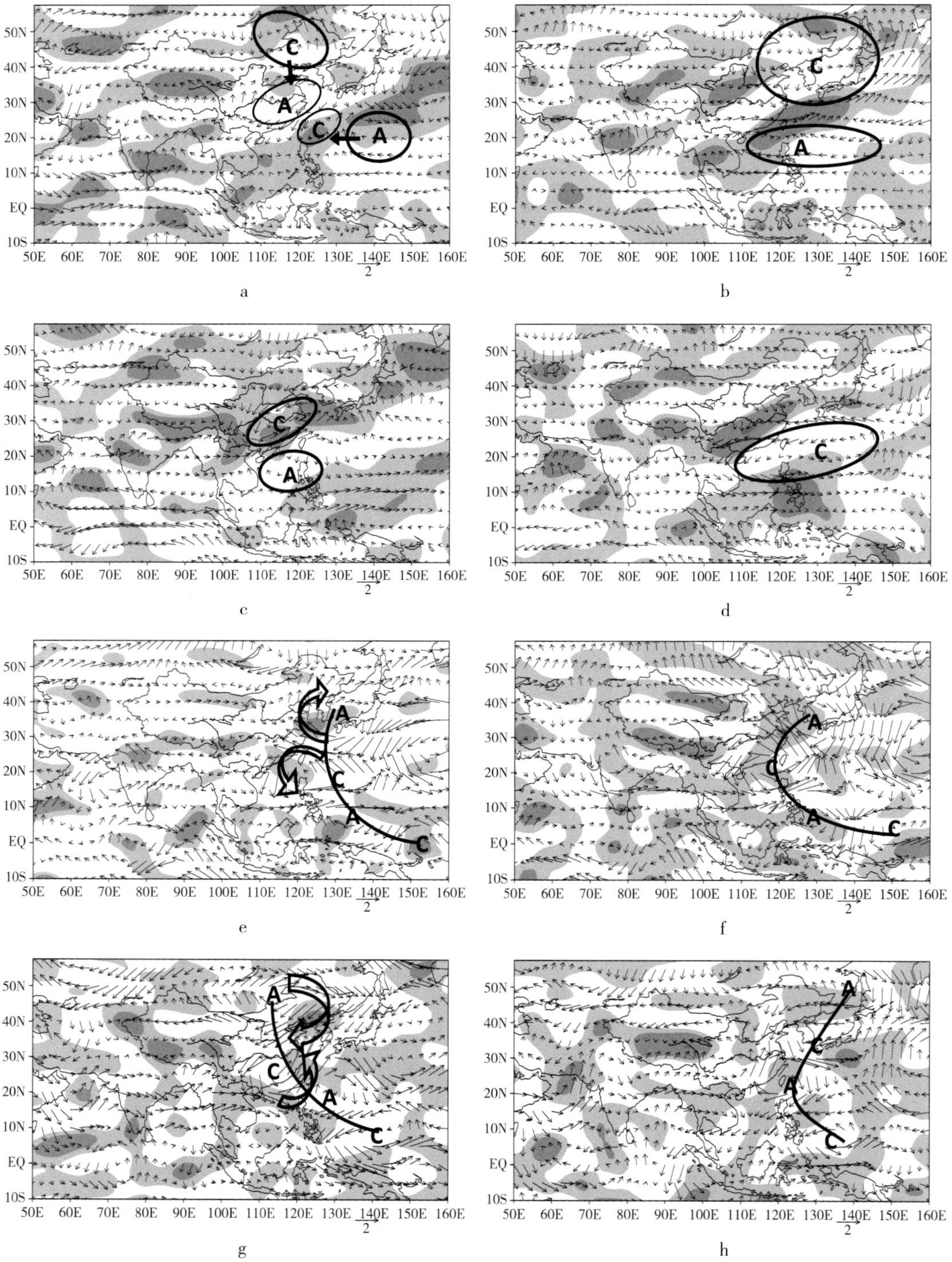

图 5.5　梅汛期（a～d）和台汛期（e～h）降水 10～30d 振荡 1、3，5、7 位相的 700hPa 低频风场

（阴影表示辐合区）

资料来源：引自国家基础地理信息中心下载（网址：http：//ngcc. sbsm. gov. cn ）。

从以上分析可以看出，梅汛期低频降水峰值位相（大范围持续性强降水过程）的产生与高纬低频气旋的南下和副热带低频反气旋的西移有关。而台汛期低频降水峰值位相（大范围持续性强降水过程）的产生主要与东亚沿岸从热带西太平洋到中高纬低频波列的西北向移动有关。

5.1.4　上海夏季降水峰谷位相的低频环流型及其天气实体

分析上海徐家汇站 2007—2012 年每年 5 月 1 日—9 月 30 日逐日降水量的低频（30～50 天）降水曲线，现以 2010 年夏季为例，给出图 5.6，其他年份的结果基本相似，不再给出。

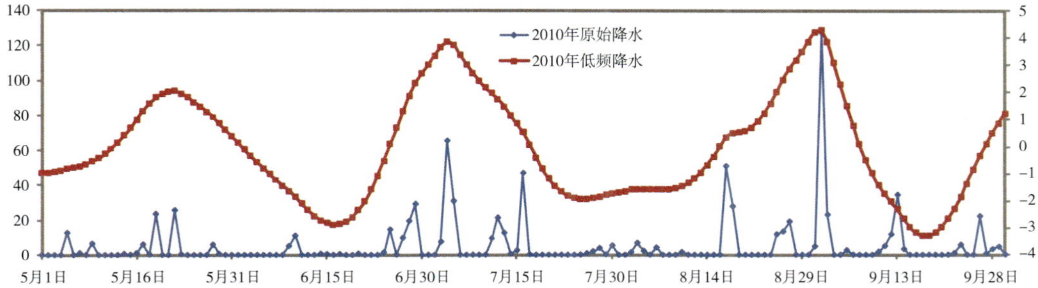

图 5.6　2010 年 5 月 1 日—9 月 30 日低频降水（右侧纵坐标）和原始降水（左侧纵坐标）（单位：mm）

从图 5.6 显而易见，5 月 1 日—9 月 30 日，低频降水量曲线出现 3 个峰值（最大正位相）和 3 个谷值（最小负位相），每个峰值、谷值位相均分别对应强降水过程、无雨过程。其中，6 月 13 日、7 月 23 日为谷值位相，实况无降水。在无雨的谷值位相，从贝加尔湖南部到日本，存在一个低频气旋 - 低频反气旋（6 月 13 日，图 5.7a）波列和贝加尔湖东部到我国东北地区再到日本、菲律宾以东洋面，存在一个低频反气旋 - 低频气旋 - 低频反气旋 - 低频气旋（7 月 23 日，图 5.8a）波列。两个波列虽然低频系统的组成不同，但它们的共同点是两个波列呈 NW - SE 走向，长江中下游处于较强的偏西或偏东气流控制下，无偏北、偏南气流辐合而少雨。

为了进一步探讨低频系统所对应的天气实体——未滤波天气图上的天气系统，给出谷值位相 6 月 13 日（图 5.7c）、7 月 23 日（图 5.8c）未滤波的 700hPa 流场图。可以看出，低频气旋和低频反气旋对应的天气实体就是气旋和反气旋，而且波列走向也是相似（参看图 5.7a 和 c），只不过系统的中心位置不完全重合。7 月 23 日（参看图 5.8a 和 c）的对应情况也是如此，低频系统与未滤波系统也是基本上对应的。而且，从未滤波的 700hPa 流场图上还可看出，6 月 13 日和 7 月 23 日，长江中下游地区较强的偏西气流或偏东南气流控制，无偏北偏南气流辐合，难以形成降水。

下面再分析峰值位相。7 月 5 日和 9 月 1 日为峰值位相，7 月 4—5 日，降水量达 96.7mm；9 月 1 日降水量达 127.6mm，700hPa 低频流场图上，从蒙古人民共和国中东部经长江中下游再到孟加拉湾区域，存在一个低频气旋 - 低频反气旋 - 低频气旋的波列（7 月 5 日，图 5.7b）和低频反气旋 - 低频气旋 - 低频反气旋的波列（9 月 1 日，图 5.8b）。7 月 5 日的降水是由于低频偏北、偏南气流在长江中下游辐合而引起；9 月 1 日的降水则由于低频气旋控制长江中下游而发生。同样，从7月5日和9月1日未滤波700hPa流场图上，并比较7月5日图5.7b和图5.7d，以及9月1日图5.8b和5.8d可以看出，低频气旋和低频反气旋都有与之对应的未滤波气旋和反气旋，而且与低频天气图上影响降水的低频系统一样，在未滤波天气图上，7月5日的降水是由于偏北与偏南气流在长江中下游汇合而引起；9月1日降水的发生是由于气旋控制长江中下游的结果。

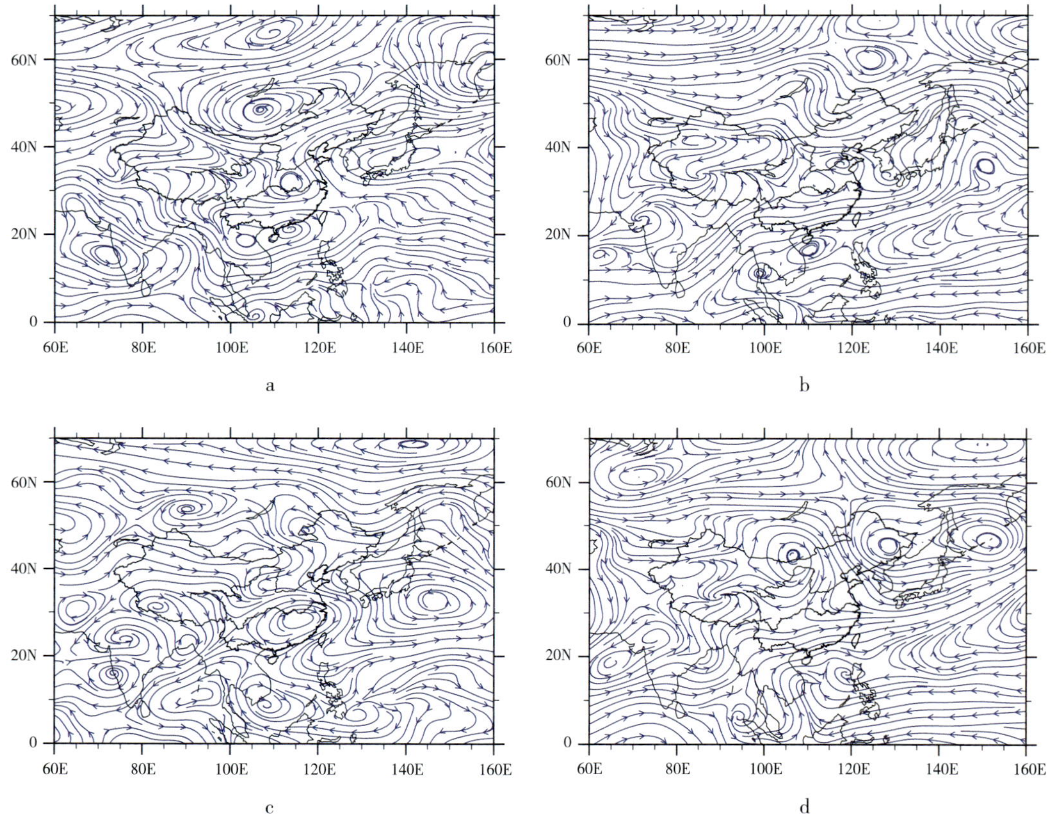

图5.7　700hPa低频流场（a，b）和未滤波流场图（c，d）

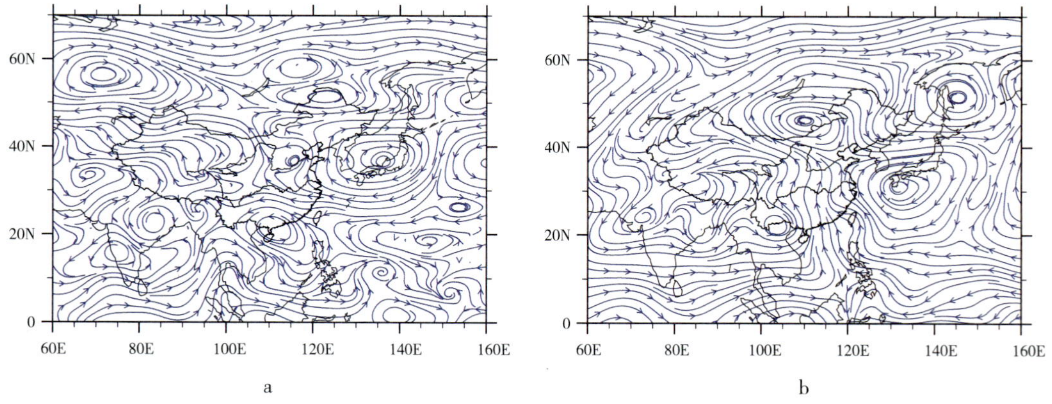

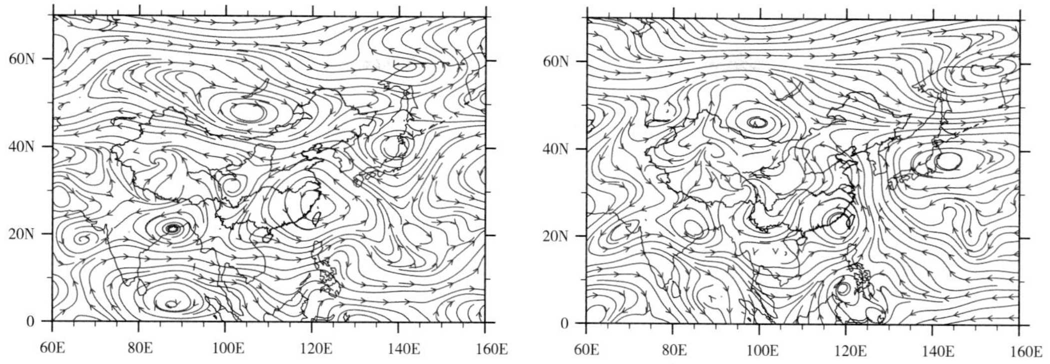

c　　　　d

图 5.8　700hPa 低频流场（a，b）和未滤波流场图（c，d）

资料来源：引自国家基础地理信息中心下载（网址：http：//ngcc. sbsm. gov. cn ）。

5.2　天气学意义（二）：合成的强降水过程的低频流型及其天气实体

5.2.1　上海地区强降水过程的低频环流型及其天气实体

绘制了 2007—2012 年每年 6—9 月上海地区强降水日 700hPa 低频流场和未滤波流场各自的合成图（图略）。这 6 年的合成图上，低频系统的分布基本相似，反映出强降水发生时，低频系统的相互配置具有共性。这里给出 2011 年的低频流场图和未滤波流场图（图 5.9）。

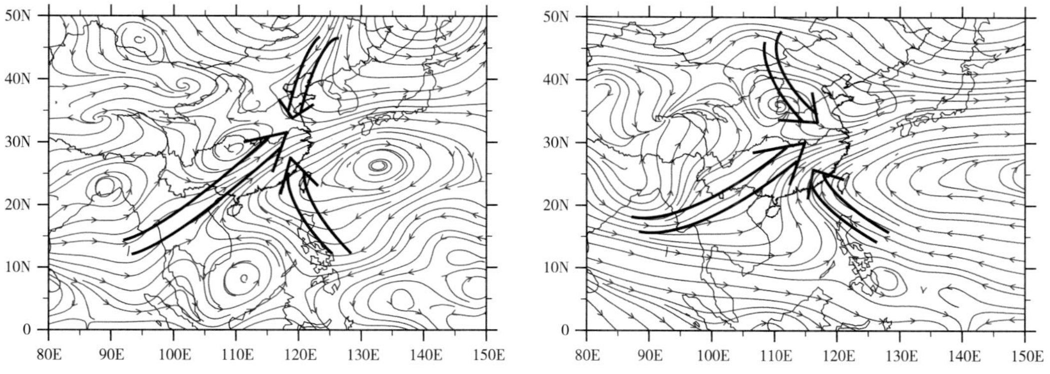

a　　　　b

图 5.9　2011 年 6—9 月上海地区强降水日 700hPa 低频流场 a 和未滤波流场 b 合成图

资料来源：引自国家基础地理信息中心下载（网址：http：//ngcc. sbsm. gov. cn ）。

从图 5.9a 可以看出，低频气旋和低频反气旋的分布及其相应的低频偏北气流与低频偏南气流在上海地区所在的30°N 附近汇合，同期的实况流场图（图 5.9b）上也是如此，同样反映出偏北、偏南气流在此地区汇合。偏北气流反映出中高纬地区冷空气南下，而偏南气流则反映出暖湿气流（一支源自东亚夏季风；另一支源自印度夏季风）北上。冷、暖空气在该地区汇合，引起降水过程。而且，低频流场图上的低频系统与未滤波流程图上的环流系统是有联系的。低频气旋和低频反气旋所对应的恰好是未滤波天气图上的气旋和反气旋等大气环流系统。只不过比较起来，低频系统存在 30～50 天的周期振荡，而且变化缓慢，持续性和连续性明显；而实况天气图的环流系统不具备低频系统的这些特征，因而作出 30 天大气环流系统的预报有一定局限性。这正是低频系统能做延伸期天气过程预报的关键所在，同时也表明低频系统能反映大气环流系统的变化。低频系统均为闭合的低频气旋和低频反气旋（图 5. 9a），而实况天气图上的环流系统有时有与低频系统相对应的气旋和反气旋闭合中心，有时则无，只表现为“槽”和“脊”。如图 5. 9a，在西太平洋有闭合的低频反气旋，图 5. 9b 中，则仅出现“脊”，没有闭合中心。但是。两者都有一支偏南气流影响我国东部地区。

又如 2009 年 5—9 月，低频气旋和低频反气旋的分布与未滤波气旋和反气旋分布基本相同，低频偏北气流和低频偏南气流在上海地区（30°N，120°E 附近）汇合，同期的未滤波流场图上，同样反映出偏北、偏南气流在该地区汇合，冷暖空气的交汇造成降水过程（图略）。

5. 2. 2 长江中下游旱涝转折的低频环流型及其天气实体

长江中下游地区 2011 年 3—5 月降水异常偏少 53. 0%，为近 60 年同期最少，气象干旱持续发展。尤其 5 月，长江中下游各省、市平均降水偏少 4～6 成（表 5. 1），部分地区偏少 8 成以上。与之形成鲜明对照的是 6 月形势急转，长江中下游各省市平均降水量偏多 2～8 成（表 5. 1）。由于暴雨范围广，降雨时间长，导致不少地区洪涝成灾。

表 5. 1 2011 年 5、6 月降水统计

降水		上海	江苏	浙江	安徽	江西	湖北	湖南
降水量/mm	5 月	48. 0	52. 2	70. 6	72. 7	146. 5	84. 6	119. 1
	6 月	323. 9	210. 6	355. 8	295. 6	372. 9	251. 1	263. 6
降水距平百分率/%	5 月	-52	-40	-56	-41	-39	-42	-41
	6 月	84	27	61	47	34	39	23

从降水过程看，5 月仅在 21—23 日长江中下游出现较大范围中-大雨过程；而 6 月长江中下游先后出现 5 次大范围强降水过程：6 月 3—7 日、9—11 日、13—16 日、17—19 日和 23—25 日。大部分地区累计降水量超过 200mm，部分地区达 400～800mm。图 5. 10 分别给出了 2011 年 5、6 月降水相对于 1980—2010 年平均的降水距平百分率，可以看出长江中下游地区完全相反的分布特征。5 月，长江中下游为负值区，大部分地区降水距平百分率在 -80% 左右（图 5. 10a），而 6 月发生了转变，降水距平百分率超过 100%（图 5. 10b）。

图 5. 11 是 5 月干旱时段（5 月 1—15 日、16—31 日）700hPa 低频流场（图 5. 11a，c）和实况流场（图 5. 11b，d）的合成图，在图 5. 11 中，西太平洋地区 5 月上半月为一西风带低频反气旋，下半月为一低频气旋，相应的在长江中下游地区先为一致的低频偏南气流，后期为一致的低频偏北气流。而且孟加拉湾的低频西偏南气流也没有抵达长江中下游（图 5. 11a，c），无南北气流汇合，难以形成降水。实况图上的环流系统（图 5. 11b，d）与图（5. 11a，c）基本对应，只是实况图有时是槽和脊对应低频气旋和反气旋。

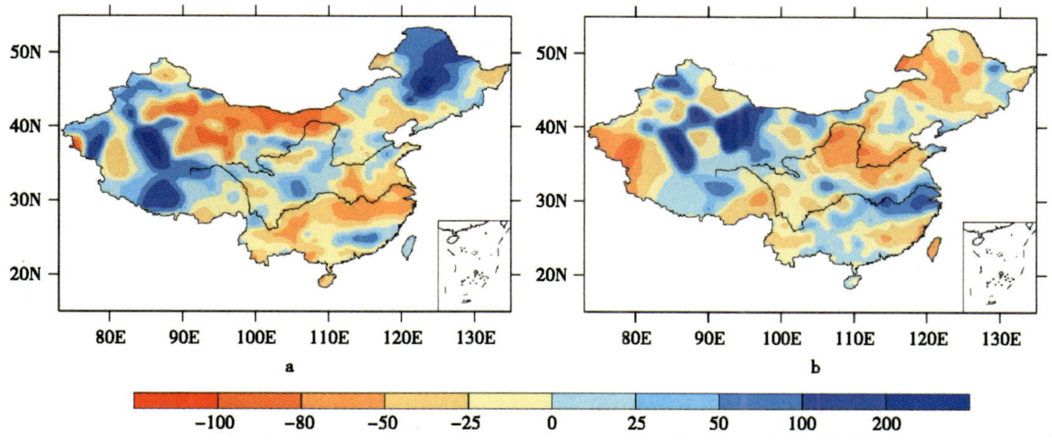

图 5.10　2011 年 5 月（a）、6 月（b）降水距平百分率

资料来源：引自国家基础地理信息中心下载（网址：http：//ngcc. sbsm. gov. cn）。

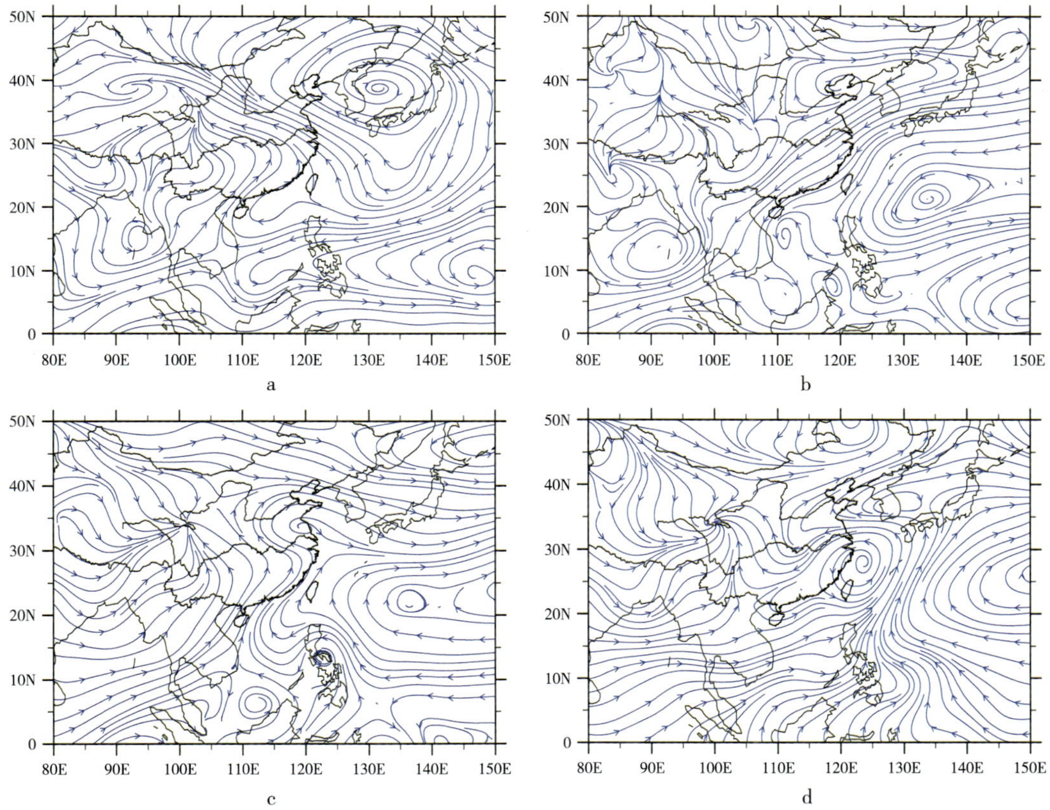

图 5.11　2011 年 5 月干旱时段低频流场（a，c）和实况流场（b，d）合成图

资料来源：引自国家基础地理信息中心下载（网址：http：//ngcc. sbsm. gov. cn）。

图 5.12 是 6 月上中旬暴雨过程集中时段的环流系统及其相应的气流，均与 5 月相反，随着西太平的低频反气旋的北移和孟加拉湾低频气旋的建立，相应的低频南偏东和低频南偏西两支气流与低频偏北气流在长江中下游汇合，停留，形成暴雨过程。图 5.12a 与图 5.12b 在环流系统及气流方面，两者基本相似。

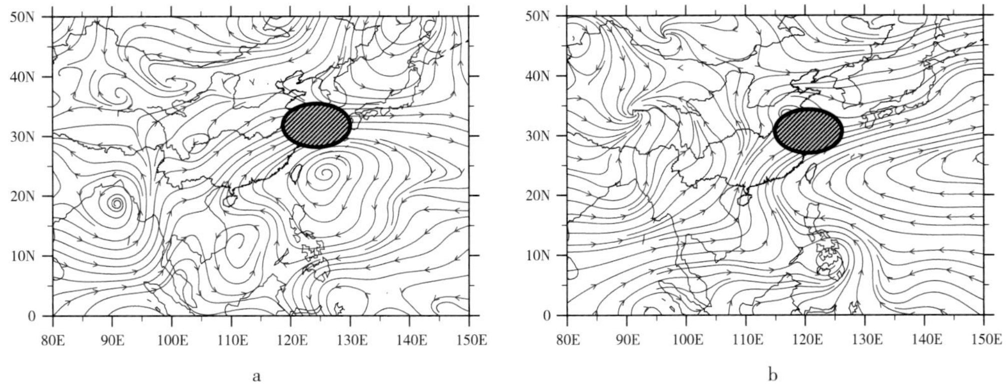

图 5.12 2011 年 6 月暴雨时段（低频流场 a，实况流场 b，图中斜线椭圆表示气流的辐合区）

资料来源：引自国家基础地理信息中心下载（网址：http：//ngcc. sbsm. gov. cn ）。

以上分析的是合成的低频系统和未滤波天气系统的演变，下面进一步分析 5、6 月旱涝转折过程的低频系统和其他物理量的演变过程，论述它们的天气学意义。西太平洋地区。5 月上半月，主要是西风带低频反气旋活动在我国东部地区及其以东的洋面上（图 5. 13a，b，c），5 月下半月，我国东部洋面上为低频气旋所控制（图 5. 13d，e，f），月

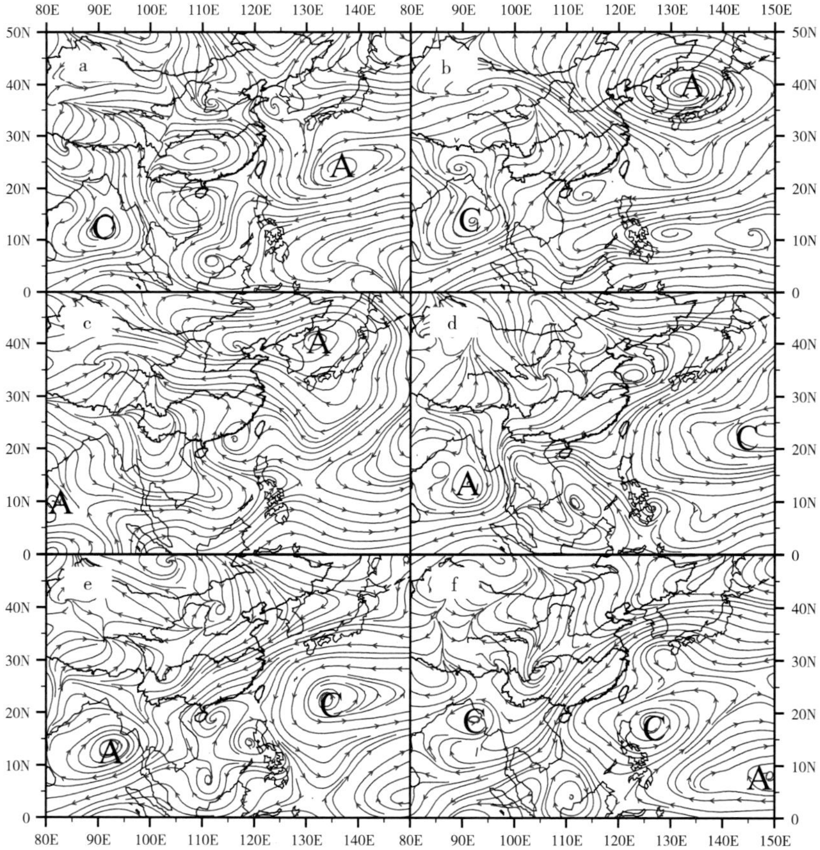

图 5. 13 5 月每 5 天的 700hPa 低频流场

（a，b，c，d，e 和 f 分别为 5 月 4，8，13，18，23 和 28 日）

资料来源：引自国家基础地理信息中心下载（网址：http：//ngcc. sbsm. gov. cn ）。

底才在西太平洋低纬地区（7°N，150°E 附近）出现低频反气旋（图 5. 13f）。然后从 6 月初开始到 6 月底，此低频反气旋西进北上，逐渐靠近我国东部沿海，而其南部又出现了一个低频气旋，这一对北、南经向分布的低频反气旋、气旋，稳定维持在西太平洋地区（图 5. 14a ~ f）。

孟加拉湾地区。5 月上旬，孟加拉湾地区有一低频气旋，其中心位置偏南在 12° ~ 17°N 范围内（图 5. 13a，b）。5 月中旬到下旬前期孟加拉湾地区维持——低频反气旋（图 5. 13c，d，e）。但从 5 月底开始到 6 月 25 日孟加拉湾地区不仅出现了低频气旋，而且其中心逐渐从 18°N 北移到 25°N（图 5. 13e，f）。但到 6 月下旬后期，孟加拉湾地区低频气旋为低频反气旋取代（图略）。

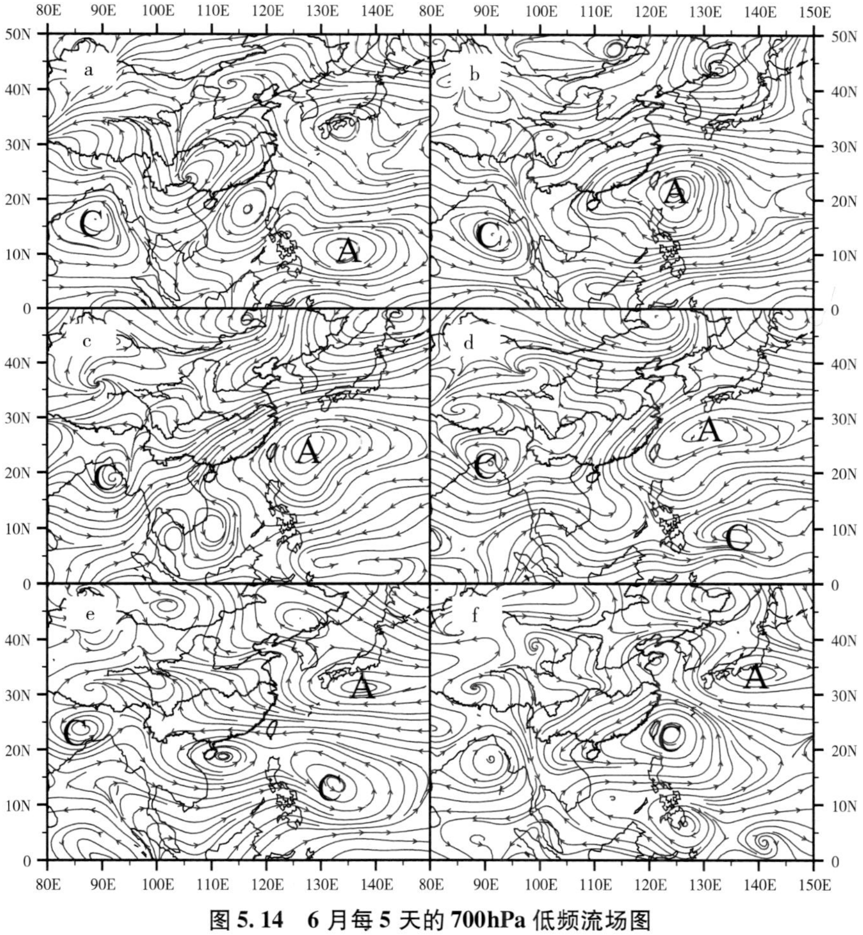

图 5. 14　6 月每 5 天的 700hPa 低频流场图

（a，b，c，d，e 和 f 分别为 6 月 2，7，12，17，22 和 27 日）

资料来源：引自国家基础地理信息中心下载（网址：http：//ngcc. sbsm. gov. cn ）。

以上分析的是低频系统，下面分析低频气流。一定的环流系统有相应的气流配合，系统和气流是相互适应的。上节中，我们分析了低频系统（西太平洋区域的低频反气旋和孟加拉湾地区的低频气旋）的活动特点，在这些低频系统的配置下，相应的低频气流在 5 月上旬到中旬中，我国东部沿海从高纬到低纬为一致的低频偏南气流（图 5. 13a，b，c），5 月中到月底为一致的低频偏北气流（图 5. 13d，e，f）。但从 6 月初到月底，长江中下游以南为低频偏南气流（东南和西南），这显然与西太平洋低频反气旋西进北上和孟加拉湾低频气旋北抬有关，因为西太平洋低频反气旋及其相应的东南气流和孟加拉湾低频气旋及其相应的西南气流，共同形成了较强的偏南气流，再加上北方的低频偏北气流，这两支低频偏南偏北气流在长江中下游地区汇合，从而引起降水（图5.14）。

为了进一步展示孟加拉湾低频气旋北抬及其相应的西南气流东移与偏北气流南移在长江中下游的汇合，见图5.15。

图5.15左半部分为纬向传播（沿30°N）；右半部分为经向传播（沿120°E），交汇点在30°N，120°E。从图5.15左半部分看，低频偏南风从60°E向东传播，6月1日前后传播到110°E附近，6月6日前后传播到120°E附近。与此同时，5月底低频偏北风从60°N向南传播，6月初传播到35°N（图5.15右半部分），并与向东传播的低频偏南风汇合，低频南北气流在长江中下游汇合维持了1个月（6月），从而引起连续的强降水过程发生。5月则与6月不同，在30°N，120°E及其附近地区从5月初到中旬初，维持低频偏南风，基本上无W－E和N－S的低频波列传播。5月中旬中到5月底，虽有N－S的低频偏北风传播，但无W－E的低频偏南风在30°N，120°E及其附近地区与之汇合，故5月长江中下游干旱少雨。

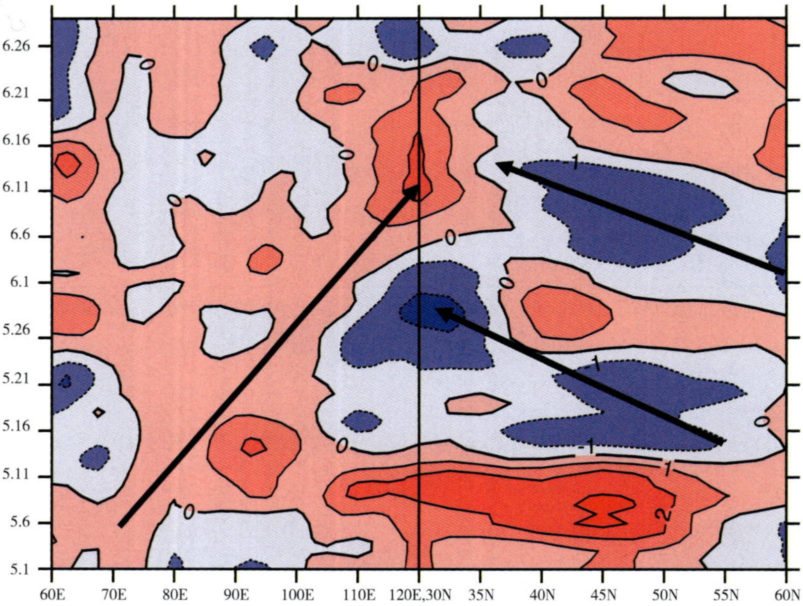

图5.15 2011年5、6月30～50天滤波后700hPa经向风的经度－纬度－时间综合剖面图

再看低频水汽。亚洲夏季风由东亚夏季风和印度夏季风组成，东亚夏季风和印度夏季风不仅仅是一种气流的季节性变化，而是由多个成员（大气环流系统）所组成。西太平洋副热带反气旋和孟加拉湾气旋分别是东亚夏季风和印度夏季风系统中最主要的成员之一。它们分别引导东南和西南气流到达长江中下游，影响该区域降水[5]。为了表征这一特征，我们分析了长江中下游来自西南方和东南方的水汽输送及两者之间的联系，给出SW－NE向（0°N，60°E～30°N，120°E）和SE－NW向（0°N，140°E～30°N，120°E）的从地表到300hPa整层积分的低频水汽输送（q_v）时间剖面图（图 5.16）。

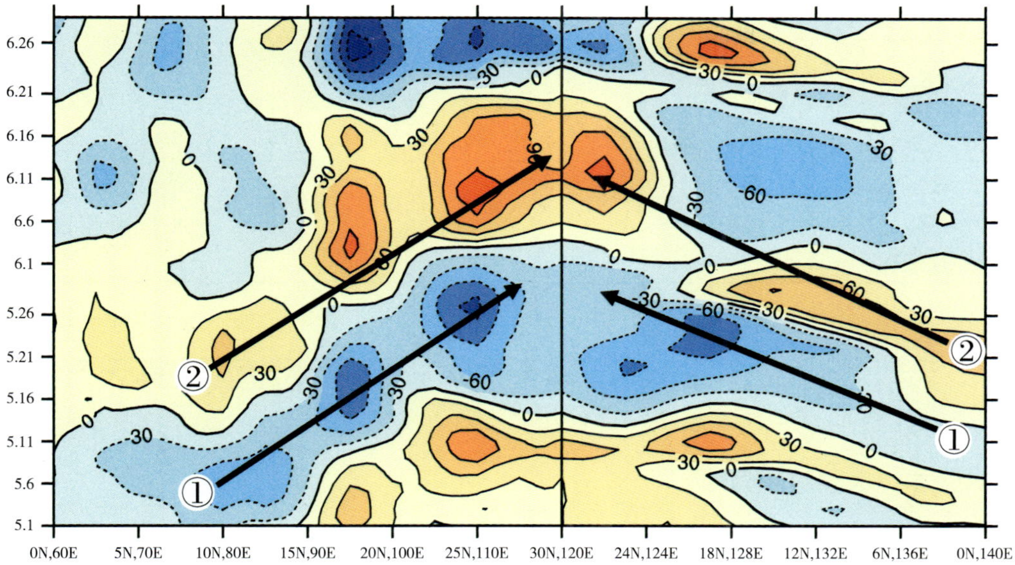

图 5.16　2011 年 5、6 月沿（0°N，60°E）—（30°N，120°E）和（0°N，140°E）—（30°N，120°E）的低频 q_v 时间剖面图（单位：kg/m·s）

图 5.16 的左、右半部分分别是 q_v 的 SW－NE 向、SE－NW 向的时间剖面图，中间的直实线表示 30°N，120°E 的交汇区。从图中可以看出，5、6 月有两次明显的低频波列活动过程，经过 30～50 天滤波的经向风水汽通量（q_v）从 SW－NE 同时也从 SE－NW 传播，最终在 30°N，120°E 及其附近地区汇合。它们的差别在于：5 月是偏北风水汽输送（$-q_v$）；6 月为偏南风水汽输送（$+q_v$）。第一次是 5 月初（图 5.16 中的①），在 0°N，60°E（0°N，140°E）产生的向 NE（NW）方传播的 $-q_v$，5 月中旬中传播到（20°N，100°E），然后继续向 NE 传播，于 6 月初在（30°N，120°E）及其附近区域汇合，并持续到 6 月初，$-q_v$ 的绝对值在向 NE（NW）传播过程中不断增大。第二次（图 5.16 中的②）与第一次相似，所不同的是 $+q_v$，从 5 月中旬初向 NE（NW）方传播，到 6 月初传播到 100°～120°E（120°～130°E），6 月上旬末传播到（30°N，120°E）附近汇合，维持到 6 月下旬中期，同样在传播过程中的 q_v 值增大。

上述的低频经向风水汽通量分析表明，5 月和 6 月的大气低频水汽特征截然相反，实际上反映出东亚夏季风和印度夏季风的活动情况。再与低频系统（西太平洋低频反气旋和孟加拉湾低频气旋）联系起来看，赤道低纬地区两支向偏北方传播的低频波列在（30°N，120°E）及其附近地区汇合（5 月为 $-q_v$，6 月为 $+q_v$）是造成长江中下游 5 月干旱 6 月洪涝的天气学原因之一。

此外，水汽通量散度的分布也表明，长江中下游 5 月大部分时间为水汽通量辐散区；6 月大部分时间是水汽通量辐合区，而且有水汽通量散度负值区分别从 SW（SE）向 NE（NW）传播，并在（30°N，120°E）及其附近地区交汇（图略）。综合上述分析，结果归纳于表 5.2。

表 5.2 2011 年 5、6 月大气低频环流的比较

	低频反气旋	低频气旋	低频气流	低频水汽
5 月	我国东部以东洋面为西风带反气旋或低频气旋	孟加拉湾低频气旋偏南（12° ~ 17°N）或为低频反气旋	我国东部沿海为一致的低频偏北或偏南气流	低频水汽输送 $-q_v$，水汽通量散度为辐散
6 月	我国东部以东洋面为西太平洋副热带低频反气旋	孟加拉湾低频气旋偏北（18° ~25°N）	低频偏北和偏南气流在长江中下游汇合	低频水汽输送 q_v，水汽通量散度为辐合

5.3 天气学意义（三）：不同天气过程低频环流型及其天气实体

5.3.1 中 - 大雨过程

2009 年 6 月 29 日—7 月 2 日上海地区出现一次中 - 大雨，局部地区暴雨过程，最大日降雨量达到 71.0mm。低频天气图上在降水发生时段内，贝加尔湖附近和我国东北附近地区分别有低频西北气流东南下和低频东北气流西南下，在长江中下游地区汇合；同时，上海地区位于低频气旋的东南部和西太平洋低频反气旋的西北部，使得偏南气流加强并流向上海地区。偏北和偏南气流汇合于长江中下游地区，引起上海地区的强降水过程。

图 5.17 表明上海地区所处的 110° ~120°E 的经度范围内，强降水过程发生前 5 天，低纬地区的偏南气流不断加强并向北扩展，与此同时，中高纬地区的偏北气流也不断加强并向南扩展，当南、北气流的分界线（粗实线）从 35°N 南移位于 30°N 附近（上海地区附近）时，强降水开始，分界线继续南移时，降水停止。从图中还可以看出，中高纬地区的偏北气流，是先有一支中纬地区的冷空气南下，后有一支高纬地区的冷空气南下，两股冷空气叠加而加强了偏北气流（图 5.17 是未滤波经向风）。

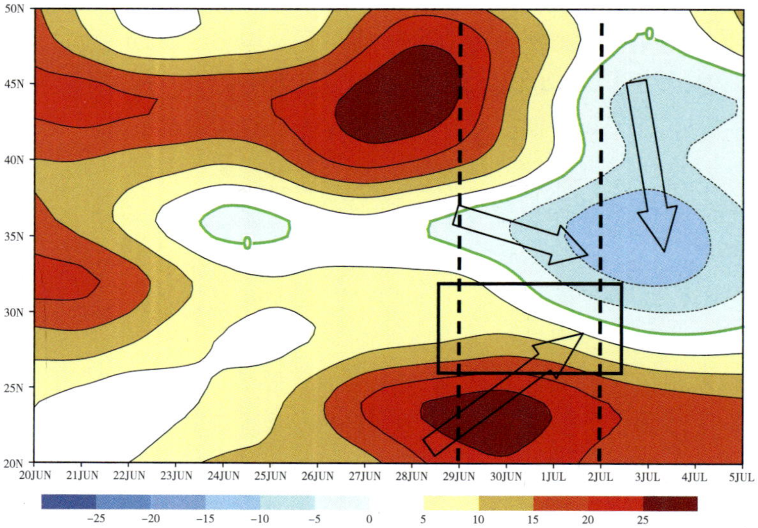

图 5.17 2009 年 6 月 20 日—7 月 5 日沿 110° ~120°E 700hPa 经向风纬度——时间剖面图（单位：m · s^{-1}）

5.3.2　暴雨过程

2012 年 6 月 17—18 日上海地区出现了暴雨、局部特大暴雨（最大降水量为 138.4mm）的强降水过程，从图 5.18 可以看出，降水发生前 5 天（6 月 12 日），低频偏北与偏南气流相遇的辐合区位于长江中下游以南地区（图 5.18a）；暴雨发生当日（6 月 17 日），南北两股低频气流的辐合区北抬到 30°N 附近的上海地区（图 5.18b）；降水发生后 5 天（6 月 23 日），低频气流的辐合区继续北抬，位于长江中下游以北、以东的洋面上（图 5.18c）。图 5.18 明显地反映出强降水过程发生前、发生时和发生后偏北、偏南气流辐合区与强降水发生与否配合的全过程。

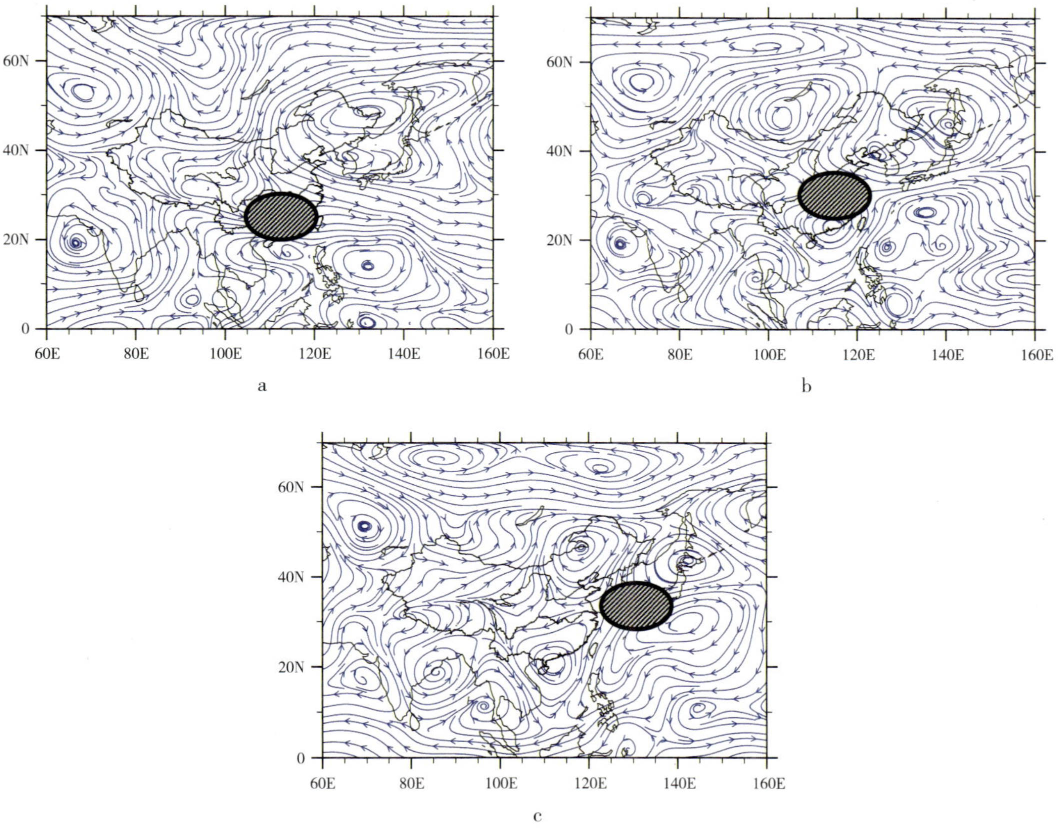

图 5.18　700hPa 低频流场图

（a，b 和 c 分别代表 2012 年 6 月 12 日、17 日和 23 日，阴影区表示低频气流的辐合区）

资料来源：引自国家基础地理信息中心下载（网址：http：//ngcc. sbsm. gov. cn ）。

有意义的是，降水发生时同日同时的 700hPa 未滤波的流场图（图 5.19）与低频流场图（图 5.18b）比较，两者的环流形势场和主要环流系统基本相似，且位于 30°N 附近的两股气流辐合区也很一致。所以低频天气图上与低频偏北、偏南气流相应的低频系统反映了未滤波的偏北、偏南气流相应的天气系统。问题在于，这次强降水过程，未滤波的中高纬和低纬的天气系统始见于 6 月 8 日（图略），即影响降水发生的天气系统在过程发生前 10 天可以追踪到，但低频天气图上的 30°N 以北和以南的低频系统在前 1 个月就追踪到了，这正是低频天气图的优势之处。

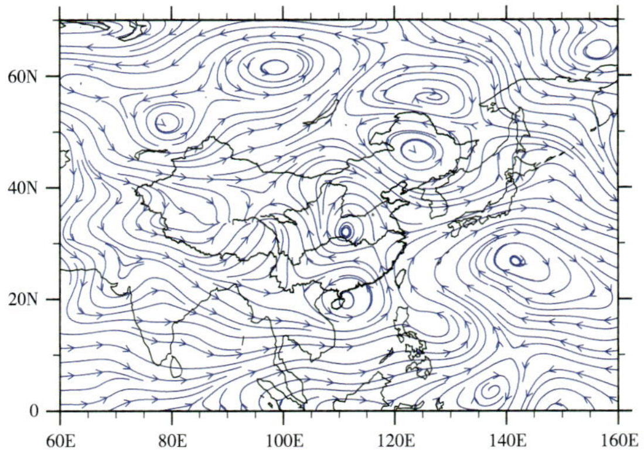

图 5.19 2012 年 6 月 17 日 700hPa 流场图（未滤波）

资料来源：引自国家基础地理信息中心下载（网址：http：//ngcc. sbsm. gov. cn ）。

5. 3. 3 干旱过程

2009—2010 年和 2011—2012 年我国西南地区发生秋、冬和春季连旱，这两次严重干旱过程时期相同，起于 10 月，止于次年 4 月，5 月普降喜雨，旱象缓和解除。图 5. 20 是 2009 年 10 月 1 日至 2010 年 4 月 30 日和 2011 年 10 月 1 日至 2012 年 4 月 30 日降水距平百分率图，清晰地显示出这两次干旱过程期间云南及其邻近地区的降水距平百分率大多为 -25% ~50%，部分地区达到 -80%。

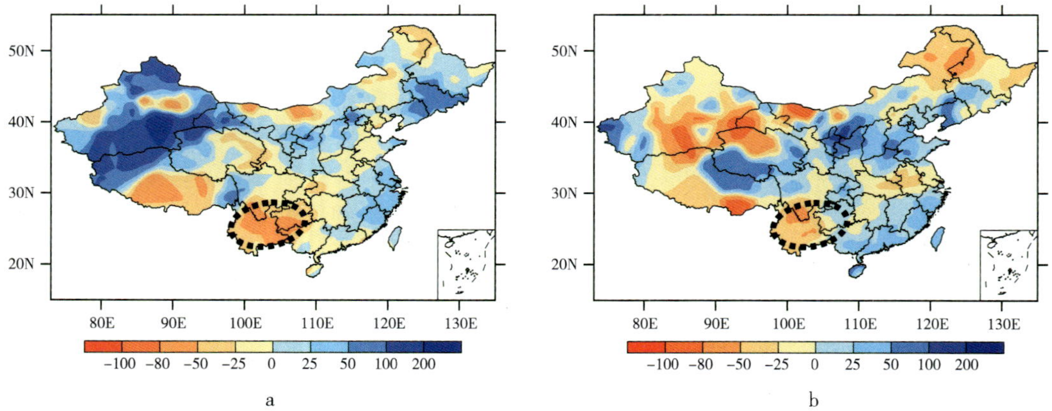

图 5. 20 西南地区 2009 年 10 月 1 日至 2010 年 4 月 30 日 a 和 2011 年 10 月 1 日至 2012 年 4 月 30 日 b 降水距平百分率（%）

资料来源：引自国家基础地理信息中心下载（网址：http：//ngcc. sbsm. gov. cn ）。

为了比较，给出图 5. 21。图中显示，2006 年 10 月 1 日至 2007 年 4 月 30 日云南及其邻近地区降水偏多 20% ~50%，部分地区达到 50% ~100%，与图 5. 20 所示相反。

下面将从大气低频振荡方面分析低频系统、低频气流和低频对流活动，分析西南干旱的大气低频特征。因为某区域降水与否与低频气旋，低频反气旋和低频气流以及低频对流活动有关，较长时期无降水，则会发生气象干旱。

（1）低频气流。图 5. 22 是西南地区 2009 年 10 月 1 日至 2010 年 4 月 30 日和 2011 年 10 月 1 日至 2012 年 4 月 30 日（干旱年，下同）形成干旱的 2 种主要低频气流形势：

纬向气流型（西风，图5.22a；东风，图5.22b），纬向气流控制西南地区，阻挡了北方干冷空气（南方暖湿气流）南下（北上）；经向气流型（北风，图5.22c；南风，图5.22d），在经向气流控制下，北方（南方）冷（暖）空气向南（北）推进过程中，不能在该地汇合停留，因而难以引起降水过程。

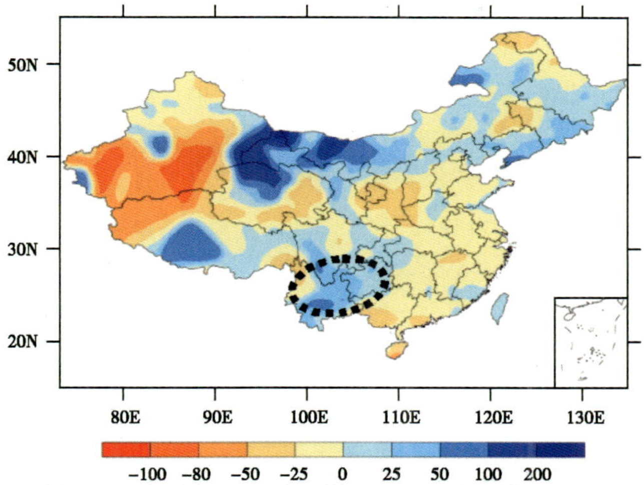

图 5.21　西南地区 2006 年 10 月 1 日至 2007 年 4 月 30 日降水距平百分率（%）

资料来源：引自国家基础地理信息中心下载（网址：http://ngcc.sbsm.gov.cn）。

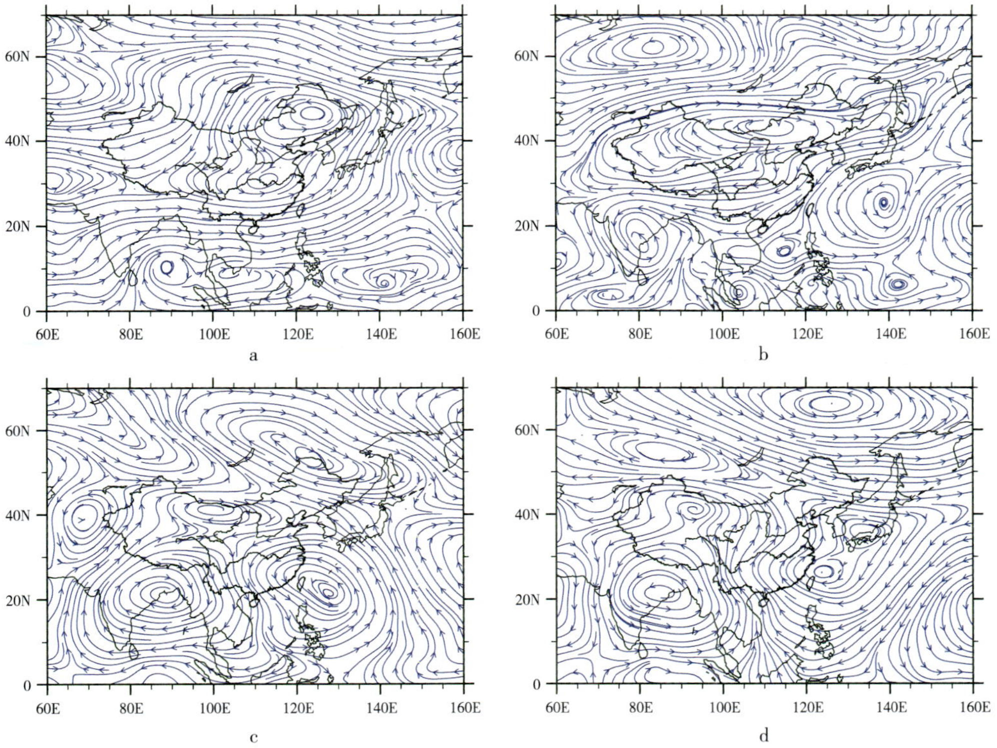

图 5.22　500hPa 低频流场图

（a，b，c 和 d 分别为 2010 年 2 月 4 日、2009 年 12 月 6 日、2010 年 2 月 15 日和 2010 年 1 月 25 日）

资料来源：引自国家基础地理信息中心下载（网址：http://ngcc.sbsm.gov.cn）。

图5.22是任意挑选的日期，其低频流型是有共性的。为了比较，给出2006年10月1日至2007年4月30日（非干旱年，下同）500hPa典型的低频流场图（图略）。与干旱年的4种流型不同的是，低频偏北偏冷气流和低频偏南偏暖气流常在西南地区经过并且汇合而引起降水。

表5.3统计了干旱年和非干旱年低频流型和将要论述的低频系统的天数。表5.3表明，干旱年低频纬向气流型占优势，分别有85天、56天；低频经向气流型也占优势，分别有82天、86天。而非干旱年低频纬向气流型仅有32天，低频经向气流型57天。两个干旱年：2009年10月1日至2010年4月30日，干旱低频气流型（纬向型和经向型）共计141天，占期间总天数的67%；2011年10月1日至2012年4月30日，干旱低频气流型共计168天，占总天数的79%。而非干旱年：2006年10月1日至2007年4月30日，干旱低频气流型共计89天，占总天数的41%。可见，干旱年的干旱低频气流型是优势气流型，占总天数的2/3~4/5；非干旱年的干旱低频气流型远少于干旱年，仅占2/5。

表5.3　干旱年、非干旱年低频特征统计　　单位：d

	纬向气流	经向气流	印度—孟加拉湾		云南地区	
			低频气旋	低频反气旋	低频气旋	低频反气旋
2009—2010年	85	82	85	123	16	39
2011—2012年	56	86	64	98	31	51
2006—2007年	32	57	86	81	25	0

干旱年低频经向、纬向气流型都多于非干旱年，说明干旱年低频偏北、偏南气流在西南地区汇合天数少，降水也少；反之，非干旱年的干旱低频气流型少，低频偏北、偏南气流汇合机会多，容易有降水。

（2）低频系统。表5.3的统计结果还表明，印度—孟加拉湾地区干旱年分别出现低频气旋85个、64个、低频反气旋123个、98个，而非干旱年出现低频气旋86个，低频反气旋81个。显然，干旱年出现的低频气旋少于非干旱年，低频反气旋多于非干旱年。印度—孟加拉湾出现低频气旋或低频反气旋，关系到是否有水汽向西南地区输送，是造成该地区降水的重要条件之一。低频气旋（低频反气旋）前部的偏南（偏北）气流，有利（不利）于水汽向北输送，这与何金海等（孟加拉湾低涡统计特征及其与南海季风爆发的关系，2011年副热带气象学会年会报告）和文献[1]分析的未滤波的环流形势比较一致。再从云南地区出现的低频系统看，干旱年反气旋（39个、51个）远多于非干旱年（0个），非干旱年没有出现低频反气旋。

上面仅是单独分析云南地区和印度—孟加拉湾地区的低频系统，下面将把这两个南北相邻的地区连在一起，分析其低频系统。图5.23是两个干旱年和一个非干旱年沿95°E逐候的低频水平风场的纬度—时间剖面，图中粗实线表示槽线，椭圆表示低频气旋环流。从图5.23可以看出，在95°E（位于云南地区西部）经度上，在25°N附近及以南地区，干旱年分别有1个、2个低频气旋环流出现（图5.23a，b），非干旱年则有4个低频气旋环流出现（图5.23c），其低频环流范围，干旱年小于非干旱年。而且30°

N 以北冷空气（低频低槽），干旱年（3 次）也少于非干旱年（5 次）。

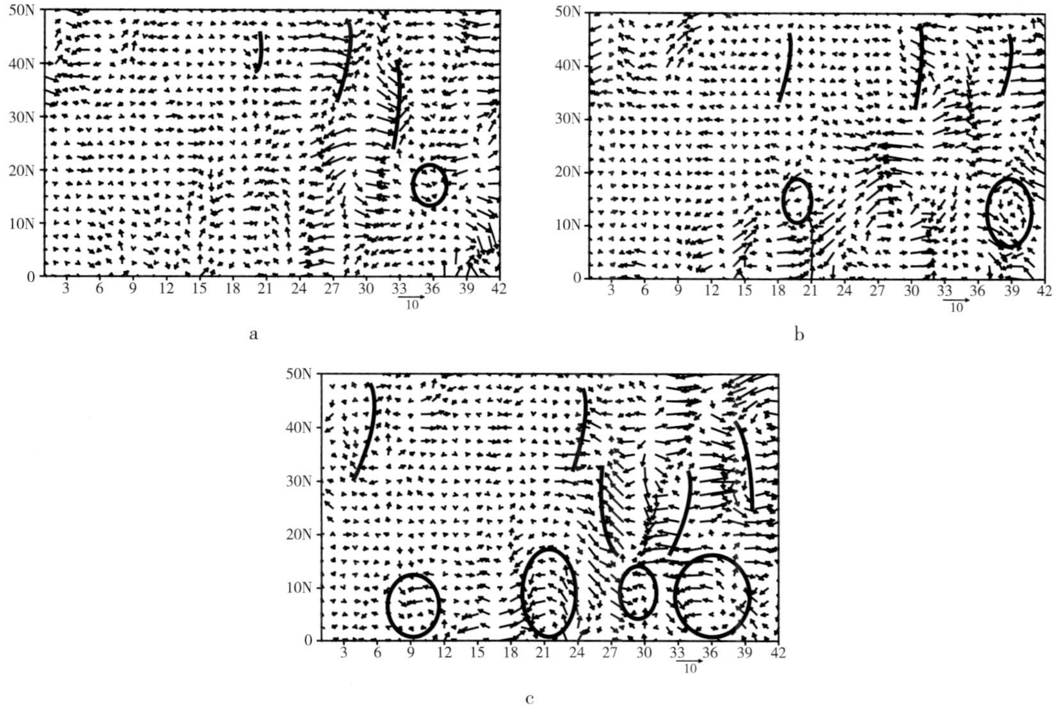

图 5.23　沿 95°E 逐候低频风场纬度 – 时间剖面

［a，b 和 c 分别为两个干旱年（2009 年 10 月 1 日至 2010 年 4 月 30 日和 2011 年 10 月 1 日至 2012 年 4 月 30 日）和非干旱年（2006 年 10 月 1 日至 2007 年 4 月 30 日）］

从同时期的云南地区逐候降水量的实况图看，干旱年和非干旱年凡有低槽和低频气旋环流出现时，该地区一般都有降水过程发生。如 2009—2010 年第 33 ~ 38 候和 2011—2012 年第 18 ~ 21 候、37 ~ 41 候出现低槽和低频气旋环流时，分别在同年度的 36 ~ 41 候和 19 ~ 21 候、36 ~ 41 候发生降水过程。又如 2006—2007 年第 3 ~ 10 候、19 ~ 22 候、28 ~ 31 候和 33 ~ 40 候出现低槽和低频气旋环流时，在同年度的 1 ~ 8 候、19 ~ 21 候、30 ~ 31 候和 38 ~ 41 候发生降水过程（图略）。显然，干旱年（非干旱年）低槽和低频气旋环流少（多），对应的降水过程也少（多）。这也表明，该地区降水过程发生，与北方冷空气南下和南方孟加拉湾暖湿气流北上有联系。

另外，根据沿 95°E 低频 OLR 纬度—时间剖面图（图略）的统计显示，低频 OLR 在 20° ~ 25°N 的负值区（对流）所占天数，干旱年（125 天、135 天）也少于非干旱年（165 天）。

以上分析共同展现出一个 25°N 以南地区（西南地区和印度—孟加拉湾）低频系统的分布图像：干旱年（非干旱年）低频气旋少（多），低频反气旋多（少），中高纬冷空气少（多），且对流活动也少（多）。这些低频特征较好地说明，如果低频系统的变化切断了印度—孟加拉湾水汽向北输送，北方冷空气又不能到达，更主要的是南、北低频气流不能在西南地区交汇，就有可能出现气象干旱，这也是干旱发生的重要原因之一[6]。

事实上，低频气流和低频系统是相互适应的，只是因低频系统的地理位置不同，才出现了西南地区不同的低频气流。比如，10°～20°N 纬带内（西南地区以南），从西太平洋经中南半岛，再经孟加拉湾到印度出现一个宽广的低频气旋（低频反气旋），则其北部便会出现低频东风（低频西风）气流，控制西南地区；同样，西南地区以西（以东）出现一个宽广的低频气旋（低频反气旋），则西南地区便会出现低纬到中纬度的低频偏南气流；反之西南地区以西（以东）出现一个宽广的低频反气旋（气旋），则西南地区便会出现从中纬度到低纬的低频偏北气流。

5.3.4　台风过程

（1）2008 年第 6 号热带风暴“风神”（国际编号：0806）于 6 月 19 日上午在菲律宾以东洋面生成，6 月 20 日下午 2 时左右“风神”在菲律宾中部东萨马省沿海登陆，登陆时中心附近最大风力达 35m/s，6 月 25 日 5 时 30 分前后“风神”在广东省深圳市葵涌镇沿海登陆，登陆时减弱为热带风暴，中心附近最大风力有 9 级（23m/s）。而后风暴中心以 15km/h 左右的速度向偏北方向移动，进入江西赣州，强度继续减弱。

图 5.24 分别为台风生成日（6 月 19 日）和登陆日（6 月 25 日）低频流场和未滤波流场。比较图 5.24a，b 和图 5.24c，d，可以看出，无论生成日或登陆日，低频气旋都有与之相对应的未滤波气旋，6 月 19 日菲律宾以东洋面上有一低频气旋出现，同样

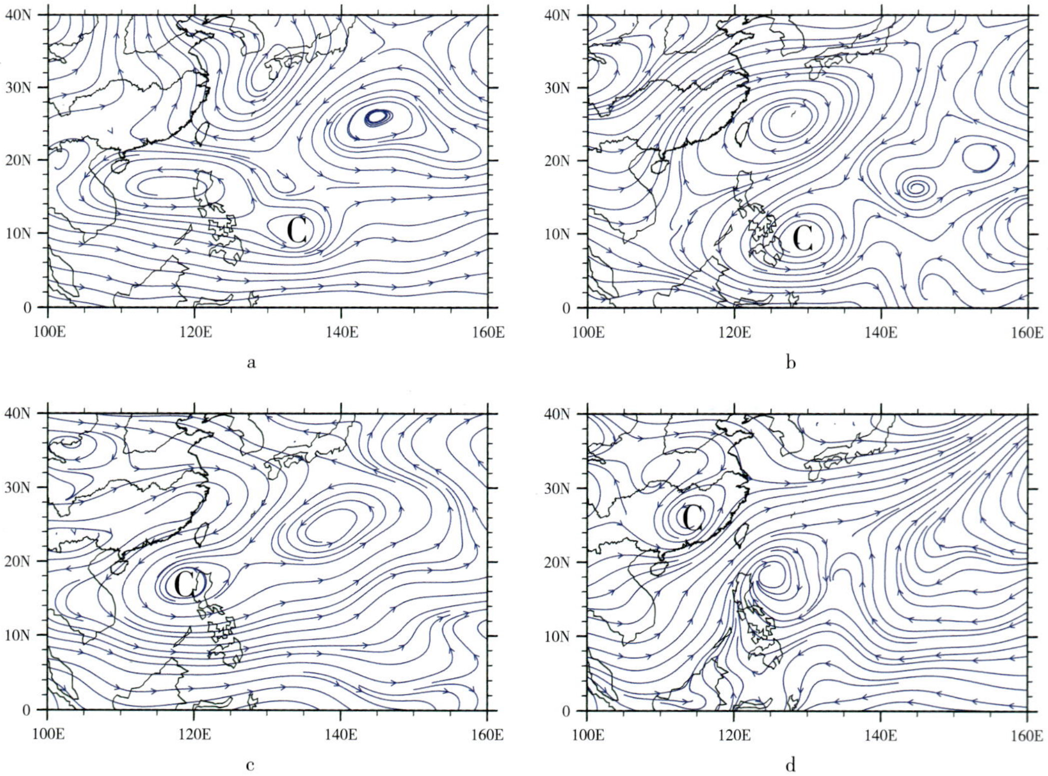

图 5.24　700hPa 等压面流场图

（a，c 为低频流场；b，d 为未滤波流场；a，b 为 2008 年 6 月 19 日；c，d 为 2008 年 6 月 27 日）

菲律宾以东洋面也出现一个未滤波气旋。6 月 25 日我国南海有一低频气旋出现，同样我国东南沿海也有一个未滤波气旋出现，但比低频气旋偏北。

（2）2009 年 06 号台风“莫拉菲”是一个于菲律宾以东海域形成的热带低气压，并向西北移动，2009 年 7 月 15 日早上 9 点被联合台风警报中心发出首次报告，7 月 19 日台风“莫拉菲”的中心 0 时 50 分前后在广东省深圳市大鹏半岛沿海登陆，登陆时中心附近最大风力有 13 级（38m/s）。登陆后减弱为强热带风暴继续向西北偏西方向移动。

图 5.25 给出台风生成日（7 月 15 日）、登陆日（7 月 19 日）低频流场和未滤波流场，比较图 5.25a，b 和图 5.25c，d，可以发现无论台风生成日或登陆日，台风都对应低频气旋和未滤波气旋。略有不同的是，低频气旋比较完整，空间尺度较大，如 7 月 15 日台湾到菲律宾及其邻近地区，低频气旋只有一个，对应 2 个未滤波气旋。7 月 19 日，低频气旋比未滤波气旋要偏东一些，它们的中心位置不重合。

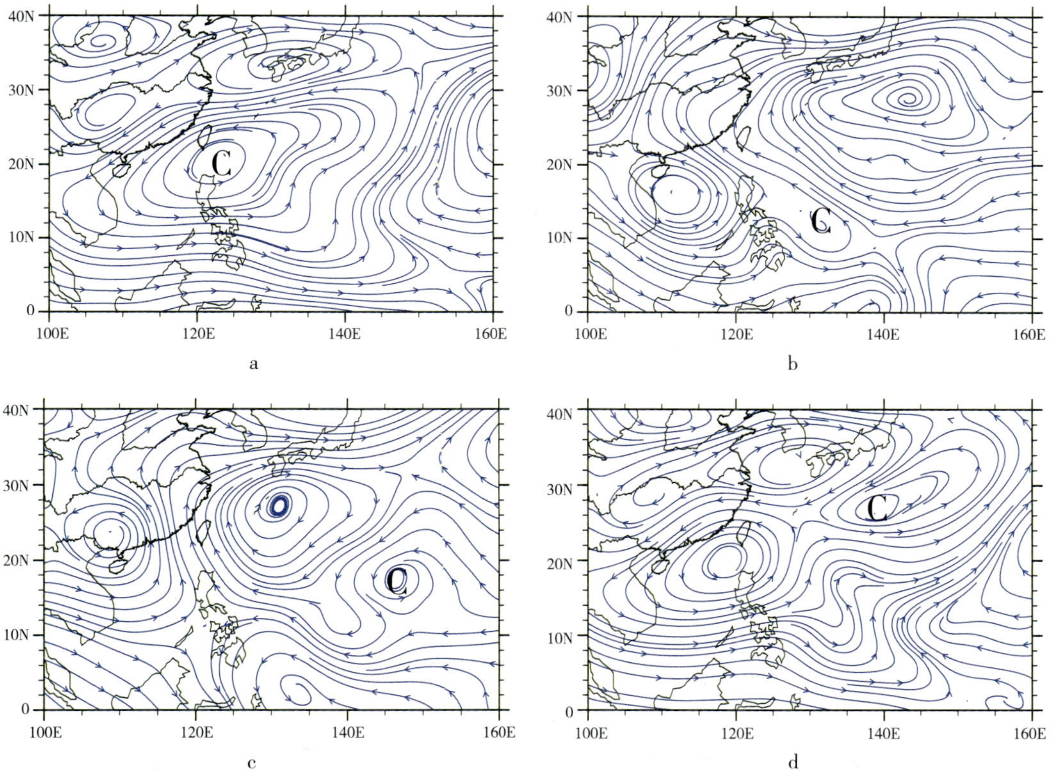

图 5.25　700hPa 等压面流场图

（a，c 为低频流场；b，d 为未滤波流场；a，b 为 2009 年 7 月 15 日；c，d 为 2008 年 7 月 19 日）

（3）2009 年 08 号台风“莫拉克”8 月 4 日 02 时生成于（21.1°N，135.6°E）。5 日加强为台风，7 日 23 时在台湾花莲登陆，9 日 16 时 20 分在福建霞浦再次登陆，12 日 02 时停止编号。从生成到结束 9 天里给中国多省市带来严重创伤，其中台湾受创最严重。

图 5.26 是 2009 年 8 月 4 日“莫拉克”台风生成日和 8 月 9 日登陆日低频流场和未滤波流场图，低频气旋和未滤波气旋分别一一对应，其中心也近似重合，这从图 5.26a，b 的比较分析中可以看出台风生成日系统对应情况；同样，从图 5.26c，d 的比较分析中也能看出台风登陆日系统的对应情况。

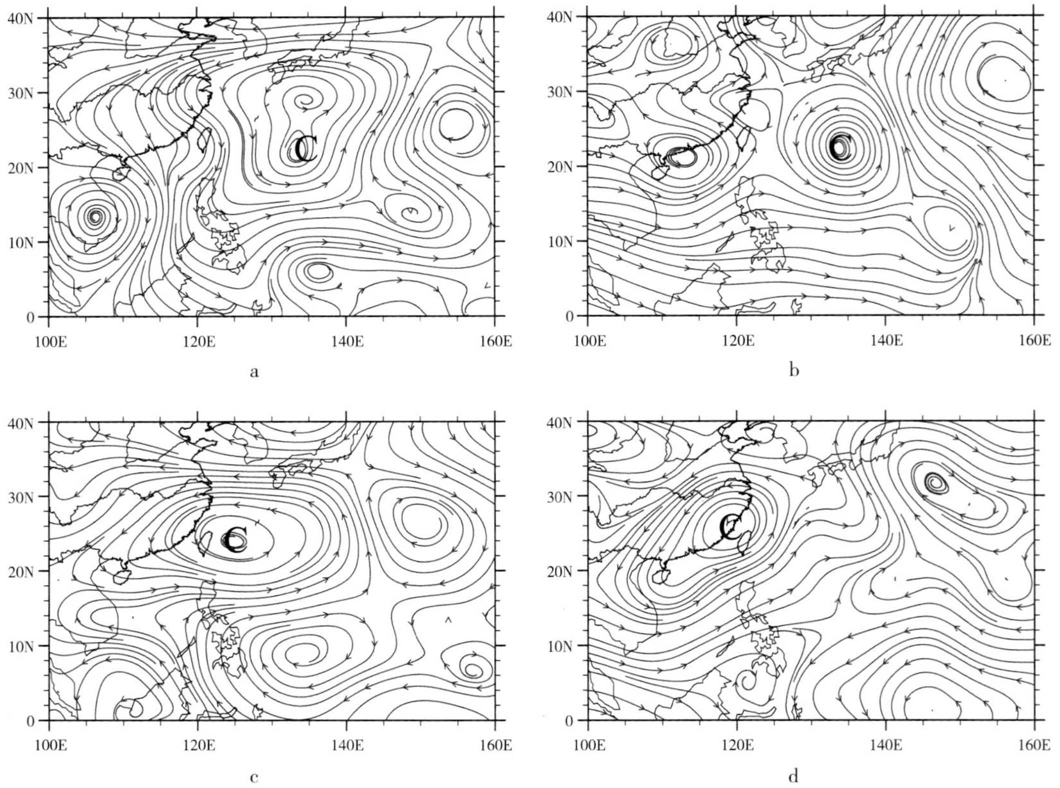

图 5.26 700hPa 等压面流场图

（a，c 为低频流场，b，d 为未滤波流场；a，b 为 2009 年 8 月 4 日，c，d 为 2008 年 8 月 9 日）

（4）2010 年第 6 号台风“狮子山”于 2010 年 8 月 29 日 02 时在南海北部海面上生成。9 月 1 日，台风“狮子山”移动到台湾西南部，9 月 2 日 6 时 45 分在福建漳浦县霞美镇登陆，登陆时最大风力 9 级，达到 27m/s 的风速。

从“狮子山”台风生成日和登陆日 700hPa 等压面低频流场（图 5.27a，c）和未滤波流场（图 5.27b，d）看，无论台风生成日和登陆日，低频气旋都与未滤波气旋相对应。登陆日两个气旋中心接近，位于我国东南沿海附近；生成日则有所差异，低频气旋偏东，中心位于台湾地区以东海上，未滤波气旋中心位于台湾地区及其附近海面。

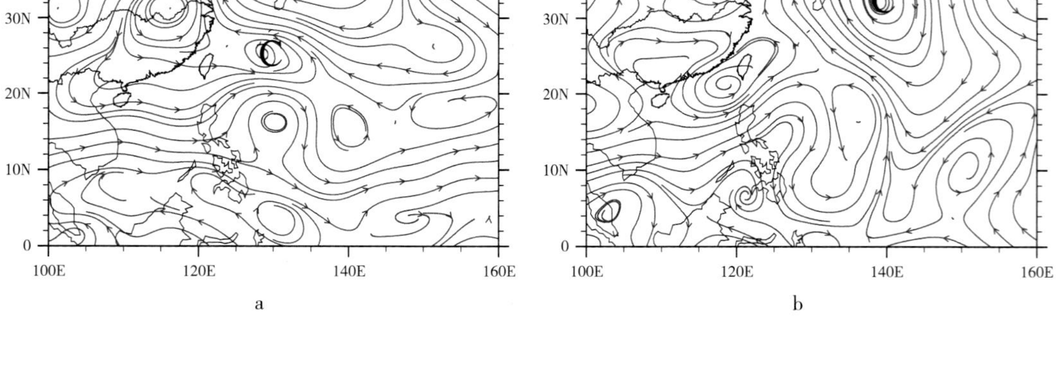

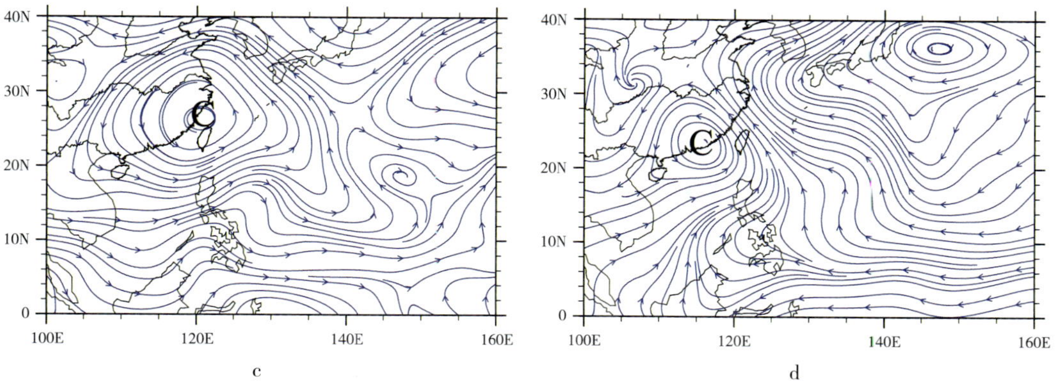

图 5.27　700hPa 等压面流场图

（a，c 为低频流场，b，d 未滤波流场；a，b 为 2010 年 8 月 29 日，c，d 为 2010 年 9 月 2 日）

（5）2012 年第 11 号强台风“海葵”于 8 月 3 日 08 时在日本冲绳县东偏南方约 1 360km 的西北太平洋洋面上（23.2°E，140.7°E）生成，中心附近最大风力有 8 级（18m/s）。台风“海葵”在 8 月 8 日 03 时 20 分在象山县鹤浦镇登陆，登陆时近中心风力 14 级，台风中心将以每小时 15 ~ 20km 速度向西北方向移动，强度逐渐减弱。

比较“海葵”台风生成日和登陆日的低频流场图（图 5.28a，c）和未滤波流场图（图 5.28b，d），无论生成日或登陆日低频气旋所对应的是未滤波气旋，它们的中心位

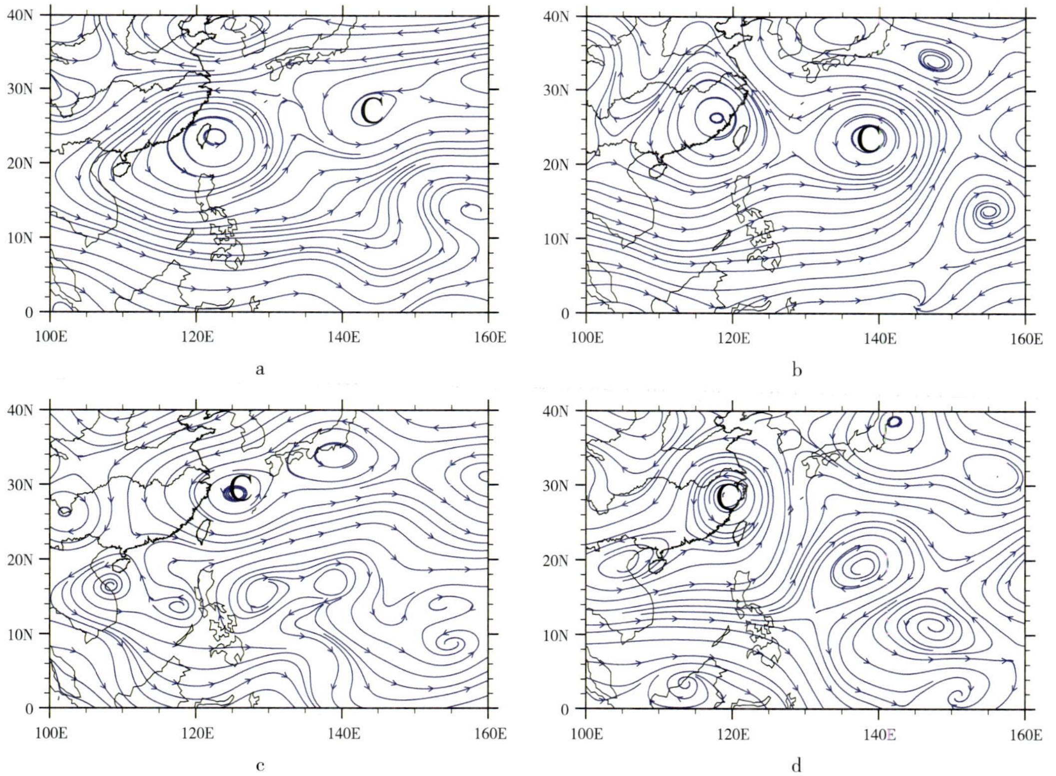

图 5.28　700hPa 等压面流场图

（a，c 为低频流场；b，d 为未滤波流场图；a，b 为 2012 年 8 月 3 日；c，d 为 2008 年 8 月 8 日）

置不一定重合，如 2012 年 8 月 8 日，台风登陆日低频气旋中心位置是（29°N，125°E）；未滤波气旋的中心位置是（29°N，121°E）。

在 5.3.4 节中，主要列举了不同年份在我国东南沿海登陆的 5 个台风从生成到登陆的过程，这些台风共同的低频特征是：台风生成日、登陆日中心位置；低频流场图上，都会在同一区域有低频气旋生成，与之相应的 700hPa 未滤波流场图上，是气旋环流中心。因此，低频天气图上低频系统的天气实体是什么？回答是肯定的，本节中低频气旋对应的天气实体是未滤波气旋。

5.3.5 华南前汛期持续性暴雨过程

下面引用高建芸等的工作[7]。该项工作也同样表明，200hPa、500hPa 和 850hPa 等压面上从低纬到高纬地区（海洋和大陆），低频高压、低频低压、低频气流和低频散度场都各自对应未滤波的高压（或脊）、低压（或槽）、气流分布和散度场。

2010 年 6 月 13—27 日，福建省经历了一场长达 15 天的持续性暴雨的袭击，过程降水强度位居历史第二（1968 年最强），强降水持续时间之长和强度之强皆为历史少见。6 月 12 日 20 时至 27 日 20 时过程雨量，福建省所有县（市）均≥100mm，其中 48 个县（市）≥250mm，12 个县（市）≥500mm，以武夷山市的 774.0mm 为最大。

此次持续性暴雨过程从未滤波的 500hPa 等压面图分析（图略），影响系统主要有 500hPa 低槽、850hPa 切变和西南急流，地面是江南静止锋，高低空系统的良好配置，造就了这次强降雨过程。此次暴雨过程为何持续如此之长的时间，是否与大气的低频变化有着密切的联系？为此绘制了 30 ~ 60 天滤波的低频天气图，拟从大尺度环流系统的低频变化特征揭示持续性暴雨的发生原因。

（1）200hPa 等压面

从 30 ~ 60 天滤波后的 200hPa 等压面逐日散度场可见，暴雨发生前期，6 月 1—12 日福建处在散度场的低频负值区，而持续性暴雨发生期间（图 5.29a），福建上空为一个低频正辐散区所控制，对应未滤波 200hPa 的高度场（图 5.29b），暴雨发生前，南压高中心在中南半岛一带，持续性暴雨期间，南亚高压中心相对稳定在孟缅一带，福建正好处在南压高压东北侧强辐散区域，正散度中心在闽北区域；随着南压高压中心向东北移动，27 日起正值区减弱，转为负值区，强降雨明显减弱。由此可见，此次持续性暴

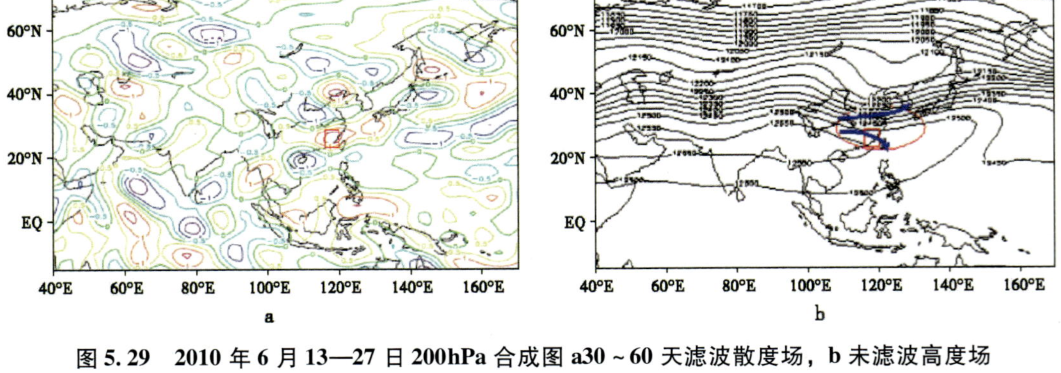

图 5.29　2010 年 6 月 13—27 日 200hPa 合成图 a30 ~ 60 天滤波散度场，b 未滤波高度场

注：方框为福建省所处位置

雨过程与 200hPa 南压高压的低频变化密切相关，高空低频信号在持续性暴雨期间福建上空为低频正值区，有利于加强福建上空的辐散，为持续性暴雨的维持提供了有利的条件。

（2）500hPa 等压面

图 5.30a 是持续性暴雨期间 500hPa 高度场 30～60 天滤波合成图，从图中清晰可见低频高压和低频低压的位置：在泰梅尔半岛、我国东北地区以及江南地区存在低频低压中心；在乌拉尔山—贝加尔湖西南侧以及西北太平洋存在低频高压中心，低频系统的配置与未滤波天气图上的天气系统有密切联系（图 5.30b），可见持续性暴雨发生期极涡位于泰梅尔半岛，槽线从中心伸到巴尔喀什湖，与东北到华东槽形成阶梯形势，此槽槽后不断分裂冷空气从中纬度向东南传输。而在西太平洋上存在的低频高压中心对应着副高明显的北抬，北侧 588 线在华南南部到福建省中南部一带维持，而副高北侧 588 线区域既有西南气流的水汽输送又有动力抬升的作用，是造成暴雨发生的重要因素之一。可见，低频高低压中心的空间配置有利于产生暴雨的天气系统的维持，是造成这次持续性暴雨过程长时间维持的重要原因。

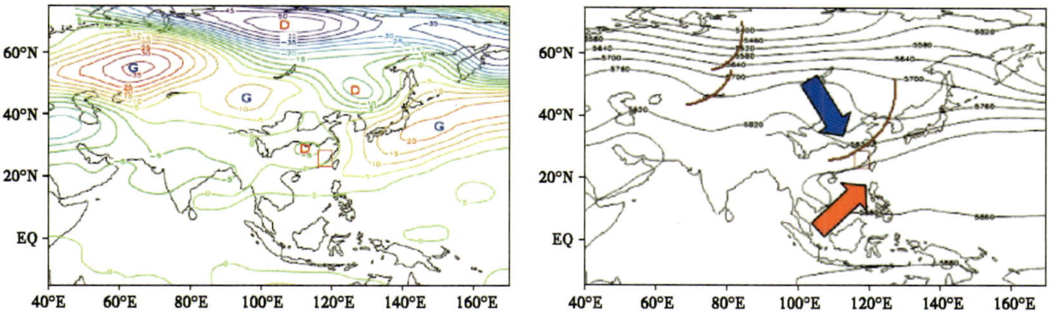

a　　　　b

图 5.30　2010 年 6 月 13—27 日 500hPa 高度场合成图 a30～60 天滤波场；b 未滤波场

（3）850hPa 等压面

由 30～60 天滤波后的 850hPa 风场分析发现（图 5.31a），持续性暴雨期间存在明显的低频气旋和低频反气旋中心。低频气旋中心始终处在福建上空、印度半岛西北部、孟加拉湾北部以及中南半岛东南部，低频反气旋中心位于乌拉尔山地区，西北太平洋上空以及索马里以东洋面上。福建上空 850hPa 低频气旋中心的维持加强了低层辐合，而 500hPa 低频气压的维持，使得冷空气不断南下，再加上高空低频辐散中心的维持，造就了这次持续时间之长为历史罕见的强降雨过程。

持续性暴雨期间有两支西南气流交汇到福建上空（图 5.31b），并把大量水汽输送到这一地区。一支是来自索马里附近的越赤道气流经孟加拉湾伸向华南江南，而索马里以东洋面上的低频反气旋、印度半岛西北部、孟加拉湾北部的低频气旋中心的存在加强了此支气流的水汽输送，另一支是越赤道气流经南海向大陆输送，中南半岛东南部低频气旋以及西北太平洋上空低频反气旋加强了该支气流的水汽输送。可见，水汽输送通道上低频气旋和反气旋中心的维持加强了水汽输送的持续性也是导致持续性暴雨维持的重要因素。

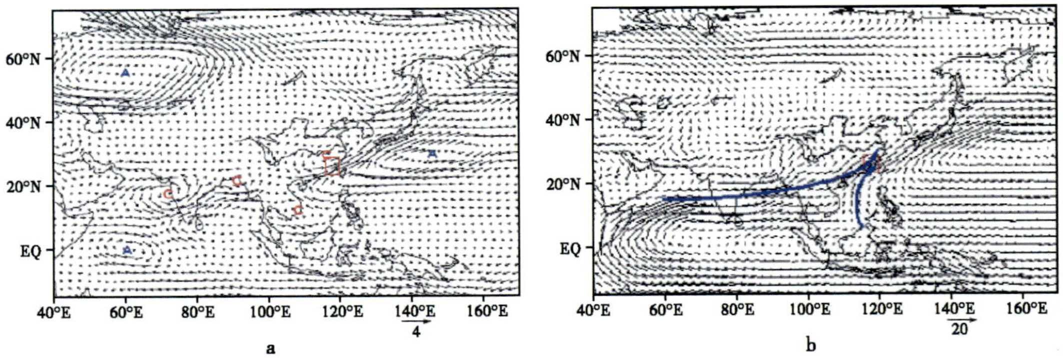

图 5.31　2010 年 6 月 13—27 日 850hPa 风场合成图 a30 ~ 60 天滤波场；b 未滤波场

5.4　统计学意义

本书第 3 章的统计计算结果都表明，大气 30 ~ 50 天季节内低频振荡在欧亚范围内普遍存在。具体而言，大气中的位势高度，经向风和纬向风、温度、天气现象、湿度以及水汽、涡度、散度等气象要素和物理量等都存在 30 ~ 50 天周期。特别是低频天气图上，低频系统在某一地区时而低频气旋、时而低频反气旋（或相反）振荡，也都反映出 30 ~ 50 天周期。

低频系统的振荡周期与其持续性有关，从统计的 2008—2012 年每年 6—9 月新疆地区低频系统的持续天数看（表 5.4），低频系统持续天数最长 30 天，最短 6 天，平均为 12 天，低频系统的持续性比根据非线性流体动力学估计的未滤波天气系统的持续性要长。

表 5.4　新疆地区低频系统持续天数统计

年份	低频系统（低频气旋 + 低频反气旋）			
	过程次数	持续天数	最长持续天数	最短持续天数
2008	9	90	21	9
2009	9	98	16	10
2010	10	154	30	6
2011	5	62	25	6
2012	5	60	24	6
合计	38	464	平均 464 ÷ 38 = 12d	

下面着重分析上海 5—9 月降水量在低频时段（10 ~ 90 天）内，不同滤波时段（10 ~ 20 天、30 ~ 50 天和 60 ~ 80 天）的低频降水与未滤波降水的比较，如图 5.32 和图 5.33。

1998—2012 年的近 15 年，上海年降水量逐年变化表明，降水最多的两年，分别为 1999 年（1 397.1mm）和 2001 年（1 173.6mm）；降水最少的两年为 2003 年（468.3mm）和 2006 年（582.5mm）。

把降水偏多年和偏少年 5 月 1 日—9 月 30 日日降水量用 Butter worth 带通滤波器分

别进行 10～20 天、30～50 天和 60～80 天处理，并把未滤波逐日降水量也绘在图上，得到图 5.32。

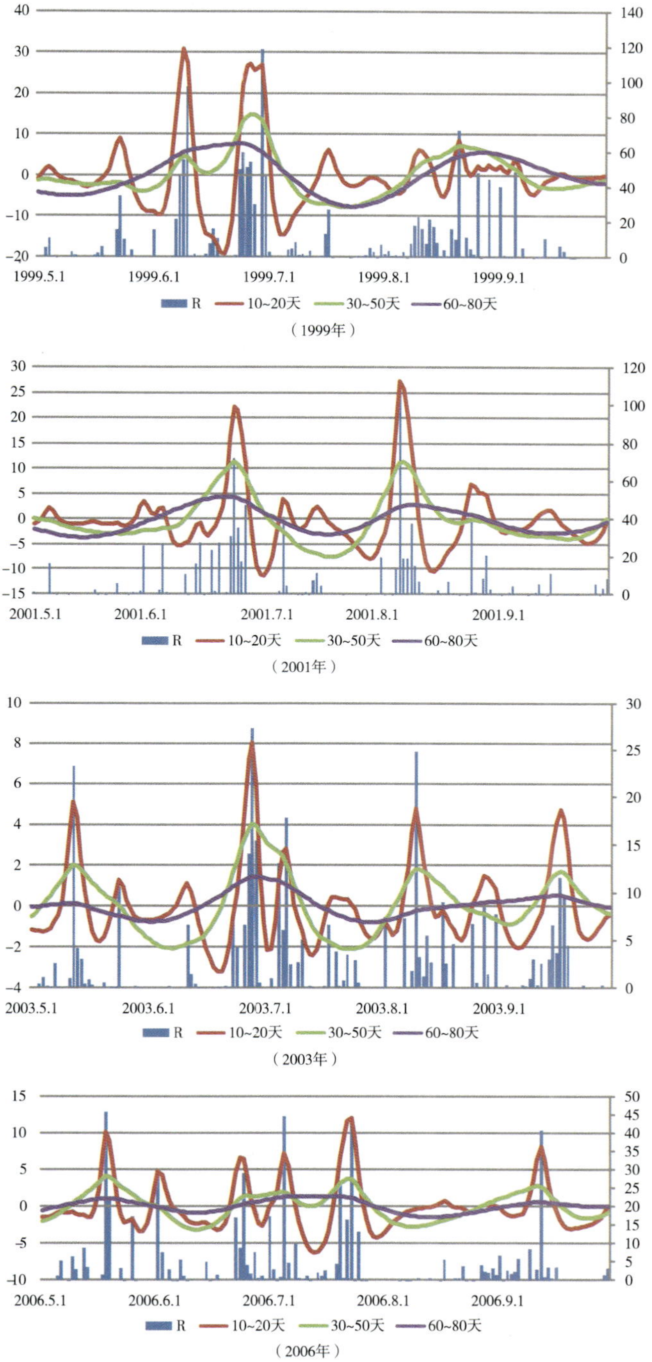

图 5.32　上海 5—9 月逐日低频降水演变图

（从上到下分别为 1999 年，2001 年，2003 年和 2006 年）

从图 5.32 可以看出，无论多雨年或少雨年，其结果都相同，即降水量 10～20 天滤波曲线，峰值位相，对应着强降水日，反映出 1 次强降水过程；30～50 天滤波曲线，反映出 1～3 次强降水过程集中时段；60～80 天滤波曲线则反映出多雨期。

除了我国东部上海外，又选取我国南部的广州、北部的沈阳、西部的乌鲁木齐和中部的汉口，同样分别分析它们 2012 年 5 月 1 日—9 月 30 日 10～20 天、30～50 天和 60～80 天低频降水，并与未滤波逐日降水量比较，其结果与上海相同，不再重述（图 5.33）。

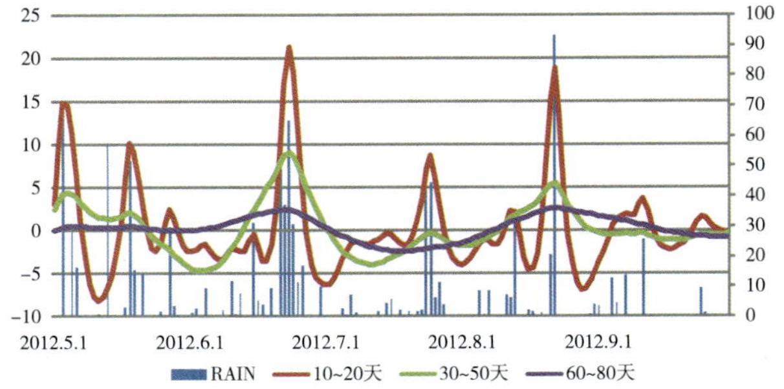

a. 广州站

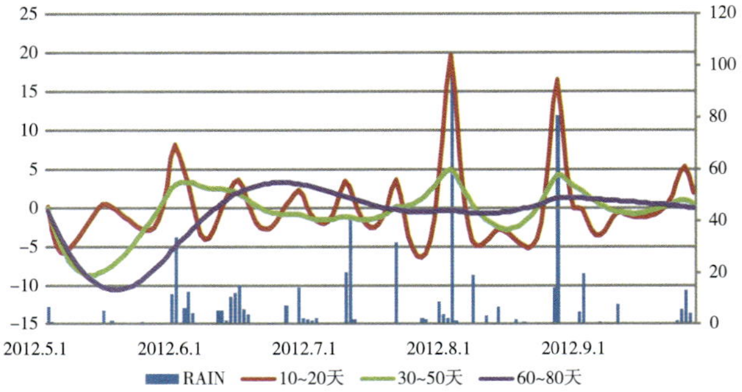

b. 沈阳站

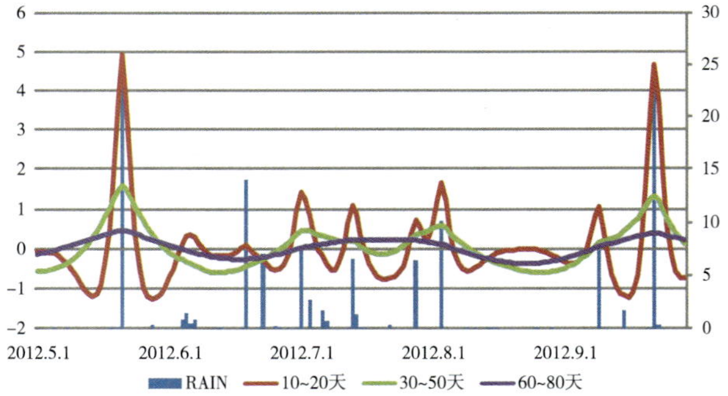

c. 乌鲁木齐站

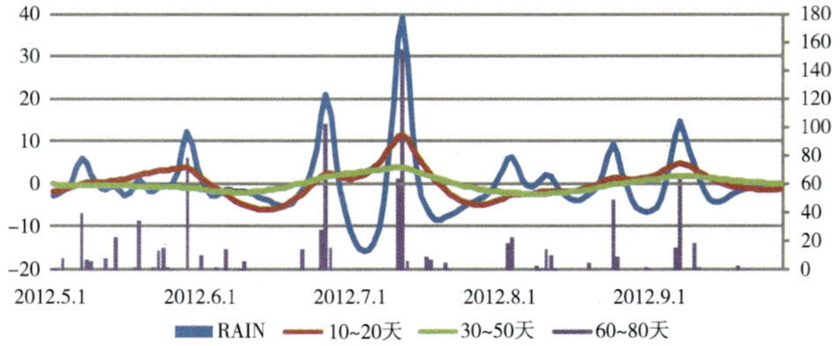

d. 汉口站

图 5.33　夏半年逐日低频降水演变图

从本节对低频降水的分析中，低频降水除了 10～20 天和 60～80 天的振荡周期外，

30～50 天振荡周期是比较明显的。这样，自然会联想到，低频天气图上的低频系统也是具有 30～50 天振荡周期，两者的振荡周期尺度相当，为深入研究这方面的问题提供了统计学依据。

参考文献

[1] 魏晓雯,梁萍,何金海,等. 梅汛期和台汛期大范围持续性强降水过程与月内低频降水的联系及其可能机制,《高原气象》,2014 年发表。

[2] 沙万英,郭其蕴. 西太平洋副热带高压脊线变化与我国汛期降水的关系. 应用气象学报,1998,9(增刊):31－38.

[3] 琚建华,钱诚,曹杰. 东亚夏季风的季节内振荡研究. 大气科学,2005,29(2):187－194.

[4] 孙国武,李震坤,信飞,等. 延伸期天气过程预报的一种新方法——低频天气图. 大气科学,2013,37(4):945－954.

[5] 汤绪,孙国武,钱维宏. 亚洲夏季风北边缘的研究. 北京:气象出版社,2007:80－81.

[6] 池再香,杜正静,陈忠明,等. 2009—2010 年贵州秋、冬、春季干旱气象要素与环流特征分析. 高原气象,2012,31(1):176－184.

[7] 高建芸,陈彩珠,周信禹,等. 2010 年福建前汛期持续性暴雨过程的低频特征分析. 气象科技进展,2013,3(1):39－45.

第 6 章　低频天气图延伸期过程预报原理

开展延伸期预报，必须首先面对以下科学问题：延伸期预报是否具有可预报性，延伸期预报的可预报因子有哪些。本章第 6.1 节就上述问题展开讨论，并指出大气季节内振荡（intraseasonal oscillation，ISO）可以作为延伸期预报的预报因子。本章进一步在第 6.2 节讨论了低频天气图延伸期过程预报原理。此外，本章还在第 6.3 节扩展了低频天气图预测方法。

6.1　延伸期预报的可预报性

6.1.1　延伸期预报的可预报性来源

Lorenz（1963）发现大气和其他不稳定动力系统一样，其可预报性是有限的。即使在模式完美无缺和初始条件近乎完全正确的情况下也是如此。而且这种可预报大约为两周。即逐日天气预报可预报性的理论上限约为两周时间，当前数值天气预报模式的实际可预报性大约只有一周。而延伸期预报的目标是预报未来 10 ~ 30 天预报，基本上超过了确定论可预报性的上限，那么延伸期预报是否具有可预报性呢？这是我们开展延伸期预报之前就必须回答的问题。

天气预报和气候预测的可预报性来源不同，研究表明，天气预报问题可以提炼为一个初值问题，在预报时效内，气候系统中的主要强迫过程，比如海表面温度、陆面状况等变化缓慢，可看做是持续不变的。在预报时效内，大气的运转主要靠自身具有的能量来维持，不考虑其他能量的输入，其可预报性主要来源于大气的初始状态。而气候预测中的季节预测可以看做是一个边界值问题，即在特定的下垫面异常强迫下的大气演变问题。目前这种“边值”问题已经转变为耦合问题，即海 - 陆 - 气耦合的相互作用问题。月以上时间尺度的气候异常，正是受到了那些时间尺度更长的海洋、冰雪、陆面等气候系统内缓变过程的耦合影响，是在特定的下垫面异常强迫下的大气演变问题。因此，海洋和陆面等的缓变过程是短期气候预测的主要可预报性来源。图 6.1 是初值与外源贡献率随时间变化示意图，该图示意了在理想条件下，理论上初始场与外源的贡献随时间的不同变化。由图可以看出，初值的作用随时间减小，而外源的作用随时间增加，这概括了以上各种可预报性随时间变化的特点。从以上讨论来看，单靠大气动力初值或单靠给定热力边界条件，是不能做出有效的延伸期预报的。

通过以上讨论，延伸期预报的复杂性凸显：相对于初值问题的常规天气预报和边界值问题的短期气候预测，延伸期预报既要考虑初值问题，又要考虑边界值问题。总之，延伸期预报的可预报性来自大气动力初值和大气边界条件的共同作用。

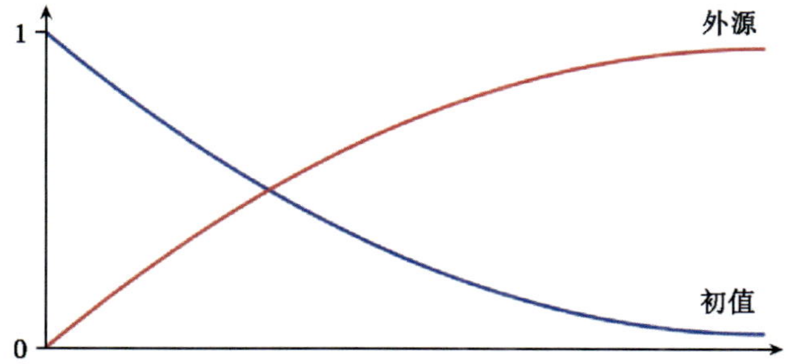

图 6.1　初值与外源贡献率随时间变化示意图（引自李维京，2012）

6.1.2　延伸期预报的预报内容

大气是一个高度非线性的混沌系统，很小的不可避免的初始场误差也会通过与大尺度运动的非线性相互作用而影响大尺度环流形势，最后使得一定时期（确定性预报理论上限约为 2 周）之后的预报值与真实状况相距甚远，逐日预报失去意义。因此，延伸期预报起码目前不可能像 10 天以内中短期天气预报一样在 10～30 天的预报时效内做逐日天气的预报。延伸期预报的预报内容也不同于短期气候预测，它预报的不是未来 10～30 天内的要素平均值，而是未来 10～30 天（甚至更长）内某段时间（如候、旬"子时段内"）的要素平均值、距平或是持续强的异常环流造成的重大天气过程。可见，延伸期预报比短期天气预报要宏观一点，比短期气候预测报得要更精细一点。

6.1.3　延伸期预报的可预报因子

何金海等（2013）指出，延伸期预报同时受到初始条件和大气外部强迫因子的影响。包括海洋、陆地及冰冻圈在内的外强迫通常都具有缓慢变化（缓变）的分量，它们对大气的影响可以提高大气的可预报性期限。同时，缓变外强迫与大气的耦合所形成的大气内部过程，如大气低频变化，也有助于提高可预报期限。此外，延伸期预报中经常用到各种时间的平均（如周和候的平均等），这种方法去除了部分天气噪声，凸显了大气缓变变化。因此，延伸期预报的可预报期限应该可以突破传统天气预报可预报期限的上限（2 周）。简言之，缓变的外强迫及其影响下的大气低频变化都为延伸期预报提供了有用的低频信息（Lin 和 Brunet，2011），进而使得做延伸期预报成为可能。

延伸期预报的可预报因子源自大气、海洋和陆地上的各种动力过程，这些过程包括：①MJO。MJO 是热带地区的大气季节内低频振荡最主要的成分，它由 Madden 和 Julian（1971，1972）在 20 世纪 70 年代初首先发现，沿赤道自印度洋向太平洋东移、40～50 天周期、纬向 1 波全球尺度的特征。MJO 作为热带地区季节内变化的主要模态，伴随着有规律的对流、降水的增强或抑制，对热带和中高纬地区都有相当大的影响，且时间尺度介于月、季之间，因而被认为是次季节尺度上全球可预报性的一个主要因子，是联系天气与气候的纽带，可作为开展延伸期预报的主要预报研究对象（Waliser 等，2003；丁一汇和梁萍，2010；Zhang，2013）。②热带地区其他 ISO 成分。虽然 MJO 是热带大气季节内振荡最主要的分量，但是热带地区 ISO 还具有向北传播的分量（Hsu，

2001；Lin，2013），这些 ISO 也对延伸期过程造成影响。③土壤湿度。它的记忆效应可以持续数周，可通过蒸发量和地表能量收支的变化影响某些特定区域季节内时间尺度上气温和降水的预报（Koster 等，2004，2010）。④平流层－对流层相互作用。来自于平流层的信号影响极涡和北大西洋涛动时，对流层异常气流可持续大约 2 个月时间（Baldwin 等，2003）。⑤海洋条件。海表温度异常可引起海－气热通量和对流的变化，从而影响大气环流（Woolnough 等，2000，2007）。

6.1.4 基于非线性误差增长理论的低频大气可预报性研究

6.1.4.1 *研究方法*

目前在定量估计大气可预报时效研究中使用最多的方法主要有两种：利用数值模式进行数值试验的方法（陈明行和纪立人，1989）；或利用非线性动力系统理论的方法（Mu，2000；李建平等，2006）。由于数值模式本身的局限性，其所估计出的可预报性并非实际大气的情况。非线性动力系统理论的方法是从动力系统理论（Lyapunov 稳定性理论）和初始误差增长的观点出发来研究可预报性问题。过去为了避开非线性处理的困难，都假设初始扰动无穷小，误差的演化近似满足切线性方程，属于线性误差增长理论的范畴。已有的研究表明，线性误差增长理论在可预报性研究中存在很大的缺陷和不足。针对其局限性，近年来陈宝花等（2006）、丁瑞强等（2007）、李建平等（2009）提出了非线性误差增长理论，对非线性系统的误差发展方程不作线性化近似来研究初始误差的发展，并通过引入了非线性局部 Lyapunov 指数的概念来定量估计可预报性期限，对天气尺度（丁瑞强等，2009）和短期气候（李建平等，2008）的可预报性进行了较为系统的研究。将非线性误差增长理论应用到实际大气的可预报性研究，为大气可预报性的研究提供了一个新的思路，不仅可以用来研究天气时间尺度可预报性特征，还可以尝试将其应用于更长时间尺度运动（如低频大气等）的可预报期限的确定。

对大气控制方程：

$$\frac{\mathrm{d}x(t)}{\mathrm{d}t} = F(x(t))$$

若 $\delta_x = (\delta_{x_1}, \delta_{x_2}, \cdots, \delta_{x_n})^{\mathrm{T}}$ 表示状态矢量 x 的扰动向量，则应满足：

$$\frac{\mathrm{d}(x+\delta_x)}{\mathrm{d}t} = F(x+\delta_x, t),\ \frac{\mathrm{d}\delta_x}{\mathrm{d}t} = F(x+\delta_x, t)\delta_x$$

式中，$F(x, \delta_x, t) = \dfrac{F(x+\delta_x, t) - F(x, t)}{\delta_x}$ 为非线性误差增长函数。

则扰动解为：$\delta_x = \eta(x+\delta_x, t)\delta_x(t_0)$。

按照传统的线性误差增长理论，误差传播算子（扰动解）$\delta_x = m(t, t_0)\delta_x(t_0)$ 仅和时间有关，且无非线性项。

在非线性误差增长理论中，误差传播算子 $\eta(x+\delta_x, t)$ 不仅和时间有关，还和初始误差 $\delta_x(t_0)$ 有关，其中包含非线性项。

为研究不同物理量、不同时空域（局域）的可预报性，定义局域 Lyapunov 指数：

$$\lambda(x_i, \delta_{x_i}, t) = \frac{1}{t}\ln\frac{|\delta_{x_i}(t)|}{|\delta_{x_i}(t_0)|}$$

λ 表示有限时间 t 时间内初始误差的发展（发展平均速率为：$e^{\lambda(x_i,\delta_{x_i},t)}$）。$\lambda>0$ 意味着相空间中两条邻近的状态轨线间的距离随时间趋于发散，相关度趋弱。其值越大，误差增长越快，可预报性越小。另外，基于线性误差增长理论的 λ 随时间存在饱和现象，而线性误差增长理论得出的结果总是随时间无限增长的，这显然不符合实际。

选用 NCEP/NCAR 提供的 1948—2010 年逐日的 700hPa、850hPa 高度场、纬向风和经向风再分析资料，对各网格点进行 Butterworth 带通滤波，保留 30 ~ 50 天的分量。在此基础上，逐格点计算 λ（T），通过考察误差是否饱和确定可预报期限。取 1948 年 1 月 1 日作为 $t_0=1$，以 x（t_0）为基准点，从 1948 年开始逐日筛选相空间相似状态点（所在日期前后 D 天的相空间相似状态点，取 $D=45$ 天），找出与之距离最小的点 x'（t_0），计算其距离：$|x'(t_0)-x(t_0)|$，取演化步长为 T，经过 T 基点 x（t_0）沿轨道演化成 x（t_0+T），而 x'（t_0）则跑到 x'（t_0+T），得到新距离 $|x'(t_0+T)-x(t_0+T)|$，x（t_0）的初始误差在 T 内的平均增长率为：

$$\lambda_{T1}=\frac{1}{T}\ln\frac{|x'(t_0+T)-x(t_0)|}{|x'(t_0)-x(t_0)|} \tag{6-1}$$

以 x（t_0+1）为基准点重复上述过程得到 λ_{T1}，表示第 2 个基准点的初始误差在 T 内的平均增长率，上述过程一直继续到 2010 年 12 月 31 日，得到每个基准点在 T 内的误差相对增长率 λ_{TK}，最后取指数增长率 λ_{TK} 的平均值作为步长为 T 的非线性局部 Lyapunov 指数近似估计为：

$$\lambda(T)=\frac{1}{T}\sum_{n=1}^{N}\lambda_{TK} \tag{6-2}$$

然后取 $T=T+1$，重复上述步骤，得到 λ（T）随演化步长 T 的关系。由式（6-1）、式（6-2）可以求得相对误差经过 T 的平均增长。

$$\mathrm{Err}(T)=\exp[\lambda(T)\times T] \tag{6-3}$$

最后，确定可预报期限。确定的原则是：当误差增长进入随机波动状态，与初值基本无关，对应的 T 即为可预报期限，在实践中，为避免样本波动影响，将代表非线性误差发展的曲线与误差达到 99% 饱和值的水平线二者交点所对的时间作为可预报期限。如图 6.2 即为（120 °E，30 °N）所在格点的 700hPa 低频高度场的相对误差的自然对数随时间的演化曲线，可以看到，在开始阶段，误差增长很迅速，误差增长率开始下降，

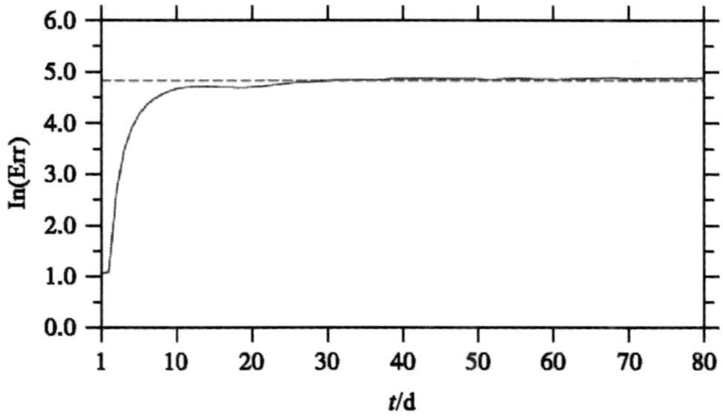

图 6.2　相对误差的自然对数随时间的演变，红线对应 99% 的误差饱和值

最后误差停止增长，达到饱和。此时，系统的初始信息丢失，预报失去意义。30 天以后误差增长几乎为 0，因此，将 30 天以后的相对误差取平均作为饱和误差估计，如图中红色虚线所示，与蓝色实线的交点对应的时间即为可预报期限，为 29.59 天。

6.1.4.2 低频高度场、纬向风和经向风的可预报期限

图 6.3a、b 分别是 700hPa 和 850hPa 低频高度场的可预报期限。可以看出，700hPa 可预报期限介于 26 ~ 42 天，而 850hPa 可预报期限在 25 ~ 36 天。从空间分布特征上，两者均表现出低纬度和高纬度地区可预报期限值较高，中纬度可预报期限较低。中纬度地区中，东亚副热带区最低，在这一地区，可预报期限介于 26 ~ 30 天；其次是北非地区。

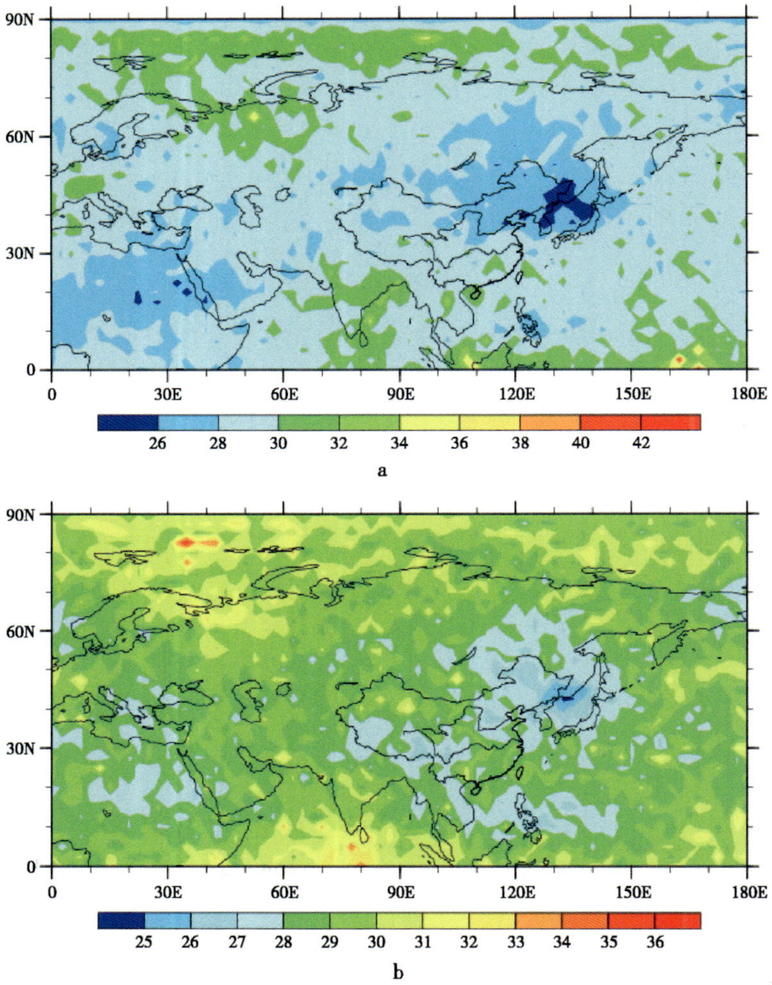

图 6.3 700hPa（a）和 850hPa（b）低频高度场可预报期限

资料来源：引自国家基础地理信息中心下载（网址：http：//ngcc. sbsm. gov. cn ）。

图 6.4 是 700hPa 低频纬向风和低频经向风的可预报期限，分别介于 24 ~ 42 天和 23 ~ 33 天，前者大于后者，其空间分布和低频高度场类似，从南到北呈现高—低—高的分布特征，而东亚副热带区也是可预报期限最低的区域，分别为 24 ~ 27 天和 23 ~ 26 天，可预报期限值小于同纬度其他区域。这种分布特征也和天气、气候的可预报性有类似之处（丁瑞强等，2009；李建平等，2008）。

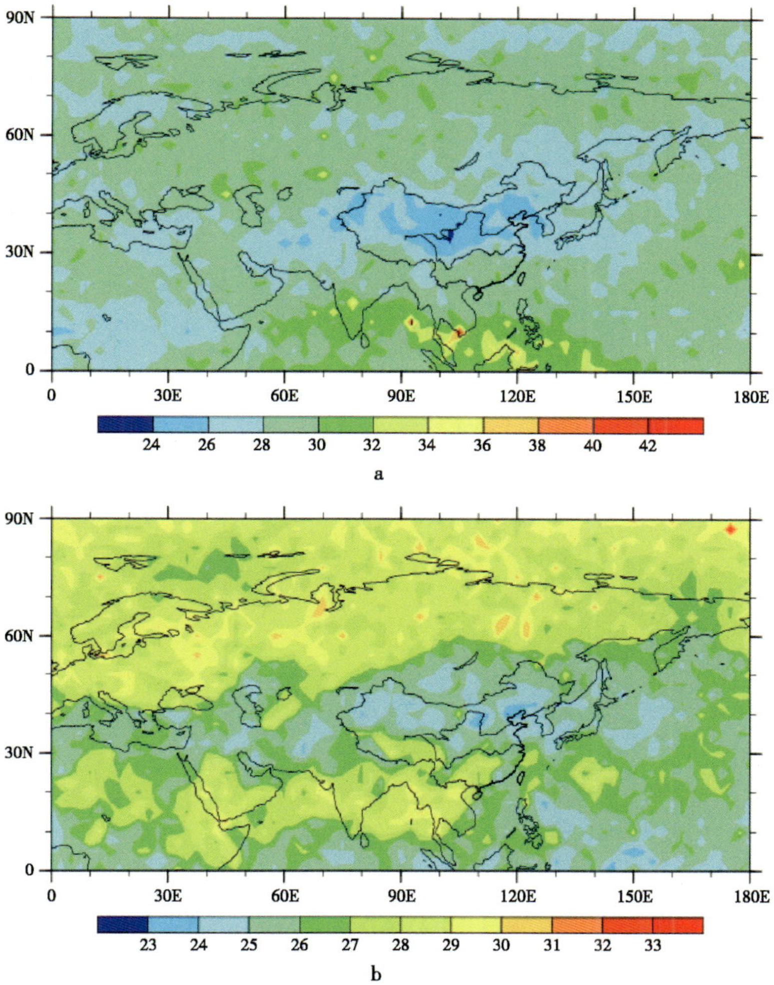

图 6.4　700hPa 低频纬向风（a）和经向风（b）可预报期限

资料来源：引自国家基础地理信息中心下载（网址：http：//ngcc. sbsm. gov. cn ）。

850hPa 低频经向风的可预报期限由图 6. 5 给出，同样可以看到，可预报期限在中纬度地区最低，在高纬和热带相对较高。另外，从图 6. 3 可以得知，不同层次相比，850hPa 的低频高度场可预报期限小于 700hPa 的可预报期限。低频风场分量（纬向风和经向风）在不同层次的差异有类似的表现（图 6. 4、图 6. 5）。

6. 1. 4. 3　关键区可预报期限

针对影响我国东部天气气候两个关键区：西太平洋地区（28 °～32 °N，120 °～140 °E）和孟加拉湾地区（10 °～20 °N，80 °～95 °E）的可预报期限做了进一步计算和分析，表 6. 1 是两个区域 700hPa 低频高度场、低频纬向和经向风的区域平均值。结果显示，在取 99% 误差饱和值的条件下，上述区域 3 个低频要素的可预报期限介于 26～30 天。相比之下，孟加拉湾地区的可预报期限略大于西太平洋地区 1～2 天。3 个要素中，低频高度场和低频纬向风的可预报期限非常更接近，两者略高于低频经向风 2 天，后者在两个区域的可预报期限为 26～28 天。

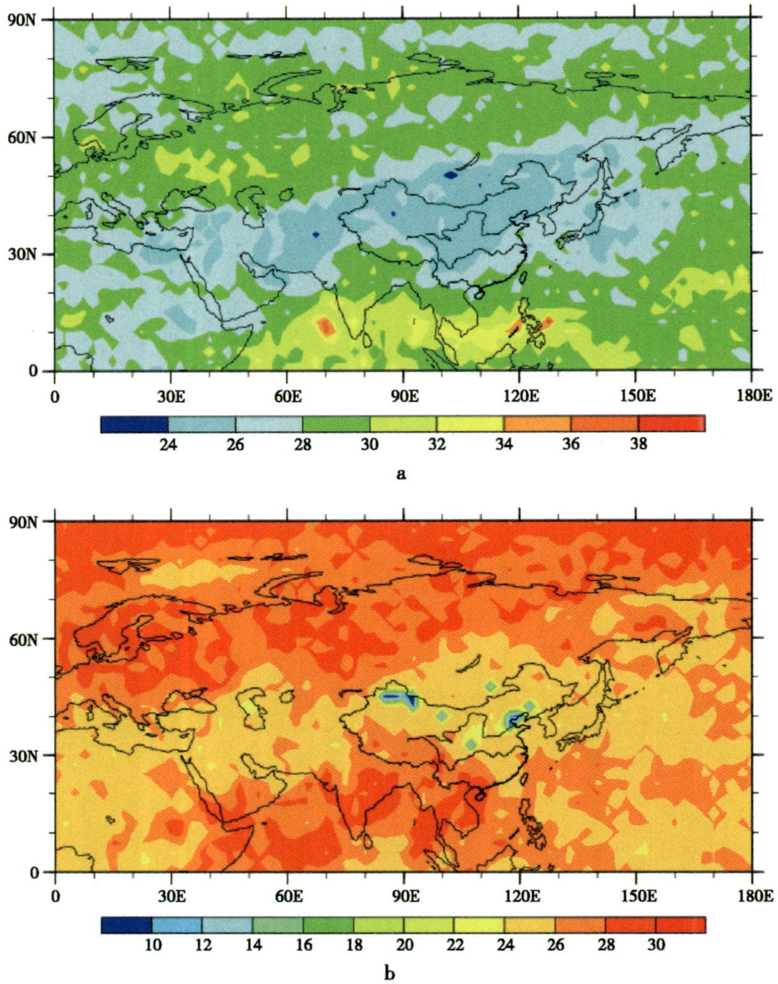

图 6.5 850hPa 低频纬向风（a）和经向风（b）可预报期限

资料来源：引自国家基础地理信息中心下载（网址：http：//ngcc. sbsm. gov. cn ）。

表 6.1 西太平洋、孟加拉湾地区 700hPa 低频高度场、低频纬向风和经向风的可预报期限

变 量	地 区	可预报期限/d
低频高度场	西太平洋地区	28. 95
	孟加拉湾	30. 25
低频纬向风	西太平洋地区	27. 70
	孟加拉湾	30. 58
低频经向风	西太平洋地区	26. 21
	孟加拉湾	28. 37

6.1.4.4 小结和讨论

（1）由上面的计算和分析可以知，非线性误差增长理论揭示的不同要素低频场的可预报性虽有一定差异，但并不十分明显。这与短、中期数值预报实际情况及相关可预报性研究结果有所不同，可能和这两类时间尺度变化（过程）遵循的规律（动力学）、控制因素不同有关，尽管目前我们对大气低频现象 ISO（尤其热带 ISO）机制机理还不十分清楚。

（2）就 700hPa 和 850hPa 对比而言，不同层次低频场的可预报差异明显，层次越高，可预报时间相对越长。

（3）低频场的可预报性存在显著的地理差异：低纬度、高纬度可预报期限明显大于中纬度地区。东亚副热带地区为低频可预报性最差的区域，其可预报时间也明显低于同纬度的其他区域。这提示我们，在东亚副热带地区用低频信息做预报，在关注本区域低频信号的同时，还应该充分利用其以南（低纬度）、以北（高纬度）地区的低频信息。

（4）低频场的可预报期限为 26 ~ 40 天。对上海地区强降水过程最为敏感的西太平洋和孟加拉湾两区域而言，其 700hPa 的高度场、风场可预报时间在 99% 的误差饱和值水平下为 26 ~ 31 天（其量值也和我们近 4 年的延伸期降水过程预报结果基本相符）。由此推论，利用 30 ~ 50（60）天的低频信号及其周期性外推（预报），从普遍意义上，可能外推一个周期比较可靠。

目前的工作仅仅是个开端，进一步区分不同季节（夏季/汛期、冬季、过渡季节），考虑多频段情形，区分不同低频系统（低频气旋/低压、低频反气旋/高压等）进行可预报性空间分布差异的可能的原因及动力学诊断，并结合实际业务是很有必要的。

6.2　低频天气图延伸期过程预报原理

6.2.1　低频天气图方法概要

低频天气图方法利用大气低频振荡在时空演变上的特性（时间上的持续性和周期性，空间上的连续性和相似性）提取大气中的强低频信号，通过外推 30 ~ 50 天，制作出未来 10 ~ 30 天的较强降水过程预报（孙国武等，2008，2013）。该方法对逐日风场和位势高度场格点资料进行 30 ~ 50 天带通滤波，得到低频流场图和高度场图。低频天气图与一般天气图明显不同，由前者分析出的低频天气系统（低频气旋和反气旋）具有缓变特征，存在于天气噪声水平之上，代表的是 ISO 振幅最大位相随时间的变化，可反映天气系统的演变规律。在天气学意义上反映的是造成某种天气过程的主要天气系统的生成、维持、加强、移动和消亡过程。低频天气图预报方法的主要操作步骤是：①滤波绘图；②分析和追踪，逐日分析低频天气系统的生成、移动和消失的位置和时间；③划分天气关键区，保证低频系统在各个区域的独立性和完整性为前提；④整理归纳，将②和③的分析结果进行归纳和整理；⑤联系天气过程，将各个区域的低频系统的活动特征与预报区域降水过程的发生发展联系起来；⑥预报降水过程，根据低频系统特性，利用外推法，预报各个区域的低频系统，再根据各个区域低频系统的相互配置与上海降水过程的对应关系，预报未来 10 ~ 30 天较强降水的集中时段和过程。

6.2.2　低频系统活动与我国天气的联系

如前所述，低频天气图方法利用了大气低频振荡在时空演变上的特性，大气低频振荡特性及其与天气的联系是低频天气图的理论基础之一。以下将从几个方面举例说明低频系统活动与我国天气的联系。

我国降水具有显著的季节内振荡特征（Lau 等，1988；梁萍和丁一汇，2012；王遵娅和丁一汇，2008），其中 10 ~ 20 天、20 ~ 30 天振荡强度的年际变化和强降水频数之间有显著的正相关，是引起夏季长江下游旱涝的最主要因素之一（杨秋明，2009）。Yang 和 Li 对长江中下游地区 1979—2002 年夏季季节内尺度的降水进行功率谱分析发现，其在 15 天和 20 ~ 30 天周期附近有两个峰值，且占总低频降水的 57%。可见，10 ~ 30 天低频振荡对长江中下游降水具有重要作用。降水的低频振荡往往是大气环流低频振荡的结果，可以在大气环流中找到相应的信号。除低纬和中高纬 30 ~ 60 天振荡传播及其相互作用对长江流域旱涝产生影响外，梁萍和丁一汇（2011）、琚建华和赵尔旭（2005）的研究表明，东亚夏季风准双周低频振荡的北传，并与北方准双周低频振荡的南传在江淮汇合，对江淮两次降水集中期有重要作用。占瑞芬等（2009）着重强调了西太平洋低频反气旋的西北向传播对我国东部低频降水的影响。曹鑫等（2012）从低频系统的高低空配置角度解释了我国东南部强降水产生的原因，指出在准双周振荡的高空低频反气旋和低空低频气旋的共同作用下造成了强烈的辐合和上升运动。张庆云等（2003）关于长江暴雨条件的分析指出，东亚地区低纬和中高纬大气环流出现 20 ~ 30 天的低频振荡，分别有利于热带暖湿水汽和中高纬冷空气输送至长江流域，而副高西伸出现 20 ~ 30 天的低频振荡，则有利于低压系统在长江流域的再生和维持。魏晓雯等（2013）分析了该类过程与月内（10 ~ 30 天）低频降水的联系，指出梅汛期东北亚低频位势高度低值区南下，与中纬太平洋西传的低频波列在长江中下游汇合，同时副热带高压发展加强，造成了长江中下游在降水峰值位相南高北低的低频位势高度分布，有利于强降水过程的发生；台汛期伴随从热带西太平洋到日本海低频波列的西北向移动，菲律宾东北部的低频气旋及其北侧低频反气旋在降水峰值位相分别移至长江中下游和东北亚地区，导致暖湿、干冷气流在长江流域交汇，进而造成强降水过程。

热带地区大气季节内振荡（包括 MJO 和夏季亚洲季风区 ISO 北传）也对我国天气变化造成影响。Zhang 等（2009）研究了 MJO 对我国东南部地区夏季降水的影响，指出 MJO 对流中心位于印度洋和西太平洋时分别通过 Rossby 波能量东传和引起异常局部地区 Hadley 环流造成中国东南部地区夏季降水的正异常和负异常。李汀等（2012）指出，MJO 主体在东传过程中，激发了热带对流在孟加拉湾和南海两条通道上的北传，强盛的水汽输送和两个海区气旋环流的有利配置是造成云南 5 月降水的重要原因。章丽娜等（2011）研究了 MJO 对华南前汛期降水的影响，指出 MJO 的活跃中心从印度洋进入西太平洋，华南地区的降水由偏多转为偏少，最显著的降水正负异常分别位于第 4 位相和第 7 位相，且相应的大尺度背景场也发生了季节内变化，李文铠等（2013）进一步指出华南前汛期降水对 MJO 的响应具有 1 ~ 2 候的滞后，MJO 活跃（受抑）对流可通过激发 Rossby 波影响华南前汛期降水。Jeong 等（2005，2008）利用 RMM 指数研究了 MJO 与东亚地区地表气温、降水的联系，指出第 2 ~ 3 位相的 MJO 有利于东亚地区寒潮爆发、降水增加。He 等（2011）进一步揭示 MJO 前两个模态与我国冬季干（冷）和暖（湿）天气存在显著关系，有 2 候左右的预报时效，并通过数值试验研究了其可能机制，提出了用 MJO 制作东亚冬季延伸期预报的思路和方法。Jia 等（2011）指出 MJO 对流中心位于印度洋（西太平洋）时，我国冬季降水偏多（少），其影响机制在于 MJO 对副热带和中高纬环流的调制作用。北半球夏季，MJO 在亚洲季风区向北传播与我国低频降水和雨带变化有密切联系。何金海等（1984）从水汽输送场的角度指出低频波的北传特性与中国东部夏季风雨带的季节性移动与北跳有着密切关系。琚建华等（2005，2007）将东亚夏季风中的 ISO 概括为季风涌，指出来自热带地区 ISO 的向北传播会对我国东部大尺度降水造成影响，这种影响还与东亚季风区 ISO 的纬向传播共同作用。MJO 对天气的影响还需要来自中高纬天气系统的配合。Chen 等（2001）指出东亚地区来自中高纬传播的 ISO 与来自热带地区 MJO 交汇于 30°N 附近，是中国东部降水带所在。林爱兰等（2013）指出赤道 MJO 活动对广东强降水的影响需要中高纬西风槽的配合。

总之，大气低频系统活动与我国天气关系密切，基于 ISO 信号的延伸期预报方法具有科学基础。

6.3　低频天气图预测方法的扩展

虽然动力模式是延伸期预报的发展方向之一，但目前模式对延伸期大气过程的预报能力有限。在这样的情况下，统计预报模型依然是提高延伸期预报的有效方法。低频天气图是延伸期预报的有效工具之一，但其使用具有相当的主观性，不同预报员对相同延伸期过程所做的预报结果可能有所差异，因此，我们对于建立客观预报方法进行了尝试。这些方法的预报因子仍然是大气低频信号，不妨认为是低频天气图预测方法的扩展，以下就此列举一些方法。

6.3.1　一种低频环流系统的统计预报方法

杨玮等（2011）从统计角度通过分析 700hPa 水汽输送通量场流函数和势函数的低频分量演变特征及其与上海地区夏季降水过程的对应关系，提出了一种低频环流系统的统计预报方法。该方法具有一定的可行性和实际应用价值，并且在上海市气候中心的预报中已见成效。

图 6.6 给出了预报方法的具体流程。首先利用 MICAPS 的 700hPa 逐日 20 时流场、温度露点差和温度场资料计算 700hPa 水汽通量及其流函数和势函数，将计算得到的流函数（势函数）场进行 EOF，按照 North 准则（魏凤英，2007）截取前 N 个主要模态，得到前 N 对空间型及相应的时间系数，对时间系数进行 30～50 天的 Butterworth 滤波。考虑到影响上海地区的 4 股关键气流分布，选取与孙国武等（2008）相同的 8 个关键区。输出的低频流函数正（负）中心表示高（低）压中心，势函数正（负）中心表示辐散（辐合）中心。参考 Jones 等（2004）方法，采用多阶自回归模型，将截取的各模态时间系数外推 τ（取 $\tau=30$）日，用所得时间系数外推场和空间型重建 $1-\tau$ 日流函数（势函数）预报场。将输出预报场与历史实况统计结果（降水和关键区低频系统的配置）进行分析比较，找出其与上海地区夏季降水过程的对应关系，最后发布预报结果。

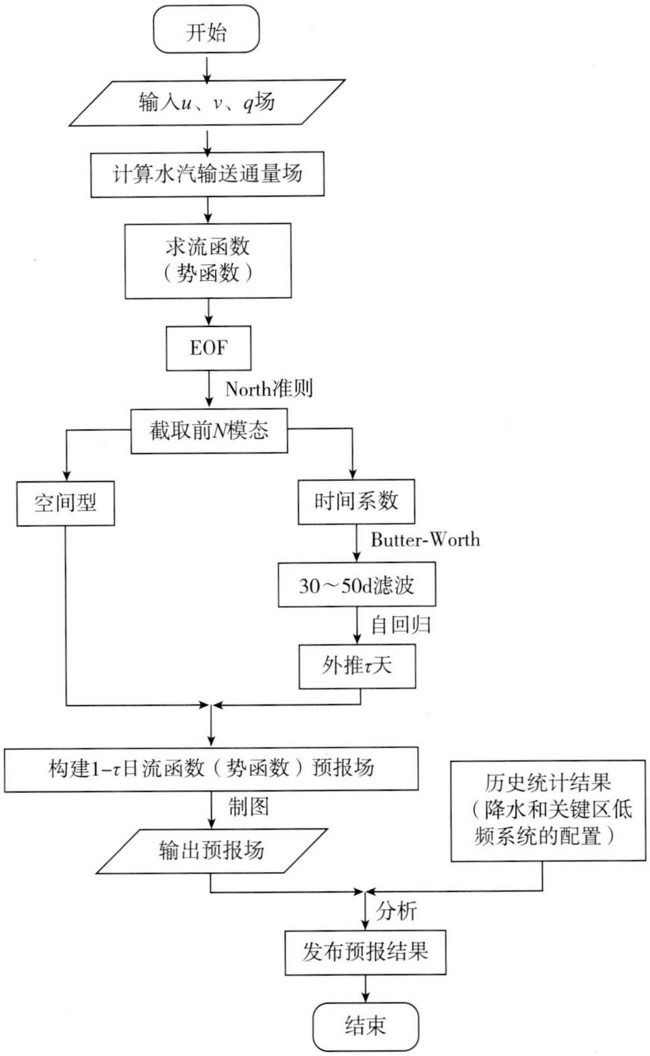

图 6.6　预报方法流程

该方法得出的预报结果与实况对比表明，流函数和势函数在预报中能够达到一定准确率。虽然该方法仅是以上海降水为例，使用的参数也仅是 700hPa 水汽输送通量，且未考虑样本的年际差异，因此可能会带来一定的主观偏差等问题，但从某种意义上来讲，这种预报方法具有实际应用价值和一定的普遍意义。

6.3.2　基于 MJO 信号的东亚冬季延伸期预报方法

MJO 对我国冬季降水和近地层气温（SAT）具有重要影响（He 等，2011；Jia 等，2011；Jeong 等，2005，2008），基于以上理论基础，He 等（2011）提出了用 MJO 制作东亚冬季延伸期预报系统的方案，预报流程见图 6.7。

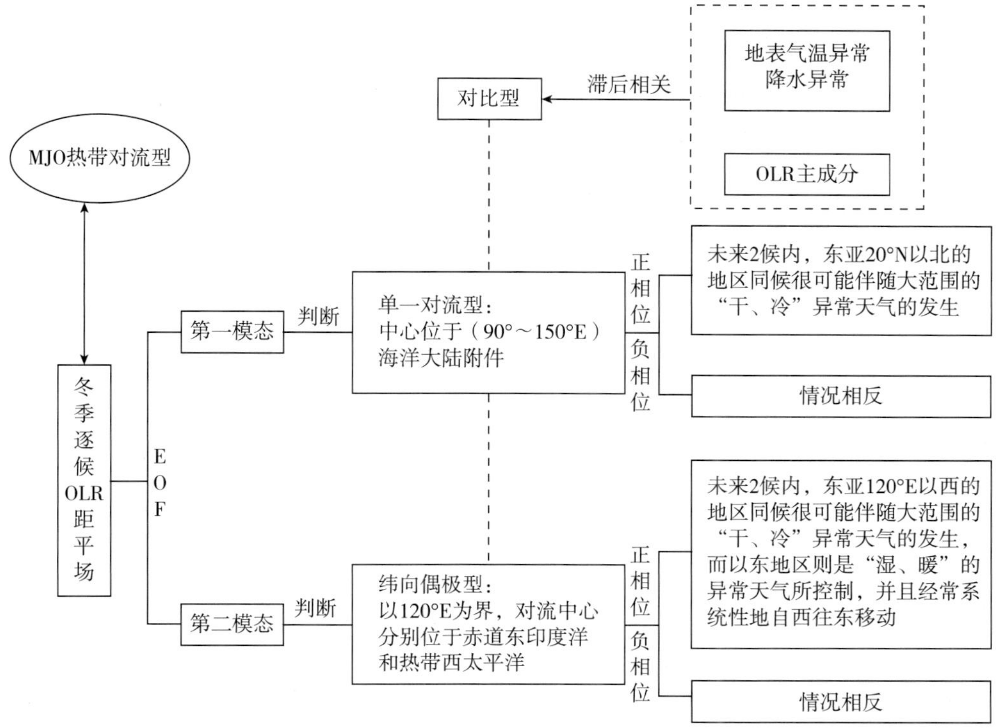

图 6.7　利用 MJO 信号制作东亚冬季延伸期预报流程

6.3.3　基于 MJO 信号的华南前汛期降水延伸期预报模型

采用的资料包括中国 753 个地面气象观测站的逐日降水资料和实时多变量 MJO 指数（Real – Time Multivariate MJO index，RMM 指数）（Wheeler 和 Hendon，2004），资料的时间范围为 1981—2011 年，共计 31 年。

参考 Ting 和 Wang（1997）采用的划分降水区的方法，计算得到华南地区 36 年期间 4 月 1 日—6 月 29 日逐候降水量标准差最大的站点为阳江站，再求出阳江站与所有站点在华南前汛期期间逐候降水量的相关系数，选取相关系数超过 95% 置信水平且空间分布连续的站点，这些站点具有相对一致的降水变率，作为华南前汛期降水的代表站，共计 57 站，它们的空间分布见图 6.8，这与吴志伟等（2006）、强学民和杨修群（2008）研究华南前汛期降水时选取的代表站的空间分布相似。

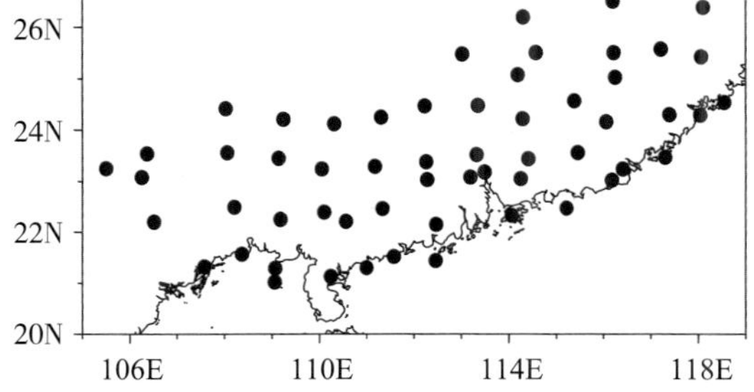

图 6.8　华南地区代表站的空间分布（共 57 站）

定义了华南前汛期强降水指数（heavy rainfall index，HRI），用该指数表征华南前汛期降水，具体的计算公式为：

HRI ＝2 × 特大暴雨事件数（降水量≥250mm/d）
　　+1.5 × 大暴雨事件数（100mm/d≤降水量＜250mm/d）
　　+1 × 暴雨事件数（50mm/d≤降水量＜100mm/d）
　　+ 0.2 × 中雨事件数（25mm/d≤降水量＜50mm/d）
　　+ 0.04 × 小雨事件数（10mm/d≤降水量＜25mm/d）
　　+ 0.01 × 微量降水事件数（降水量≤10mm/d）

采用 Hsu 等（2014）提出的非滤波方法提取 ISO 信号。具体做法是，将逐日资料处理为候平均，计算公式为

$$X' = \bar{X}^5$$

这样去除了高频信号；再将逐候资料减气候态、减前 6 候平均值态，计算公式为

$$X'' = X' - \bar{X}'$$

$$X^* = X'' - \bar{X}'^6$$

从而得到保留 10 ~ 60 天低频信号的资料。处理方式可归纳为流程图 6.9。本书对降水指数、RMM 指数进行了这样的处理。

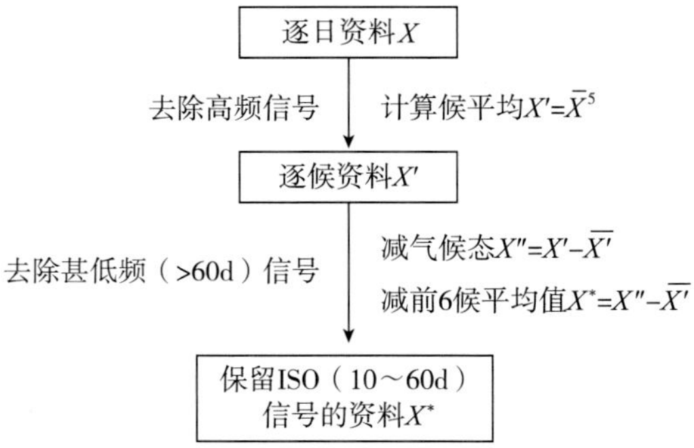

图 6.9　非滤波方法提取 ISO（10 ~ 60 d）信号流程

利用上述资料，以下建立了一个基于 MJO 信号的华南前汛期降水延伸期预报模型，该模型利用过去 1 ~ 5 候 RMM 指数预报未来 2 ~ 6 候华南前汛期降水指数。具体建模方法操作如下：

（1）选择发报时刻过去 1 ~ 5 候 RMM 指数作为 SVD 左场；选择发报时刻未来 2 ~ 6 候 HRI 作为 SVD 右场；左、右场进行 SVD 耦合。

（2）在训练期内做交叉验证 SVD 耦合。在训练期 t 年内，任意 1 年作为预报年份，剩余 $t-1$ 年做 SVD 耦合，得到左场时间系数及左异类相关分布场（左模态），右场时间系数及右异类相关分布场（右模态）。将作为预报年份的那年的实际预报因子场和预报对象场分别投影到 $t-1$ 年 SVD 耦合所得前 N 个左右模态上，得到对应前 N 对时间序列。将每 1 年的投影所得的 N 对左右时间序列（1 年）各自连接组成 N 对新时间序列（t 年），对此 N 对新序列求相关。若第 N 对时间序列的相关系数通过检验则保留第 N 对左右模态用于实际预报中。(此步骤用于挑选在实际预报过程中稳定可靠的模态)。

（3）保留左、右场时间系数序列相关显著的前两对奇异特征向量（它们的相关系

数超过了 95% 置信水平）。

模型建立可以概括为如图 6.10 所示的流程图。这里用 1981—2005 年共计 25 年资料用于训练期建立预报模型。

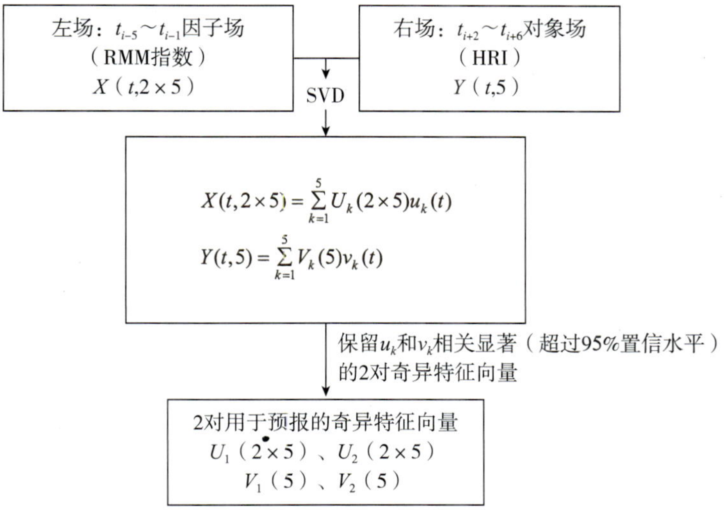

图 6.10　模型建立方法流程

为了确定所建立的预报模型具有物理意义，下面分析了模型所保留的两对用于预报的奇异特征向量。图 6.11 是预报模型的前两对左奇异特征向量，这里把它们画在了位相图上，图 6.12 是预报模型的前两对右奇异特征向量，前两对左、右反映了发报时刻前期 MJO 对流自非洲、西半球向东传播至海洋大陆地区，相应未来华南前汛期降水异常由负转为正。第二对奇异特征向量也反映了这样的关系，但与第一对奇异特征向量近似正交。值得注意的是，这种前期 MJO 与未来华南前汛期降水异常的关系并非是影响关系，而是由于 MJO 的准周期性，在未来出现了利于或不利于华南前汛期降水的环流形势。总之，以上建立的预报模型具有物理意义，两对奇异特征向量共同反映了前期 MJO 和未来华南前汛期降水异常的关系的最典型的两种正交的模态。

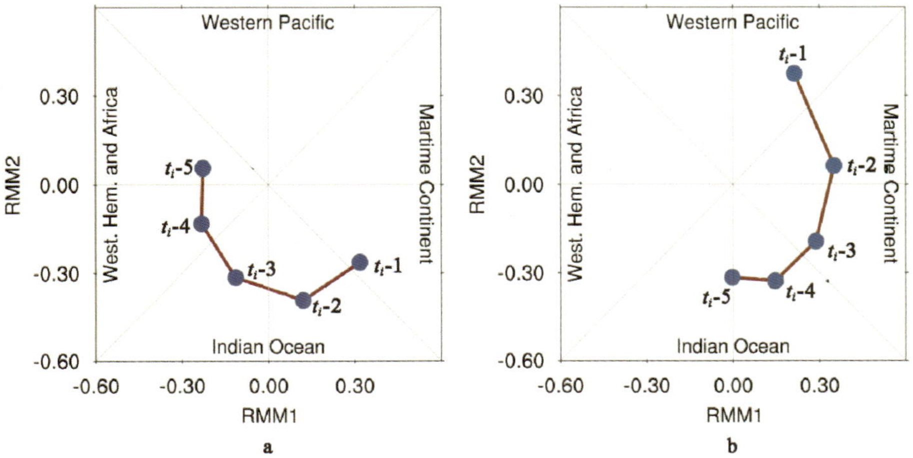

图 6.11　预报模型的（a）第一左奇异特征向量，（b）第二左奇异特征向量

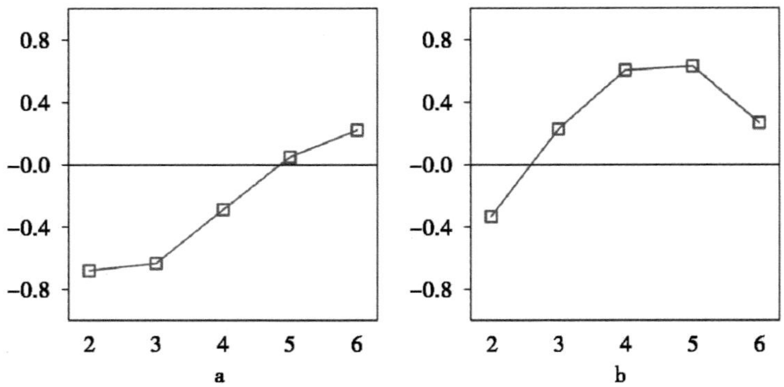

图 6.12　预报模型的 a 第一右奇异特征向量，b 第二右奇异特征向量

（纵坐标为相应的降水指数，横坐标表示所预报的候）

预报时，将发报时刻前 1 ~ 5 候的预报因子场（即 RMM 指数）投影到所得稳定 2 个左奇异特征向量中，得到对应的 2 个左场时间系数。由于左、右场时间系数的高度相关，将 2 个左场时间系数代替 2 个对应右场时间系数。将 2 个左场时间系数点乘到对应的稳定的 2 个右模态上并求和，得到的结果除上预报期右场各格点标准差后乘上训练期右场各格点标准差，从而重建实际预报对象场（即 HRI）。模型预报方法可以概括为如图 6. 13 所示的流程图。

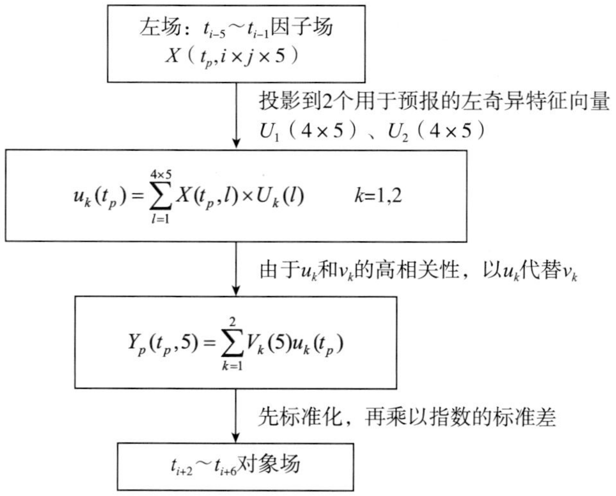

图 6. 13　模型预报方法流程

采用 2006—2011 年共计 6 年资料作了回报试验。下面分析回报试验效果。将回报的 HRI 指数和实际的指数求相关，结果见图 6. 14。从结果来看，回报的第 2 ~ 5 候的 HRI 与实际的指数的相关系数超过 99% 置信水平，回报的第 6 候的效果略差，但是相关系数也超过了 95% 置信水平。可见，预报模型对未来 2 ~ 6 候华南前汛期降水指数的预报有较好的效果。

进一步，将回报的 HRI 与实况指数分别绘制在图 6. 15 上，可以更直观地看到模型对于降水指数所反映的华南前汛期低频降水延伸期过程具有一定预报能力，具体反映在对低频降水的波动、峰值和谷值、异常值的大小有预报效果。

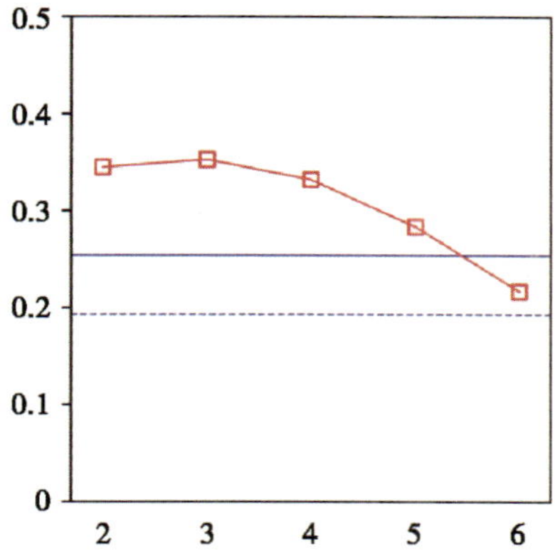

图 6.14　回报的 2006—2011 年 AMRI 与实况 AMRI 的相关系数

（实线、虚线分别表示 99%、95% 置信水平，

纵坐标表示相关系数，横坐标表示预报时效）

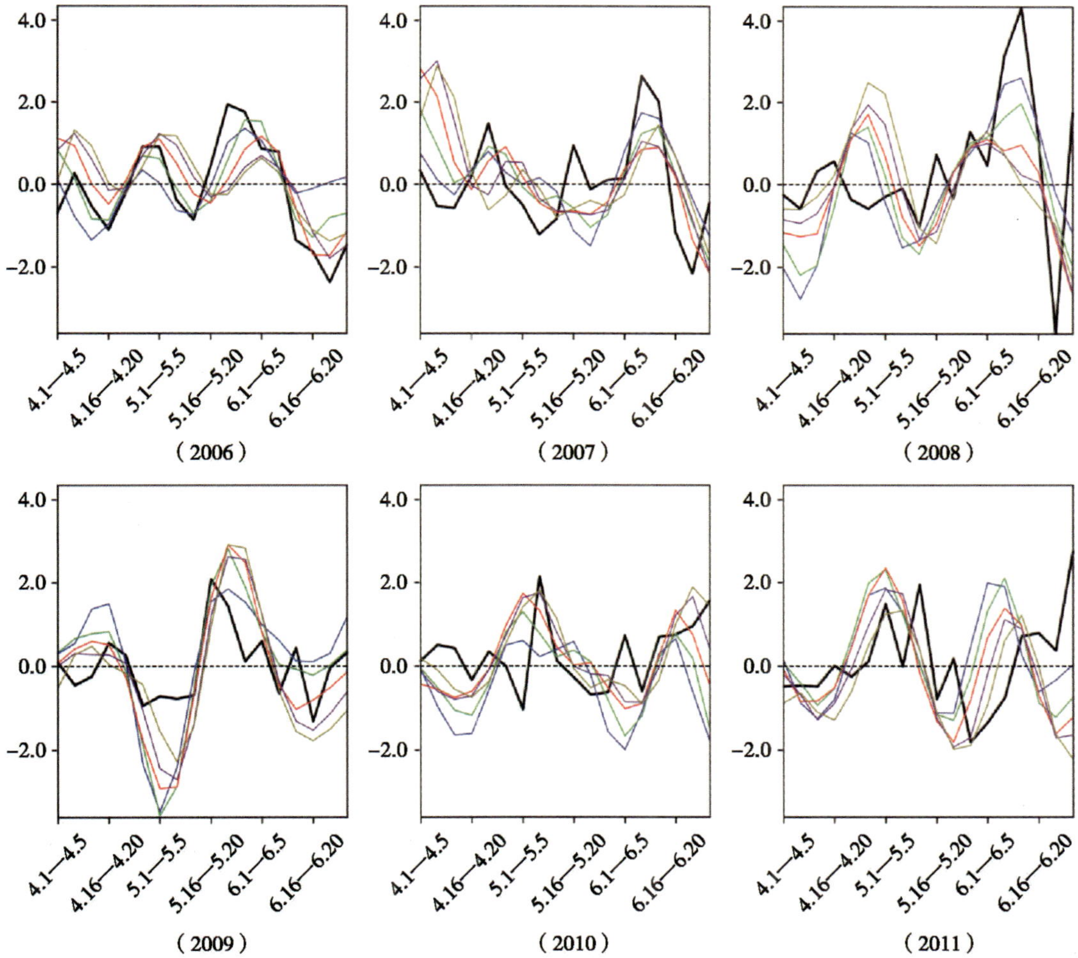

图 6.15　实况 HRI（黑色实线），回报 HRI

（彩色实线，蓝、绿、红、橙、紫、黄色分别表示预报时效为 2、3、4、5、6 候）

延伸期预报需要考虑很多预报因子，单靠热带 MJO 信号并不一定能做好延伸期预报。上述预报模型的目的在于反映从 MJO 信号出发是否利于降水的延伸期过程，再由预报员结合其他延伸期产品综合做出预报。

参考文献

[1]何金海,T. Murakami,T. Nakazawa. 1979 年夏季亚洲季风区域 40 ~ 50 天周期振荡的环流及其水汽输送场的变化. 南京气象学院学报,1984,2(2):163 - 175.

[2]何金海,梁萍,孙国武. 延伸期预报的思考及其应用研究进展. 气象科技进展,2013(1).

[3]琚建华,孙丹,吕俊梅. 东亚季风涌对我国东部大尺度降水过程的影响分析. 大气科学,2007,31(6):1129 - 1139.

[4]琚建华,赵尔旭. 东亚夏季风区的低频振荡对长江中下游旱涝的影响. 热带气象学报,2005,21(2):163 - 171.

[5]琚建华,赵尔旭. 东亚夏季风区的低频振荡对长江中下游旱涝的影响. 热带气象学报,2005,2:163 - 171.

[6]李建平,丁瑞强,陈宝花. 大气可预报性研究的回顾与展望. 北京:气象出版社,2006.

[7]李建平,丁瑞强. 短期气候可预报期限的时空分布. 大气科学,2008,32(4):975 - 986.

[8]李建平,丁瑞强. 混沌系统单变量可预报性研究. 大气科学,2009,33(3):551 - 556.

[9]李汀,严欣,琚建华. MJO 活动对云南 5 月降水的影响. 大气科学,2012,36(6):1101 - 1111.

[10]李维京. 现代气候业务. 北京:气象出版社,2012.

[11]李文铠,何金海,祁莉,等. MJO 对华南前汛期降水的影响及其可能机制. 热带气象学报,2013.

[12]梁萍,丁一汇. 东亚梅雨季节内振荡的气候特征. 气象学报,2012,70(3):418 - 435.

[13]梁萍,丁一汇. 2009 年是空梅吗. 高原气象,2011,30(1):53 - 74.

[14]林爱兰,李春晖,郑彬,等. 6 月 MJO 对广东降水调制与直接影响系统的联系. 应用气象学报,2013,24(4):397 - 406.

[15]强学民,杨修群. 华南前汛期开始和结束日期的划分. 地球物理学报,2008,51(5):1333 - 1345.

[16]孙国武,陈葆德. 青藏高原上空大气低频波的振荡及其经向传播. 大气科学,1988,12(3):250 - 256.

[17]孙国武,李震坤,信飞,等. 延伸期天气过程预报的一种新方法——低频天气图. 大气科学,2013,37(4):945 - 954.

[18]孙国武,信飞,陈伯民,等. 低频天气图预报方法. 高原气象,2008,27(B12):64 - 68.

[19]王遵娅,丁一汇. 中国雨季的气候学特征. 大气科学,2008,32(1):1 - 13.

[20]魏凤英. 现代气候统计诊断与预测技术. 北京:气象出版社,2007.

[21]魏晓雯,梁萍,何金海,等. 梅汛期和台汛期大范围持续性强降水过程与月内低频降水的联系及其可能机制. 高原气象,2013.

[22]吴志伟,江志红,何金海. 近 50 年华南前汛期降水、江淮梅雨和华北雨季旱涝特征对比分析. 大气科学,2006,30(3):391 - 401.

[23]杨秋明. 全球环流 20 ~ 30 天振荡与长江下游强降水. 中国科学(D 辑:地球科学),2009,11:1515 - 1529.

[24]杨玮,何金海,孙国武,等. 低频环流系统的一种统计预报方法. 气象与环境学报,2011,27(3):1 - 5.

[25]占瑞芬,孙国武,赵兵科,等. 中国东部副热带夏季风降水的准双周振荡及其可能维持机制. 高原

气象,2008,S1:98－108.
[26]张强,潘学标,马柱国,等．干旱．北京:气象出版社,2009.
[27]张庆云,陶诗言,张顺利.夏季长江流域暴雨洪涝灾害的天气气候条件.大气科学,2003,27(6):1018－1030.
[28]章丽娜,林鹏飞,熊喆,等．热带大气季节内振荡对华南前汛期降水的影响．大气科学,2011,35(3):560－570.

第7章　低频天气图方法与MJO方法

低频振荡在天气、气候的演变中扮演了重要角色，对阶段性、持续性异常、极端事件、高影响事件的发生具有重要作用。Yasunari在1979年指出印度夏季降水与热带低频振荡有关[1]，促进了国际对季节内振荡与天气气候事件的关系研究。除印度降水外，北美夏、冬季降水事件[2,3]、南美夏季降水[4]、澳大利亚季风及极端降水[5,6]都与低频振荡（尤其与其中的MJO）存在联系。我国关于低频振荡与天气、气候的关系研究表明，中国各区域特别是中国东部地区（如长江中下游[7-10]、长江上游[11]、江淮地区[12-15]、东南部地区[16,17]、华北[18]、东北[19]、华南[20,21]）的夏季降水都与大气低频振荡（LFO）有关。作为高频天气变化的重要背景，低频振荡/季节内变率是联系天气与气候的直接纽带，可作为开展延伸期预报的主要预报系统。

MJO是源于热带地区的30～60天准周期性季节内振荡现象，具有纬向1波的全球尺度，并以热带地区对流增强/减弱区的向东传播为主要特征。与热带对流异常相伴随的，近赤道地区（15°S～15°N）纬向风、海平面气压、云量、降水、海温、海表蒸发等也以30～60天为主要周期从西向东传播。尽管MJO具有全球尺度特征，但在印度及西太平洋季风区表现得更为明显[22,23]。

作为目前发现的全球最强低频信号，国内外普遍认为MJO可作为联系数值天气预报和季节预报的桥梁，填补中期预报与短期气候预测之间的延伸期预报时段缝隙。总的来说，MJO的重要应用价值主要源于：①MJO与热带对流的密切关系，且热带对流是全球天气和气候系统的强迫因子。要延长中高纬天气的预报时效主要应考虑来自热带的低频信号，即MJO。而中高纬大气季节内振荡也通过波能量的传播对热带MJO和亚洲季风活动产生相互作用。②MJO具有准周期性，故MJO活动有可能具有15～20天的可预报性。③MJO的时间尺度介于月、季之间，而延伸期预报的时间尺度约为10～30天，二者在时间尺度上相匹配，至少可以预报4～5周期间的主要过程和事件。鉴于MJO的上述3个特点，目前比较有效的方法是根据以MJO为代表的季节内振荡的传播来制作延伸期预报。国际上一些天气－气候预报中心通过数年的业务试验已取得了初步结果。我国一些科研、业务单位近年来也已分别利用MJO、低频天气图、动力模式等方法开展了10天以上的延伸期预报信息研究，并针对不同对象制作了预报产品，在业务实践中取得了一定的效果[24-36]。本章在归纳热带及季风的季节内振荡特征的基础上，对延伸期预报的理论依据、可预报性、预报方法、业务应用的国内外进展进行讨论，并以江淮梅雨为例，探讨了其延伸期预报的可预报性及信号，最后对延伸期预报的发展趋势进行了展望。从MJO的基本特征出发，总结MJO与我国天气联系的最新研究成果，进一步利用MJO与低频天气系统的关联，探索MJO与低频天气图相结合的预报思路和方法。

7.1　关于 MJO

7.1.1　MJO 的基本特征

20 世纪 70 年代初，Madden 和 Julian[22,23]首先发现季节内振荡存在于热带地区，并指出热带低频振荡（MJO）向东传播，周期为 40 ~ 50 天，具有纬向 1 波的全球尺度特征。如图 7.1 所示，MJO 以热带地区对流增强/减弱区的向东传播为主要特征。积云对流首先在东印度洋暖水面上形成，10 ~ 20 天后积云对流带和低压区域东移至印尼群岛和西 - 中太平洋。随着积云对流东移至东太平洋冷水面上空时，对流减弱甚至消失。在

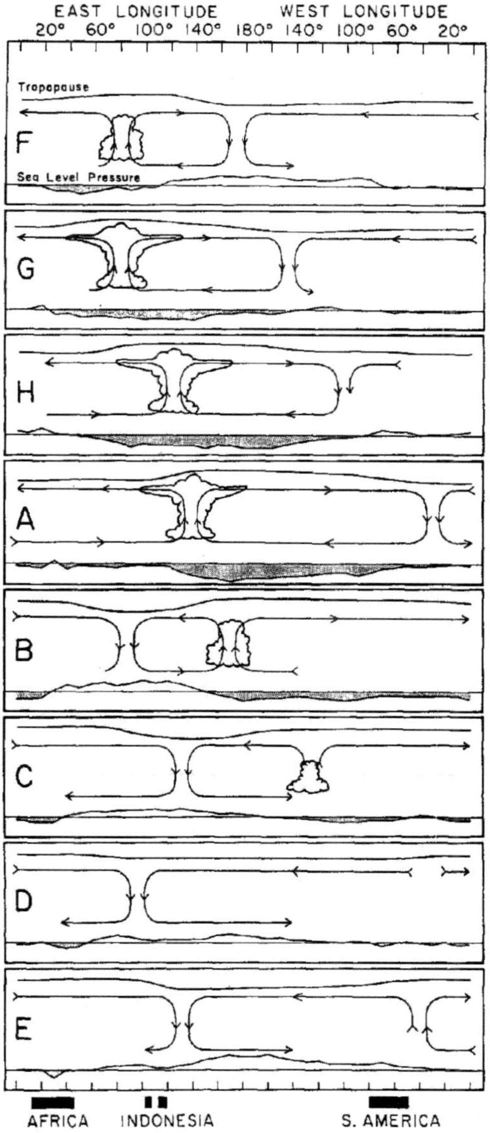

图 7.1　热带 MJO 活动示意图[23]

一定时间之后，东印度洋的对流又重建并向东移动形成新的循环。与热带对流异常相伴随的，近赤道地区（15°N～15°S）纬向风、海平面气压、云量、降水等亦以 30～60 天为主要周期从西向东传播。此外，尽管 MJO 具有全球尺度特征，但在印度洋及西太平洋季风区表现得更为明显。

通过对 1981—2010 年冬、夏典型 MJO 事件在 1～8 位相下的不同高度环流场进行合成，得到 MJO 活动的三维结构（图 7.2 和图 7.3）。由图可见，无论在夏季还是冬季

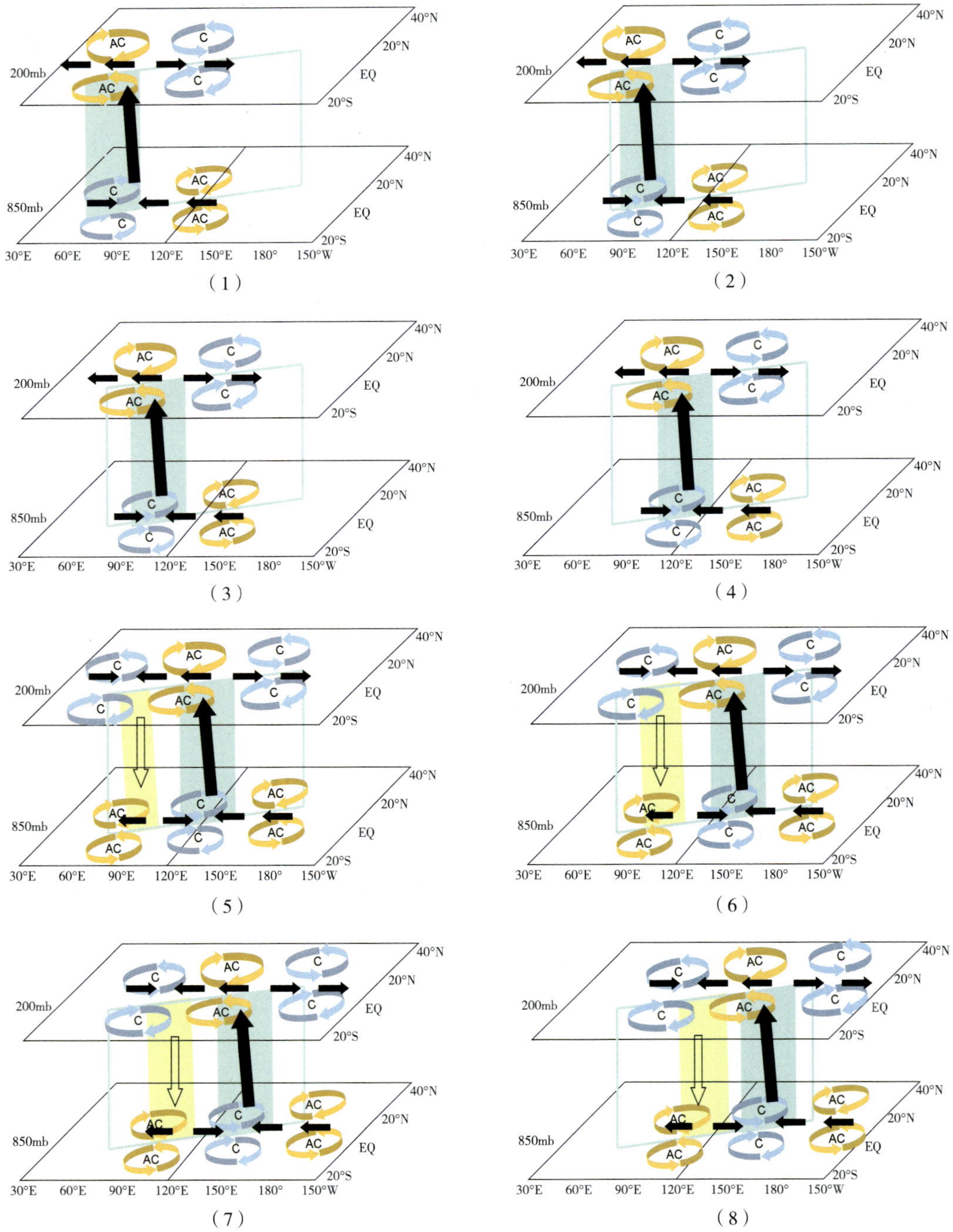

图 7.2　夏季较强 MJO 事件 1～8 位相下的垂直三维环流结构示意图

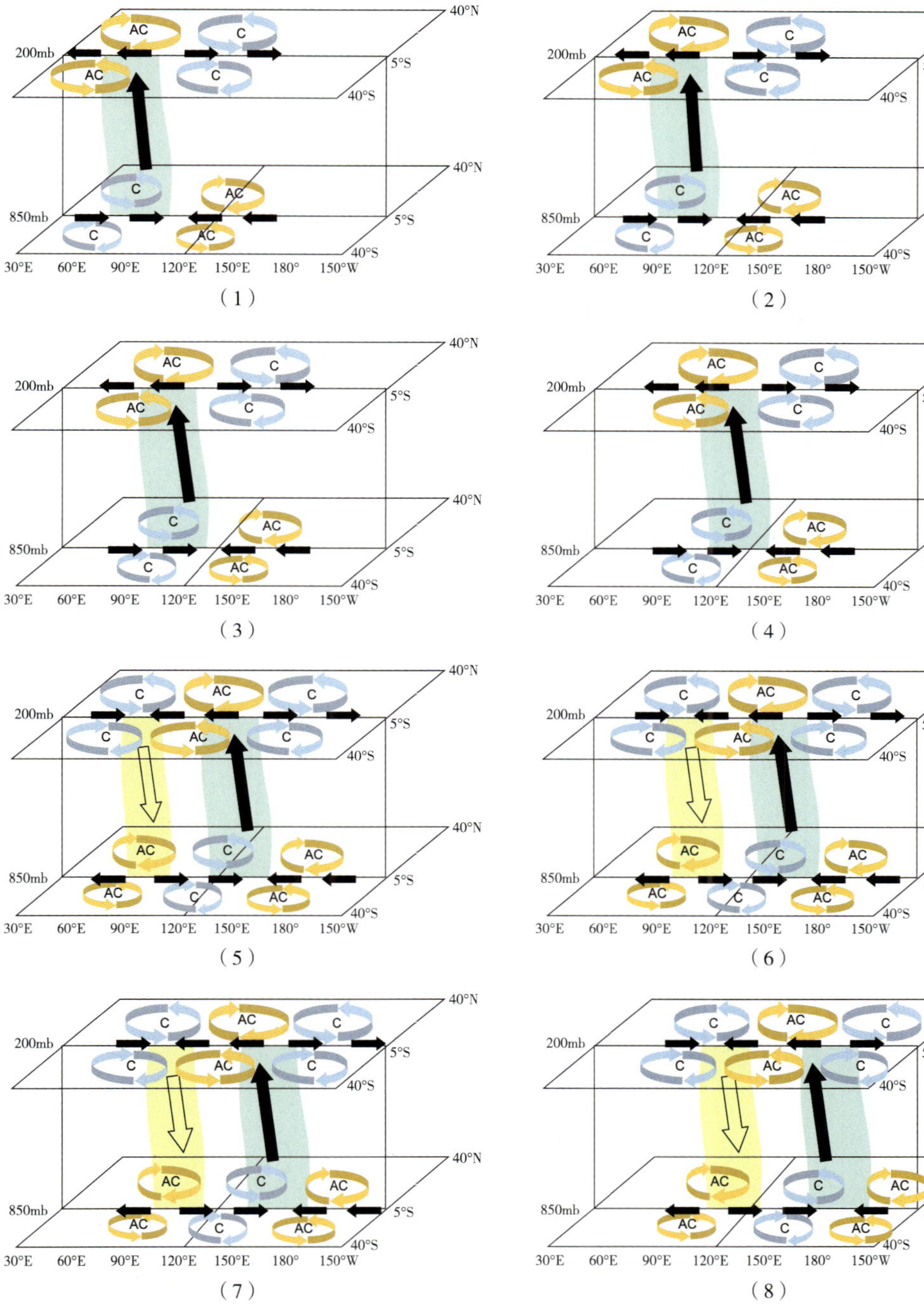

图 7.3　冬季较强 MJO 事件 1～8 位相下的垂直三维环流结构示意图

的 1～4 位相（对流活跃于印度洋及印度尼西亚附近），伴随对流活跃区大气的垂直上升运动，其上空的对流层上层为异常东风（西风），在其后方形成反气旋性环流；对流抑制区后方则为气旋性环流；在对流层低层，对流活跃区前（后）方则为显著的异常东风（西风），但低层的气旋/反气旋性环流要较高层相对较弱。在 5～8 位相（对流活跃区移至太平洋）时，与对流活跃区相对应的对流层低层及高层环流异常与上述类似（异常强度相对较弱），且在热带印度洋附近的对流活动抑制区呈现与对流活跃区相反的垂直环流结构。对比夏季与冬季各位相下的垂直环流发现，二者主要在垂直环流轴面位置上存在区别。其中，受热带辐合带北移至北半球的影响，夏季与 MJO 相联系的垂直环流结构从赤道附近至 20°N 呈倾斜状态；而冬季 MJO 的垂直环流轴面基本位于 5°S。

7.1.2　MJO 的实时监测

MJO 以热带降水增强或抑制区（特别是印度洋和太平洋）的向东传播为特征。伴随热带降水异常的东传，热带和副热带地区的低层和高层大气环流也出现显著异常，且异常特征不仅局限于东半球，还延伸到全球。提高 MJO 缓变信号的监测能力，对于 MJO 位置和强度的确定以及对其后期演变的准确预测都非常重要。关于 MJO 的实时监测，以 NCEP 气候预测中心（CPC）[37] 及澳大利亚气象局[38] 为代表的国际气象业务部门，近年来已开发了诸多产品并用于实时业务发布。一方面，业务上采用时间 - 经度剖面图来监测 MJO 相关的基本物理量进而识别 MJO 的移动和强度，主要监测指标包括：①反映热带对流和降水特征的 OLR；②对流层高层速度势；③对流层高层和低层风场异常；④反映中纬度响应的 500hPa 位势高度异常。上述监测应用表明，伴随 MJO 从印度洋向东传播，热带降水异常和对流层高层散度也从印度洋向东传播，而在降水增强区域前方（后方）的异常东风（西风）也向东移动贯穿整个热带。另一方面，各业务部门也多采用 Wheeler 和 Hendon[39] 定义的 RMM1、RMM2 指数作为 MJO 实时监测预报的指数。首先，对近赤道平均的 850hPa 纬向风、200hPa 纬向风及 OLR 通过多变量 EOF 分解，得到近赤道 MJO 空间结构的前两个主模态 EOF1 和 EOF2（图 7.4a）。在 MJO 的实时监测中，将实时的多变量投影于上述两个主模态，得到主成分 RMM1、RMM2，在由 RMM1、RMM2 确定的位相分布图（图 7.4b）上可点出逐天的 MJO 空间位相演变；

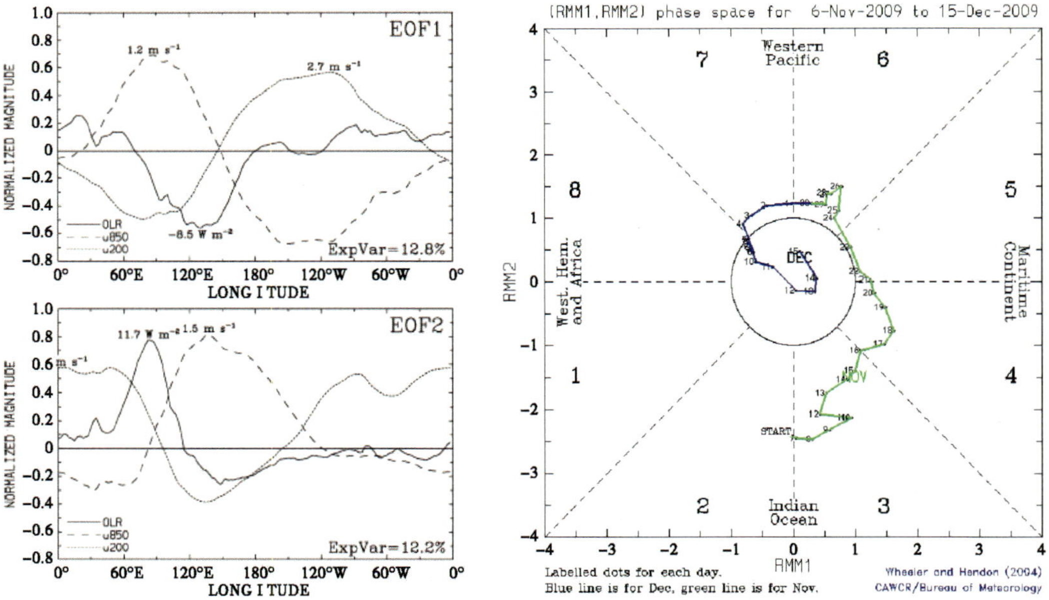

a　　　　b

图 7.4　近赤道平均的 OLR、U850、U200 的联合多变量 EOF 获得的前 2 个模态空间结构 a，多变量 MJO 指数 RMM1、RMM2 确定的位相分布演变图[39]（b，曲线上标注的数字表示日期）

MJO 强度由 RMM1、RMM2 平方和的算术根确定，当 $\sqrt{PMM1^2 + PMM2^2}$ 大（小）于 1，即位于位相图中的圆圈外（内）时，为强（弱）MJO；由此可监测 MJO 的移动及强度变化。上述 MJO 监测方法避开了传统上采用时间滤波提取 MJO 信号不能用于实时预测的弊端，是提取 MJO 信号的有效方法。目前，根据上述基于多变量 EOF 提取 MJO 信号的方法已得到了较广泛认可，可应用于全年各季节逐日 MJO 演变特征的监测诊断。如图 7.5 所示，RMM1、RMM2 指数表征的 MJO 空间分布既可反映春、夏、秋、冬各季节 MJO 活动的位置演变，又可反映其强度随时间的变化。在空间上，有随时间自西向东移动的主要特征，也有原地打转的个别情况；在强度上，有随时间一直保持较强的活跃状态，也有逐渐减弱至不活跃的情况。

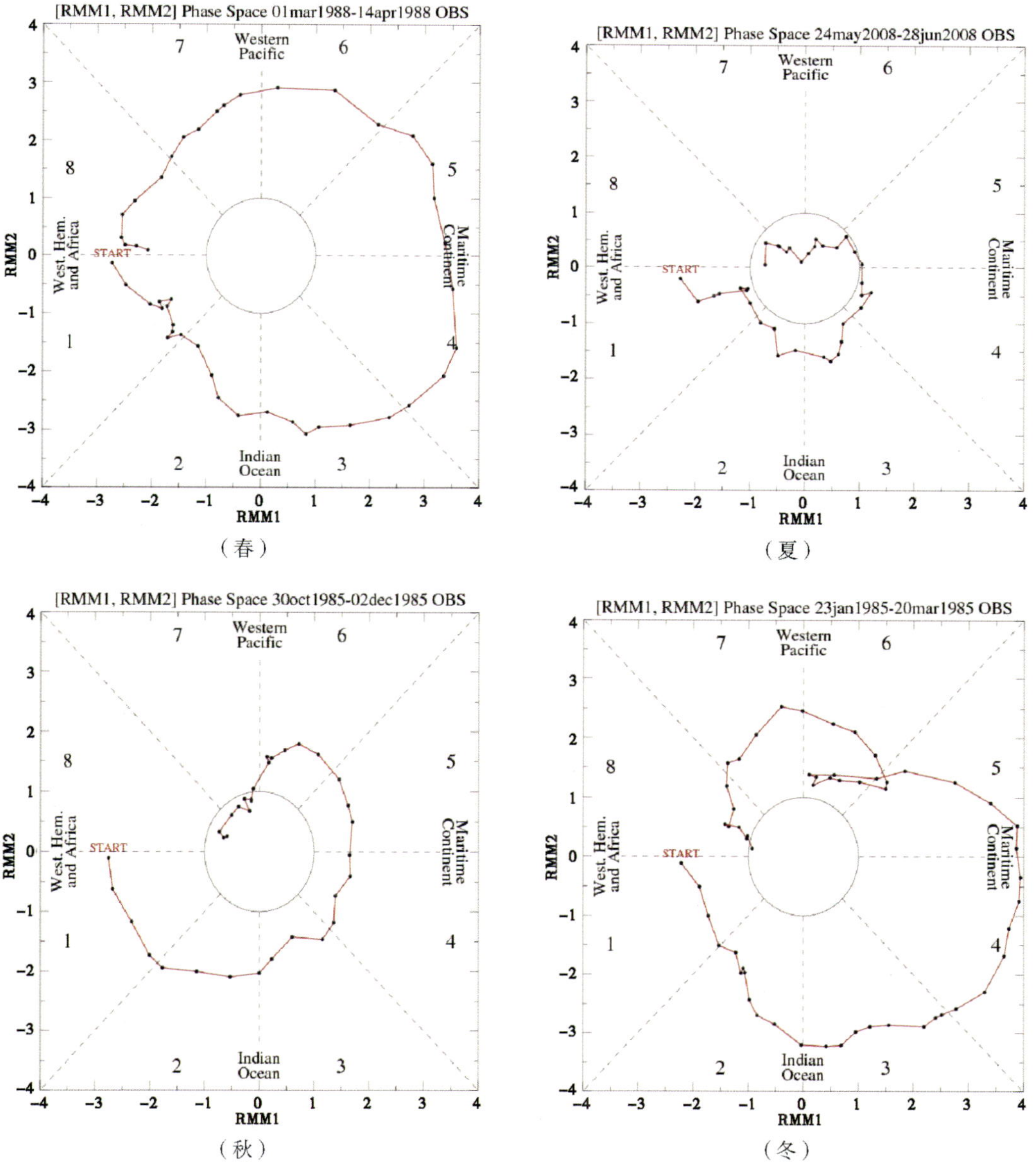

图 7.5　春、夏、秋、冬 MJO 指数位相演变个例

7.1.3 MJO 的年际变率

研究表明，MJO 活动存在明显的年际变化，且可能与 ENSO 循环有关系。鉴于夏季是我国的主汛期，利用 1980—2009 年逐年夏季平均 NINO3、4 区海温异常指数（NOAA ERSST V3b 资料），并分别采用0.5℃和 -0.5℃阈值确定夏季 El Niño 状态年份（1982、1987、1991、1992、1994、1997、2002、2004、2006、2009 年）和夏季 La Niña 状态年份（1985、1988、1998、1999 年），进一步比较不同 ENSO 背景下的 MJO 活动。

从图7.6 及表7.1 可见，在 El Niño 状态背景下的不同年份，MJO 活动存在一定的

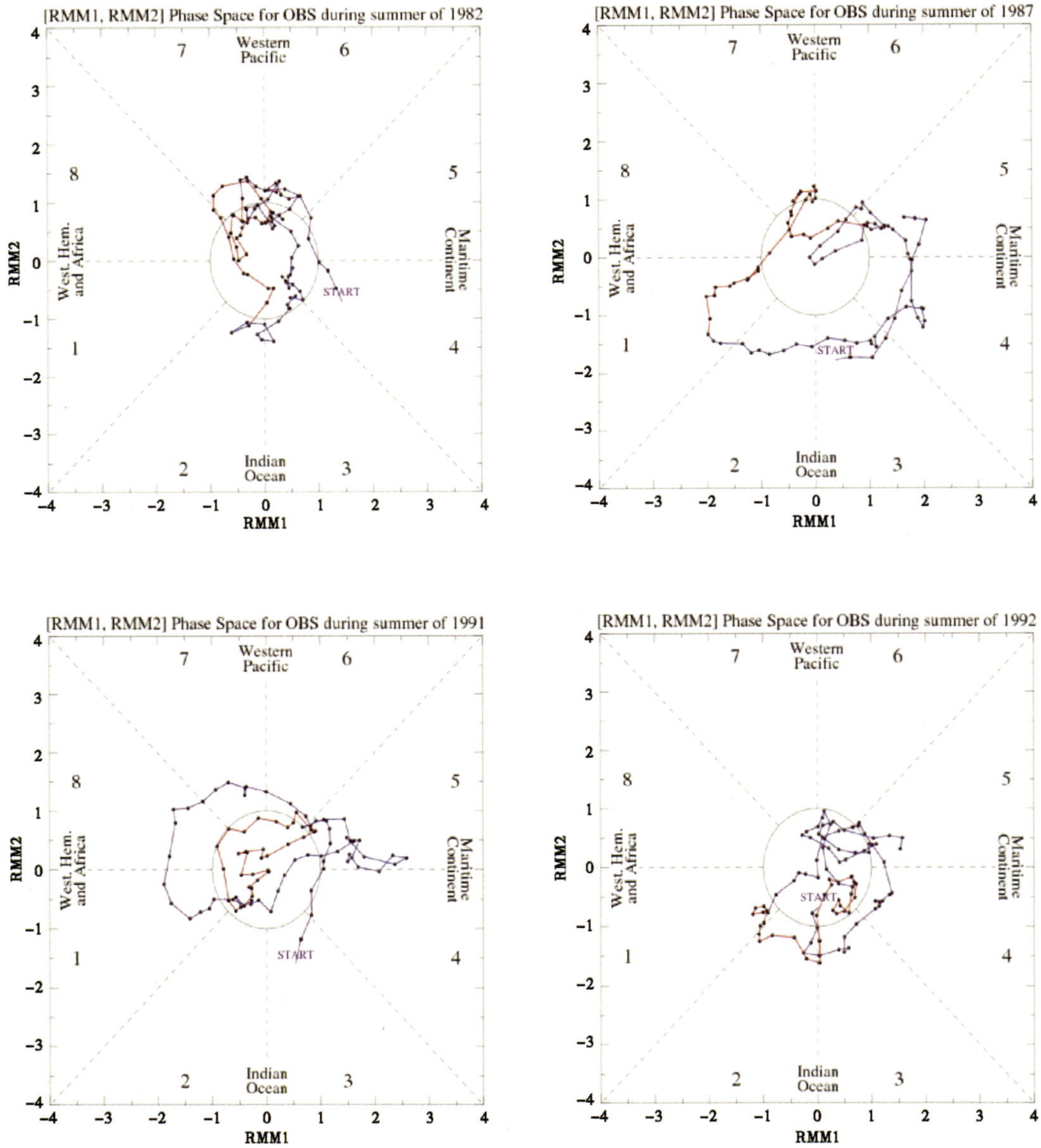

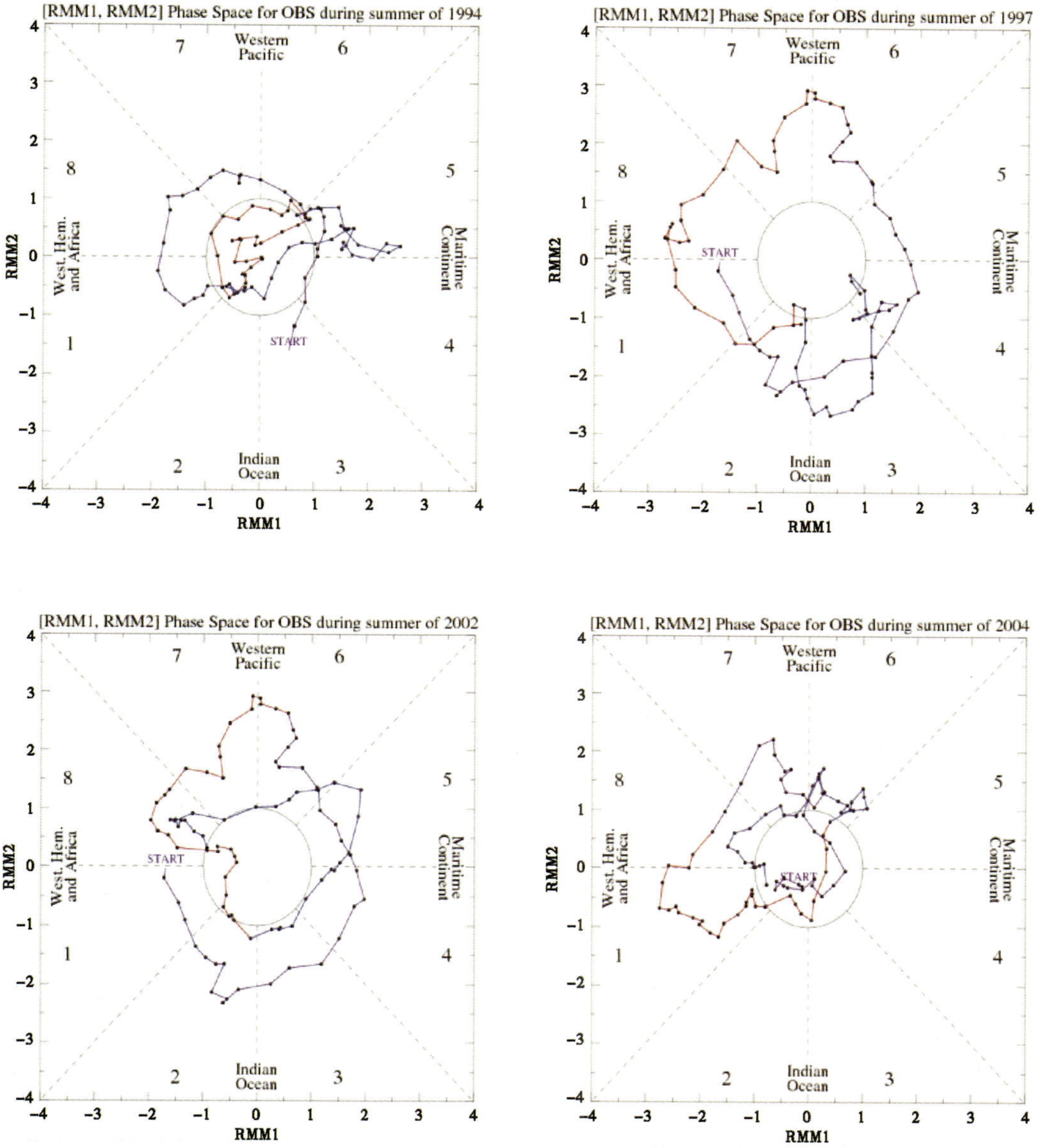
[RMM1, RMM2] Phase Space for OBS during summer of 1994
[RMM1, RMM2] Phase Space for OBS during summer of 1997
[RMM1, RMM2] Phase Space for OBS during summer of 2002
[RMM1, RMM2] Phase Space for OBS during summer of 2004
Western Pacific
Indian Ocean
West. Hem. and Africa
Maritime Continent
START
RMM1
RMM2
1
2
3
4
5
6
7
8

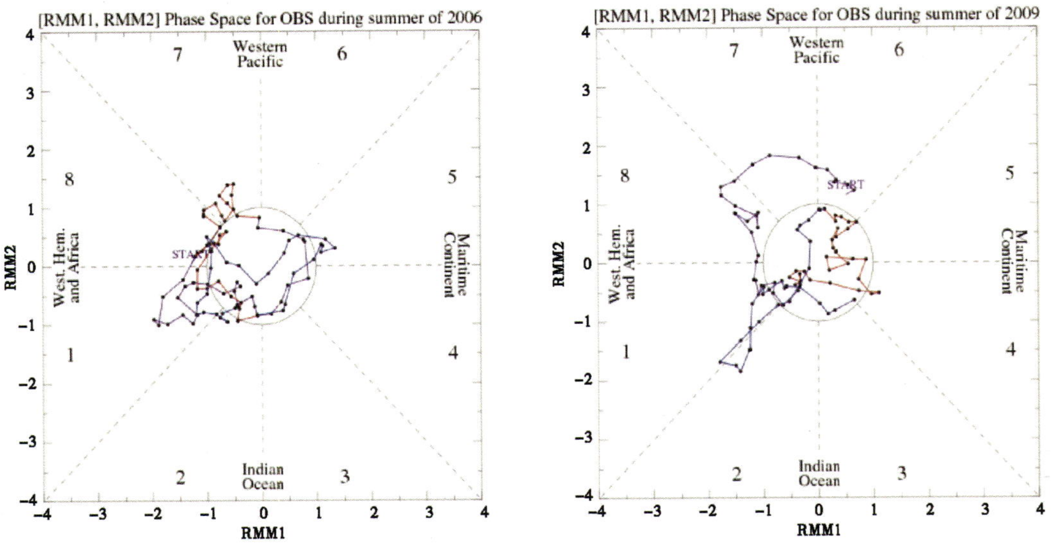

图 7.6　夏季 El Niño 显著状态年的 MJO 位相演变图

差异，但大多数年份 MJO 循环中位相演变缓慢的现象（有些还存在位相反复的情况），其中除 1994 年夏季出现 3 个 MJO 循环外，其他年份都仅出现 1 ~ 2 个 MJO 完整循环。根据多年平均的夏季 MJO 循环次数可得，El Niño 状态背景下的 MJO 活动周期为 45 天左右（即夏季出现 2 个周期循环）。另一方面，就 MJO 活动强度而言，历年夏季平均 MJO 强度多数（10 年中有 7 年）在 1 以上，表明夏季 MJO 活动强度总体略强；但从历年的 MJO 位相演变图可见，在夏季 MJO 活动略偏强的年份中，MJO 活动易出现由强到弱的转变，即并不是一直维持强的活动状态。

表 7.1　夏季 El Niño 显著状态年的 MJO 强度及循环次数

年　份	ONI	夏季 MJO 强度	夏季 MJO 循环次数
1982	0.7	0.917	1.25
1987	1.4	1.419	1.5
1991	1.0	1.122	2.25
1992	0.5	0.951	2
1994	0.6	0.839	3.5
1997	1.7	1.382	2.5
2002	0.9	1.672	2
2004	0.7	1.295	2
2006	0.5	1.056	2.25
2009	0.7	1.062	2
AVE	0.87	1.178 5	2.125

与 El Niño 状态相反，在 La Niña 状态背景（图 7.7 及表 7.2）下，MJO 活动大多位

于位相图的内圈内，即强度相对较弱。根据多年平均的夏季 MJO 循环次数可得，夏季 MJO 在 La Niña 状态背景下传播速度较快，4 个 La Niña 状态异常年平均出现 3 个周期循环，即 MJO 活动周期为 30 天左右。

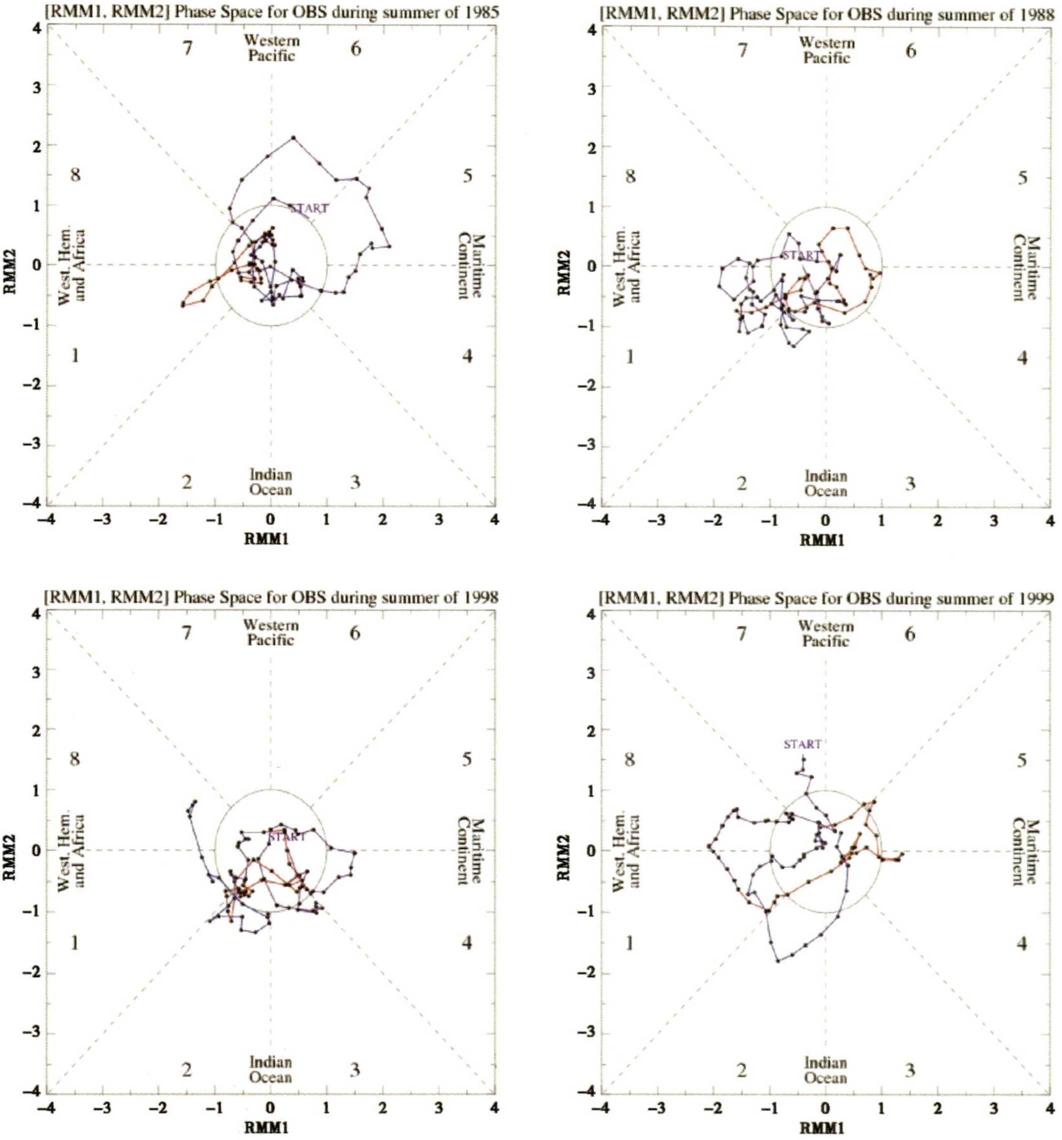

图 7.7　夏季 La Niña 显著状态年的 MJO 位相演变图

表 7.2　夏季 La Niña 显著状态年 MJO 强度及循环次数

年　份	ONI	夏季 MJO 强度	夏季 MJO 循环次数
1985	-0.5	0.827	4.5
1988	-1.3	0.964	3.5
1998	-0.5	0.893	2.75

续表

年　份	ONI	夏季 MJO 强度	夏季 MJO 循环次数
1999	-0.9	1.014	2
AVE	-0.8	0.9245	3.1875

7.2　MJO 与中国东部天气

7.2.1　MJO 的传播

MJO 的全球性。Yasunari 在 1979 年第一次把向东传播的赤道区域振荡同印度季风的活跃—中断期联系起来[1]，并首次提出印度季风区存在周期为 15 天和 40 天左右的季节内振荡，使得 MJO 的研究得到明显推动。Krishnamurti 等[40]指出，赤道印度洋区，不断有异常的槽脊缓慢向北移动，其周期为 40 ~ 50 天。Murakami 等[41]证实这一周期的低频波在夏季风区域（60° ~ 150°E）的存在和向北传播。此后，Anderson[42]在研究纬向平均西风角动量的向北输送时指出了中纬度 MJO 的存在。Krishnamurti et al[43]、李崇银等[44]也发现低频振荡除存在于热带外，还存在于中高纬地区，具有全球性，而大气低频遥相关型波列是联系全球大气季节内振荡相互作用的纽带[45]。

MJO 与热带季风相互作用。王斌（图 7.8）[46]在总结 Waliser[47]对季风季节内振荡特征评述的基础上，指出 MJO 与季风季节内振荡相互作用的基本特征表现为：①MJO 最先始于赤道西印度洋（60° ~ 70°E）[48-50]；②向东移动的同时在印度洋地区北传[1,51,52]；③在苏门答腊附近形成一条西北 - 东南倾斜的季风季节内振荡（MISO）雨带[53-56]，该 MISO 雨带与年循环（即气候的季节内振荡）锁相[57-59]，并进一步北传影响亚洲季风区；④在 MJO 东移和北传的同时，西北太平洋季风的季节内振荡（以 10 ~ 20 天为主要模态）向西北传[60-63]，二者相遇时，可以出现锁相现象，引起季风的爆发、中断与活跃[45,63,64]。此外，季风还有其自身的季节内振荡模态[65]，例如 10 ~ 25 天的模态及独立的北传模态[66,67]。由于季风的季节内振荡与副热带接近，它可影响中纬度季节内振荡[68]或和中纬度波列相互作用[69]。

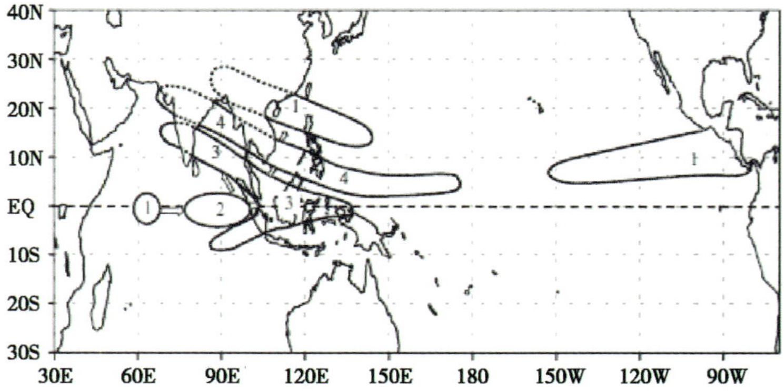

图 7.8　北半球夏季 MJO 相联系的 4 个干湿异常阶段

（①开始，②成熟，③倾斜雨带形成，④向北传播；每个阶段持续约 8 天）

MJO 东传的遥相关型。图 7.9 给出在 MJO 8 个空间位相下合成的 200hPa 流函数异常分布，从图中可看出 MJO 的东传过程。其中，1～8 位相表示 MJO 分别位于西半球/非洲东部、印度洋西部、印度洋东部、海洋大陆西部、海洋大陆东部、西太平洋西部、西太平洋东部、西半球及非洲西部。当 MJO 活跃于热带西印度洋（第 3 位相）时，在印度洋、西太平洋、西北太平洋、阿留申地区出现异常反气旋、气旋、反气旋、气旋环流的遥相关型；伴随 MJO 的继续东移，异常环流的波列向东北方向传播；当 MJO 东移至西太平洋（第 7 位相）时，上述地区则形成异常气旋、反气旋、气旋、反气旋环流的遥相关型。在 2～5 位相期间，印度洋上空 200hPa 的异常反气旋性环流自西向东移动，到 6 位相异常反气旋东移至西太平洋西部，而印度洋上空转为异常气旋控制，此后位于西太平洋上空的异常反气旋继续东移，在第 8 位相移至西半球，此后重新进入 1 位相开始新的循环。除热带地区外，副热带及中高纬地区在 MJO 不同位相下亦呈现出异常环流。因此，MJO 不同位相下的异常环流均可对副热带西风急流、西太平洋副热带高压及低层环流等产生影响，从而影响中高纬的天气、气候。

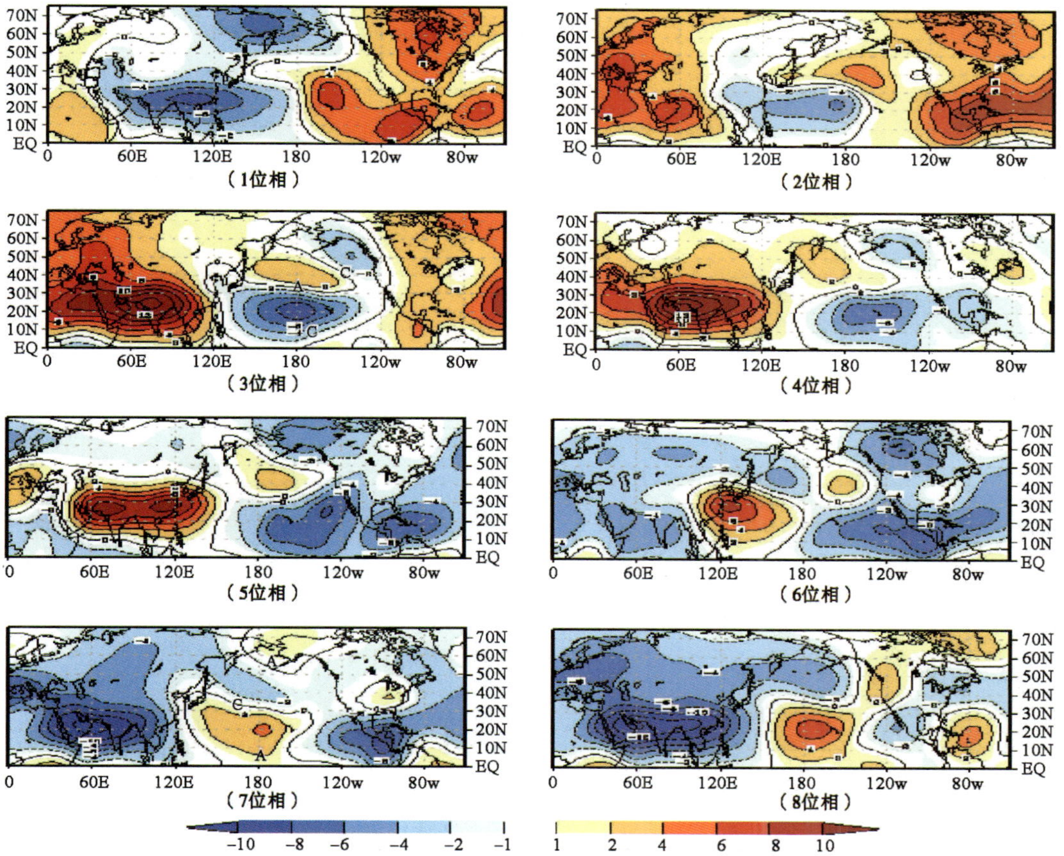

图 7.9　MJO 不同位相合成的 200hPa 流函数异常分布

（美国 CPC Qin Zhang 提供，2008）

MJO 的北传模态。除东移过程外，季风的季节内振荡还存在明显的北传模态。图 7.10 给出与东亚季风爆发有关的 5 月低频振荡北传过程。从 5 月期间的低频（经 30～60 天滤波）环流及对流分布可看出，5 月初（图 7.10a）位于印度洋附近的低频气旋性环流及对流活动向东北方向移动，而 5 月上旬末（图 7.10b）位于热带西太平洋的低频气旋性环流及对流活动向西北方向移动，二者在 5 月中旬中后期（图 7.10c）相联，对南海地区的对流增强及季风爆发产生作用。在 5 月下旬初（图 7.10d），整个南海地区为季风槽控制，对流活动明显，而在赤道西太平洋地区则出现低频反气旋性环流。此后，伴随赤道西太平洋的低频反气旋性环流与南海季风槽的低频气旋性环流继续北移（图 7.10e～f），对流活动的低频振荡也影响到中纬度地区。

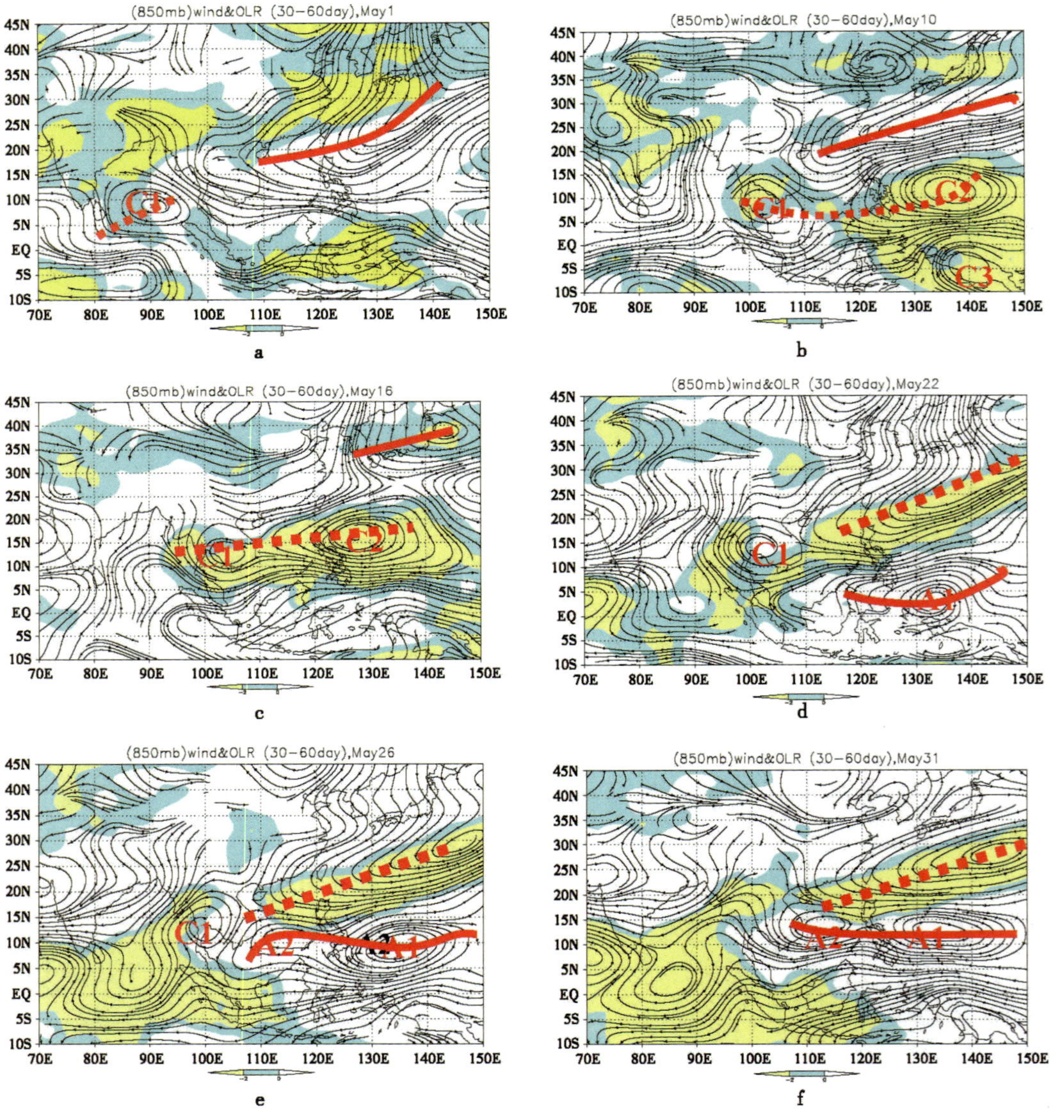

图 7.10　30～60 天滤波的 850hPa 环流场（流线）及 OLR（阴影，W/m²）分布[70]

除对南海季风活动有明显影响外，热带对流的季节内振荡对副热带季风降水也产生重要影响。图 7.11 给出东亚梅雨区 30～60 天低频振荡的不同位相（其中峰值和谷值分别对应第 3、7 位相）与热带低频对流活动的演变特征。在第 1 位相，亚洲地区的对流低频活动呈纬向型分布。在亚洲东部，从近赤道向北为异常强对流、异常弱对流的交替

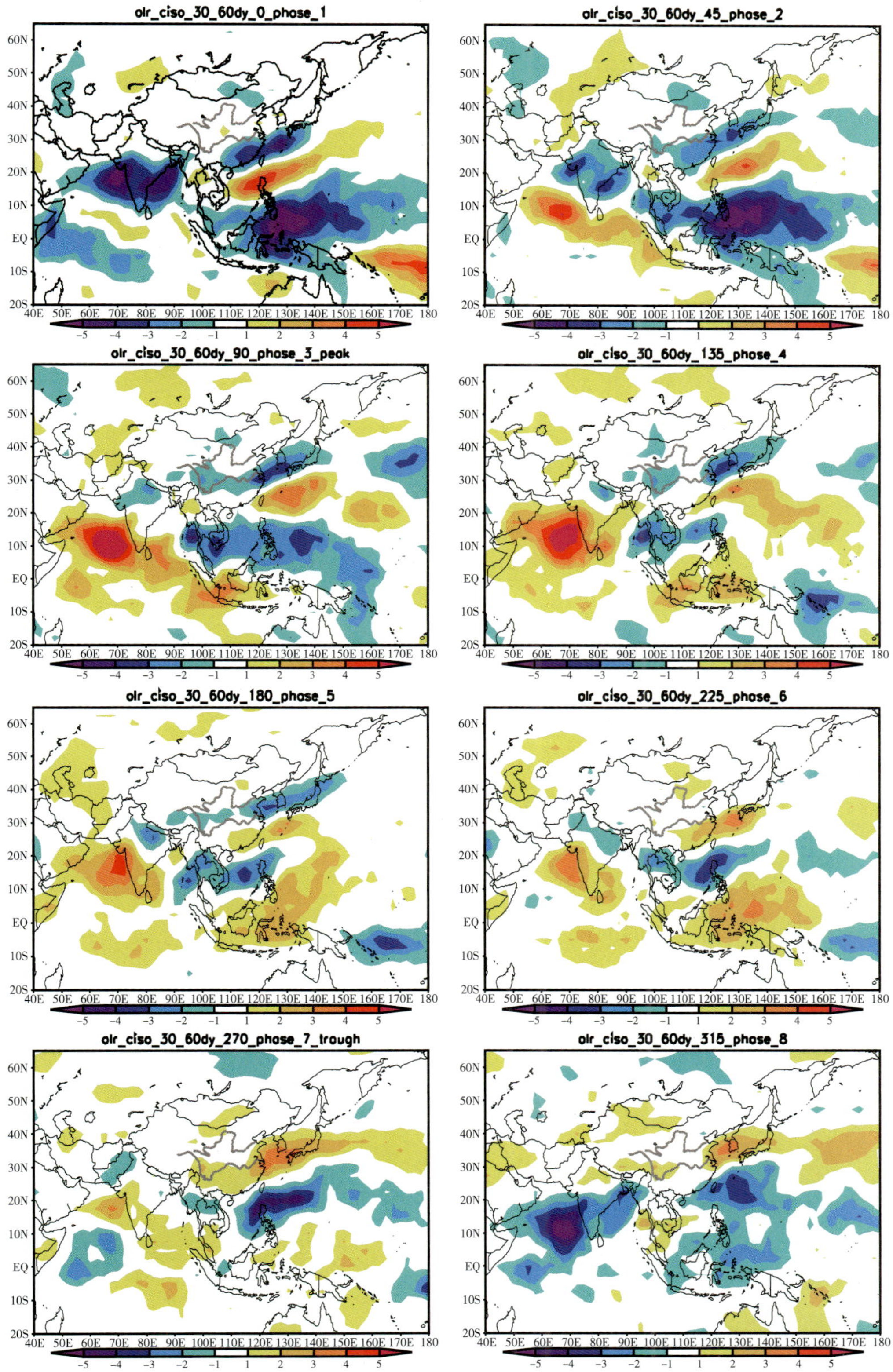

图 7.11　东亚梅雨区降水低频振荡 8 个位相下的低频 OLR 演变空间分布（单位：W/m²）[71]

资料来源：引自国家基础地理信息中心下载（网址：http：//ngcc. sbsm. gov. cn ）。

式分布。其中，赤道西太平洋—菲律宾南部（10°S ~ 10°N）为异常强对流，菲律宾北部—西太平洋为异常弱对流，华南—东海一带为异常强对流，而江淮—韩国一带为异常弱对流。在南亚地区，南半球近赤道（10°S ~ 0°N）、印度洋北部（0° ~ 10°N）、阿拉伯海—孟加拉湾（10° ~ 20°N）分别为异常强对流、异常弱对流、异常强对流。从第 1 ~ 5 位相，亚洲东部异常弱、强对流逐步向北传播，副热带地区的异常强对流在第 3 位相时传至江淮—韩国日本一带，对应东亚梅雨区的低频峰值降水；而其南侧台湾以东的西太平洋地区则受异常弱对流控制，菲律宾群岛附近洋面则为异常强对流。而在南亚地区，从第 1 ~ 3 位相，阿拉伯海—孟加拉湾的异常强对流向东北方向移动并减弱，在东亚梅雨峰值降水的第 3 位相，异常强对流位于印度西北部，而阿拉伯海的异常弱对流明显且范围大，这与中南半岛—南海—菲律宾以东的西太平洋异常强对流形成对比。从第 4 ~ 7 位相，阿拉伯海的异常弱对流向东北方向缓慢收缩且强度减弱，而台湾以东的西太平洋异常弱对流则向北缓慢移动，到第 7 位相移至江淮—朝鲜半岛—日本一带，对应东亚梅雨区的谷值降水。到第 8 位相，印度北部和江淮—韩日一带的异常弱对流又继续向东北传播，在西北太平洋（35°N，170°E）出现弱对流大值中心。可见东亚梅雨区的峰、谷值降水与其南侧异常强、弱对流北传至该地区有密切关系。同时，印度西海岸和阿拉伯海地区的异常强、弱对流存在东北方向的传播，并与梅雨区的异常强对流形成沿 SW - NE 走向的异常强 - 弱 - 强对流分布，表明印度洋对流活动异常的东北向传播可能影响梅雨区。此外，印度北部的异常强、弱对流的出现与东亚梅雨区的正位相（1 ~ 5 位相）、负位相（6 ~ 8 位相）低频降水相一致。

图 7.9 ~ 图 7.11 说明 30 ~ 60 天振荡的向北传播和激发的遥相关型（图 7.12）可对中纬度天气、气候产生影响。因此，如果能首先预报出 MJO 在热带的传播，然后再通过它的直接北传或产生的遥相关型，从理论上可预报它们对中高纬天气 - 气候的影响。由于它的时间尺度在 30 天左右，故可以采用这种热带信号来做其影响区的延伸预报。

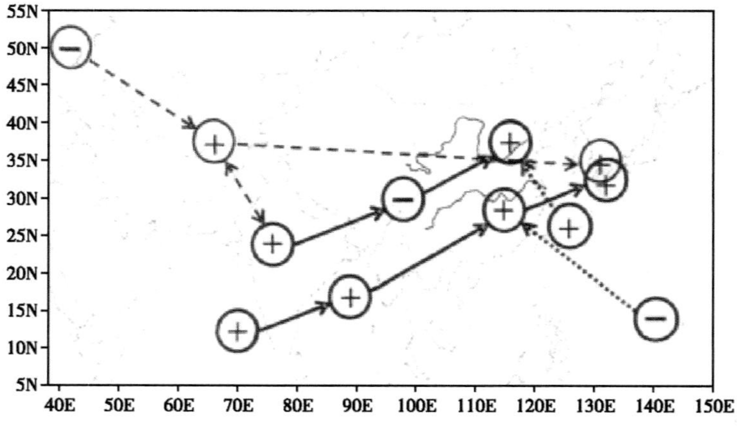

图 7.12 热带 MJO 东移过程中的遥相关（实线）、西北太平洋季风低频振荡北传（点线）及中高纬西风带遥相关波列（长虚线）示意图[75]（圆圈内为“+/-”表示气旋性/反气旋性环流）

另一方面，当 MJO 向北传播或它激发的遥相关波列向北传播，可以与中高纬的环流系统产生相互作用，从而产生明显的天气过程，而这种天气过程正是延伸期预报所需要的。因而通过上述原理不但可以预测 2 ~ 4 周天气发生的低频背景，而且可以预测在一次 MJO 东移影响过程中，有几次重要的天气过程可能发生。

此外，MJO 与季风[1,47,59,72-74]的爆发、活跃、中断均有密切关系，通过 MJO 对亚洲或东亚季风活动程度的影响，也可以预报它们与中纬度天气系统的相互作用。

7.2.2　MJO 与天气气候事件的联系及其在延伸期预报中的应用

MJO 与全球天气气候有重要联系且具有与延伸期尺度相匹配的准周期性，这使得 MJO 成为延伸期可预报性的重要来源，是全球延伸期预报的重要信号。在热带地区，MJO 对天气气候的影响主要表现在：①改变区域降水分布类型[76-78]；②增强或抑制热带气旋[79-84]；③调节季风爆发、中断、结束时间及季风强度[46,47]。在东亚地区夏季，以 MJO 为主要特征的热带印度洋和西北太平洋大气季节内振荡通过影响亚洲夏季风，进而对东亚地区的天气气候演变和阶段性、持续性异常事件的发生产生重要影响[8,17,40,44,45,65,85-91]。在冬季，MJO 则可通过 Rossby 波列影响副热带大气环流，包括阿留申低压、西太平洋低层环流、副热带急流、天气尺度扰动及风暴轴等系统，从而影响到副热带地区的天气和气候。因此，基于以 MJO 为代表的季节内振荡制作延伸期预报是目前比较有效的方法。下面主要分强降水、台风、寒潮、灾害预估 4 个方面介绍基于 MJO 的延伸预报业务应用。

（1）MJO 具有的强降水延伸期预报信号及业务应用

以 MJO 为主要特征的热带有组织性对流季节内变率对全球都有明显影响[2,92-96]。作为热带加热的大气响应，源自西太平洋的 Rossby 波列将向西传播，造成北美西海岸的异常强降水事件[2,92,97]。而当 MJO 活动位于位相 3（7）时，即活跃于印度洋（西太平洋）时，印度洋对流正（负）异常和西太平洋对流负（正）异常的热带强迫偶极子可对副热带环流异常产生明显影响[96]。Zhang 等[17]关于 MJO 与中国东南部夏季降水的关系研究表明：当 MJO 位于印度洋时，副高西进，中国东南部的水汽输送和上升运动增强、降水增加；当 MJO 进入西太平洋时，情况则相反；随着 MJO 从印度洋向西太平洋移动，中国东南部夏季降水则由增多变为减少。MJO 对夏季降水的最大正异常和负异常影响可达气候平均降水的 10%。对于冬季降水，Jia 等[91]的研究表明，MJO 通过影响孟加拉湾南支槽、西太平洋副高、东亚冬季风、西风带槽脊活动进而影响冬季降水异常。同夏季类似，当 MJO 自印度洋向西太平洋传播时，长江流域和华南冬季降水由增强转为减弱。

丁一汇和梁萍[28]的研究表明，与气候概率相比，当 MJO 位于印度洋即第 3、4 位相（西太平洋即第 6 位相）时，降水事件（包括极端降水事件）的概率在东亚梅雨区（长江—韩日南部地区，图略）为一致性增大（减小）。对比 MJO 位于印度洋（第 3、4 位相）和西太平洋（第 6 位相）时的降水事件和极端降水事件的概率差异（图 7.13）可明显看出，二者的差异呈现纬向分布特征，MJO 位于第 3、4 位相时东亚副热带地区出现降水/极端降水事件的概率明显增大，而其南北两侧则相反。这种非局部地区性差异反映出热带 MJO 对东亚副热带夏季降水的影响具有大尺度特征，而并非统计上的偶然性。

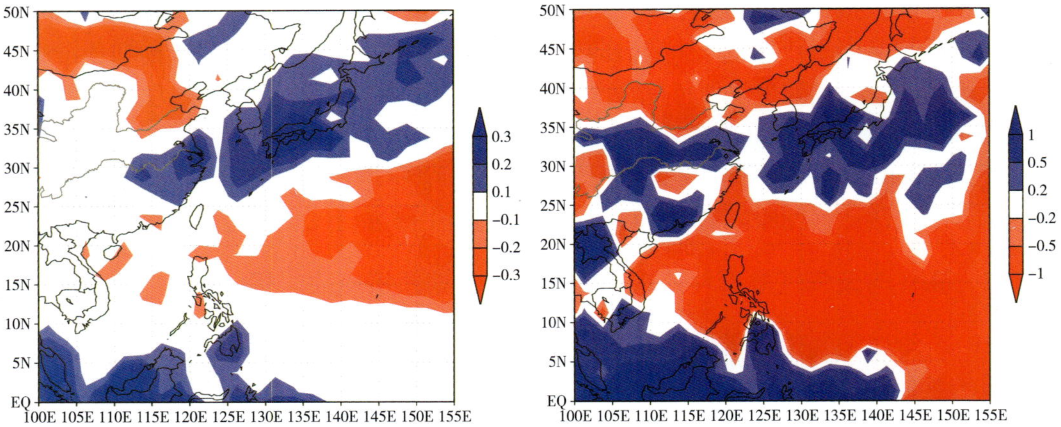

图 7.13　夏季 6－8 月 MJO 位于第 3、4 位相和第 6 位相下降水现象（左）和极端降水事件（右）的概率差异（概率为与气候概率比值）[28]

资料来源：引自国家基础地理信息中心下载（网址：http：//ngcc. sbsm. gov. cn ）。

梁萍和丁一汇[29]将 MJO 信号应用于晴雨及极端降水事件的延伸期预报中，给出夏季 MJO 不同位相下的上海地区雨日及极端降水出现概率（图 7. 14）。当热带 MJO 位于第 3 位相（印度洋东部）、第 4 位相（海洋大陆西部）时，上海雨日出现的概率最大（较气候概率大 1 ~2 成），对应的平均降水量也最多（较气候平均偏多 3 ~4 成）；而当热带 MJO 位于第 6 位相（西太平洋西部）时，上海雨日出现的概率最小（较夏季平均概率小近 2 成），对应的平均降水量也最少（较夏季平均降水量偏少 3 ~4 成）。热带 MJO 位于第 3、4 位相和第 6 位相时，上海地区出现极端强降水的概率分别达最大（较气候概率大 4 ~6 成）和最小（较气候概率小 3 成）。由此表明，MJO 的第 3、第 4 位相和第 6 位相可作为上海地区夏季降水事件延伸期预报的热带信号。

MJO 信号对于江淮梅雨的延伸期预报也有一定的参考价值。在 2009 年江淮梅雨延伸期预报中，热带 MJO 信号发挥了积极的参考作用。其中，在 5 月 23 日和 6 月 2 日制作梅汛期延伸期预报的实时业务中，美国 NCEP－GFS 分别预报 6 月上旬—中旬前期 MJO 活跃于西太平洋地区的第 6、7 位相，根据夏季 MJO 不同位相与江淮/上海地区降水的关系，给出不利于江淮/上海在 6 月中旬前期之前入梅的信号，与实况一致，为江淮地区梅汛期的实时延伸预报提供了依据[28]。

梁萍和丁一汇[34]进一步的预报试验对比研究表明，热带低频信号对梅雨区降水季节内振荡演变的预报价值优于中纬度或中高纬度低频信号。因此，在上海市气候中心开展的副热带季风延伸期预报业务中，基于 MJO 活动关键区低频信号建立回归模型，进而对 6 ~9 月副热带季风区（以上海和江淮地区为代表）未来 10 ~50 天的逐候降水趋势进行实时准业务预报。以上海地区延伸期降水预报实时业务为例，选取对上海降水异常影响明显的 MJO 关键区（近赤道印度洋及西太平洋，图 7. 15a）的实况低频 OLR 作为预报因子，将其应用于回归模型，给出延伸期逐候降水演变预报。如图 7. 15b 所示，在 2012 年 5 月 24 日预报的上海延伸期降水量演变中，预报与观测实况的对比表明，该方法既可较好预报出延伸期（未来 20 ~45 天）降水的峰值出现时段（6 月 14—18 日和 6 月 24—28 日）和逐候降水量增加或减少的演变，同时对逐候降水量异常也有一定的参考（图中预报与实况的异常趋势一致率为 60%）。

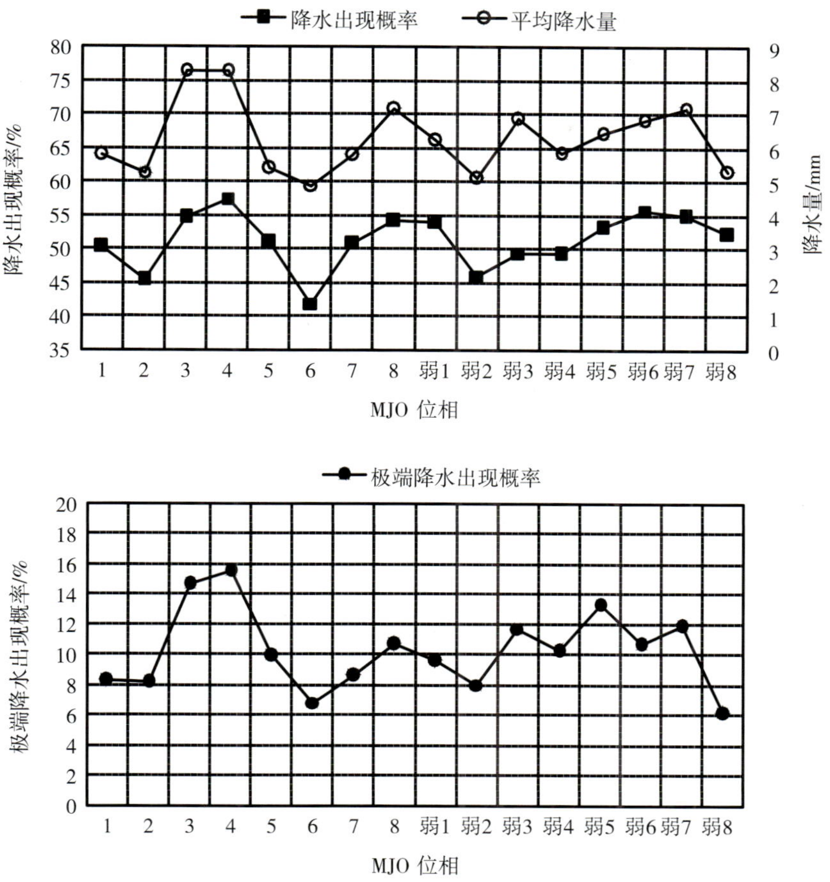

图 7.14　夏季 6—8 月 MJO 不同位相合成的上海地区降水事件出现概率及平均降水量（上）和极端降水（降水百分位数≤10%）出现概率（下）（%，横坐标：MJO 的位相）

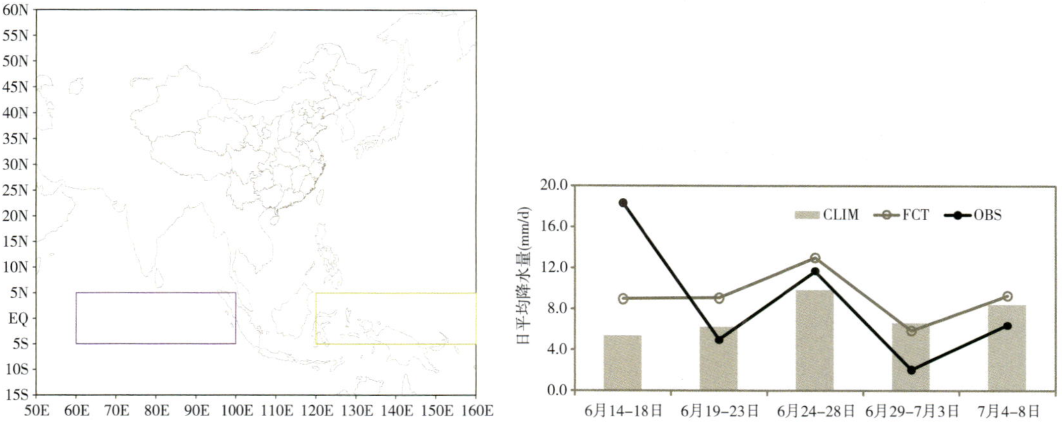

a　　　　　　　　　　b

图 7.15　基于 MJO 的延伸期降水统计预报模型的关键因子

[a：近赤道印度洋（紫色方框）及 西太平洋（黄色方框）的低频 OLR）及对 2012 年延伸期预报个例；b：5 月 24 日起报的上海地区延伸期降水演变，空心圆折线为预报，实心圆折线为观测，阴影柱状图为 1981—2010 年平均，单位：mm/d]

资料来源：引自国家基础地理信息中心下载（网址：http：//ngcc. sbsm. gov. cn ）。

此外，吕俊梅、琚建华等[98]研究了 MJO 传播规律对云南延伸期降水的影响，并利用 MJO 进行云南延伸期降水预测试验，较好地预测了延伸期（未来 30 天左右）大范围干湿阶段的转换过程（窗口期）。因此，以 MJO 为主要特征的赤道印度洋和热带西北太平洋大气季节内准周期振荡通过影响亚洲夏季风进一步对东亚地区的天气气候演变和阶段性、持续性异常事件产生重要影响[8,17,28,85-91,98-101]，可能成为包括江淮梅雨在内的东亚天气气候事件在 10～30 天延伸期时间尺度上的可预报信号。杨修群等[102]通过“大气低频变化规律及其在气象预测中的研究”行业专项的研究，建成了 MJO 对中国气候影响监测业务系统，相关成果已在国家气候中心延伸期预警预测业务[103]中得以应用，包括不同月份或滑动季 MJO 不同位相的降水的合成，为气候诊断和预测业务提供了有力的技术支持。

需要指出的是，MJO 只是低频振荡在热带的重要表征，全球各纬度带都存在低频振荡[44,104,105]。因此，综合不同来源的低频信号进行延伸期预报效果可能更好。为此，梁萍和丁一汇[34]分别采用降水低频信号、关键区低频信号、MJO 低频信号和低频环流场等多种统计模型并结合海－气耦合模式产品，给出梅雨区降水量和降水概率的延伸期预报综合流程图（图 7.16），在梅雨区降水延伸期预报中具有一定的应用价值。

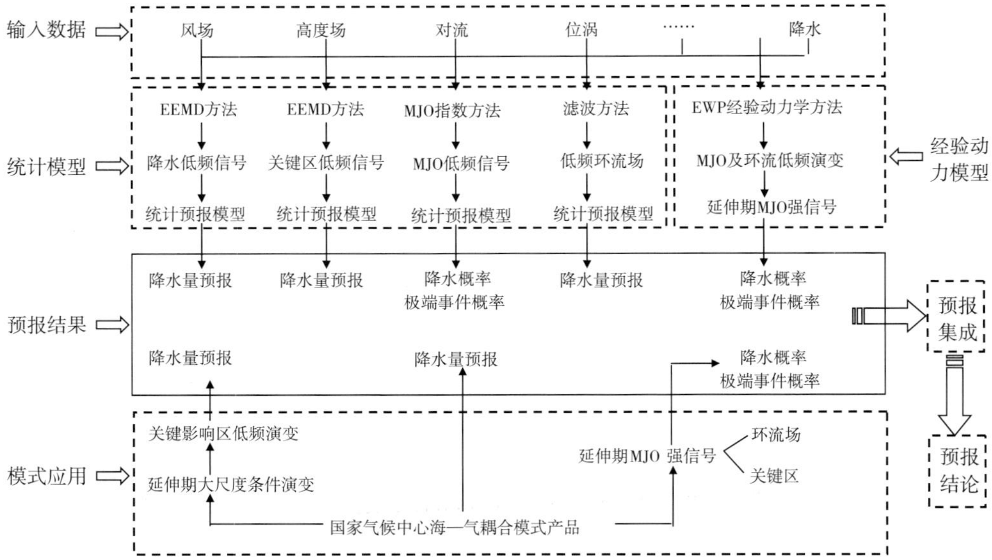

图 7.16 基于诊断分析和预报试验的梅雨区降水延伸期预报综合流程图[34]

（2）MJO 具有的台风延伸期预报的信号及应用

谢义炳等[106]的早期研究指出，亚洲季风的脉动具有季节内振荡的特征，并与西太平洋台风的多寡有较好的统计关系。丁一汇等[107]发现南海和西北太平洋地区的热带辐合区中常常出现多个台风同时发展的现象，表明台风活动具有集中性。Gray[108]的研究表明，全球热带台风形成往往集中在 2～3 周的活跃期，而相对不活跃期也常常持续 2～3 周左右。这样，诸如 MJO 等的行星尺度季节内变率可通过提供有利于（不利于）热带气旋发展的大尺度环境场来调节热带气旋活动的不同阶段。文献[80-84,109]的研究进一步证实，MJO 的不同位相可调节热带气旋的活动，随着 MJO 对流的向东传播，台风路径的密集区也向东移动，进而影响到热带地区的台风活动。例如，在 MJO 的第 6 和第7位相下，太平洋地区的台风较活跃，而在第2和第3位相下，太平洋的台风活动则大大减弱。

MJO对台风活动的调制影响可提高台风延伸期预报的可预报性。法国[110]基于Lorely和Wheeler[111]提出的统计方法，应用包含MJO指数的5个因子开展了以南半球为主的逐周台风活动延伸期预报，结果表明台风活动的预报技巧最大可达3周，在MJO强振幅情况下甚至有更长的预报时效。在2007—2008年夏季南印度洋地区生成台风的实时预测（图略）中，大多数台风的实况生成时间与预测的台风生成概率峰值时段相对应。因此，基于该方法的南半球台风实时预测在一定程度上还是比较成功的。

近两年，我们尝试在上海区域气候中心开展基于MJO的西太平洋台风活动信息预判业务，也取得了较好的试验结果。例如，在2012年，基于美国CPC自7月15日以来对未来2周MJO活动的组合相似统计预报（7月底至8月上旬前中期，MJO位相东移至西太平洋地区，图略），结合MJO活动位相与西太平洋台风的关系，在实时逐周滚动的长期预报信息业务中提出：7月底至8月上旬前中期，MJO位相东移至西太平洋地区，有利于该地区对流异常活跃和台风发展。上述信息预判与8月3日在西北太平洋洋面上生成201211号“海葵”台风的事实基本相符。上述实时业务试验结果表明，MJO对北半球台风活动的延伸期预报也有一定的应用价值。

此外，在2012年7月13日的实时延伸期预报应用中，根据上一节所述的基于MJO统计回归模型，我们给出江淮地区可能于8月上旬中后期—中旬前期出现明显降水阶段的预报，这与201211号“海葵”台风影响带来的降水实况（8月7—12日浙江、上海、江苏、安徽、江西出现强降水）一致，表明已建立的基于MJO的统计延伸预报方法可为台风影响强降水预报提供一定的参考。

（3）MJO具有的寒潮低温延伸期预报信号及应用

Jeong等[112]、Park等[113]的研究表明MJO与东亚寒潮频数显著相关。东亚寒潮常常发生在MJO位于印度洋的时候，且MJO相关的大气环流异常可使得一般寒潮加强至极端寒潮。He等[11]的最新研究发现，热带低频振荡的2个模态与我国冬季干（冷）和暖（湿）天气有显著相关，且有2候左右的预报时效，进一步指出了用MJO制作东亚冬季可能出现大范围“干冷”和“湿热”天气异常的区域。此外，国家气候中心延伸期预警预测业务[103]对冬季MJO不同位相下的气温要素进行合成，发现MJO位于第2、3位相（特别是第3位相）对中国大部气温负异常有预报指示意义，而在第1、8位相时，则对中国大部气温正异常有预报指示意义，为我国冬季大范围低温事件的延伸期预报提供了信号。

（4）基于MJO的灾害预估

美国CPC将MJO的实时预报产品应用于每周滚动的全球热带灾害预估[114]当中，根据ENSO、MJO及热带季节内变率、与副热带环流的相互作用、数值预报、海温和土壤等下边界强迫、热带气旋发生发展统计模型，对未来2周全球热带灾害进行综合预估。内容包括：逐周降水增大或受抑制的可能区域，有利或不利于热带气旋生成的可能区域，以及预估的不确定性分析。如何综合各种统计/动力预报信息并将其转化为灾害预评估，上述基于MJO的灾害预估产品的发布为我们提供了范例。

7.2.3　MJO 在副热带降水趋势预测中的应用

由图 7.9（MJO 不同位相合成的 200hPa 流函数异常分布）可见，MJO 可通过其不同位相下的异常环流对副热带西风急流、西太平洋副热带高压及低层环流等产生影响，进而影响副热带地区的天气气候。因此，在开展副热带地区的气候趋势预测时，MJO 是一个需要考虑的重要影响因子。那么，MJO 活动对月尺度降水趋势有何指示意义，将二者的关系应用于气候趋势预测效果又如何？图 7.17 给出 MJO 不同位相合成的未来 30 天东亚降水距平百分率及距平符号一致率的分布。从图中可看出，在 MJO 不同位相之后的一个月，东亚地区降水存在不同的异常趋势。特别是，当 MJO 位于第 5、6、8 位相时，其后 1 个月华东地区降水异常呈现南少北多、大部少、南多北少的空间分布特征，且多年一致率达 7 成以上。在实际业务中可采用上述 MJO 对降水趋势的指示作用开展气候趋势预测。从 2013 年汛期月趋势预测应用效果来看，在 5 月 29 日、6 月 20 日、7 月 24 日、8 月 22 日发布的华东区域气象中心《副热带夏季风监测诊断》专报

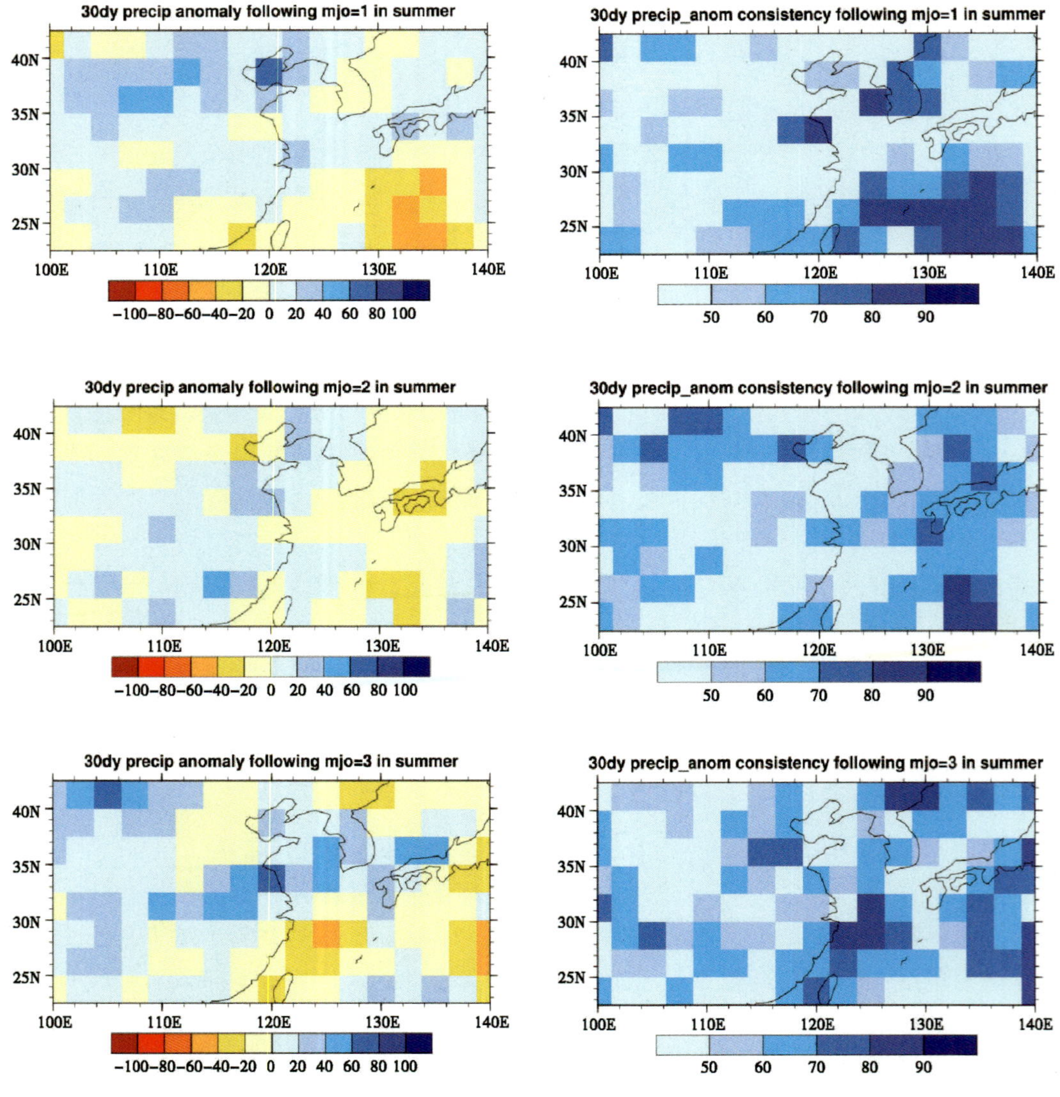

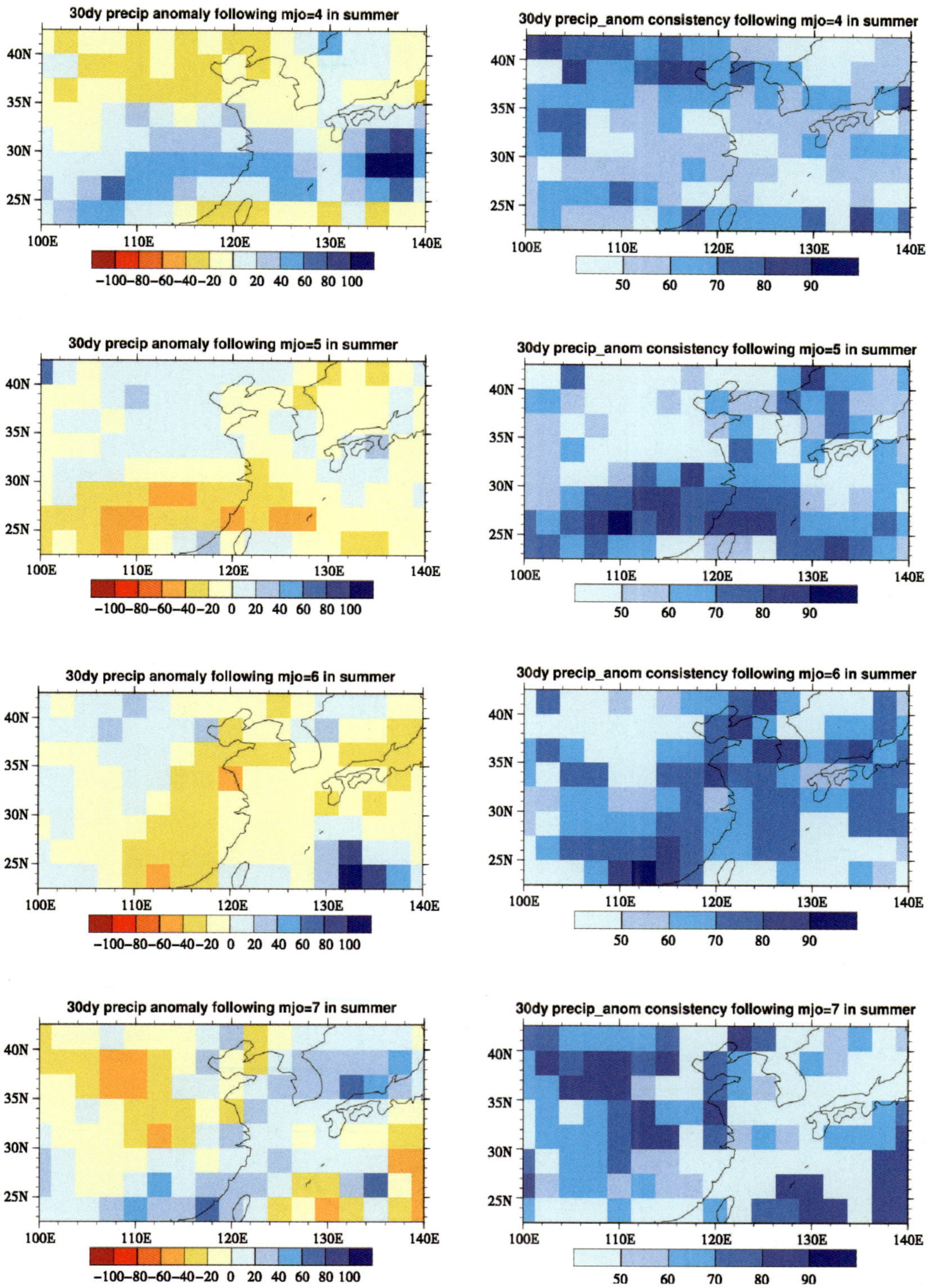
30dy precip anomaly following mjo=4 in summer
30dy precip_anom consistency following mjo=4 in summer
30dy precip anomaly following mjo=5 in summer
30dy precip_anom consistency following mjo=5 in summer
30dy precip anomaly following mjo=6 in summer
30dy precip_anom consistency following mjo=6 in summer
30dy precip anomaly following mjo=7 in summer
30dy precip_anom consistency following mjo=7 in summer
40N
35N
30N
25N
100E
110E
120E
130E
140E
−100−80−60−40−20 0 20 40 60 80 100
50 60 70 80 90

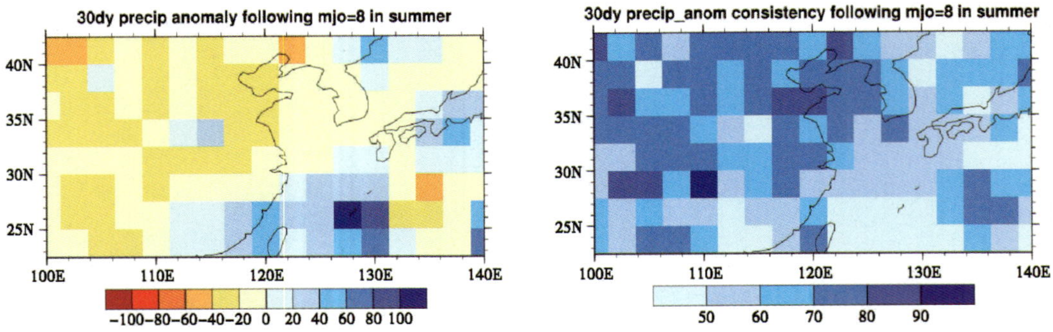

图 7.17 夏季 MJO 活跃于第 1～8 位相对未来 30 天东亚降水异常趋势的指示图

（左：降水距平百分率；右：距平符号一致率）

中，应用上述 MJO 信号，分别预测未来 30 天的降水异常趋势，即 5 月末—6 月下旬后期长三角地区降水偏多，6 月下旬—7 月中旬、7 月下旬—8 月下旬、8 月下旬—9 月中旬长三角地区降水偏少，这与实况出现的月尺度异常趋势一致。尽管 MJO 活动对月尺度降水趋势的预测信号问题还有待于更多年份的验证，但 2013 年的业务应用效果为后期进一步开展相关研究提供了基础和信心。

7.3 MJO 与低频天气系统

7.3.1 以上海强降水过程为例的大气低频系统分析

为考察与上海强降水过程相联系的大气季节内振荡气候特征，采用 Butterworth 滤波器对 1960—2007 年 5—9 月 850hPa 环流场和 500hPa 高度场进行 10～30 天和 30～60 天带通滤波，得到强降水过程期间的低频环流分量。综合多年强降水过程期间的环流场及其低频分量（图略）可发现，影响上海强降水过程的大气季节内振荡系统（如图 7.18 所示）主

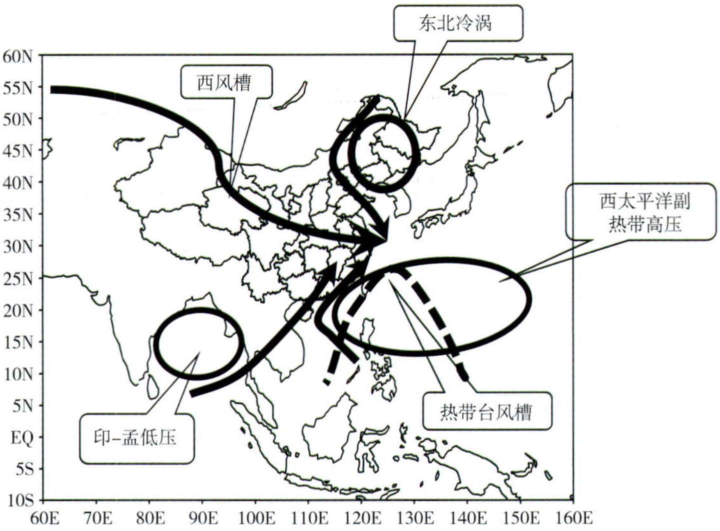

图 7.18 影响上海强降水过程的大气季节内振荡系统[115]

要由热带的台风槽和印 - 孟低压、副热带的西太平洋副高以及中高纬的西风槽和东北冷涡的低频环流分量构成。但不同的强降水过程对应的低频系统配置是有差异的。除少数强降水过程与台风倒槽或西风槽单一低频系统相联系外，上海强降水过程主要受其南、北侧低频系统共同作用影响。而且，在 5 种南北低频系统配置（表 7.3）中，有 4 种都出现了副高的低频振荡，表明副热带季风系统的低频振荡对强降水过程的发生有重要贡献。除副高与北方系统或兼有热带低频系统影响外，印—孟低压反映的印度季风系统和东北冷涡的低频环流配置也可对强降水过程产生影响，此即对应另一类低频系统分布。然而，我们进一步综合分析 5 天以上的持续性强降水过程低频环流分布型（图略）发现，副高和北方系统（包括西风槽和东北冷涡）低频振荡的配置对 1960—2007 年 45 个持续性强降水过程的发生具有重要作用。

表 7.3　影响上海强降水过程的大气低频系统配置[115]

序号	关键低频系统	10 ~ 30 天和 30 ~ 60 天低频系统配置
1	西太平洋副高、东北冷涡	南方和北方系统的共同配置，10 ~ 30 天和 30 ~ 60 天关键低频系统可分别包括南方/北方/南北方系统
2	西太平洋副高、西风槽	
3	印 - 孟低压、东北冷涡	
4	西太平洋副高、印 - 孟低压、东北冷涡	
5	西太平洋副高、印 - 孟低压、西风槽	
6	热带台风槽	均为南方系统
7	西风槽	均为北方系统

7.3.2　副热带季风典型降水阶段的低频系统分析

作为副热带夏季风的典型降水阶段，东亚梅雨区降水的季节内变化与低频振荡有密切联系。鉴于低频峰值降水的重要性，综合梅雨区低频降水各位相的大气低频振荡，给出影响梅雨区低频峰值降水的大气环流低频演变特征如图 7.19 所示。在梅雨区北侧，中高纬度里海附近冷空气（高位涡）低频波列东传，加之鄂霍茨克海高位涡的西南向输送共同影响东亚梅雨区。该低频波列与 Wang（1992，2002）提出的从中亚到东亚地区的罗斯贝波列传播并影响东亚梅雨区相一致。由此进一步证实了中高纬低频系统对东亚梅雨的重要性。在梅雨区南侧，通过异常对流的北传，形成沿经向方向的热带西太平洋至中国东北 - 鄂海的低层气旋 - 反气旋 - 气旋 - 反气旋分布，进而导致梅雨区低层形成低频偏北风和偏南风的辐合；对应梅雨区中层为南高北低的低频位势高度分布；高层为低频辐散气流控制；低、中、高层的低频环流形势及中高纬冷空气输送影响均为梅雨区的低频峰值降水提供了有利条件。此外，有关分析表明，印度西海岸和阿拉伯海地区的异常对流活动存在东北方向的传播，并可影响梅雨区。对于低频谷值降水的大气低频演变，情况与上述基本相反，不再赘述。

上述分析表明副热带高压（反映东亚副热带季风环流）、印—孟低压和热带台风槽（分别反映南亚和东亚热带季风环流）、东北冷涡和西风槽（反映北方冷空气）是影响上海强降水过程的主要低频天气系统。而对于范围更广的东亚梅雨区（包括中国江淮—

日本—朝鲜半岛）而言，高纬度里海和鄂海的低频冷空气、热带西太平洋—副热带梅雨区—中国东北—鄂海的低频波列以及印度洋附近的低频对流活动是其峰值降水出现主要的低频天气系统。它们的共同点主要在于均受季风系统及北方冷空气季节内振荡的影响，这也是开展副热带地区延伸期预报需要关注的重点。

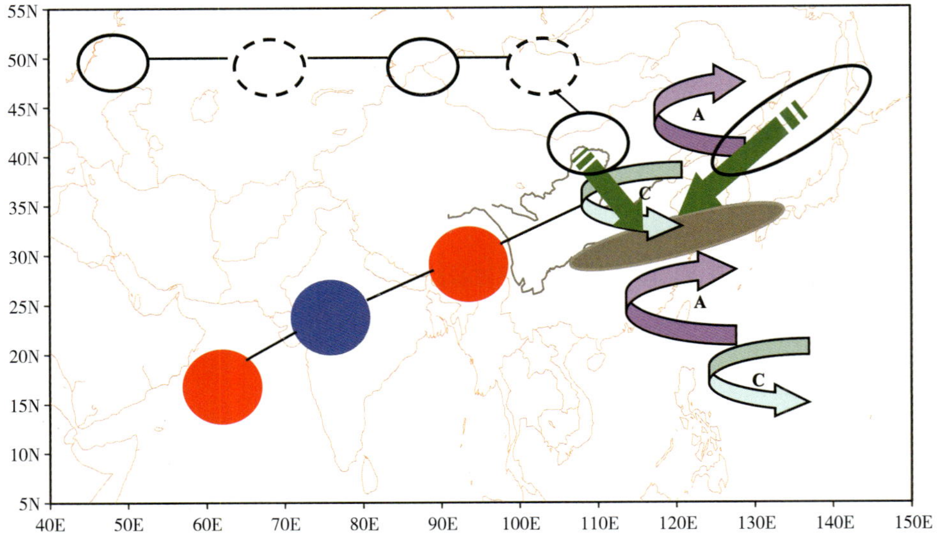

图 7.19 影响东亚梅雨区低频峰值降水的大气低频演变示意[71]

（中高纬度地区：黑色实/虚线椭圆表示低频正/负位涡波列；东亚地区：青/紫色弯箭头表示低频气旋/反气旋环流，灰色椭圆阴影表示梅雨区，绿色箭头表示影响梅雨区的低频高位涡来源；南亚地区：红/蓝色阴影表示低频弱/强对流异常）

7.3.3 MJO 与大气低频系统的联系

季风的季节内振荡可影响中纬度季节内振荡[68]或和中纬度波列相互作用[69]。那么，MJO 的不同活动位相对影响副热带降水的关键低频系统产生怎样的影响？图 7.20 给出北半球夏季 MJO 不同位相合成的西太平洋副热带高压位置。由图可见，在夏季 MJO 由第 3 位相（东印度洋）向东移至第 6 位相（西太平洋）的过程中，副高呈现出阶段性东退的演变特征。其中，从 MJO 的第 3 位相到第 4 位相，副高东退和南退幅度显著，平均东退约 10 个经度，西侧北界南落约 4 个纬度；从第 4 位相到第 5 位相，副高东退幅度也较大，平均东退也近 10 个经度；而从第 5 位相到第 6 位相，副高主要呈现南落缩小特征，东退不明显。另一方面，在 MJO 由第 7 位相向第 2 位相演变过程中，副高则呈现出西伸加强的阶段性转变特征。特别是从第 7 位相到第 8 位相，以及第 8 位相到第 1 位相，西伸幅度平均分别为 10 个经度和 5 个经度，且副高面积也伴随其明显西伸呈现增大趋势。由于 MJO 每个位相平均持续时间约 1 候，MJO 的不同活跃位相可影响副高位置及范围的季节内变化，当 MJO 由东印度洋向西太平洋移动时，副高呈现东退减弱特征，而当 MJO 活跃区由西太平洋回到西半球时，副高则呈现西伸增强特征，两种特征的演变周期平均都可达半个月左右。鉴于副高的低频活动对副热带地区的重要影响，且 MJO 具有 30~60 天准周期振荡特征，上述 MJO 与副高的明显联系可为开展副热带季风区延伸期预报提供线索。

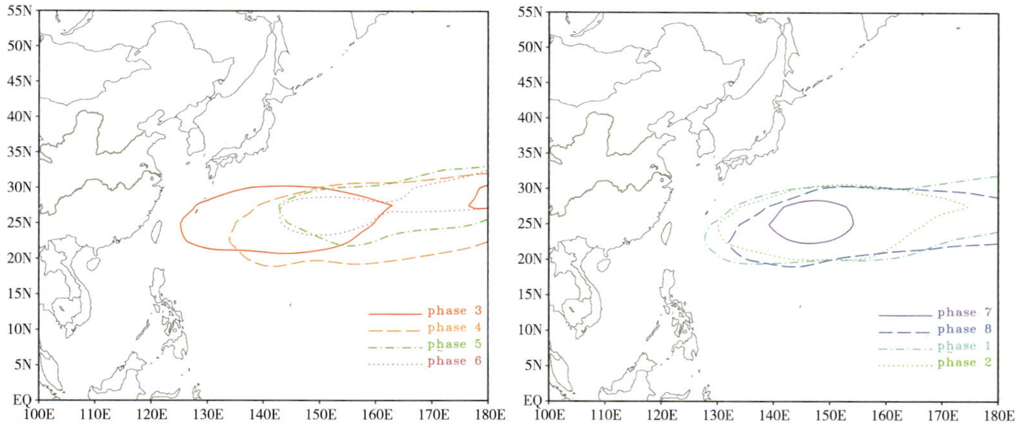

图7.20 北半球夏季MJO不同位相合成的西太平洋副热带高压
（以500hPa上588位势什米为特征线）位置

资料来源：引自国家基础地理信息中心下载（网址：http：//ngcc. sbsm. gov. cn）。

关于上海强降水过程的低频系统分析表明，热带的印孟低压以及中高纬的东北冷涡也是开展延伸期需要重点关注的系统。进一步考察MJO与印孟低压和东北冷涡的关联。由于MJO属热带对流活动的典型表现，印孟低压的低频活动受热带对流直接影响，故与MJO有密切关联。就统计结果（图7.21）而言，在MJO由第8位相（西半球）向第5位相（海洋性大陆东部）转变过程中，印孟低压活动异常呈现逐渐增强特征，在第5位相即海洋性大陆东部达到最强；而在MJO由第5位相（海洋性大陆东部）东移至第7位相（西太平洋）过程中，印孟地区低压活动则逐渐减弱。总体而言，当MJO活跃于第5、6位相时，印孟低压较常年活跃，其异常气旋性环流有利于印度洋水汽向副热带地区输送。而对东北冷涡而言，其强度伴随MJO活跃位置的移动呈现出与印孟低压基本相反的演变特征。如图7.22所示，在MJO由第8位相向第5位相转变过程中，东北冷涡区位势高度异常呈现由负转正的趋势特征，意味着东北冷涡由活跃趋于不活跃；而从MJO的第5位相到第7位相，东北冷涡区位势高度异常呈现由正转负的趋势，意味着东北冷涡由不活跃趋于活跃。将MJO及其与副高、印孟低压和东北冷涡活动的上述关联进行综合分析，可能在开展强降水过程延伸期预报中有一定的应用价值。

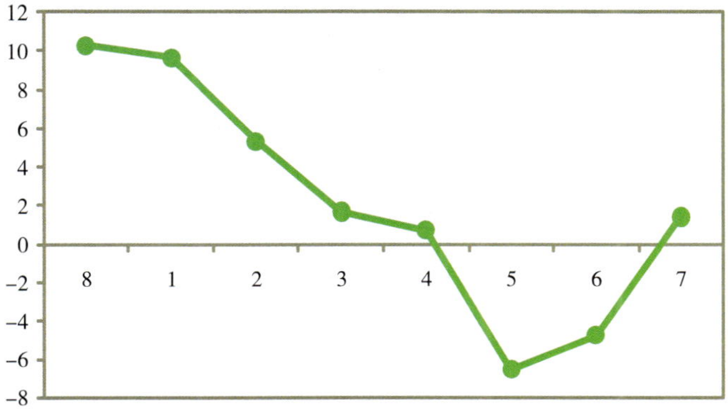

图7.21 MJO不同位相下印孟低压活动区（80°~100°E，10°~20°N）500hPa位势高度异常
（单位：位势米）

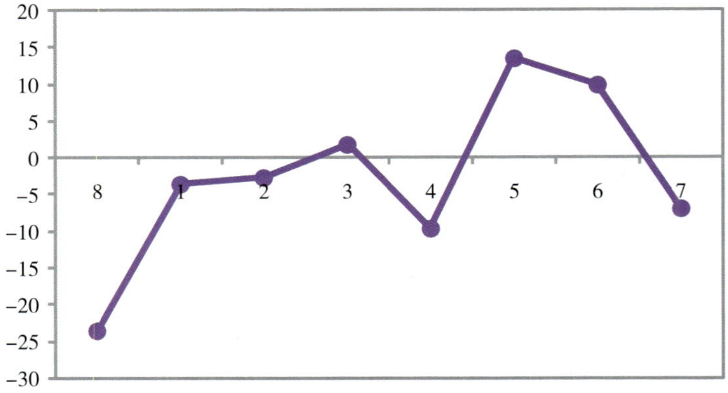

图 7.22 MJO 不同位相下东北冷涡活动区（115°～145°E，35°～60°N）500hPa 位势高度异常（单位：位势米）

7.4 MJO 与低频天气图结合的预报方法初探

MJO 作为热带准 30～60 天振荡，是全球最强的低频信号，既可影响中高纬低频天气系统，又可与它们产生相互作用，对副热带地区天气气候事件产生影响。因此，综合 MJO 与中高纬低频系统，利用 MJO 与低频系统的准周期性进行外推，并根据它们的配置及与天气气候事件的联系开展延伸期预报，此即 MJO 与低频天气图结合的预报方法。下面应用大范围持续性强降水过程、台风降水个例对上述预报思路给出一些具体的预报方法探论。

7.4.1 大范围持续性强降水过程预报应用

通过对 1981—2010 年夏季长江中下游大范围持续性强降水过程的低频环流形势分析发现，在 30～60 天低频降水峰值位相下，东亚沿岸（南海—西太平洋、长江中下游、东北亚地区）自南向北形成低频反气旋、低频气旋、低频反气旋的分布形势。东北亚低频反气旋的偏北气流和南海低频反气旋的偏南气流共同汇入到长江中下游低频气旋中。在上述低频系统的影响下，南北低频经向水汽输送在该位相达到最强，并形成强烈辐合（图 7.23）。

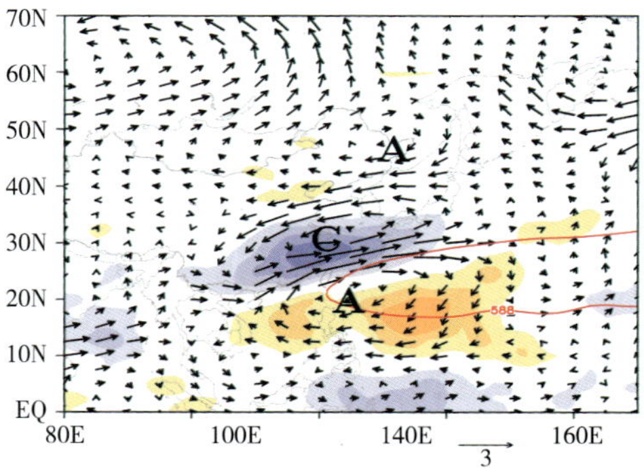

图 7.23 长江中下游大范围强降水过程对应低频降水峰值位相的 700hPa 低频风场（箭头，m/s）、低频 OLR 场（阴影，W/m^2）以及 500hPa 588 位势米高度线（等值线）[116]

上述结果表明，强降水过程的低频影响系统主要来自于东北亚和南海至西太平洋，同时考虑到低频降水的周期性，选取东北亚（NEA）、长江中下游（YR）和南海至西太平洋（SCS－WP）3 个关键区构造强降水过程预报指数：

$$\mathrm{HRPI} = \xi'^{*}_{\mathrm{NEA}} - \xi'^{*}_{\mathrm{YR}} - \overline{OLR}'^{*}_{\mathrm{SCS-WP}}$$

其中，ξ 表示 700hPa 低频相对涡度，OLR 表示向外长波辐射的强度；“′”、“‾”、“＊”分别表示经过 30～60 天带通滤波、区域平均和标准化处理。通过相关计算发现（图 7.24 所示），在低频降水显著年，HRPI 与长江中下游逐日降水量在超前 13～20 天呈显著（通过 90% 的显著性检验）的正相关。即 HRPI 越大，其后 13～20 天长江中下游的降水越强。对逐次强降水过程统计分析后，选取 HRPI＝4 作为强降水过程发生与否的临界值。HRPI≥4 时，其后 13～20 天易发生强降水过程，HRPI＜4 则不利于强降水过程发生。实际业务应用中可将预报时段适当延长，把 HRPI 达到极大值（且 HRPI≥4）后的 10～25 天作为强降水过程的可能发生时段。参照上述标准对 1981—2010 年的强降水过程进行回报试验。试验结果表明，除 1988 年、1991 年各空报 1 次，1997 年漏报 1 次外，其余 8 次强降水过程均成功报出，预报准确率达 73%，且预报时段与强降水过程发生时段基本吻合。由此可见，采用包括热带及中高纬的低频关键系统构造指数，并利用指数与强降水过程的统计关系，对强降水过程的回报效果较好。

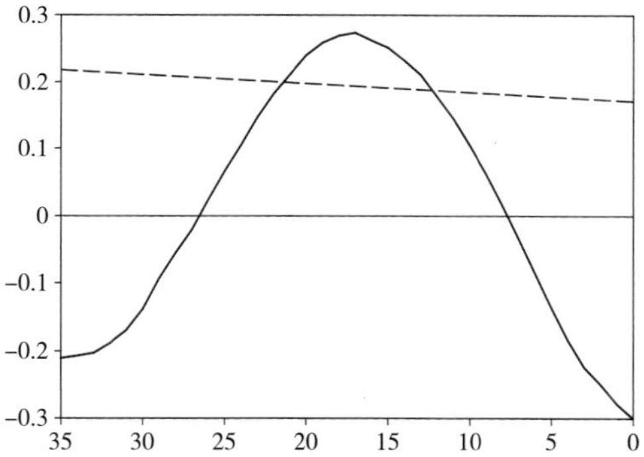

图 7.24　HRPI 与长江中下游逐日降水量的超前相关系数（实线表示相关系数，虚线表示 90% 显著性检验的临界值，横坐标代表超前的天数）[116]

7.4.2　台风降水过程预报应用

2012 年 8 月 1 日，位于硫磺岛东南海面的热带扰动升级为热带低气压后不断加强，8 月 3 日升格为热带风暴并被正式命名为“海葵”。强台风“海葵”于 8 月 8 日在浙江象山登陆后，给浙江、江苏、上海等地带来了强风暴雨。如何针对台风降水过程开展延伸期预报是摆在气象业务科研人员面前的重要问题。

台风属热带天气系统，其发展的大尺度环境场受到包括 MJO 等在内的行星尺度季节内变率的调节。文献［80－84，109］的研究进一步证实，MJO 的不同位相可调节热带气旋的活动，随着 MJO 对流的东传，台风路径的密集区也向东移动，由此影响热带台风活动。例如，在 MJO 的第 6 和 7 位相下，太平洋地区的台风较活跃，而在第 2 和 3 位相下，太平洋的台风活动则大大减弱。根据 MJO 活动的周期性演变及其位相与台风的关联，提供延伸期台风活动的活跃性预报，是开展延伸期台风预报的一种思路。例如，上海市气候中心 2012 年 7 月 17 日发布的《副热带夏季风监测诊断简报》中提示：7 月中旬 MJO 对流位于印度洋西部（第 2 ~ 3 位相），预计至 7 月底—8 月初西太平洋地区可能将转为对流活跃状态，有利于热带低压/台风的发展。从实况的 MJO 活动位相演变（图 7.25）可以看出，MJO 在 7 月底东传至西太平洋西部（第 6 位相），并于 8 月 1 日达到最强，热带西太平洋（图 7.26）对流活动异常活跃，由此使得位于硫磺岛东南海面的热带扰动加强为热带低气压。这一实例表明，基于 MJO 活动的周期性演变及其与台风的关联，可为台风延伸期预报提供参考。需要提及的是，此次关于 MJO 对流活动的预测是基于对美国 CFS 数值预报和经验统计模型预报的综合判断，其中屏蔽了 CFS 数值预报给出的 MJO 减弱停滞的结果。因此，在基于 MJO 开展延伸期台风预报业务应用中，在参考数值预报的基础上还需对其进行修正。

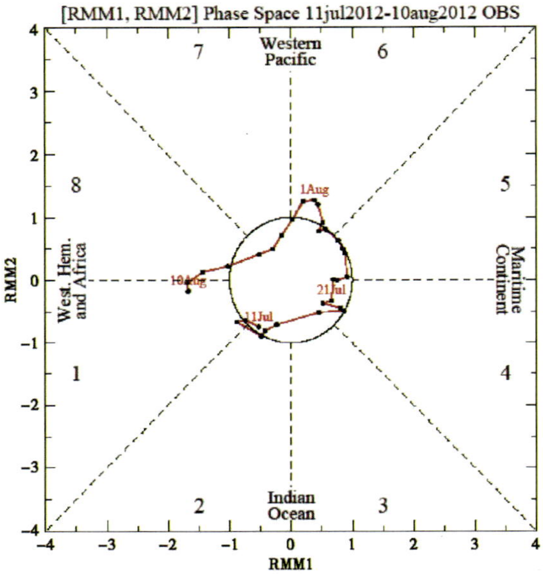

图 7.25　2012 年 7 月中旬—8 月上旬 MJO 活动位相逐日（黑色圆点表示）演变图

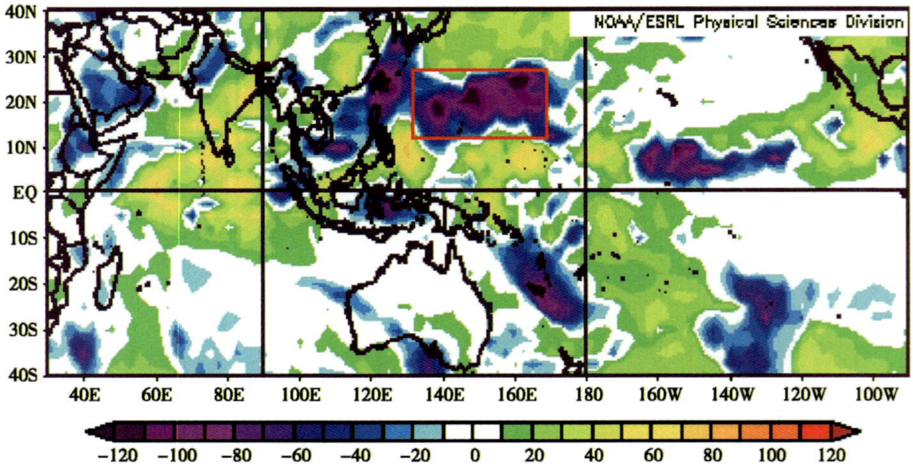

图 7.26　2012 年 8 月 1 日热带地区 OLR 异常分布（单位：W/m^2）

在基于延伸期台风预报基础上，可考虑采用低频天气图思路，利用热带对流活动的低频振荡与副热带地区（如上海）降水过程的联系，进一步开展副热带地区台风影响降水过程的延伸期预报。根据我们最近的研究[117]，台汛期长江流域的低频强降水过程主要与热带西太平洋 10～30 天低频气旋的西北向移动有关，且低层低频风场在降水峰值阶段呈现沿东亚沿岸（从西太平洋到中高纬日本海附近）的低频气旋、低频反气旋相互交替的低频波列（图 7.27）。通过低频 OLR 场与低频峰值降水的超前相关计算发现，与热带西太平洋 10～30 天低频气旋密切相联的低频对流活动正异常（位于菲律宾以东洋面）可作为台汛期强降水过程发生的前期热带信号，提前低频降水峰值位相 10 天左右。因此，在做出台风预报的基础上，可利用该信号进行时间外推，得到降水峰值位相出现时间，进而对延伸期台风强降水过程做进一步预判。

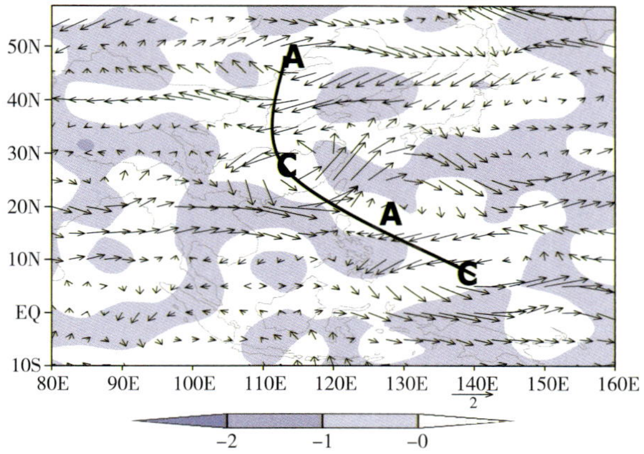

图 7.27　1981—2010 年台汛期长江中下游降水峰值位相合成的低层（700hPa）10～30 天低频风场（阴影表示辐合区；单位：$10^{-6}s^{-1}$）[117]

进一步以“海葵”台风为例，对上述台风强降水过程延伸期预报思路进行解释。根据台汛期强降水的预报信号，即菲律宾以东关键区（120°～150°E，0°～20°N）的 10～30 天低频 OLR 演变（图 7.28），6 月上旬前期、中旬前中期、下旬中后期—7 月

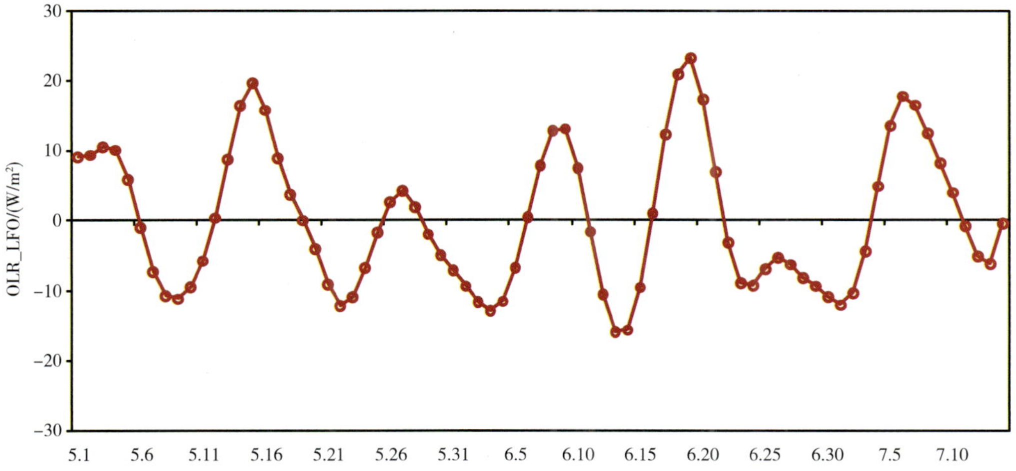

图 7.28　2012 年 5 月 1 日—7 月 14 日关键区 10～30 天低频 OLR 演变

上旬前期、7 月中旬前期均出现低频 OLR 谷值，根据其准周期性外推，低频 OLR 将在 7 月下旬中后期—8 月上旬前期可能出现谷值阶段（对应低频对流活动正异常峰值），进一步综合 7 月底 8 月初西太平洋对流有利于热带低压发展的预报结果，预计 8 月上旬后期可能出现强降水过程。从实况（图 7.29）来看，关键区低频 OLR 在 7 月 27 日达到对流活动正异常峰值，8 月 8 日上海出现大暴雨。而从 8 月 8 日的低频天气图（图 7.30）上可看出，低层低频环流场在东亚沿岸表现出了从西太平洋到日本海附近的低频气旋、低频反气旋相互交替的低频波列，长江下游地区受低频气旋控制，为降水峰值的产生提供了有利辐合条件。从这一个例的试验来看，上述台风降水过程的延伸期预报思路有一定的参考作用，值得进一步验证和应用。

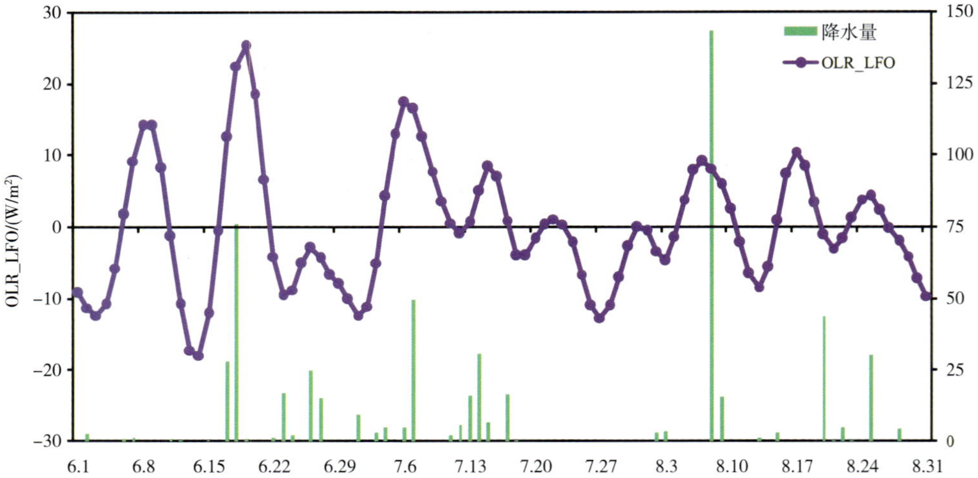

图 7.29 2012 年夏季上海逐日降水量（柱状图）及其台汛期强降水前期信号［0°~20°N，120°~150°E 区域的 10~30 天低频 OLR］演变

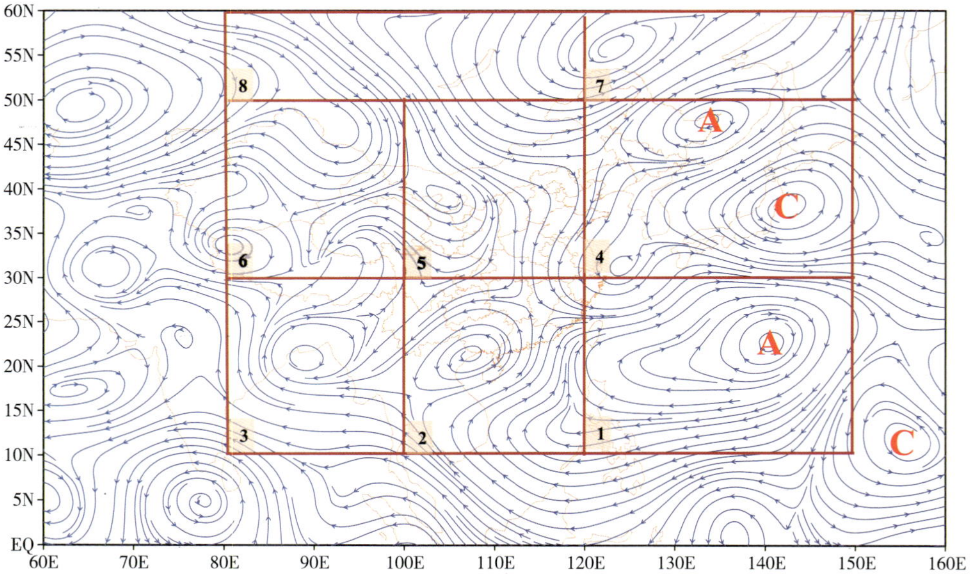

图 7.30 2012 年 8 月 8 日的低频（10~30 天滤波）天气图

参考文献

[1] Yasunari,T. Cloudiness fluctuations associated with the Northern Hemisphere summer monsoon. J. Meteor. Soc. Janpan,1979,57:227 - 242.

[2] Mo,K. C. ,R. W. Higgins. Tropical influences on California precipitation. J. Climate,1998,11:412 - 430.

[3] Whitaker,J. S. ,K. M. Weickmann. Subseasonal variations of tropical convection and week - 2 prediction of wintertime western North American rainfal. J. Climate,2001,14:3279 - 3288.

[4] Paegle,J. N. ,L. A. Byerle,et al. Intraseasonal modulation of South American smmer precipitation. Mon. Wea. Rev. 2000,128(3):837 - 850.

[5] Hendon,H. H. ,B. Liebmann. The intraseasonal (30 ~ 50 day) oscillation of the Australian summer monsoon. J. Atmos. Sci. ,1990,47:2909 - 2923.

[6] Wheeler,M. ,H. H. Hendon. An all-season real-time multivariate MJO index:Development of an index for monitoring and prediction. Mon. Wea. Rev. ,2004,132:1917 - 1932.

[7] 何金海,陈丽臻. 南北半球环流的准40天振荡与夏季风降水预报的可能途径. 低纬高原天气,1988(1):38 - 49.

[8] Chen Longxun,Zhu Congwen,Wang Wen,et al. Analysis of the characteristics of 30 ~ 60 day low-frequency oscillation over Asia during 1998 SCSMEX. Advance in Atmospheric Sciences,2001(18):623 - 638.

[9] 张秀丽,郭品文,何金海. 1991年夏季长江中下游降水和风场的低频振荡特征分析. 南京气象学院学报,2002,25(3):388 - 394.

[10] 王遵娅,丁一汇. 夏季长江中下游旱涝年季节内振荡气候特征. 应用气象学报,2008,19(6):710 - 715.

[11] 刘富明,林海. 大气低频振荡与长江上游大范围降雨关系. 四川气象,1989(9):1 - 8.

[12] 陆尔,丁一汇. 1991年江淮特大暴雨与东亚大气低频振荡. 气象学报,1996,54(6):730 - 736.

[13] 李桂龙,李崇银. 江淮流域夏季旱涝与不同时间尺度大气扰动的关系. 大气科学,1999,23(1):39 - 50.

[14] 毛江玉,吴国雄. 1991年江淮梅雨与副热带高压的低频振荡. 气象学报,2005,63(5):762 - 770.

[15] 梁萍,陈隆勋,何金海. 江淮夏季典型旱涝年的水汽输送低频振荡特征. 高原气象,2008,27(s),84 - 91.

[16] 朱乾根,徐国强. 1998年夏季中国南部低频降水特征与南海低频夏季风活动,气象科学,2000,20(3):239 - 248.

[17] Lina Zhang,Bizheng Wang,Qingcun Zeng. Impact of the Madden-Julian Oscillation on summer rainfall in southeast China. J. Climate,2009(22):201 - 215.

[18] 徐国强,藏建升,周伟灿. 1998年京津冀夏季风的低频振荡与降水的特征. 应用气象学报,2001,12(3):297 - 306.

[19] 孙力,安刚. 1998年松嫩流域东北冷涡大暴雨过程的诊断分析. 大气科学,2001,25(3):342 - 354.

[20] 史学丽,丁一汇. 1994年中国华南大范围暴雨过程的形成与夏季风活动的研究. 气象学报,2000,58(6):666 - 678.

[21] 信飞,肖子牛,李泽椿. 1997年华南汛期降水异常与大气低频振荡的关系. 气象,2007,33(12):23 - 30.

[22] Madden R. A. ,Julian P. R. . Detection of a 40 ~ 50 day oscillation in the zonal wind in the tropical Pacific. 1971,J Atmos Sci,28 (5):702 - 708.

[23] Madden R. A. ,Julian P. R. . Discription of global-scale circulation cells in the tropics with a 40 ~ 50 day period. 1972,J Atmos Sci,29 (6):1109 - 1123.

[24] 孙国武,信飞,陈伯民,等. 低频天气图预报方法. 高原气象,2008,27(s):64 - 68.

[25] 孙国武,信飞,孔春燕,等. 大气低频振荡与延伸期预报. 高原气象,2010,29(5):1142 - 1147.

[26] 孙国武,孔春燕,信飞,等. 天气关键区大气低频波延伸期预报方法. 高原气象,2011,30(3):594 - 599.

[27] 丑纪范,郑志海,孙树鹏. 10 ~ 30d 延伸期数值天气预报的策略思考——直面混沌. 气象科学,2010,30(5):569 - 573.

[28] 丁一汇,梁萍. 基于 MJO 的延伸预报. 气象, 2010,36(7):111 - 122.

[29] 梁萍. 中国梅雨的季节内振荡分析和延伸预报. 中国气象科学研究院,南京信息工程大学博士学位论文,2010.

[30] 陈官军,魏凤英,巩远发. NCEP/CFS 模式对东亚夏季延伸预报的检验评估. 应用气象学报,2010,21(6):659 - 669.

[31] He Jinhai,Lin Hai,Wu Zhiwei. Another look at influences of the Madden-Julian Oscillation on the wintertime East Asian weather. J Geophys Res,2011,116(2),D03109,doi:10. 1029/2010JD014787.

[32] 杨玮,何金海,孙国武. 低频环流系统的一种统计预报方法. 气象与环境学报,2011,27(3):1 - 5.

[33] 钱维宏. 气候变化与中国极端气候事件图集. 北京:气象出版社,2011.

[34] 梁萍,丁一汇. 基于季节内振荡的延伸预报试验. 大气科学,2012,36(1):102 - 116.

[35] 梁萍,丁一汇. 东亚梅雨季节内振荡的气候特征. 气象学报,2012,70(3):418 - 435.

[36] 陈官军,魏凤英. 基于低频振荡特征的夏季江淮持续性降水延伸期预报方法. 大气科学,2012,36(3):633 - 644.

[37] http://www. cpc. ncep. noaa. gov/products/precip/CWlink/MJO/mjo. shtml.

[38] http://cawcr. gov. au/staff/mwheeler/maproom/RMM/.

[39] Wheeler,M. ,H. H. Hendon. An all-season real-time multivariate MJO index:Development of an index for monitoring and prediction. Mon. Wea. Rev. ,2004,132(8):1917 - 1932.

[40] Krishnamurti. I. N. D. Subrahmanyam. The 30 ~ 50 day mode at 850mb during MONEX. J. Atmos. Sci. , 1982,39:2088 - 2095.

[41] Murakami,T. ,T. Nakazawa, J. He. On the 40 ~ 50 day oscillations during the 1979 northern hemisphere summer Part II:Heat and moisture budget. J. Meteor. Soc. Japan,1984,62:469 - 484.

[42] Anderson J R,Rosen R D. The latitude-height structure of 40 ~ 50 day variation in atmospheric angular momentum. J Atmos Sci,1983,40 (6):1584 - 1591.

[43] Krishnamurti. T. N. Summer monsoon experiment,A review. Mon. Wea. Rev. 1985,112:1590 - 1626.

[44] 李崇银. 大气中的季节内振荡. 大气科学,1990,14 (1) :32 - 45.

[45] 李崇银,龙振夏,穆明权. 大气季节内振荡及其重要作用. 大气科学,2003,27(4):518 - 533.

[46] 王斌. 认识和预报亚洲季风气候:前沿突破点和展望. 气象学报,2008,66(5):653 - 669.

[47] Waliser,D. E. . Intraseasonal variability. Wang B. The Asian Monsoon. New York:Springer/Praxis Publishing Ltd,2006:203 - 259.

[48] Wang B,Webster P J,Teng H. An tecedents and self induction of the active break Indian summer monsoon. Goephys. Res. Lett. ,2005,32:L04704.

[49] Wang B. ,Webster P. . Kikuchi K,et al. Boreal summer quasi-monthly oscillation in the global tropics. Climate Dyn,2006,27:661 - 675.

[50] Jiang X,Li T. Reinitiation of the boreal summe rintraseasonal oscillation in the tropical Indian Ocean. J Climate,2005,18:3777 - 3795.

[51] Yasunari T. A quasi-stationary appearance of 30 – 40day period in the cloudiness fluctuations during the summer monsoon over India. J Meteor Soc Japan, 1980, 58: 225 – 229.

[52] Sikka D, Gadgil S. On the maximum cloud zone and the ITCZ over Indian longitudes during the southwest monsoon. Mon Wea Rev, 1980, 108: 1840 – 1853.

[53] Maloney E D, Hartmann D L. Frictional moisture convergence in a composite life cycle of the Madden-Julian Oscillation. J. Climate. 1998, 11: 2387 – 2403.

[54] Annamalai H, Slingo J. Active/break cycles: Diagnosis of the intraseasonal variability of the Asian summer monsoon. Climate Dyn., 2001, 18: 85 – 102.

[55] Kemball-Cook, Wang B. Equatorial waves and air-sea interaction in the boreal summer intraseasonal oscillation. J Climate, 2001, 14: 2923 – 2942.

[56] Lawrence D., Webster P. The boreal summer intraseasonal oscillation: Relationship between northward and eastward movement of convection. J. Atmos. Sci., 2002, 59: 1593 – 1606.

[57] Nakazawa T. Seasonal phase lock of intraseasonal variation during the Asian summer monsoon. J. Meteor. Soc. Japan, 1992, 70: 257 – 273.

[58] Wang B, Xu X. Northern hemisphere summer monsoon singularities and climatological intraseasonal oscillation. J. Climate, 1997, 10: 1071 – 1085.

[59] Lin Ho, Wang B. The time-space structure of the Asian-Pacific summer monsoon: A fast annual cycle view. J Climate, 2002, 15: 2001 – 2019.

[60] Lau, K. M., P. H. Chan. Aspects of the 40 ~ 50 day oscillation during the northern summer as inferred from outgoing long wave radiation. Mon. Wea. Rev., 1986, 114: 1354 – 1367.

[61] Nitta T. Convective activities in the tropical western Pacific and their impact on the Northern Hemisphere summer monsoon. J Meteor. Soc. Japan, 1987, 65: 373 – 390.

[62] HsuH H, Weng C H. Northwestward propagation of the intraseasonal oscillation during the boreal summer: mechanism and structure. J Climate, 2001, 14: 3834 – 3850.

[63] 章基嘉，孙国武，陈葆德. 青藏高原大气低频变化的研究. 北京：气象出版社，1991：60 – 67.

[64] 何金海，T. Murakami. 1979 年 6 月东亚和南亚上空的水汽通量. 南京气象学院学报，1983，10(2)：159 – 173.

[65] Krishnamurthy V., Shukla J. Seasonal persistence and propagation of intraseasonal patterns over the Indian monsoon region. Climate Dyn., 2008, 30: 353 – 369.

[66] Wang B., Rui H. Dynamics of the coupled moist Kelvin-Rossby wave on an equatorial beta-plane. J. Atmos. Sci., 1990, 47: 397 – 413.

[67] Hendon H, Wheeler M, Zhang C. Seasonal dependence of the MJO-ENSO relationship. J Climate, 2007, 20: 531 – 543.

[68] Kawamura R, Murakami T, Wang B. Tropical and midlatitude 45-day perturbations during the northern summer. J. Meteor. Soc. Japan, 1996, 74: 867 – 890.

[69] Ding Q, Wang B. Intraseasonal teleconnection between the Eurasian wave train and Indian summer monsoon. J Climate, 2007, 20: 3751 – 3767.

[70] Ding, Y. H., Y. J. Liu. Predictability of the South China Sea summer monsoon onset. Symposium on Asian Monsoon: Winter MONEX: A Quanter Century and Beyond. Kuala Lumpur, Malasia, 2006(4): 4 – 7.

[71] 梁萍，丁一汇. 东亚梅雨季节内振荡的气候特征. 气象学报，2012，70(3)：418 – 435.

[72] Goswami, B. N.. South Asian monsoon. Intraseasonal Variability in the Atmosphere-Ocean Climate System, W. K. M. Lau and D. E. Waliser, Eds., Springer, 2005: 19 – 62.

[73] Hendon, H. H., B. Liebmann. The intraseasonal (30 ~ 50day) oscillation of the Australian summer mon-

soon. J. Atmos. Sci. ,1990,47:2909 – 2923.

[74] Wheeler,M. ,J. L. McBride. Australian-Indonesian monsoon. Intraseasonal Variability in the Atmosphere-Ocean Climate System,W. K. – M. Lau and D. E. Waliser,Eds. ,Springer,2005:125 – 174.

[75] 刘芸芸. 亚洲—太平洋夏季风的遥相关及对中国夏季降水的影响. 中国科学院研究生院博士学位论文. 2009.

[76] Knutson T. ,K. Weickmann. 30 ~ 60 day atmospheric oscillations:Composite life cycles of convection and circulation anomalies. Mon. Wea. Rev. ,1987,115(7):1407 – 1436.

[77] Rui H. ,B. Wang. Development characteristics and dynamic structure of tropical intraseasonal convection anomalies,J. Atmos. Sci. ,1990,47(3):357 – 379.

[78] Kayano,M. ,V. Kousky. Intraseasonal (30 ~ 60 day) variability in the global tropics:principalmodes and their evolution. Tellus,1999,51:373 – 386.

[79] Gray W M. Hurricanes:Their formation,structure,and likely role in the tropical circulation. Meteorology over the Tropical Oceans,1979,155 – 218.

[80] Liebmann B,Hendon H H,Gliek J D. The relationship between tropical cyclones of the western Pacific and Indian Oceans and the Madden-Julian Oscillation. J Meteor Soc Japan,1994,72(3):401 – 412.

[81] Maloney E D,Hartmann D L. Modulation of eastern North Pacific hurricanes by the Madden-Julian Oscillation. J Climate,2000,13 (9):1451 – 1465.

[82] 张庆云,彭京备. 夏季东亚环流年际和年代际变化对登陆中国台风的影响. 大气科学,2003,27(1):97 – 106.

[83] Bessafi M. ,M. C. Wheeler. Modulation of south Indian Ocean tropical cyclones by the Madden-Julian oscillation and convectively coupled equatorial waves. Mon. Wea. Rev. ,2006,134(2):638 – 656.

[84] 李崇银,潘静,田华,等. 西北太平洋台风活动与大气季节内振荡. 气象,2012,38 (1):1 – 16.

[85] 陈隆勋,高辉,何金海,等. 夏季东亚和印度热带季风环流系统动能和对流扰动的纬向传播特征. 中国科学 D 辑(地球科学),2004,34(2):171 – 179.

[86] 朱乾根,何金海. 亚洲季风建立及其中期振荡的高空环流特征. 热带气象学报,1985,1(1):9 – 18.

[87] 何金海,智协飞,T. Nakazawa. 中国东部地区降水季内变化的季节锁相. 热带气象学报,1995,11(4):370 – 374.

[88] 琚建华,赵尔旭. 东亚夏季风区的低频振荡对长江中下游旱涝的影响. 热带气象学报,2005,21(2):163 – 171.

[89] 毛江玉,吴国雄. 1991 年江淮梅雨与副热带高压的低频振荡. 气象学报,2005,63(5):762 – 770.

[90] 杨秋明. 全球环流 20 ~ 30d 振荡与长江下游强降水. 中国科学 D 辑(地球科学),2009,39(11):1515 – 1529.

[91] Jia Xiaolong,Chen Lijuan,Ren Fumin,et al. Impacts of the MJO on winter rainfall and circulation in China. Advances in Atmospheric Sciences,2011,28(3):521 – 533.

[92] Higgins W. ,J. Schemm,W. Shi,et al. Extreme precipitation events in the western United States related to tropical forcing. J. Climate,2000,13(5):793 – 820.

[93] Vecchi G. A. ,N. A. Bond. The Madden-Julian Oscillation (MJO) and northern high latitude wintertime surface air temperatures. Geophys. Res. Lett. ,2004,31,L04104.

[94] Donald A. , Coauthors. Near-global impact of the Madden-Julian Oscillation on rainfall. Geophys. Res. Lett. ,2006,33,L09704.

[95] Lin H. ,G. Brunet. The influence of the Madden-Julian oscillation on Canadian wintertime surface air temperature. Mon. Wea. Rev. ,2009,137(7),2250 – 2262.

[96] Lin H. ,G. Brunet,R. Mo. Impact of the Madden-Julian Oscillation on wintertime precipitation in Canada.

Mon. Wea. Rev. ,2010,138(10),3822 - 3839.

[97] Jones C. ,D. E. Waliser,J. K. Schemm,et al. Prediction skill of the Madden and Julian oscillation in dynamical extended range forecasts. Climate Dyn. ,2000,16:273 - 289.

[98] 吕俊梅,琚建华,任菊章,等. 热带大气 MJO 活动异常对 2009—2010 年云南极端干旱的影响. 中国科学:地球科学,2012,42(4):599 - 613.

[99] 丁一汇,刘芸芸. 亚洲—太平洋季风区的遥相关研究. 气象学报,2008,66(5):670 - 682.

[100] 张瑛,陈隆勋,何金海,等. 1998 年夏季亚洲地区低频大气环流的特征及其与长江中下游降水的关系. 气象学报,2009,66(4):577 - 591.

[101] 刘冬晴,杨修群. 热带低频振荡影响中国东部冬季降水的机理. 气象科学,2010,30(5):684 - 693.

[102] 杨修群,任福民,周兵. 大气低频变化规律及其在气象预测中的应用研究. 延伸期(月内)过程预报研讨会,上海,2010.

[103] http://cmdp. ncc. cma. gov. cn/Monitoring/moni_mjo. php.

[104] Anderson J R,Rosen R D. The latitude-height structure of 40 ~ 50 day variation in atmospheric angular momentum. J AtmosSci,1983,40 (6):1584 - 1591.

[105] Krishnamurti. T. N. Summer monsoon experiment,A review. Mon. Wea. Rev. ,1985,112(9):1590 - 1626.

[106] 谢义炳,陈受钧,张一良,等. 东南亚基本气流与台风发生的一些事实的统计分析. 气象学报,1963,33(2):200 - 217.

[107] 丁一汇,范惠君,薛秋芳,等. 热带辐合区中多台风同时发展的初步研究. 大气科学,1977,2 (2):89 - 98.

[108] Gray W M. Hurricanes:Their formation,structure and likely role in the tropical circulation. Meteorology over the Tropical Oceans,1979RG12 1BX,155 - 218.

[109] Harr P A. Monsoon impacts on tropical variability. The 3rd International Workshop on Monsoon (IWM - Ⅲ):(Ⅰ)The Reviews on the Current State of Research/Forecasting of Monsoon. World Meteorological Organization (WMO),WMO Tropical Meteorology Research Program (TMRP) Commission for Atmospheric (CAS),2004,11:255 - 287.

[110] http://www. meteo. nc/espro/previcycl/cyclA. php.

[111] Leroy A. ,M. C. Wheeler. Statistical prediction of weekly tropical cyclone activity in the Southern hemisphere. Mon. Wea. Rev. ,2008,136(11):4130 - 4149.

[112] Jeong J. H. ,C. H. Ho,B. M. Kim,et al. Influence of the Madden-Julian Oscillation on wintertime surface air temperature and cold surges in East Asia,J. Geophys. Res. ,2005,110,D11104.

[113] Park T. W. ,C. H. Ho,et al. Influences of Arctic Oscillation and Madden-Julian Oscillation on cold surges and heavy snowfalls over Korea: A case study for the winter of 2009—2010, J. Geophys. Res. , 2010, 115,D23122.

[114] http://www. cpc. ncep. noaa. gov/products/precip/CWlink/ghazards/index. php.

[115] 梁萍,丁一汇. 强降水过程气候态季节内振荡及其在延伸期预报中的应用. 高原气象,2013,32(5):1329 - 1338.

[116] 魏晓雯,梁萍,何金海,等. 大范围持续性强降水过程与 30 ~ 60d 低频降水的联系及其预报指数. 热带气象学报,2015 年发表.

[117] 魏晓雯,梁萍,何金海,等. 梅汛期和台汛期大范围持续性强降水过程与月内低频降水的联系及其可能机制. 高原气象,2014 年发表.

第 8 章　思索和展望

对于低频天气图延伸期天气过程预报而言，有一些问题需要进一步思索，只有反复、深入地思索，才能进一步改进、提高和完善低频天气图预报方法，更好地在全国气象业务等相关部门应用，在计算机平台上制作并发布延伸期（10 ~ 30 天）天气过程预报，为社会服务。

8.1　思索

第一个需要思索的问题：气象服务需求。

国民经济的发展和城市化进程的加速以及农业现代化水平的提高等，都给气象服务工作提出了更高的要求，长期预报的内容如趋势、距平等，显得不太具体，针对性不强；中、短期过程预报虽内容具体，但时效又显得短了一些。因此，延伸期（10 ~ 30 天）天气过程预报的作用在于为政府部门应对气象灾害的预防，赢得了宝贵的采取对策的时间，从而减轻受灾程度。这就是为什么推广应用低频天气图方法的省市气象部门第一线预报服务人员很感兴趣并积极参与的原因所在。

延伸期天气过程预报（10 ~ 30 天）实际上是中期预报（10 天以下）的延伸，在预报内容上与中、短期预报一样，与长期天气预报（短期气候预测）主要预报气象要素的平均值和趋势则有所区别。所以，延伸期天气过程预报，其预报时效（10 ~ 30 天）是中期预报达不到；其预报内容（天气过程时间、强度）又是长期预报做不到的。延伸期过程预报在 10 天以下的中、短期预报和 30 天以上的长期预报之间，架起了一座桥梁，衔接了“天气”预报和“气候”预测之间的“时间缝隙”或“预报缝隙”。所以延伸期天气过程预报是“承前（长）”，把长期趋势背景预报具体化，即天气过程发生时段（日期）预报；同时又“启后（中短）”，为中、短期天气过程预报提供支撑。实现延伸期预报，意味着真正达到了“无缝隙”预报的目的。

“目前，WMO 定义的延伸期预报，是指提前 10 ~ 30 天的预报。这一方面是基于目前的短期预报能力，另外也应该与预报时间尺度的改变，可能带来作为预报依据的大气运动规律的不同以及需要克服大气运动本身的混沌本质等有关。无论怎样，延伸期预报是实现“无缝隙天气预报”的关键，因为更长时间的长期预报和气候预测，都需要在延伸期时间尺度上进行有效补充和修正，才能发挥更大的效益。

在我国，延伸期预报呈现多样性特征。一方面由于延伸期预报在理论和实践上的不成熟，其业务化的范围有限，延伸期预报产品大多只限于参考；另一方面，需求，特别是在减灾防灾实践领域的巨大需求，带动了主管业务，特别是省级气候中心积极开展延伸期预报试验，并取得了很好的效果。其中，低频天气图方法在延伸期预报中的应用就是有代表性的一项重要工作”（许小峰，气象科技进展，2013，3（1），主编语）。在延伸期预报领域，我国因气象服务的需要，近年来发展迅速，位于国际前列。

第二个需要思索的问题，如何应用？

如何应用低频天气图？如何创造性地用好低频天气图？如何使低频天气图成为延伸期天气过程预报的有效预报工具？关键在于理解低频天气图预报方法的思路和实质；领会低频天气图预报方法的技术要点；熟悉低频天气图上低频系统的特性；掌握低频天气预报方法技术流程；学会低频天气图预报方法的预报制作步骤；明确低频天气图预报方法的天气学原理；以及建立低频天气图方法预测模型时，要充分考虑低频系统的分布和配置等。

（1）低频天气图方法有较强的地域特色，适于省、市、区气象业务单位和某一气候区域应用。推广应用时，最重要的一点是结合本地区的大气环流、天气系统、地形地理和服务需求等诸多特点，把这些特点融合在低频天气图方法中，有所创新地应用低频天气图方法，得到具有地区特色的低频天气图方法。

（2）低频天气图预报方法的思路类似于以天气学、动力学为基础的中、短期预报员作天气过程预报的思路。预报员作中、短期预报时，如低压槽移来，不是简单地根据低压槽移来时降水的历史概率来预报，而是分析低压槽的强度、移动、演变及其与上下游天气系统的联系、物理量的分布特征等，综合分析做出预报。所不同的是，低频天气图预报方法所用的工具是低频天气图，即把日常天气图（未滤波）上的高频变化的天气系统滤去，改为具有低频变化的低频天气图上的低频系统。分析缓慢变化的低频气旋和低频反气旋等低频系统和它们的新生和消失，加强和减弱，移动方向和周期及其相应的低频气流，综合分析作出延伸期天气过程预报。因此，这种方法不同于天气学方法、数值预报方法和统计学方法，但与它们又有密切联系。尤应注意：低频图方法既不是前后一一对应的统计相关法；也不是环流形势场前期相似预测后期相似的相似法。

（3）低频天气图方法预报流程中，有几个关键流程（关键区的选择、低频图的分析和预测模型的建立）至关重要。如：选择关键区，一是查看气象台预报员天气个例预报总结，了解引发本地区某类天气过程的天气系统的来龙去脉；二是用自然正交展开或其他统计方法，分析低频系统频发的地域，以确定关键区。又如，分析低频天气图，预报人员首先要熟悉天气学原理和技术规则，分析低频天气图，了解低频系统的活动特性，这是低频图方法的基本功。再如：建立预测模型。低频系统与天气过程的联系，要突出“面”的概念，即各关键区、各低频系统的配置、组合，才能做出预报。

第三个需要思索的问题：完善技术方法。

任何新预报技术方法都不是固定的，需要通过实践检验，在实践中改进、充实和完善，甚至借鉴和吸取其他方法的经验，为我所用或与之结合。低频天气图预报方法也如此。

为发展低频天气图方法，可以在滤波计算方案设计、等压面层次、气象要素的选择和强降水过程预报中的强度（中、大雨和暴雨）预报以及周期确定等方面改进、发展，使之客观化。还可与其他方法如 MJO 结合。还需说明一点，即使数值预报发展到能预报未来 30 天的逐日流场、位势高度场等，低频图方法仍可以使用其 30 天预报场为实况场，预报未来 30～60 天的天气过程。

作为一种新的预报工具，还需要时间来进一步完善和探索。天气学的发展经历了漫长岁月，从第一张天气图的雏形问世，二三百年过去了，才发展成今天的一门学科——天气学。低频天气图方法才刚开始，还有很长的路要在摸索中前进。

第四个需要思索的问题：今后如何发展。

不发展，就会出现像气旋锢囚一样的结果，这是自然规律，低频图方法也不例外。那么，低频图方法今后如何发展呢?

（1）理论研究。新技术方法，必须有理论基础为其支撑。低频图方法同样需要深入研究其物理机制，否则难以提高和发展。研究和实际应用表明，大气演变中有一些变化较慢的过程存在于天气噪声水平之上，这些缓变过程是和大尺度大气运动和低频外强迫相联系的。但对它们联系的物理机制并不清楚；大气内部的动力学过程也不明确；外强迫的因素及其物理过程更不了解，等等。但我国科学家丑纪范、李建平对大气环流异常信号的持续性能够导致异常天气的持续性和延伸期可预报分量的提取方法以及大气的可预报性等方面进行了深入的研究，其结果为延伸期预报提供了一定的物理依据。今后如果在大气波动理论、低频系统的准定常性与下垫面的作用，外强迫与大气内部动力学过程，天气尺度涡旋与低频气流的相互反馈等方面进行诊断、模拟和理论分析，以及大气可预报性、大气持续性的深入研究，将大大丰富大气低频动力学的内容。

（2）事实分析。观测事实的揭露有利于理论研究的突破。低频天气图上的低频天气系统与日常天气图上的天气系统有密切联系。低频天气系统反映出造成某种天气过程的一些主要天气系统的生成、维持、加强、移动和减弱的过程。但低频系统与天气系统（未滤波）相互联系的大气环流演变过程的观测事实，尚需深入分析揭示。如亚洲夏季风及其夏季风系统、青藏高原季风系统、南亚高压、东亚大槽、西太平洋副热带高压和AO、ENSO等。可以预计，通过广泛的应用和大气环流演变过程的深入分析，有可能发展为一门学科——我国的低频天气学。

8.2 展望

众所周知，科学理论与业务实践是相互联系、相互结合、相互促进的一个整体，科学理论会在业务实践中不断发展，业务实践会在科学理论指导下不断提高。随着越来越多的气象业务、科研人员参与推广应用低频天气图，通过实践到理论、理论到实践的反复过程，展望低频天气图预报方法的前景如下：

（1）低频天气图预报方法将成为我国气象业务部门和相关单位制作、发布重大天气过程和气候事件的延伸期（10～30天）天气过程预报的有效工具之一。而且在预报项目上除了强降水过程之外，还包括≥50mm，≥100mm暴雨和特大暴雨，以及台风，寒潮低温、大风和暴雪、干旱发生、持续和结束、沙尘暴和雾霾等。

（2）随着低频动力学研究的深入和大气可预报性研究的突破以及低频天气学研究的进展，低频天气图及其低频系统与其相应的未滤波天气图上天气系统的相互联系的大气环流演变过程的物理图像将较清晰，基本原理将较明确。

（3）各类气候模式和大气环流模式的改进，提高，将使数值预报产品的时效延长、质量提高。低频天气图预报方法可以使用数值预报产品作为绘制低频天气图的初始场进行低频滤波计算，从而延长延伸期天气过程预报的时效。

低频天气图延伸期过程预报方法仅是诸多延伸期预报方法中的一种，至于对延伸期预报的展望，引用 2013 年 6 月 8 日在北京召开的大气低频振荡延伸期预报专家协商平台成立第一次工作研讨会上丁一汇院士的报告：《季节内振荡与持续性环流及其在延伸期预报中的应用》中的延伸期预报展望：

在最近 5 ~ 10 年国际上一些重要的预测中心已经开展了延伸期预报，主要是利用持续性环流、热带的 MJO 信号及其遥相关传播的原理，取得了一定的成功，但整体来看，延伸期预报的理论基础与预报实践还处在初期的试验阶段。试验的结果表明，动力和统计方法都具有一定的预报能力。

今后季节内或延伸预报的改进主要有：

（1）气候模式的改进，应模拟出 MJO 的多尺度结构。

（2）高分辨模式。可提高降水预报和极端事件与高影响天气统计特征的预报，如梅雨锋。

（3）使用耦合模式并对耦合系统进行很好的初始化，因为 ISO 预报对大气初始条件和海气相互作用很敏感。

（4）探索 MME 提高 MJO 预报的可能性。